本书受到东北财经大学经济学院学科建设经费资助、东北财经大学农村发展研究中心项目经费资助。

本书是国家社会科学基金青年项目《供需失衡下我国食品安全的政府监管机制研究》（批准号：14CGL040）的主要成果。

GONGXU SHIHENG XIA SHIPIN ANQUAN DE
JIANGUAN JIZHI YANJIU

供需失衡下食品安全的
监管机制研究

费威 著

人民出版社

目　　录

前　言

　　食品安全是重大民生问题、重大经济问题和重大政治问题。近年来"毒奶粉"、"地沟油"、"毒生姜"、"假羊肉"等食品安全事件时有发生,一方面激发了消费者对食品安全的迫切需求,另一方面通过政府监管力度逐渐增强促进了企业对食品安全供给的增加。然而食品安全事件引发的食品安全信任危机,并没有真正增加消费者对国内安全食品的需求。香港奶粉限购、国外奶粉抢购潮,进口与国产奶粉销量的极大反差就是典型的实例。同时一系列事实又让我们开始质疑国内安全食品供给是否得到了真正的提升。这些实例都使我们透过当前食品安全"供不应求"、"供过于求"的供需失衡现象,看到国内食品安全有效供需不足的本质。在这种现状下,如何针对供需主体加强政府监管,解决食品安全问题成为摆在我们面前的难题。本研究正是从我国食品安全供需失衡现状及其影响因素分析入手,由此揭示导致这种现象的本质原因——我国食品安全市场治理机制的制约因素、现有政府监管机制与市场治理的内在关联性不足,进而从需求拉动与供给推动两方面研究并提出有效的价格、信任、信息、信誉与竞争等策略以及协调供需的监管机制。

　　本书的主要内容由九章构成,具体如下:

　　第一章我国食品安全供需失衡现状及其影响因素的实证研究。本章的专题性研究具体包括:一,利用问卷调查,从消费者购买意愿、食品消费选择、食品安全关注度及其影响因素角度进行调查统计分析,从消费者方面分析我国食品安全需求现状;二,以双汇"瘦肉精"事件和上海福喜事件为例,利用事件研究法进行分析及比较分析两个事件的溢出效应,通过建立回归模型从公司层面分析了事件溢出效应的影响因素,为有效应对食品安全事件造成的市场负面影响并尽可能避免食品安全问题的发生提供经验证据；三，从三聚氰胺事件发生对进口奶粉数量总体变化、市场占有率以及消费者支付意愿等角度，采用面板数据建立计量经济模型实证分析我国主要地区的进口奶粉量与其主要影响因素——进口奶粉平均单价、国内乳制品价格、三聚氰胺事件影响和可支配收入的定量关系，同时通过比较分析，以进口奶粉为例分析供需失衡的基本因素；四，针对我国进口食品安全问题突显现状，建立进口食品经销企业与消费者的博弈模型，分析企业经销不合格进口食品概率与消费者对进口食品监督维权概率的影响因素，并且通过选取 2010-2014 年我国四类大宗进口食品的面板数据建立计量经济模型，实证分析进口食品不合格率的监管、消费等影响因素。

第二章我国食品安全供需失衡的本质原因剖析。本章从我国食品安全的有效供给不足与无效供给过剩的现状分析入手，结合国内与国外食品供求差异的比较分析，以"三聚氰胺"事件和海淘奶粉等实例，对我国食品安全的市场机制与政府机制互补性不足，食品安全的有效信息供给短缺、信任危机始终存在、供给主体的信誉无保证进行了分析。并从市场与政府的双重互补作用角度，提出了以有效食品安全需求为前提，促进有效食品安全供给，实现食品安全供求均衡的对策建议。

第三章食品安全供需视角下价格与质量安全水平研究。本章的专题性研究具体包括：一，以制造商与零售商各自决定的质量安全水平都将对食品需求量产生显著影响为背景，建立制造商与零售商不同合作模式下的博弈模型，即以制造商为主导模式、以零售商为主导模式、制造商与零售商各自独立模式、制造商与零售商合作一体化模式，分析不同模式下制造商与零售商的质量安全水平、批发价格、边际加价以及利润，并进行比较分析；二，以单个供应商供给产品作为基础，分析两个供应商同时以及按照先后顺序进行质量安全水平的决策，以及市场监管环境、产品价格的质量安全敏感度、标准质量安全敏感度等因素对价格、质量安全水平的影响；三，以我国白酒年份酒为例，分析了需求拉动下某类食品高价格成因，在白酒行业处于销售低迷的状况下，年份酒的高价格是如何在需求拉动下促成的？当前市场销售的年份酒真如消费者所追捧的那样物有所值，具有名副其实的高品质吗？通过在整个年份酒内外监管体系缺失的条件下,分析以消费层面作为需求拉动年份酒高价格的根源,逐渐到上游零售层面的加剧高价格的竞争性因素,再到生产层面的成本传导因素,深入地解析了年份酒高价格的本质成因;四,一般同类食品间通常具有可替代性。本节针对一个供应商与多个零售商的供应链结构,建立优化模型分别分析了产品替代程度与零售商数量不同时,在分散与集中模式中供应商与零售商的最优价格及其影响因素;五,针对废弃食品回流再造的食品安全问题,建立相关利益主体包括食品制造商、废弃食品收购者在各自独立以及作为利益共同体的不同条件下的优化模型,分析新生产食品价格和回流再造食品价格以及相应的利润、影响因素等。

第四章食品安全供需视角下食品安全信息研究。本章的专题性研究具体包括:一,基于信息不对称理论,分别分析了信息不对称导致食品安全信息难以有效传递,以及食品市场的逆向选择和道德风险问题;二,建立了消费者对应食品安全信息的效用函数优化模型,分析了消费者间的公共信息具有溢出效应时,消费者的最优公共食品安全信息及其与私有信息的替代关系等;三,通过建立数理模型,分析了信息不对称条件下食品供应商与零售商的合作合同。供应商主动揭露真实的食品质量安全类型,又能使零售企业具有足够的激励去努力实现合同。重点分析了信息不对称条件下食品质量安全类型为好的情况时,零售企业获得利润分红的具体结果;四,针对食品安全问题中信息不对称的突出问题,通过构建企业成本最小化的优化模型,分析了在企业自有基地生产和"农户+合作社+企业"两种不同食品安全追溯体系实施模式中,企业实施追溯体系成功率、企业与农户供给安全食品的努力水平等相关决策,及供给不安全食品导致企业损失等因素对决策的影响。

第五章食品安全供需视角下信任与质量安全水平研究。本章的专题性研究具体包括:一,根据对我国典型食品安全事件的总结,探讨了由此造成的食品安全品牌信任危机,进而扩展到以社会网络为背景下政府、企业、传媒和消费者及其之间对食品安全信任的作用机制分析;二,通过建立个体的信任度决定模型和信任在较差和较好两种信任环境下的传递机制,结合消费者对食品安全的信任问题,对好差两种信任环境下消费者的食品安全信任进行分析;三,考虑到消费者对产品平均质量安全水平的预期不同会直接影响产品需求的这一因素,在企业可以同时选择生产高、低质量安全水平产品的条件下,分别建立了完全垄断与完全竞争市场中的企业利润最大化模型,比较分析企业供给产品的数量、利润及相应的消费者效用,得出消费者质量安全水平敏感度、产品需求价格敏感度及产品的高、低质量安全水平对上述决策的影响;四,由于近年来食品安全事件频发,消费者对国内食品安全产生了极大的信任危机,食品供给企业和消费者是食品安全的供需主体,他们所采取的不同食品安全措施之间通常具有互补和替代两类典型关系,这将直接影响他们的食品安全努力决策,对此通过构建以企业和消费者作为领导者的斯坦科尔伯格博弈模型,分别分析了他们各自具有主导优势时的食品安全最优努力水平及其影响因素。

第六章食品安全供需视角下信誉与质量安全水平研究。本章的专题性研究具体包括:一,频繁被曝光的食品安全事件加剧了我国食品安全信任危机,利用信誉机制和规制理论,分析了品牌企业基于自身信誉做出的食品安全相关的生产检测等控制决策及其相应的政府监管机制;二,为提高政府食品安全监管绩效,维护食品企业品牌信誉,建立优化模型分别分析零售商主导与零供一体化模式中的政府部门食品安全监管水平与零售商质量安全检验精确度的联动机制及其影响因素;三,我国当前的食品安全现状引发国内消费者对国产食品严重的信任危机,国内食品企业信誉较低,消费者对同类的国外食品需求量激增,对此建立生产某类存在食品质量安全水平缺口食品的国内外企业的生产利润最大化模型,分析他们的质量安全水平、价格、国内企业利润和消费者福利、需求量及其影响因素,为国内食品企业和政府有关部门提供安全生产和管理启示。

第七章食品安全供需视角下竞争与质量安全水平研究。本章的专题性研究具体包括:一,考虑到食品安全事件发生后消费预期同类食品或相关类别食品质量安全水平变化对企业质量安全水平和食品供给数量决策的直接影响,建立了无限期的极端情况下典型市场类型——完全垄断、寡头垄断、完全竞争以及社会福利最大化下企业供给食品的质量安全水平和食品数量的决策,并且分析了食品质量安全事件诱发消费预期质量安全水平下降时期长短对供给决策的影响;二,食品质量安全投资与价格决策具有直接影响,建立优化模型分析完全垄断和寡头垄断的两种典型市场类型中食品企业在质量安全方面进行投资的投资力度与价格决策。并且考虑到消费者在参与质量安全投资成本分担时的情况,分析了需求价格效应和供给价格效应、需求投资力度差、投资边际成本对投资力度和价格决策的影响;三,考虑到多个同质食品企业生产供给同类生活必需类食品时,既要投入相应的生产成本,又要为提高食品安全水平投入一定的专门成本,食品产量与质量安全水平之间具有交叉效应,构建关于产量和食品安全水平的成本函数,通过优化模型分析最优产量和食品安全水平及其影响因素;四,在企业网络背景下针对企业在食品质量安全方面的努力水平,建立优化模型以及博弈模型,分析了食品生产企业搭便车行为、单个企业与邻居节点企业之间的博弈,通过对单个企业设计具体的监督激励机制,以改善企业网络与消费者的整体福利,提高食品质量安全水平。

第八章食品安全供需协调与质量安全水平研究。本章的专题性研究具体包括:一,在农产品质量安全具有市场需求效应的视角下,通过引入合作社农户与龙头企业的努力水平以及努力成本因素,基于博弈理论和优化模型,比较分析了合作社与龙头企业一体化模式和龙头企业为主导的分散模式中的最优价格、利润和努力水平决策以及相应的协调策略;二,通过构建优化模型,分析了在由一个制造商和一个零售商构成的供应链中,分散模式与集中模式下的制造商努力水平、零售商支付给消费者的单位赔偿等主要决策及其影响因素,为提高产品质量安全水平,协调不同模式下制造商与零售商最优决策提供对策;三,将生鲜食品质量惩罚额及其惩罚概率作为外生变量,并考虑了两种不同惩罚额度的确定方式,同时引入生鲜食品质量特征函数,建立了零售商不实行促销价格、实行一次性促销价格和多次促销价格三种不同情况下的预期利润优化模型,研究了不同情况下零售商最优价格和利润策略及其影响因素;四,从我国食品供应链回收环节的典型案例剖析入手,分析了回收环节普遍存在的过期食品回流与再造、病死动物的非法贩卖与丢弃、地沟油黑色产业链等问题及其监管困境;五,考虑回收行为对食品需求的正向影响效应,针对食品制造商和零售商分别负责回收食品情况下的相关决策问题,建立制造商与零售商各自负责回收的斯坦科尔伯格博弈模型,分析各种情况下的批发价格、零售价格和回收比例等相关决策及其影响因素、对策;六,以废弃农产品为例,分析了回收处理环节的食品安全问题对策,一方面从补贴角度,基于博弈论分别构建了处理商间接回收与直接回收模式中处理商和回收企业关于回收价格、回收量和回收服务水平的模型,分析上述决策变量及其影响因素,得出处理商直接回收模式的各决策变量取值和总利润都高于间接回收模式对应的取值,分析并提出对间接回收模式中处理商的单位收益与回收企业的单位收益、回收企业的回收成本分别进行补贴的策略;另一方面从保险角度,为明确该环节实施农业保险相关主体——农户、保险公司与政府部门的参与决策及其影响因素,促进这一环节农业保险的顺利开展,考虑到消费者对社会效益的重视程度,利用优化模型分析了食品供应链回收环节农业保险参与主体的农户努力水平、保费等决策以及政府补贴等因素的影响效应。

第九章结论与展望。对本书的主要研究结论进行总结,并且在本书研究的主要结论基础上总结我国食品安全供需失衡下政府监管机制设计的主要对策。

本研究运用了事件研究法、计量经济模型等多种实证分析方法,通过二手资料(行业及研究机构的报告、企业年报、政府官方数据、新闻媒体报道)的收集,以及问卷调查、深度访谈等调查研究方法,利用因子分析等多元统计分析方法,对我国食品安全供需失衡的现状进行描述统计分析。利用显著性检验、交叉分析以及比较分析,计量经济模型、基于典型食品安全事件的事件研究法、结合典型案例分析,对有效供需不足的影响因素进行实证分析。通过建立优化与博弈模型,从食品安全供需角度,具体分析了价格、信息、信任、信誉与竞争方面相关主体之间作用关系、机制及其影响因素,基于机制设计理论,通过模型的数值检验与灵敏度分析,并且结合三聚氰胺事件、双汇瘦肉精事件、上海福喜事件等不同典型食品安全案例与多案例比较分析,借鉴国外相关成功经验,研究针对供需双方及协调供需的微观策略及政府监管机制、对策。

研究的主要创新之处如下:

第一,不同于现有研究普遍认为随着食品安全关注度的日益增强,我国食品安全需求与供给都有所增加的观点,本书从我国食品安全需求扩张与供给过剩、供需失衡的现状分析入手,挖掘有效供需不足的本质,揭示我国食品安全市场治理的制约因素及其与政府监管机制的内在关联性缺失。

第二,提出以市场为载体、充分发挥培育食品安全有效需求、激励有效供给以及协调供需的微观策略及监管机制。解决当前我国政府监管体制改革难以立即显现有效性时,缺乏能够激发市场作用的、可利用的、微观的政府监管机制的困境。

第三,基于价格、信息、信任、信誉、竞争与质量安全水平,以及食品安全供需协调的专题性研究,分析食品安全问题中微观主体之间的作用机理,以及政府监管机制在其中发挥的效应,针对当前我国食品安全现状,从市场微观与政府监管互补的角度提出具有实践意义的对策建议。

第一章 我国食品安全供需失衡现状 及其影响因素的实证研究

第一节 我国食品安全供需现状的调查 分析——基于消费者的视角

一、基于购买意愿的我国食品市场需求现状调查分析

自从"三聚氰胺"奶粉事件后,食品安全问题一直是社会各方关注的焦点。购买意愿是指消费者购买该产品的可能性,它是消费者买到适合自己某种需要商品的心理顾问,是消费心理的表现,是购买行为的前奏。随着经济全球化和互联网的发展,消费者对国内食品安全不信任,越来越多的消费者选择购买国外食品。我国食品市场需求看似扩张实则不足。为了考察我国消费者目前的国内食品购买意愿,本节对消费者进行了调查分析,以了解我国食品市场需求现状,进而为促进国内食品市场真正的有效需求增加提供参考。

(一)调查设计及结果分析

1. 调查问卷设计

调查问卷采用随机发放和网络调查相结合的方式。调查时间为 2016 年 5 月 4 日—5 月 31 日。选取部分地区消费者为调查对象,共计发放 240 份问卷,经过初步人工筛选后,将问卷中填答不完整或未依答题方式作答的问卷视为无效问卷,删除 40 份无效问卷后,得到有效问卷 200 份,有效回收率 83.3%。调查内容包括个人基本情况、消费者对国内外食品的购买意愿、信任度。其中,消费者对国内外食品的购买意愿、信任度主要用李克特五分量表,按照由低到高的不同程度,答案依次赋 1 至 5 分,分数越高表示认同度越高。

2. 调查对象基本情况

根据调查数据,表 1-1 显示了调查对象的基本特征,包括性别、年龄、月收入。由表 1-1 可见,调查对象为女性的所占比例略高于男性,约为 56.5%;在年龄分布上,以中青年人群居多,占比约 60.5%;从人均月收入来看,人均月收入在 3000 元以下的占比约 56.5%,10000 元以上的占约 8%。因此,从总体样本的分布来看,说明调查样本以中青年、中等收入人群为主,对于调查国产和进口食品消费而言具有一定代表性。

表 1-1　调查对象的基本特征统计

统计指标	分类指标	人数	百分比(%)
性别	男	87	43.5
	女	113	56.5
年龄	18—28	77	38.5
	29—40	44	22.0
	41—48	34	17.0
	49—55	23	11.5
	56—65	10	5.0
	65 以上	12	6.0
人均月收入	1500 元以下	66	33.0
	1500—3000 元	47	23.5
	3000—5000 元	36	18.0
	5000—10000 元	35	17.5
	10000 元以上	16	8.0

3. 个人特征对食品购买意愿的影响分析

(1)消费者购买意愿的总体情况

为了更清楚地了解消费者购买国产食品的意愿,以消费者食品安全信任危机突出的乳粉为例,调查分析消费者对国产奶粉的购买意愿。用李克特 5 分量表对此作了量化调查后进行统计分析。从表 1-2 可见,约 69.5%的调查对象对国产奶粉具有购买意愿。近 1/4 的调查对象对于购买国产奶粉具有不确定态度,不愿意和非常不愿意购买国产奶粉的调查对象仅占5.5%和1.5%。

表1-2 消费者购买国产奶粉意愿的统计分析

购买意愿	人数	百分比(%)	累计百分比(%)
非常愿意	33	16.5	16.5
愿意	106	53.0	69.5
不确定	47	23.5	93.0
不愿意	11	5.5	98.5
非常不愿意	3	1.5	100.0

消费者对国外进口食品安全的信任度调查结果如图1-1所示:

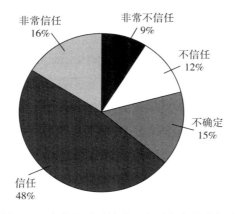

图1-1 消费者对国外进口食品安全的信任度

从图1-1可见,近半数的调查对象对国外进口食品安全普遍持有信任的态度,相比之下其他不同程度信任的调查对象较为均匀的存在,所占比例从高至低依次为非常信任、不确定、不信任和非常不信任。调查表明:较之于国产食品,我国消费者对国外进口食品安全的信任水平尽管较高,但随着国内食品安全水平的提升以及近年来国外进口食品偶现食品安全问题,消费者对国外进口食品安全的盲目信任和追崇已日趋理智,因此有如上结果。

(2)基于人均月收入分类的国产与进口食品购买意愿分析

为进一步明确人均月收入的不同,消费者对国内食品购买意愿和国外进口食品安全信任度是否会有显著差别,利用调查数据的人均月收入选项将调查对象分为五类高低收入不同的消费者群体,分别对国产奶粉购买意愿、国外进口食品安全信任度进行单因素方差分析,得到方差分析结果如表1-3所示。由此可见,在5%的显著性水平下可以拒绝每个收入群体的国产奶粉购买意愿平均水平相等的假设,认为每个收入群体购买国产奶粉的平均意愿不都相等;在1%的显著性水平下可以拒绝每个收入群体对国外进口食品安全信任度平均相等的假设,认为每个收入群体对国外进口食品安全的平均信任度不都相同。

表1-3　方差分析结果

	F 统计量	F 临界值	P 值	假设检验结论
不同收入群体国产奶粉的购买意愿	2.4328	2.4180	0.0488	5%显著性水平下拒绝原假设
不同收入群体进口食品安全信任度	3.8887	2.4180	0.0046	1%显著性水平下拒绝原假设

上述结果表明:收入水平不同直接影响了消费者对国内食品的购买意愿和国外进口食品安全的信任度。根据消费理论和需求层次论,人们对食品的需求亦可以分为从低到高的不同层次,如生理需求、安全需求、营养需求、感官需求、饮食文化需求。随着收入水平提高,势必对食品需求尤其是具有安全品质的食品需求更为迫切。这与方差分析的结果相一致。同时,每个收入群体的样本均值计算显示:消费者对国产奶粉的购买意愿平均水平多为愿意,对国外进口食品安全信任普遍表现为不确定。说明随着国内食品安全监管水平的提高,国产食品质量安全的改善使消费者对国产食品安全有所改观,对国外进口食品安全并非一味认可。

（二）本节主要结论及启示

本节利用调查问卷分析了不同收入水平消费者对国产食品的购买意愿和进口食品安全信任度。主要结果表明:69.5%的消费者愿意购买国产奶粉,同时48%的消费者信任国外进口食品安全;不同收入的消费群体对国产食品的平均购买意愿与对国外进口食品安全的平均信任度不都是相等的。

说明消费者对国内食品安全认可度有一定提升,对国外进口食品安全普遍较为信任。

因此,继续加强和完善我国食品安全监管,改善和保持国内食品安全环境,逐步树立国产食品安全信誉。针对不同收入水平的消费者群体制定提振国产食品安全信心的对策,才能真正有效地全面提高我国消费者对国内食品安全的信心。此外,加强对国外进口食品安全的监管,尤其是针对近年来兴起的"海淘"、"代购"等新兴进口食品购买渠道更应健全相应的监管措施,以免对消费者身心健康造成损害。增加消费者对国外进口食品质量安全的辨别常识以及风险防范意识,真正正确认识国产食品与国外进口食品安全,形成健康的食品消费习惯。

二、食品消费选择及其影响因素的调查分析

随着人们生活水平日益提高,消费者对食品安全品质的要求也随之提升,尤其是近年来我国频现食品安全问题,消费者在进行食品消费选择时更关注食品安全,这将直接影响市场上食品的供给与需求。为了解大学生食品消费选择对食品供需的影响,通过设计问卷分析大学生在餐食、零食与水果方面的食品消费选择并进行比较分析,为消费安全食品,引导大学生进行正确的食品消费选择提供启示建议。

(一) 调查设计及结果分析

问卷设计主要包括大学生消费者的基本个人信息、食品安全关注度以及主要类别食品的消费选择。同时,从餐食、零食和水果这三类食品中进行食品消费选择。根据调查数据进行横纵向分析以及交叉分析。

1.调查样本的基本情况

本次调查问卷的发放采取网络调查形式,调查时间为 2016 年 6 月 1 日—6 月 7 日,共回收有效问卷 100 份。我们的问卷调查随机选取了男女生,比例分别为 31∶69,其中大一 68%、大二 11%、大三 8%、大四 5%、研究生 8%,主要围绕新生展开了调查。表 1-4 显示被调查消费者的基本特征,包括被调查对象的性别、年级和月生活费数额。

表1-4 调查对象的基本特征统计

统计指标	分类指标	人数	百分比(%)
性别	男	31	31
	女	69	69
年级	大一	68	68
	大二	11	11
	大三	8	8
	大四	5	5
	研究生	8	8
每月生活费	1000元以下	7	7
	1000—1500元	45	45
	1500—2000元	29	29
	2000元以上	19	19

由表1-4可见,调查对象中女性占比较高为69%;从年级分布来看,大一学生占大多数,比例为68%;每月生活费基本符合大学生的普遍标准。因此,调查的样本数据具有一定的代表性。

2. 食品安全问题对大学生食品消费的总体影响

大学生对食品安全关注度的总体调查情况显示:对食品安全问题的关注度一般的占比较高为61%,而不关注占比为3%,非常关注的占比为36%(详见图1-2)。可见大学生对食品安全问题有所关注,但关注程度一般。

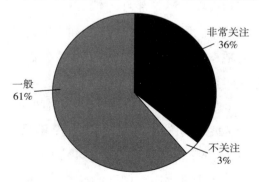

图1-2 大学生对食品安全问题的关注度

— 6 —

大学生对曾经被曝光的问题企业所生产供给的产品购买意愿,例如双汇"瘦肉精"、上海福喜等事件,对于被曝光食品安全问题的企业,大学生对其产品的购买意愿如下图1-3所示。

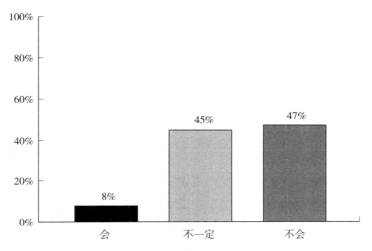

图1-3　大学生对问题企业产品的购买意愿

调查结果显示:有47%的大学生表示不会再购买该企业的食品,45%会对该企业供给食品的安全性产生怀疑,但并没有彻底失去对企业的信心,在选购食品时不一定会购买。只有8%的大学生认为曾经被曝光的食品安全问题并不会影响企业以后供给食品的安全,反而企业可能会因食品安全问题采取整改措施,同时政府部门也会加强对企业的食品安全监管,使企业供给的食品安全更有保障,所以他们会再购买该企业的食品。

3. 大学生对日常餐食的消费选择分析

对大学生日常餐食选择渠道的调查结果显示:70%的大学生选择学校食堂,他们认为食堂供应的餐食更安全可靠并且价格实惠。21%的大学生选择网上订餐,9%选择在私营餐馆就餐。这表明大学生购买餐食的渠道增加,选择更趋于多样化。随着互联网技术的快速发展,近年来网上订餐业也逐步扩大规模,成为白领和在校学生方便快捷购买餐食的主要渠道之一。上述调查结果也在一定程度上证明了这一点。通过对大学生的调查访谈,他们选择网上订餐的主要原因有方便快捷、食堂餐食口味单一等问题。针对大学生网上订餐比例较高并且有日益提升趋势的现状,本节从网上订餐渠道、价格及其食品安全关注度这三个方面做了进一步调查。

调查显示(详见图1-4):在目前主流的网上订餐APP中,92%的市场份额由美团外卖和饿了么平分,百度外卖所占份额仅有8%。大学生普遍会跟风选择常用的、知名度较高的网上订餐APP。

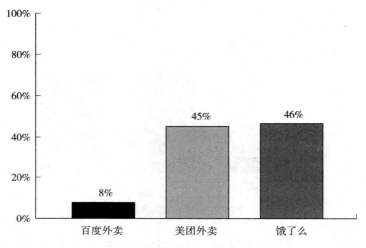

图1-4 大学生网上订餐渠道选择

由图1-5可见网上订餐价格普遍在10到15元之间,说明大学生网上订餐的消费水平与其生活费标准的比例大体一致。并且网上订餐价格与在食堂、餐馆的日常餐食消费标准相近,但其方便快捷不受时间约束以及多样化的供餐特点,吸引越来越多的大学生加入其中,从而逐渐减少食堂及餐馆的需求量。

对网上订餐的食品安全关注度调查与对一般食品安全关注度调查结果一致。该部分调查显示:

从餐食的消费选择来看,网上订餐已经成为大学生餐食选择的主要渠道之一,但是学校食堂因其地理位置,传统餐食消费特征依然具有一定的竞争优势。由于学校正规化的统一管理,大学生对食堂供应餐食的食品安全性较为肯定。同时,食堂供应餐食的品类相对较为单一,更换频率较低,并且就餐时间约束性较强,缺乏方便快捷性,食堂服务水平相对较低。相比之下,网络订

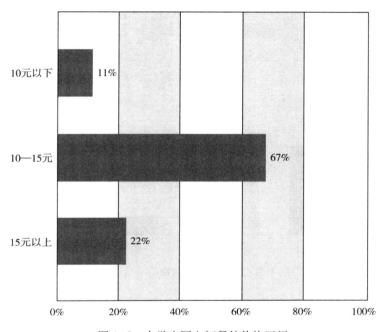

图1-5　大学生网上订餐的价格区间

餐平台具有经营品类多样化,方便快捷,服务水平高的优势,但食品安全问题相对较为突出。2016年315曝光的"饿了么"事件说明网络订餐平台对其经营商家的监管缺位甚至违规造假,对经营资质证照审查不严,造成"鱼龙混杂"的局面,严重损害了网上订餐的食品安全。因此,通过互联网技术建设消费者可参与的直观监督模式,通过法制加强网络平台与商家的食品安全责任落实与奖惩是网络订餐业未来发展的关键。对此,食堂和网络订餐平台及其经营者应相互吸取优点,结合自身优势制定相应的发展策略,为消费者提供良好的餐食消费选择环境。

4. 大学生对零食的消费选择分析

对大学生零食消费购买渠道的调查显示:78%的大学生认为超市供给零食具有安全保障并且价格比较低廉;选择一般零售店和网上购买的大学生占比分别为11%。说明超市依然是大学生购买零食的绝对主要渠道。然而大学生对于零食种类多样化以及价格经济实惠等方面的需求推进了供给方式的多元化。

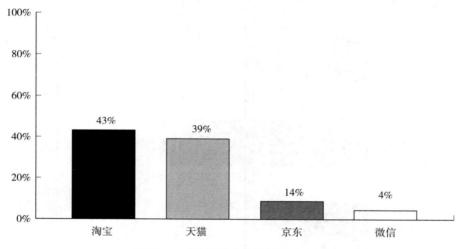

图 1-6　大学生网上购物的平台选择

大学生对网上零食消费的平台选择中（详见图 1-6），淘宝作为发展最早的电商平台仍然是大学生网上购买零食的首选，占比约为 43%；其次是具有一定网上购物品牌保障的天猫，占比为 39%；然后是京东占比为 14%；最后是近年来因微信兴起而对应的微商渠道购物占比较低为 4%，但从其发展周期来看正呈现迅猛的上涨势头。

考察品牌效应对大学生零食消费选择的影响，79% 的大学生会关注购买零食的品牌；其中对国内品牌零食的消费选择占比略高于国外品牌，占比为 52%；相应的零食价格接受度中，50% 的大学生接受一般价格，对于价格实惠的接受度占比 38%，说明在大学生对零食消费的选择中品牌效应更强，至于是国内品牌还是国外品牌，并没有明显差别；大学生对零食价格敏感性不强，并且零食相比于一般食品需求价格敏感性相对较弱。

5. 大学生对水果的消费选择分析

大学生对水果的消费选择调查结果显示：有 62% 的大学生选择在便利的水果摊购买水果，26% 的大学生在水果超市购买，只有 8% 和 4% 的大学生分别在大型超市和线上购买水果。由于水果的新鲜度等时效性特点，传统的就近消费方式仍然是水果消费的主流。而新兴的网上购买水果方式尚处于起步阶段。在水果消费品类的选择上当季水果占比为 97%，选择反季水果的仅占

3%。对食品安全的关注度和水果购买渠道进行交叉分析得到表1-5。

表1-5 食品安全关注度和水果购买渠道交叉分析

购买渠道 食品安全 关注度	网上生鲜购物	水果摊	水果超市	大型超市
非常关注	5.56%	47.22%	27.78%	19.44%
一般	1.64%	72.13%	24.59%	1.64%
不关注	33.33%	33.33%	33.33%	0%

由表1-5可见,从不同的水果购买渠道的比较,在大学生对食品安全非常关注中的占比从高到低依次是水果摊47.22%、水果超市27.78%、大型超市19.44%和网上生鲜购物5.56%,与水果消费渠道选择基本成正比;在大学生对食品安全一般关注中的水果摊占比最为突出约为72.13%,其次是水果超市约为24.59%,大型超市和网上生鲜购物的占比相同都约为1.64%;在对食品安全不关注中除了大型超市占比近似为零,其他三个渠道的占比均相等约为33.33%,说明对于除超市以外的其他渠道的食品安全性关注度都较差。从每个水果购买渠道的内部食品安全关注度进行比较可见,水果摊的食品安全关注度一般占比最高72.13%,同时非常关注和不关注占比各为47.22%和33.33%,水果超市渠道的食品安全不关注占比最高约为33.33%,其他两个关注度占比都近25%;大型超市渠道中非常关注占比最高约为19.44%,一般关注占比较低约为1.64%,不关注占比近似为零;网上生鲜购物渠道中,不关注占比最高约为33.33%,非常关注和一般关注占比都很低分别为5.56%和1.64%。

由此可见,消费者对食品安全的关注度与他们选择的购买渠道有直接的关系。对此,不同的渠道经营者可能利用消费者的不同心理和食品安全关注度采取不同的营销策略,甚至有的经销商采取机会主义行为经销问题食品以谋取更多私利。因此,有关部门要对应不同的渠道开展有针对性的食品安全监管,才能够有效地解决食品安全问题。

(二)调查结果结论及启示

此处分别从餐食、零食和水果三种主要类别食品对大学生食品消费选择进行了调查分析。主要结果表明:大学生对食品安全问题关注度一般,曾被曝光食品安全问题的企业其产品的信任度下降,食品品牌效应在大学生消费中较为显著;大学生餐食消费渠道仍然是以校内食堂为主,零食消费渠道以超市为主,水果消费渠道以水果摊为主,说明传统食品购买渠道仍然是大学生消费的首选,但同时也看到新兴的网上订餐和购物正在逐渐呈现上升趋势;对应不同渠道下的消费者食品安全关注度是有差别的,说明在实施食品安全监管和提高消费者食品安全意识等方面应有针对性,对应不同渠道有的放矢地开展,才能达到事半功倍的效果。因此,对大学生消费者而言,引导他们树立科学的消费观,自觉地运用科学知识进行合理消费,对食品安全有正确的认知,形成健康消费理念并养成良好的消费习惯。对于食品企业而言,为满足消费者对安全食品的需求,应加强对安全食品的有效供给,树立品牌意识,发挥企业产品的声誉价值,勇于担负社会责任,积极自觉地保持和维护企业供给食品的质量安全。

三、食品安全关注度及其影响因素的调查分析

随着我国经济发展,人民生活水平不断提高,食品生产和加工业也得到了快速发展,给人们的生活带来了极大便利。与此同时,更多的食品安全问题也随之而来。近期 3.15 曝光了第三方平台受利益驱使,忽视其平台经营的餐饮个体的食品安全监管,导致网上订餐出现较大的食品安全隐患。大学生网上订餐频率高,他们对食品安全的关注度直接影响该领域的食品安全问题。因此,本节通过调查分析对大学生食品安全关注度及其影响因素进行分析。

食品是人们生存必备的物质,消费者对食品安全的关注度与其自身的消费经历、消费观念等有密切联系。本节主要调查研究了大学生对食品安全的关注度。消费者对食品安全的关注度会在下面不同消费背景下形成。消费者在购买食品时通常会考虑食品质量、新鲜度等因素判断食品安全性,当市场提供的食品存在显而易见的质量安全问题,消费者将不会购买;当食品的质量安全问题不能通过观察等简单辨别方法判断食品安全时,因为食品本身并不存在显而易见的安全问题,大部分消费者会认为食品是安全的从而选择购买;如果购买后,消费者食用后发现所购买的食品是劣质的,大部分消费者会选择以后不购买该类食品;并且某些食品的质量安全特征即使消费者食用后也无法

在短期内甚至长期内都难以发现食品安全问题。例如"三聚氰胺"事件爆发前,消费者身心健康受到危害很难被发现,消费者仍然持续购买,而在问题曝光后,消费者普遍选择不购买,国产奶粉销售受到严重影响。随着近年来我国食品安全问题频发,消费者通过搜寻食品安全信息,以及自身和他人的食品安全经历、经验等,逐渐形成自己的食品安全认识。随着食品安全信息、经历和经验的不断更新,消费者对食品安全的关注度也随之形成和变化。食品安全问题、信息和关注度之间有必然联系,详见图1-7。

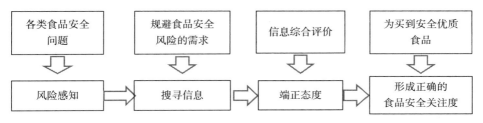

图1-7　消费者食品安全关注度形成的分析框架

消费者对食品安全关注度的形成可以看作通过信息传递与实践形成认知的过程。在食品安全事件频发时消费者对食品安全信息越关注,从而形成消费认知。由于食品安全信息不断更新,消费者需要形成关注食品安全信息的习惯。不同的信息来源会不同程度地影响消费者,所以食品安全信息的来源会影响到消费者对食品安全关注度的形成。此外,消费者对食品质量安全的信任也是影响消费者对食品安全关注度形成的重要因素。

（一）调查问卷设计

选取大学在校本科生为样本进行问卷调查。本次问卷采用网络调查的形式,调查时间为2016年6月30日—7月7日。发放调查问卷200份,回收有效问卷181份。问卷内容包括个人基本资料、大学生的食品安全关注度、对食品安全现状的看法、获取食品安全消息的来源渠道、解决食品安全问题的措施等。因此,调查问卷主要由三部分内容构成——基本情况、饮食习惯以及食品安全关注度。调查对象的基本情况主要包括大学生年龄、性别,在食品上的支出占比以及经常的就餐地点。目的是食品安全关注度与调查对象基本情况的关联性。

大学生的饮食习惯主要包括大学生的零食偏好、选购食品地点,选购食品的关注点,比如价格、包装、品牌以及留意包装标签或食品安全检测检疫证明书的频率,这几项内容调查大学生的饮食习惯和对食品消费关注的侧重点。零食偏好反映了大学生本身的饮食习惯是否健康,从而间接分析他们对食品安全是否关注。选购食品的地点主要分为正规超市和路边摊。选购食品时的关注点和留意包装标签或者食品安全检测检疫证明书的频率这两个问题就是从大学生的食品购买行为直观上体现大学生是否关注食品安全。

食品安全的满意度和关注度内容分为四个方面,分别为大学生对食品安全的满意度,大学生对食品安全的关注度以及大学生面临的主要食品安全问题,维权态度,获取食品安全信息的相关渠道。通过调查大学生面临的主要食品安全问题及维权态度既反映了我国目前的主要食品安全问题,也反映了大学生是否重视食品安全问题,同时也能够在一定程度上反映出目前食品安全问题的严峻性。获取食品安全信息相关渠道调查,提供了能够提高大学生对食品安全关注度的启示建议。通过问卷得到的大学生对食品安全问题关注度的调查分析为我国食品安全问题的解决提出了有效建议。

(二) 调查数据的统计分析

1. 调查对象的基本统计分析

根据回收的 180 份有效问卷进行统计分析,表 1-6 显示被调查大学生的基本特征和饮食习惯,包括被调查大学生的性别、年级、月食品支出比例、食品消费偏好以及经常性的用餐场所和食品购买场所。

表 1-6　调查结果的基本统计分析

统计指标	分类指标	人数	百分比
性别	男	46	25.56%
	女	134	74.44%
年级	大一	147	81.67%
	大二	26	14.44%
	大三	5	2.78%
	大四	2	1.11%

统计指标	分类指标	人数	百分比
食品支出占比	30%以下	22	12.22%
	30—50%	64	35.56%
	50—70%	67	37.22%
	70%以上	27	15%
零食偏好(多选)	薯片等膨化食品	82	45.56%
	鸡翅等熟食制品	78	43.33%
	泡面等速食品	45	25%
	坚果麦片	64	35.56%
	水果酸奶	148	82.22%
	其他	29	16.11%
	不吃零食	6	3.33%
零食购买场所(多选)	学校里面的便利店、超市	153	85%
	沃尔玛等大型超市	95	52.78%
	淘宝一号店等网店	66	36.67%
	其他	23	12.78%
	不购买零食	5	2.78%
正餐频繁食用场所	学校食堂	119	66.11%
	附近饭店	19	10.56%
	路边摊	1	0.55%
	附近美食城	41	22.78%

从表1-6中可见:被调查的大学生中女性占比约74.44%;年级分布中大一学生占比最高约81.67%;食品支出占比在50—70%之间的约37.22%、在30%—50%之间的约35.56%。上述情况表明:在调查样本中女性低年级大学生占比较高,并且他们在食品支出上的占比普遍较高。随着家庭收入的提高,大学生消费观念的转变,在食品方面并不介意支出偏多,以满足自己的需求和对食品安全的追求。

在零食偏好中水果酸奶居第一位,其次是薯片等膨化食品、鸡翅等熟食制品,说明大学生的零食消费中营养健康类零食占比最高。82.22%的学生在零食偏好时会选择水果酸奶这些健康食品,水果能够满足人体对于维生素的需求,酸奶有助于促进肠胃消化,提高人体免疫力。同时,大学生零食需求偏好具有多样化特征,在食用水果酸奶等健康零食的学生中部分人也会偏好薯片、方便面等。相应的零食购买场所中校内的便利店和超市因其地点便捷是大学生购买零食的首选地点,其次是大型商超、网店。大学生选择的购买渠道集中于中小超市和大型超市,这些地方的食品日期比较新鲜且进货渠道大多正规可查,口碑较佳,出现食品安全问题的概率相对较低。从网上购买食品的学生相对较少,主要是零食等单价不高,且购买需求具有一定时效性,同时网购食品安全问题及其售后保障尚未完善,学生们对网购食品的偏好性并未像其他商品那样强。在正餐食用场所中,学校食堂占比约 66.11%,仍然是大学生的首选,附近美食城其次,但同时附近饭店也已经成为大学生就餐的主要场所,占比已达 10.56%。因此,对学校周边餐饮场所的食品安全监管要进一步加强。

2. 大学生对食品安全的关注度分析

(1)购买食品时的食品安全关注行为

大学生在选购食品时,首要关注因素依然是价格,其次是品牌,然后是包装和食品原材料添加剂等问题,详见图 1-8。基于需求原理,购买食品的主要影响因素依然是价格,但同时品牌也是大学生选购食品时较为注重的次要因素。对于关系食品安全的原料添加剂等问题是较易被忽略的因素。对于留意包装标签或食品检验检疫证明频率,图 1-9 显示偶尔和很少留意的占比较高,分别为 41%和 28%。说明相对专业性较强的食品安全行为,大学生实行较少。

(2)大学生日常生活中经历的主要食品安全问题及其维权态度

表 1-7 统计了大学生日常生活中经历的主要食品安全问题及其维权态度。调查显示大学生在日常生活中遇到食品安全问题的频率较少,并且主要遇到的食品安全问题近半数为购买到过期商品。说明大学生在购买食品时并不关注商品的保质期,一般性的食品安全防范意识较低。在遇到食品安全问题时,仅有 26.11%的人不论损失的大小多少都会选择维权,此外在损失达到

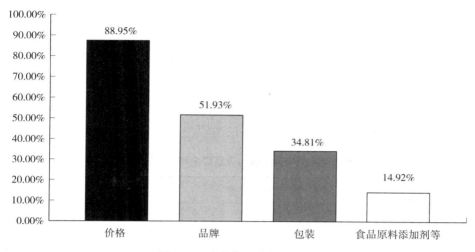

图 1-8　选购食品时的关注点

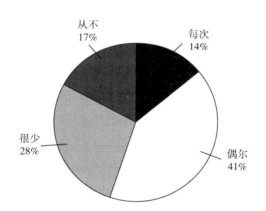

图 1-9　留意包装标签或食品检验检疫证明频率

50—200 元时约 39.23% 的大学生会选择维权。说明损失金额达到一定程度后,多数大学生会选择维权。总体来看,较之于一般消费全体,大学生食品安全维权态度较好。在对近年频发的食品安全问题的关注度方面,仅有 1.11% 的被调查对象对食品安全持不关注的态度,13.26% 的采取十分关注的态度,而采取关注和一般关注态度的占比较高。说明随着近年来我国食品安全问题频发以及相关食品安全监管措施实施,包括大学生在内的社会大众食品安全关注度得到了普遍提升。在关注的食品安全问题中,有毒物质的使用(如农药残留超标）、食品添加剂的过量使用和散装食品卫生问题占据前三位。对此，导致食品安全问题的主要原因调查认为食品生产者逐利（占比高达 93.37%）、政府监管问题（85.64%）是重要原因，而消费者维权意识弱（56.35%）也是造成这一问题的主要原因。但同时，被调查对象普遍认为我国食品安全现状正在逐渐好转的占比较高约 44.75%，相反认为日益严重的占比约 30.94%，从调查比例来看，我国食品安全现状仍然令一部分消费者缺乏信心。

表 1-7 大学生经历的食品安全问题统计分析

统计指标	分类指标	人数	百分比
遇到食品安全问题的频率	经常	11	6.08%
	很少	127	70.17%
	从没遇过	43	23.76%
遇到过的食品安全问题	食品已过期	88	48.62%
	食用后出现腹泻等反应	41	22.65%
	未过保质期，却有异味、霉变	53	29.28%
	该品牌被媒体曝光出现质量问题	56	30.94%
	从未遇到	34	18.78%
权益受到多大损害（货币衡量）会选择维权	10—50 元	18	9.94%
	50—200 元	71	39.23%
	200 元以上	44	24.31%
	无论多少	48	26.52%
对待近年频发的食品安全问题态度	十分关注	24	13.26%
	关注	85	46.96%
	一般，偶尔看看	70	38.67%
	不关注	2	1.1%
最关心的食品安全问题（多选）	食品添加剂过量使用	127	70.17%
	转基因原料的使用	63	34.81%
	散装食品的卫生问题	109	60.22%
	有毒物质如农药残留超标	133	73.48%
	无	43	23.76%

续表

统计指标	分类指标	人数	百分比
食品安全问题产生的 主要原因(多选)	食品生产者追求经济利益	169	93.37%
	政府监管不到位执法力度不够	155	85.64%
	消费者维权意识有待提高	102	56.35%
我国食品安全 现状如何	一成不变	41	22.65%
	逐渐好转	81	44.75%
	日益严重	56	30.94%
	挺好	2	1.1%
	非常不错	1	0.55%

(3)大学生获取食品安全信息的相关渠道及可接受的食品安全宣传活动

超过90%的被调查对象获取信息的渠道依靠网络,其次是电视和广播。报刊杂志和知识讲座对大学生食品安全信息获取的帮助相对较小(详见图1-10)。同时,在大学生喜好的食品安全宣传活动方式中(详见图1-11),67.78%的大学生想了解如何维权,29%的大学生通过食品安全事件报道了解食品安全信息,其次是食品安全现状和相关法律的信息获取。说明大学生对食品安全信息的需求是迫切的,多元化的食品安全信息宣传是提高社会大众食品安全意识,改善我国食品安全现状的必要措施之一。

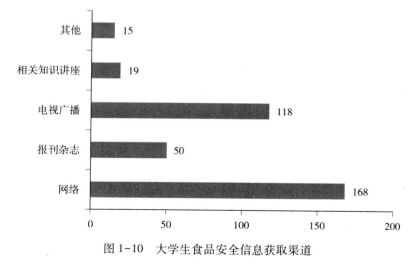

图1-10 大学生食品安全信息获取渠道

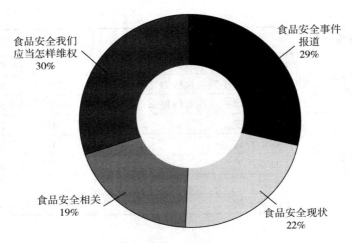

食品安全我们
应当怎样维权
30%

食品安全事件
报道
29%

食品安全相关
19%

食品安全现状
22%

图 1-11 大学生可接受的食品安全宣传活动

最后,64.64%的大学生认为解决我国食品安全问题的关键是法制,35.36%的大学生认为是道德。说明法制基础是解决食品安全问题的前提,而道德防范也是解决我国食品安全问题的必要途径之一。

通过对以上大学生食品安全关注度的调查分析,可以得出以下四方面的政策启示:

1. 大学生有着较强的食品安全意识

大学生处在学习期间,对食品安全知识和信息的接受度较高。并且近年来我国加大了对食品安全事件的曝光,食品安全违法犯罪的打击力度增强,从而使大学生对食品安全问题关注度提升,进而形成了较强的食品安全意识。与此同时,政府部门应该加大对食品安全问题的宣传力度,让大学生真正意识到食品安全问题的重要性,进一步加强大学生的食品安全意识,并将意识转化为实际行动,有效防范食品安全问题。

2. 大学生的食品安全满意度低和关注度高

食品安全事关每个人的身心健康,近年来频发的食品安全问题多涉及品牌企业,由此引发的食品安全信任危机严重,对食品安全现状满意度低。同时也使包括大学生在内的社会大众对食品安全关注度提高。

3. 大学生食品安全维权意识较差

调查显示只有遭遇的食品安全损失较大时,大学生才会进行维权。通常购买的食品价值相对较低,大学生维权动力不足,维权意识较差。对此,学校和社会组织机构应定期开展食品安全教育,提高大学生的食品安全防范意识。同时帮助大学生掌握维权的有效途径。

4.大学生认为法制更有利于改善食品安全现状,应实行法律为主、道德为辅的食品安全解决方法

在制定严格的食品安全法律制度基础上,辅以社会道德教育与约束是大学生认为解决我国食品安全问题的有效途径。并且进行有效且严格的执法,加大对违法违规企业的惩罚力度,加强企业社会责任意识,道德约束与教育并进,增加企业经销问题食品的法律和道德成本,长期以来能够有效解决我国食品安全问题。

第二节　食品安全事件的溢出效应及其影响因素分析

继2008年"三聚氰胺"事件造成的我国食品安全危机后,政府部门采取了一系列措施,包括对品牌企业产品的免检制度取消、健全食品安全监管体系、修订食品安全法,加强国内食品安全监管,消费者的食品安全意识得到了较大提升,新闻媒体对食品安全事件关注度加强,社会各界对食品安全问题有了全面认识。尽管如此,2011年双汇"瘦肉精"事件、2014年上海福喜事件的责任主体仍然是知名品牌企业,甚至具有跨国集团中国子公司背景的企业,对此市场会怎样反映,企业所在行业的其他企业会受到怎样的影响,这些影响与责任企业本身的性质特征又有怎样的关系,两个事件溢出效应的区别与联系等将是本节分析的主要内容。

事件研究法是根据某一事件发生前后一定时期的统计资料,采用特定技术测量该事件影响的一种定量分析方法,方法简便客观,已经广泛应用于金融、经济、管理等领域企业或各种经济事件研究。尤其是近年来我国食品安全问题凸显,相关食品安全的事件研究较为丰富。Lang 和 Stulz(1992)提出企业丑闻具有一定溢出效应,在行业中具体表现为传染效应或者竞争效应。Berg

(2004)分析了英国疯牛病和比利时二噁英事件对消费者食品安全信任的严重损害。Roehm 和 Tybout(2006)研究认为当事件负面信息涉及某一行业的特质时,传染效应更易发生。王永钦等(2014)利用事件研究法对食品行业的"三聚氰胺"事件和白酒"塑化剂"事件进行了分析,认为传染效应占主导地位,体现了消费者对食品行业信心不足。武帅峰等(2014)以酒鬼酒塑化剂事件为例分析了酒类行业食品安全事件的溢出效应,认为该事件给酒类行业造成了负向溢出效应。程淼和何坪华(2015)以蒙牛的三起食品安全事件("三聚氰胺"事件、中毒门事件和致癌门事件)为例分析了乳制品行业食品安全事件的溢出效应,认为传染效应是此类食品安全事件的普遍表现。

相关研究认为事件的溢出效应主要表现为传染效应和竞争效应。竞争效应是指竞争性市场的特质使公众将需求从丑闻企业转移到同一市场上其竞争对手的企业,从而后者的销量提升和获得额外收益。传染效应是指食品的质量保证高度依赖于政府监管,一旦公众对政府监管的效力缺乏信心,一家企业的丑闻会被放大成整个行业的普遍性问题,从而对整个行业产生不信任(王永钦等,2014)。因此,本节基于事件研究法对双汇"瘦肉精"事件和上海福喜事件的溢出效应进行了比较分析,并从公司层面分析了事件研究溢出效应的影响因素,总结结论并提出相应建议,以为食品生产供给企业、政府部门提供应对食品安全问题的有力对策。

一、双汇"瘦肉精"与上海福喜的事件研究及其比较分析

(一)实证方法

根据 Campbell 和 Wasley(1993),Campbell、Lo 和 MacKinlay(1997),以及 Guidolin 和 La Ferrara(2007)所提出的相关理论,本节的事件研究法采用市场模型,其基本回归形式如下:

$$r_{it} = \alpha_i + \beta_i r_{mt} + \varepsilon_{it} \tag{1.1}$$

其中 $E(\varepsilon_{it}) = 0$,$Var(\varepsilon_{it}) = \sigma_{\varepsilon_i}^2$,$E(\varepsilon_{it_{it}} \varepsilon_{it_{it}}') = 0$。$r_{it}$ 是股票 i 在第 t 天的实际日收益率;r_{mt} 是第 t 天该股票所对应的市场指数(或市场组合)的日收益率;ε_{it} 作为误差项,在此称为股票 i 在第 t 天的超额收益率。为了检验事件冲击是否如所料的对个股带来冲击,需要得出事件窗口期内超额收益率和累积超额收

益率的数值大小,并做进一步地分析。

假设有 n 家待检验的上市公司可以得到一组时间序列数据 $\{r_{it}\}_{t=T_0+1}^{t=T_2}$。其中 T_0+1 是估计窗口期的开始,T_1 是估计窗口期的结束,T_2 是时间窗口期的结束;$t=0$ 表示事件日,$t=-1$ 表示事件日的前一天,$t=1$ 表示事件日的后一天,以此类推。整个窗口的时间节点如下图所示:

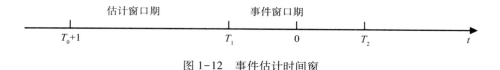

图 1-12　事件估计时间窗

若将 ε_{it}^* 定义为事件窗口期的超额收益率,则 $\varepsilon_{it}^* = r_{it} - (\hat{\alpha}_l + \hat{\beta}_l r_{mt})$,$i=1$,$2,\cdots,n$,$t=T_1,\cdots,T_2$,其中 $\hat{\alpha}_l$ 和 $\hat{\beta}_l$ 是利用回归估计方法通过窗口期数据估计所得的参数估计值。由此可计算得到股票 i 在事件窗口期内的累积超额收益率 $CAR_i = \sum_{t=T_1+1}^{t=T_2} \varepsilon_{it}^*$。并对事件窗口期的平均累积超额收益率进行检验。

（二）事件描述及数据来源

1. 事件描述

双汇"瘦肉精"事件因为品牌食品企业的再次沦陷成为人们关注的焦点。2011 年 3 月 15 日中央电视台新闻频道播出《每周质量报告》"3·15"特别行动专题栏目《"健美猪"真相》,曝光了河南孟州等地养猪场采用违禁动物药品"瘦肉精"饲养生猪,有毒猪肉部分流入了以"十八道检验、十八个放心"著称的肉制品行业龙头河南双汇集团的子公司济源双汇食品有限公司。2011 年 3 月 16 日舆情爆发式扩散,各大纸媒和财经类媒体纷纷跟进报道,矛头直指双汇的食品安全问题。"瘦肉精"事件曝光后,全国各地纷纷下架双汇肉制品。双汇集团用 20 多年时间铸就的品牌与信誉受到消费者质疑。双汇股票跌停,市值瞬间蒸发 103 亿元。自事件曝光以来,双汇集团展开了一系列补救措施。3 月 16 日、17 日,双汇集团连续两天在其官网上就"瘦肉精"事件发布声明,向消费者致歉,责令济源分厂停产整顿,并将每年的 3 月 15 日定为"双汇食品安全日"。3 月 31 日双汇集团召开了万人大会,董事长万隆代表集团向全国消费者致歉,并表示将完善食品安全内部监控体系,确保产品安全。最终,双汇"瘦肉精"事件调查结果显示:由于个别员工在采购环节执行检测时没有尽责,致使少量"瘦肉精"生猪流入济源分厂(吴宪霞,2011)。

2014年7月20日上海东方电视台报道,麦当劳、肯德基、必胜客等国际知名快餐连锁店的肉类供应商——上海福喜食品有限公司(以下简称"上海福喜")存在大量采用过期变质肉类原料的行为。上海福喜食品有限公司成立于1996年4月4日,是其母公司美国福喜集团(OSI集团)在中国投资的第二个具有国际标准的肉类、蔬菜加工企业。调查显示,上海福喜将2013年5月生产的6个批次4396箱烟熏风味肉饼更改包装,篡改生产日期重新销售。此外,存在问题的还有麦乐鸡18吨,烟熏风味肉饼78.1吨、小牛排48吨,共计144.1吨。这将给消费者的健康造成极大的食品安全隐患。近三年内上海福喜接受相关部门检查七次,却没有一次被检查出问题,说明不仅食品生产加工企业内部利用过期变质食品牟取私利的机会主义的恶劣行径,而且相关部门的食品安全检验检查制度没有落到实处,形式主义明显(刘鹏、刘志鹏,2014)。7月21日上海福喜愿承担全部责任,多家快餐店宣布封存上海福喜产品;7月23日中国百胜正式宣布停止采购福喜中国产品;7月24日福喜集团CEO道歉,麦当劳宣布停止与上海福喜合作;7月26日上海福喜产品被全部收回;7月28日麦当劳宣布在中国暂停使用所有福喜中国食品原料;7月29日福喜集团正式宣布在中国组建新的管理团队(潘巧莲,2014)。

2. 数据来源

本节数据取自在上海证券交易所和深圳证券交易所上市的A股,市场回报率根据股票所在市场分别对应采用上证A指和深证A指。股票和指数数据均来自于万得(Wind)数据库,股票所属行业归类采用申银万国行业分类标准。

食品安全事件分别选取肉类食品加工业中的双汇"瘦肉精"事件和上海福喜过期原料事件作为冲击事件。对于每个事件其估计窗口期的长度取为170天,这是由于太长的估计时间可能导致其他事件的交叉影响,而太短的估计时间则无法较准确地估计出回归系数。事件窗口期的长度取为21天,即事件发生日的前后各10天。事件发生日的选取主要根据各大主要新闻门户网站和媒体,如人民网、新华社、央视等媒体报道。根据"瘦肉精"事件的背景介绍,2011 年 3 月 15 日中央电视台 315 晚会曝光了济源双汇食品有限公司收购含"瘦肉精"猪肉,因此本节将 2011 年 3 月 15 日定为事件日即第 0 天。时间以工作日计算,以第-200 天到第-30 天为估计窗口期,具体时间跨度分别为 2010 年 5 月 14 日到 2011 年 1 月 24 日;以第-10 天到第 10 天为事件窗口期,具体的时间跨度分别为 2011 年 3 月 1 日到 2011 年 3 月 29 日。类似地,2014年 7 月 20 日据上海广播电视台电视新闻中心官方微博报道,麦当劳、肯德基等知名洋快餐供应商上海福喜食品公司被曝使用过期劣质肉,因此本节将2014 年 7 月 20 日定为事件日即第 0 天。以第-200 天到第-30 天为估计窗口期,具体的时间跨度为 2013 年 9 月 23 日到 2014 年 6 月 6 日;以第-10 天到第10 天为事件窗口期,具体的时间跨度为 2014 年 7 月 7 日到 2014 年 8 月 4 日。

参考王永钦等(2014)的食品行业事件研究,本节亦构建两个股票组合以消除公司层面的异质性,第一个组合是受事件冲击的本行业股票组合,即实验组;第二个组合是食品行业中其他不直接相关的股票组合,即控制组。控制组的存在可以保证第一个组合所受的影响既不来自于整体市场因素,又不来自于会影响整个食品行业的因素,而仅受单个事件的冲击。事件冲击的影响主要通过以下三个方面进行分析:一是通过划出事件窗口期的平均累积超额收益率,可以直观看出经济意义上数值的大小;二是通过计算事件窗口期的平均累积超额收益率并进行检验得出其显著性;三是通过两个肉类食品加工业中食品安全事件的结果进行比较分析。其中表 1-8 列出了事件的发生时间、描述、涉及丑闻的股票、实验组的个股成员和控制组的个股成员。

表 1-8　冲击事件描述

事件发生时间	事件描述	涉及丑闻的股票	实验组个股成员	控制组个股成员
2011.3.15	双汇"瘦肉精"事件曝光	上市公司双汇集团股份有限公司	新五丰、得利斯、顺鑫农业三只股票	食品加工业中除肉类加工业以外的九只股票
2014.7.20	上海福喜过期原料事件曝光	涉及公司为上海福喜食品有限公司,没有上市公司被曝光	三元股份、圣农发展、锦江股份三只股票	食品加工业中除肉类加工业以外的九只股票

二、事件研究的结果分析

通过事件研究法,分别得到事件冲击后的平均累积超额收益率如表 1-9—表 1-12 和图 1-13—图 1-14 所示。

表 1-9　双汇"瘦肉精"事件后实验组的 CAR 统计检验

事件窗口	平均累积超额收益率		t 统计量	p 值
	均值	标准差		
0—1	-0.0244	0.0021	-16.39**	0.039
0—2	-0.0220	0.0045	-8.52**	0.014
0—3	-0.0222	0.0037	-12.09***	0.001
0—4	-0.0197	0.0064	-6.89***	0.002
0—5	-0.0190	0.0059	-7.83***	0.001
0—6	-0.0203	0.0064	-8.37***	0.000
0—7	-0.0186	0.0076	-6.90***	0.000
0—8	-0.0194	0.0075	-7.76***	0.000
0—9	-0.0207	0.0082	-7.98***	0.000
0—10	-0.0212	0.0079	-8.85***	0.000

注:＊＊＊代表在1%的水平下显著,＊＊表示在5%的水平下显著,＊表示在10%的水平下显著。以下同。

表 1-10　双汇"瘦肉精"事件后控制组的 CAR 统计检验

事件窗口	平均累积超额收益率		t 统计量	p 值
	均值	标准差		
0—1	0.0005	0.0043	0.16	0.900
0—2	-0.0015	0.0046	-0.56	0.632
0—3	-0.0051	0.0081	-1.25	0.300
0—4	-0.0094	0.0119	-1.76	0.152
0—5	-0.0122	0.0127	-2.35*	0.065
0—6	-0.0157	0.0147	-2.81**	0.031
0—7	-0.0182	0.0154	-3.34**	0.012
0—8	-0.0211	0.0168	-3.76**	0.006
0—9	-0.0237	0.0179	-4.19***	0.002
0—10	-0.0239	0.0170	-4.67***	0.001

从表1-9可见,从事件发生日起到发生后的十天内,实验组企业的平均累积超额收益率始终为负值,均值为-2.12%。事件窗口期内的平均累积超额收益率都在统计上显著。但最初事件发生日起到发生后的一天内,平均累积超额收益率均值最低为-2.44%,随后有所增长,整体呈现小幅波动式变化,较事件最初发生日有所恢复。

从表1-10可见,从事件发生日起到发生后的十天内,控制组企业的平均累积超额收益率的均值除了事件发生日到发生后的一天内为0.05%,是正值以外,其他发生日的平均累积超额收益率的均值始终为负值,事件窗口期内的均值为-2.39%。并且从事件发生日到发生后的四天内的平均累积超额收益率在统计上都不显著,其他事件日时间段内的平均累积超额收益率在统计上显著且显著性水平逐渐提高。整体上,平均累积超额收益率的均值随着事件日的推移,呈现递减的变化趋势,体现出明显的传染效应。

比较表1-9和表1-10中平均累积超额收益率的统计结果,总体变化趋势不同,实验组的平均累积超额收益率都统计显著为负的,体现短暂的传染效应;而相比之下,控制组在事件发生五天后才表现出统计上显著的传染效应。

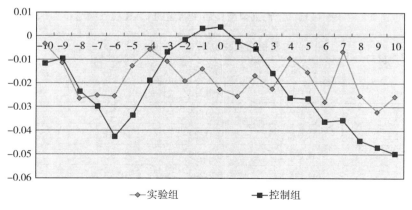

图1-13 双汇"瘦肉精"事件平均累积超额收益率

由图1-13可见,受到双汇"瘦肉精"事件的冲击,直接波及的肉制品加工企业在事件窗口期(即事件日前后十天)内,平均累积超额收益率始终为负值,呈现波动式变化,并且在事件发生后第九天达到最小值为-3.252%;非直接相关的其他食品加工业企业在事件日前一天和事件日的平均累积超额收益率为正值,而其他日的平均累积超额收益率也都为负值,呈现幅度较大的波动式变化,并且在事件发生后第十天达到最小值为-4.991%。

比较两组平均累积超额收益率发现,其他食品加工业企业的平均累积超额收益率在事件日前后各一天内均为正值,并在事件日前后三天内的平均累积超额收益率都显著高于直接被波及的肉制品加工企业的平均累积超额收益率,说明双汇"瘦肉精"事件在行业内表现出较强的传染效应,而相关行业反映出一定的竞争效应,但这些效应体现的时效性较强,仅在距事件日较短时间内发挥作用。而从事件发生后第四天及以后,随着涉事的双汇集团的危机公关等相应采取的紧急措施,在市场产生了一定的弥补作用,而相关同类企业对此加大以产品安全品质为主的营销策略,以及对追溯检验等质量安全把控措施的强化和公开,加之政府部门对该行业质量安全监管的严格化,使得公众对该行业企业信心有所恢复,尽管平均累积超额收益率仍然为负值,但已经高于非同类行业企业的值,然而同时也可以看到总体上事后平均累积超额收益率相比于事前的平均累积超额收益率仍较低。

表 1-11 上海福喜事件后实验组的 CAR 统计检验

事件窗口	平均累积超额收益率		t 统计量	p 值
	均值	标准差		
0—1	0.0344	0.0043	11.25*	0.056
0—2	0.0280	0.0115	4.21*	0.052
0—3	0.0179	0.0222	1.61	0.205
0—4	0.0102	0.0259	0.88	0.428
0—5	0.0028	0.0294	0.23	0.827
0—6	-0.0021	0.0297	-0.18	0.860
0—7	-0.0052	0.0289	-0.51	0.628
0—8	-0.0056	0.0271	-0.62	0.551
0—9	-0.0041	0.0260	-0.49	0.633
0—10	-0.0030	0.0249	-0.40	0.697

表 1-12　上海福喜事件后控制组的 CAR 统计检验

事件窗口	平均累积超额收益率		t 统计量	p 值
	均值	标准差		
0—1	−0.0056	0.0038	−2.07	0.287
0—2	−0.0092	0.0068	−2.35	0.143
0—3	−0.0159	0.0144	−2.20	0.116
0—4	−0.0189	0.0143	−2.97**	0.041
0—5	−0.0234	0.0168	−3.40**	0.019
0—6	−0.0268	0.0178	−3.99***	0.007
0—7	−0.0286	0.0172	−4.69***	0.002
0—8	−0.0300	0.0167	−5.40***	0.001
0—9	−0.0291	0.0160	−5.75***	0.000
0—10	−0.0282	0.0155	−6.04***	0.000

从表 1-11 可见,从事件发生日起到发生后的五天内,实验组企业的平均累积超额收益率的均值都为正值,整体均值为 0.28%;从事件发生日起到发生后的六—十天内,实验组企业的平均累积超额收益率的均值都为负值,整体均值为−0.30%。并且只有从事件发生日到发生后的一天和两天内的平均累积超额收益率在统计上显著,其他事件日时间段内的平均累积超额收益率在统计上均不显著。整体上,平均累积超额收益率的均值随着事件日的推移开始呈现明显的递减趋势,九—十天有小幅回升。从统计意义上,事件发生日到发生后的前二天具有体现出一定的竞争效应。

从表 1-12 可见,从事件发生日起到发生后的十天内,控制组企业的平均累积超额收益率的均值始终为负,整体均值为−2.82%。并且从事件发生日到发生后的三天内的平均累积超额收益率在统计上都不显著,其他事件日时间段内的平均累积超额收益率在统计上显著且显著性水平逐渐提高。整体上,平均累积超额收益率的均值随着事件日的推移,呈现递减的变化趋势,体现出一定的传染效应。但在九—十天后有小幅回升。

比较表1-11和表1-12中平均累积超额收益率的统计结果,总体变化趋势相同,但实验组的平均累积超额收益率仅前二天是统计显著为正的,体现短暂的竞争效应;而相比之下,控制组在事件发生三天后表现出统计上显著的传染效应。

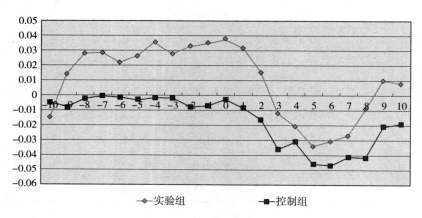

图1-14　上海福喜事件平均累积超额收益率

由图1-14可见,受到上海福喜事件的冲击,相关企业在事件日前九天至事件日后二天内平均累积超额收益率始终为正值,在事件日后第三天至第八天内平均累积超额收益率为负值,而后又在第九天和第十天回升至正值,并且在事件发生后第五天达到最小值为-3.432%;非直接相关的其他食品加工业企业在事件日前十天内变化较为平稳,始终处于-0.1%到0之内变化,而从事件日开始到事件后第六天平均累积超额收益率呈现明显的下降趋势,到事件发生后第六天达到最小值为-4.697%,而后逐步回升但仍然为负值。

比较两组平均累积超额收益率发现,从事件日开始两组企业的平均累积超额收益率变化趋势一致,都表现了显著的下降趋势,但不同的是相关企业的平均累积超额收益率始终明显高于非同行业企业的平均累积超额收益率;从整个事件窗口期来看,相关企业的平均累积超额收益率除了事件前第十天,其他时间的值均高于非同行业企业,并且在事件日前的时间内表现出非常明显的优势,均高于1%,说明事发前相关企业的市场表现远优于非同行业企业。说明上海福喜事件肉制品加工业及整个食品加工业产生了明显的传染效应,效应持续六天后有所减弱,但造成行业企业的平均累积超额收益率始终显著低于事前。

双汇集团在国内的肉制品加工业中占据重要位置,其被曝光的"瘦肉精"事件在肉制品加工业产生了较强但短暂的传染效应,而在其他非同类食品加工业中产生的是短暂的竞争效应。在上海福喜事件被曝光前,作为跨国企业的子公司上海福喜具有良好的品牌形象以及是麦当劳等知名连锁餐饮连锁企业的长期供应商。这样带有"国际"口碑的企业被曝光出食品安全问题后,必将对国内食品安全信任受损的消费者对食品加工业的信心进一步受到重创,致使整个行业的传染效应显著,且较为持续。两个事件的主体一个是国内知名企业,另一个是具有"国际"口碑的国内子公司,导致两个事件的溢出效应表现不同。对于国内企业的食品安全问题,因为有2008年的"三聚氰胺"事件作为先例,近年来我国食品安全监管体系得到了完善,消费者对国内食品安全信心有一定恢复,并且市场对双汇集团所表现的紧急补救措施、企业认错态度等具有一定认可;而相比之下在消费者心理上本应更具食品安全保障的跨国集团子公司上海福喜被曝光食品安全问题,对于消费者心理打击更强烈,市场表现的传染效应就更为突出。

三、基于回归分析的事件溢出效应影响因素分析

为进一步分析双汇"瘦肉精"事件以及上海福喜事件对相关上市公司的溢出效应的影响因素,本节利用事件研究法分析结论,结合上市公司主要的财务等经营情况进行回归分析。

(一) 回归模型的建立

本节利用多元逐步回归分析法,将事件窗口期上市公司的累积超额收益率作为被解释变量,选取相应上市公司的财务状况指标——资产总计、资产负债率、流动比率,以及公司经营业绩指标——净利润、营业收入、净资产收益率作为解释变量。被解释变量数据来源于事件研究中事件窗口期对应的实验组和控制组的上市公司累积超额收益率,解释变量数据来源于相应事件窗口期

的公司季报。相应的变量及其符号如下表 1-13 所示：

表 1-13　回归分析的变量符号

变量类型	变量符号	变量含义
因变量	CAR	事件窗口期的累积收益率
自变量	Lntotass	资产总计(元),取对数
	Dbas	资产负债率(%)
	Currt	流动比率(%)
	Lnnp	净利润(元),取对数
	Lnim	营业收入(元),取对数
	Ttm	净资产收益率(%)

最初建立的多元线性回归方程如下：

$$CAR_i = \alpha + \beta_1 Lntotass_i + \beta_2 Dbas_i + \beta_3 Currt_i + \beta_4 Lnnp_i +$$
$$\beta_5 Lnim_i + \beta_6 Ttm_i + u_i \tag{1.2}$$

（二）回归模型的估计结果

通过多元逐步回归分析法,得到最优的双汇"瘦肉精"事件相应的溢出效应回归模型如下：

$$CAR_i = 1.6538 - 0.0238 Currt_i - 0.0760 Lntotass_i \tag{1.3}$$
$$t = (4.2483)(-3.1116)(-4.3502)$$
$$p = 0.0021 \qquad 0.0125 \qquad 0.0018$$
$$R^2 = 0.6800, AdjR^2 = 0.6088, F = 9.5579$$

根据式（1.3）可见,流动比率 $Currt$ 和资产总计对数 $Lntotass$ 的系数分别在 5% 和 1% 的显著性水平下显著,并且由模型的拟合优度（R^2、$AdjR^2$ 值）、整体显著性检验（F 统计量值）可见回归模型具有一定解释能力,整体上显著。根据 White 检验,可以判定在 5% 的显著性水平不拒绝"不存在异方差"的原假设,即不存在异方差。通过 p 值可以判断出可以拒绝原假设的最小概率为7.49%。由估计结果得到:当其他因素不变时,公司流动比率增加 1%,累积超额收益率平均降低 0.0238;当其他因素不变时,公司资产总计增加 1%,累积超额收益率平均降低 0.076。双汇"瘦肉精"事件窗口期的累积超额收益率受到公司财务状况的显著负向影响，而与公司经营业绩没有实质的相关性。说明在双汇"瘦肉精"事件的溢出效应下，公司财务状况越好，相应的累积超额收益率会显著降低，体现的传染效应更突出。

$$CAR_i = -0.8057 + 0.0359 Lntotass_i \qquad (1.4)$$

$$t = (-1.9861) \quad (1.9579)$$

$$p = 0.0751 \qquad 0.0787$$

$$R^2 = 0.2771, F = 3.8335$$

根据式（1.4）可见，资产总计对数 $Lntotass$ 的系数分别在 10% 显著性水平下显著，并且由模型的拟合优度（R^2、$AdjR^2$ 值）、整体显著性检验（F 统计量值）可见回归模型有一定解释能力，整体上显著。

$$CAR_i = -0.6837 + 0.0309 Lnim_i \qquad (1.5)$$

$$t = (-1.9072)(1.8756)$$

$$p = 0.0856 \qquad 0.0902$$

$$R^2 = 0.2602, F = 3.5178$$

根据式（1.5）可见，营业收入对数 $Lnim$ 的系数分别在 10% 显著性水平下显著，并且由模型的拟合优度（R^2、$AdjR^2$ 值）、整体显著性检验（F 统计量值）可见回归模型有一定解释能力，整体上显著。根据 White 检验，可以判定在 5% 的显著性水平不拒绝"不存在异方差"的原假设，即不存在异方差。通过 p 值可以判断出可以拒绝原假设的最小概率为 21.39%。由估计结果得到：当其他因素不变时，公司营业收入增加 1%，累积超额收益率平均增加 0.0309。上海福喜事件窗口期的累积超额收益率受到公司经营业绩的正向影响但显著性相对较弱，在该影响下公司财务状况对其累积超额收益率没有显著影响。说明在上海福喜事件的溢出效应下，作为公司经营业绩指标之一的营业收入增长，相应的累积超额收益率会在一定程度上增加，体现的竞争效应更突出。

比较双汇"瘦肉精"事件与上海福喜事件溢出效应的影响因素如下所示：

表 1-14　事件溢出效应的影响因素比较

事件	回归类型	具有显著性的解释变量	影响方向	影响的显著性
双汇"瘦肉精"事件	多元回归	$Currt$	负向	5%显著性水平,较强
		$Lntotass$	负向	1%显著性水平,较强
上海福喜事件	单变量回归	$Lntotass$	正向	10%显著性水平,较弱
		$Lnim$	正向	10%显著性水平,较弱

由表 1-14 可见,两个事件溢出效应的影响因素中资产总计是公共因素,但其对两个事件溢出效应的影响方向刚好相反。而流动比率仅在双汇"瘦肉精"事件中发挥负向作用,营业收入仅在上海福喜事件中发挥较弱的正向作用。双汇"瘦肉精"事件中流动比率和资产总计共同对溢出效应发挥影响作用,公司财务利好反而加剧传染效应。而上海福喜事件中资产总计和营业收入仅单一对溢出效应发挥影响作用,公司财务或者经营业绩利好单一指标利好增强竞争效应。

四、本节主要结论及启示

(一) 主要结论

本节基于事件研究法对双汇"瘦肉精"事件和上海福喜事件进行了比较分析,并且从公司层面分析了事件溢出效应的影响因素,得出主要结论及政策建议如下:

首先,双汇"瘦肉精"事件在肉类食品加工业内具有较强的传染效应,其他食品加工业表现出一定的竞争效应,但这些溢出效应仅在较短时间内发挥作用。这是由于双汇在事件发生后立即采取补救措施,以及调查表明事发济源分厂个别员工在采购检验环节失职不负责所致,因而在一定程度上挽回市场信心。但事件过去数天后行业的市场表现仍比事前要差。

其次,上海福喜事件对整个食品加工业都产生了传染效应,并且比双汇"瘦肉精"事件的效应更持久。这是由于上海福喜公司所属的福喜集团是跨国企业,其供应的连锁餐饮店也均为国际知名,因此市场对相关行业企业的信心受到重创,对该事件的反映更为强烈。

最后,回归分析表明公司财务指标的资产总计对上述两个食品安全事件的溢出效应具有直接影响,不同的是前者为负向影响,后者为正向影响。而公司财务指标的流动比率仅对双汇"瘦肉精"事件溢出效应有直接的负向影响,公司经营业绩指标的营业收入仅对上海福喜事件溢出效应具有直接的正向影响。而根据影响系数的显著性检验表明,双汇"瘦肉精"事件中公司财务状况越好对事件的传染效应具有显著的加剧作用;而上海福喜事件中公司财务和经营业绩对其事件的竞争效应的影响显著性相对较弱。

(二) 政策启示

根据主要结论,本节提出以下政策启示:

首先,当企业被曝光食品安全问题时,应第一时间采取补救措施,尤其是通过及时召回问题食品、明确问题产生的根源,并通过多种渠道实时公开事件进展情况,向社会大众致歉,积极主动承担责任。同时,政府部门要做好相应事后监管工作,以免出现企业推卸责任,不能及时把控事件造成的损失。并且吸取同类事件的经验教训,做好事前、事中和事后的全程监管工作。

其次,依据传染效应和竞争效应,一个企业的问题就会波及整个行业,对消费者信心产生极大的负面影响,并且持续难以挽回。为维护整个行业的声誉,行业协会应有动力要在行业内发挥应有的职责,通过委托第三方检验检测以及上下游企业的质检机构,对企业日常生产活动实施不定期、无预防的监督和产品抽检,行业内部制定监督细则,行业协会借助政府相关部门力量可以对问题企业实行问责制。

最后,企业性质、特征等不同,其发生食品安全问题对整个行业的影响是有差异的。尤其是知名的品牌企业一旦发生食品安全问题,将对同类企业或者相关行业产生的负面效应(如传染效应)通常强于正面效应(如竞争效应),并且持久难以彻底消退。因此,品牌企业更应负有强大的社会责任以及行业使命,严控自身产品的质量安全关,对于暴露的问题要及时寻求解决办法,而不是一味的掩盖、拖延,甚至听之任之。对于企业规模较大,难以全面覆盖到每个细节的内控困境,企业可以借助于奖惩机制的设计,积极主动地联合其上下游企业、行业机构、政府部门以及消费者共同帮其监督把关。

第三节　食品安全信任危机下我国进口奶粉量及其影响因素的实证分析

近年来我国奶粉进口量逐年增长,特别是 2009 年后受到三聚氰胺事件的影响,进口奶粉量呈大幅度增长态势。根据商务部统计的 2001—2013 年我国进口奶粉数量显示:2001—2008 年间我国进口奶粉约 11.11 万吨/年,呈现较为平稳的波动变化趋势,平均环比变化率约为 13.43%;而 2009—2013 年间进口奶粉约 50.78 万吨/年,平均环比变化率已跃升至 59.55%,呈现出显著的跳跃式增长(详见图 1-15)。依据统计分析,进口奶粉每增加 10 万吨,将直接减少 85 万吨国内奶源的需求(王莹,2010)。2008 年三聚氰胺事件前,我国国产奶粉市场占有率为 60%,进口奶粉仅为 40%。而 2010 年进口奶粉的市场占有率已经同国产奶粉各占 50%。三聚氰胺事件后,奶粉消费市场恢复的需求已经被进口奶粉所补充(刘玉满、李静,2011),并直接导致国产奶粉的市场份额不断下降。中国食品土畜进出口商会提供的数据显示:2012 年底我国进口奶粉的市场占有率已从 2008 年前的 30% 左右跃升到 50% 以上,进口奶粉在高端奶粉市场的占有率更是超过 70%。同时,进口品牌奶粉的高价格使其

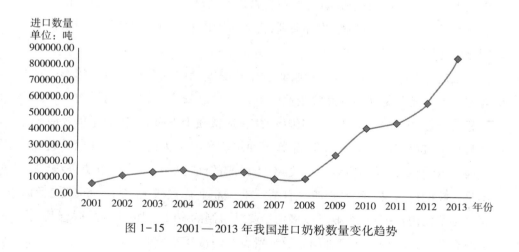

图 1-15　2001—2013 年我国进口奶粉数量变化趋势

在婴幼儿奶粉销售市场上,以不到 40% 的销售量占比实现了 65% 的销售额(王中亮、石薇,2013)。

面对消费者对国内乳品的信任危机,近年来国内乳品企业从原料奶的采购供给、质量安全追溯体系建设、生产检测设备的升级改造等方面都做了一系列的改进调整。尽管如此,消费者对国产奶粉的质量安全信任度依然较低,尤其是在 2008 年"三聚氰胺"的阴霾尚未褪去,2009 年底、2010 年"三聚氰胺"事件再次卷土重来的情况下,国产奶粉的供需失衡依然突出。中国本土奶源质量和国产奶粉安全屡出问题,奶粉品牌信誉不佳,这些问题更促进了消费者对国外进口品牌奶粉的青睐。随着国内奶粉消费的不断增长,我国进口奶粉的规模在持续扩大。大包装奶粉进口正在逐年增加,2013 年进口量达到了85.44 万吨,2014 年进口总量超过了 100 万吨。2014 年中国奶粉市场销量排前四位的进口奶粉品牌分别是美赞臣、多美滋、惠氏、雅培,市场份额分别为12.3%、11.7%、11% 和 7.7%,四个品牌的总市场份额为 42.7%,占据了中国婴幼儿奶粉近一半市场。市场调查显示:消费者在选购进口奶粉时最看中口碑、安全性、产地和配方四个因素(孙洪霞,2015)。可见,大品牌和食品安全是进口奶粉销量激增的关键影响因素。

从"三聚氰胺"事件发生以来,关于我国乳品行业质量安全相关的国内外研究较多,以理论探讨为主,分析乳品行业质量安全监管的措施、规制、标准等,并通过案例和实证分析方法,将食品安全产生的原因归结为政府失灵、规制不完善,对此提出了一些政策建议。而从三聚氰胺事件发生前后我国进口奶粉量变化的相关研究,刘玉满和李静(2011)针对我国进口奶粉量增加现状,通过对完达山乳业案例的调研分析进口奶粉对国内奶业的实际影响。王中亮和石薇(2013)针对我国乳业因"三聚氰胺"等食品安全事件造成的信任危机,进而导致进口奶粉消费需求激增,从而导致进口奶粉尤其高端品牌婴幼儿奶粉的价格垄断现状,分析并提出国内乳业如何破除危机的对策。王彩霞(2011)对乳品行业质量监管进行了实证分析,结果认为食品安全事件的频繁爆发导致消费者不断修正对政府治理的预期,最终导致消费者对政府和企业都丧失信任。质检机构纵容、偏袒、保护违规企业是经济生活的常态,爆发大的食品安全事件危及社会公共安全时,政府才会对违规企业进行运动式打击;政府监管频频失控比市场自发调整对消费者信任的损害更为严重。何海泉和周丹(2014)基于结合分析技术,分析了消费者对婴儿奶粉的选择行为和边际支付意愿。三聚氰胺事件重创了国产商品的信誉,使消费者对进口奶粉的边际支付意愿更高。分析认为消费者对国产奶粉的需求并不低,三聚氰胺事件对受教育程度高的消费群体的影响特征是促使其选择替代消费品进而回避安全风险。如果能够有效地将国产奶粉的安全信息传递给消费者并使其了解,国外奶粉不一定占绝对优势。陈梅和茅宁(2015)从乳制品的原料奶供应模式及其投资治理角度分析了我国乳制品在生产原料源头存在的机会主义和客观环境的双重不确定性,以及企业通过采取紧密型关系治理模式是较好的治理模式选择。钟真等(2016)通过对奶农合作社进行深入的案例分析,得出人际信任和制度信任对社员质量安全行为的作用。从合作社内部信任体系建设角度提出如何提高原料奶的质量安全水平。

现有研究从三聚氰胺事件发生对进口奶粉数量总体变化、市场占有率以及消费者支付意愿等角度分析了近年来我国奶粉消费现状,尤其是进口奶粉供需的显著变化。基于产品供需的基本原理,本节以我国主要地区的进口奶粉量为研究对象,分析与之密切相关的进口奶粉单价、国内乳制品价格、人均可支配收入的因素,尤其是考虑到三聚氰胺事件对其影响。采用面板数据建立计量经济模型实证分析我国主要地区的进口奶粉量与其主要影响因素进口奶粉平均单价、国内乳制品价格、三聚氰胺事件影响和可支配收入的定量关系,同时通过比较分析,以进口奶粉为例分析供需失衡的基本因素。

一、我国进口奶粉量的面板数据实证分析

(一)面板数据模型的指标变量选取及平稳性检验

本节选取进口奶粉量作为模型的被解释变量,进口奶粉平均单价、国内乳制品价格、三聚氰胺事件发生的年度区分以及相应地区的人均可支配收入作为模型的解释变量。具体变量的数据来源如下:

表 1-15　面板数据模型的变量定义及其数据来源

变量名称	变量符号	数据来源及处理
进口奶粉量	IQ	被解释变量,分地区的进口奶粉量(单位:吨)《中国奶业年鉴》
进口奶粉平均单价	IP	解释变量,进口奶粉平均单价(单位:美元/吨),换算为元/吨,《中国奶业年鉴》
国内乳制品价格	P	解释变量,居民消费乳制品价格指数(上年等于100),以2006年为不变价格进行指数换算,中经网统计数据库
事件年度	Year	解释变量,分别用2007和2008年度为0,2009—2013年度为1
人均可支配收入	ADI	解释变量,分地区的城镇居民家庭人均可支配收入(单位:元),国家统计局

由于进口奶粉量数据的可得性,本节选取的地区包括北京、上海、天津、广东、浙江、山东和湖南这七个地区,选取的指标数据样本区间为 2007—2013 年,除进口奶粉量和事件年度数据,其他变量数据均经过不变价格指数标准化处理。事件年度变量的取值是根据对我国奶粉消费影响巨大的"三聚氰胺"事件发生的年度时间作为区分,2007 年和 2008 年变量取值为 0,2009 年—2013 年变量取值为 1,据此可以观察我国奶制品行业的典型食品安全事件对进口奶粉量的影响。为便于分析,将数据均进行对数标准化。

根据收集整理的 2007—2013 年度我国主要地区进口奶粉量及其相关指标数据,首先对变量数据进行对数标准化,然后进行面板数据的单位根检验,以检验数据的平稳性。本节采用两种面板数据单位根检验方法,即相同根单位根检验 LLC 检验和不同根单位根检验 ADF Fisher 检验。如果在两种检验中"均"拒绝存在单位根的原假设则相应的变量序列是平稳的,反之则不平稳。具体检验结果如表 1-16 和表 1-17 所示。

表 1-16　面板数据的 LLC 单位根检验

变量	统计量	p 值	检验式
LnIQ	-1.52909*	0.0631	不含趋势含截距项
LnIP	-6.86662***	0.0000	不含趋势含截距项

变量	统计量	p 值	检验式
LnP	-6.46529^{***}	0.0000	不含趋势含截距项
$LnADI$	-1.77487^{**}	0.0380	不含趋势含截距项

注：$***$ 代表在1%的水平下显著，$**$ 表示在5%的水平下显著，$*$ 表示在10%的水平下显著。以下同。

表 1-17　面板数据的 ADF Fisher 单位根检验

变量	方法	统计量	p 值	检验式
$LnIQ$	ADF-Fisher 渐进卡方	30.1182^{***}	0.0074	不含趋势含截距项
	ADF 渐进正态分布	-3.0095^{***}	0.0013	
$LnIP$	ADF-Fisher 渐进卡方	28.7999^{**}	0.0111	不含趋势含截距项
	ADF 渐进正态分布	-3.00758^{***}	0.0013	
LnP	ADF-Fisher 渐进卡方	89.4510^{***}	0.0000	含趋势含截距项
	ADF 渐进正态分布	-7.75959^{***}	0.0000	
$LnADI$	ADF-Fisher 渐进卡方	32.0269^{***}	0.0040	含趋势含截距项
	ADF 渐进正态分布	-2.86893^{***}	0.0021	

根据表 1-16 的 LLC 单位根检验结果可见，变量 $LnIQ$ 面板数据在 10% 的显著性水平上平稳；变量 $LnADI$ 面板数据在 5% 的显著性水平上平稳；变量 $LnIP$ 和 LnP 的面板数据均在 1% 的显著性水平上平稳。根据表 1-17 的 ADF Fisher 单位根检验结果可见，变量 $LnIP$ 面板数据的渐进卡方统计量在 5% 的显著性水平上平稳；其他所有变量的面板数据均在 1% 的显著性水平上平稳。因此，本节变量的面板数据是平稳的。

（二）面板数据模型形式的设定

为选择适合面板数据的模型，并考虑到本节数据量的局限性，所以采用 Wald-F 检验对模型形式设定进行检验。

考虑截面变异下的一般面板数据模型的具体形式如下:

$$y_i = \alpha_i + \beta_i x_i' + u_i, i = 1, 2, \cdots, N, t = 1, 2, \cdots, T \qquad (1.6)$$

其中 N 表示个体截面成员的个数, T 表示每个截面成员的观测时期总数,参数 α_i 表示模型的常数项, β_i 表示对应于解释向量 x_i 的 $k \times 1$ 维系数向量, k 为解释变量个数,随机误差项 u_i 相互独立,且满足零均值、等方差为 σ_i^2 的假设。

基于固定效应模型的不同形式,即变参数模型、变截距模型和不变参数模型,利用 Wald-F 检验进行确定。通过 Eviews 6.0 软件估计出三种形式的模型:变参数模型、变截距模型和不变参数模型,由每个模型回归统计量得到的残差平方和分别为 $\sqrt{2}l < h < (2\sqrt{2}+1)l$、$S_2 = 7.6774$、$S_3 = 46.1600$。根据公式计算得到 F 统计量及判定结果如下表 1-18 所示:

表 1-18 模型形式的设定检验

原假设	F 统计量	$\alpha = 0.05$ 下的临界值	检验结果	判定结果
$H_1: \beta_1 = \beta_2 = \cdots = \beta_N$	$F_1 = 2.9291$	$F_1(24, 14) = 2.35$	拒绝 H_1	变系数模型
$H_2: \alpha_1 = \alpha_2 = \cdots = \alpha_N,$ $\beta_1 = \beta_2 = \cdots = \beta_N$	$F_2 = 16.4280$	$F_2(30, 14) = 2.31$	拒绝 H_2	

因此,本节建立变系数模型,它的形式具体为

$$LnIQ_{it} = \alpha_{it} + \beta_{1i}LnIP_t + \beta_{2i}LnP_t + \beta_{3i}Year + \beta_{4i}LnADI_{it} + \mu_{it} \qquad (1.7)$$

$LnIQ_{it}$ 是地区 i 在第 t 年的奶粉进口量; $LnIP_t$ 是第 t 年的进口奶粉平均单价; LnP_t 是第 t 年的居民消费乳制品价格; $Year$ 是年度虚拟变量取值; $LnADI_{it}$ 是地区 i 在第 t 年的人均可支配收入。

(三) 模型估计结果分析

经估计可得面板数据的变系数模型为

表 1-19 变系数模型回归的参数估计值

估计值	北京	上海	天津	广东	浙江	山东	海南
α	-37.5906*** (11.9746)	-36.6416*** (11.5733)	-28.4273** (11.1253)	-15.5904 (10.9713)	-19.2215 (11.0480)	15.3472 (10.0801)	20.8965* (10.3522)

估计值	北京	上海	天津	广东	浙江	山东	海南
β_1	1.4865 (1.2674)	1.1616 (1.2940)	4.3597** (1.4659)	−0.0903 (1.2840)	0.8590 (1.3021)	−0.6102 (1.2923)	1.0618 (1.2581)
β_2	−8.2438** (3.5863)	−2.3876 (3.5843)	2.0865 (5.1314)	−2.7121 (3.3290)	−3.6057 (3.1942)	4.4300 (3.5979)	−2.9764 (3.4226)
β_3	0.9254 (0.7164)	0.8610 (0.7431)	3.3800*** (0.9953)	0.5286 (0.7391)	0.6915 (0.7379)	1.3612* (0.7407)	1.4168* (0.7089)
β_4	8.6366*** (2.8626)	5.6269* (2.8264)	−1.0531 (4.2342)	4.8121* (2.5580)	4.7260* (2.4881)	−2.8102 (2.4612)	−0.9944 (2.4294)

注:( )内为标准差。

估计结果表明:模型的拟合优度 $R^2 = 0.9837$,调整后的拟合优度 $R^2_{adj} = 0.9440$。根据变系数模型回归结果可见:北京的进口奶粉量受到国内乳品价格的负向影响和人均可支配收入的正向影响。具体而言,当其他因素保持不变时,国内乳品价格上涨 1%,北京进口奶粉量平均减少 8.2438%;当其他因素保持不变时,人均可支配收入增加 1%,北京进口奶粉量平均增加 8.6366%。上海的进口奶粉量受到人均可支配收入的正向影响。具体而言,当其他因素保持不变时,人均可支配收入增加 1%,上海进口奶粉量平均增加 5.6269%。天津的进口奶粉量受到进口奶粉平均单价的正向影响和三聚氰胺事件的正向影响。具体而言,当其他因素保持不变时,进口奶粉平均单价上涨 1%,天津进口奶粉量平均增加 4.3597%;当其他因素保持不变时,三聚氰胺事件发生后天津进口奶粉量平均增加 3.38%。广东省的进口奶粉量受到人均可支配收入的正向影响。具体而言,当其他因素保持不变时,人均可支配收入增加 1%,广东进口奶粉量平均增加 4.8121%。浙江省的进口奶粉量受到人均可支配收入的正向影响。具体而言,当其他因素保持不变时,人均可支配收入增加 1%,浙江进口奶粉量平均增加 4.726%。山东省的进口奶粉量受到三聚氰胺事件的正向影响。具体而言,当其他因素保持不变时,三聚氰胺事件发生后山东进口奶粉量平均增加 1.3612%。海南省的进口奶粉量受到三聚氰胺事件的正向影响。具体而言,当其他因素保持不变时,三聚氰胺事件发生后海南进口奶粉量平均增加 1.4168%。

上述结果表明:总体来看,2008 年 9 月发生的三聚氰胺事件对进口奶粉量具有显著的促进作用。对此,天津、山东和海南地区的进口奶粉量均有显著效应。消费者因国内奶粉质量安全问题,食品安全信心受到极大损害,尤其是关乎婴幼儿及儿童的身体健康,价格等货币因素都是次要的。因此,近年来"香港奶粉限购令"、"国外奶粉抢购潮"等国外奶粉受到我国消费者追捧现象频现,首要关键因素就是消费者因国内食品安全事件频发而产生信任危机。北京、上海、广东和浙江的人均可支配收入对其进口奶粉量的影响均显著为正。这方面在一线城市及发达地区表现得更为突出。由于进口奶粉零售价格相对较高,所以人均可支配收入的增加对进口奶粉量具有一定的促进作用。从进口奶粉平均单价与国内乳制品价格对进口奶粉量的影响并不是特别突出,仅有北京和天津两个地区对其进口奶粉量有显著影响。对于具有显著影响的两个地区奶粉进口量与理论预期不同。通常而言进口奶粉价格上涨,进口奶粉量会减少;作为替代品的国内乳制品价格上涨,进口奶粉量会增加,但实际模型估计结果与之刚好相反。即使国内乳制品价格下降或进口奶粉价格上涨,进口奶粉量仍然增加。这说明我国进口奶粉量的需求价格敏感性较弱。

二、本节的政策启示

通过对我国主要地区进口奶粉量及其影响因素的实证分析结论,可以得出以下政策启示。

典型食品安全事件对我国进口食品消费具有显著且持久的正向冲击。实证分析显示 2008 年三聚氰胺事件对主要地区进口奶粉量普遍具有显著影响,并且从我国近年来进口奶粉量及其市场占有率快速提升的现状也说明国产奶粉安全问题造成的消费者信任危机难以在较短时间内消除。尽管三聚氰胺事件以来,国产奶粉企业通过海外奶源地的建设、产业一体化的提升、质量追溯监管的改善等方面都已经得到了加强,相应的政府监管措施、质量安全信息公开、消费者监督都有了明显进步,但相比于进口奶粉,国产奶粉依然在品牌和安全方面难以在消费者"心里"取胜,尤其是高端品牌的婴幼儿奶粉。据海关统计,2014 年我国进口婴幼儿配方奶粉 12.13 万吨,其中来自欧盟的奶粉达8.71 万吨,占进口总量的 71.78%。2015 年欧盟正式取消了牛奶配额制度,预计我国对欧盟奶制品的进口增量将进一步激增。同时,随着互联网时代的到来,国内消费者为了追求更高品质的产品和更实惠的价格,纷纷选择海外代购或者直接参与"海淘"。对"海淘"消费者来说,"海淘"食品的质量安全能够满足其需求,这一点在婴幼儿奶粉购买上显得格外突出。消费者对国内食品安全信任度急剧降低,购买国外婴幼儿奶粉已成为消费者的替代性选择。

同时,在进口奶粉购买渠道多样化、便利化的作用下进口奶粉数量也会受到正向激励。在这样的背景下,以安全品质为首要因素的奶粉消费市场,国产奶粉的相对价格优势就更难发挥作用。而分析结果表明人均可支配收入对进口奶粉量通常具有显著正影响,并且进口奶粉尤其是品牌进口奶粉价格相对高昂。对此,国产奶粉在提升安全品质的同时,更应该从不同收入群体的消费者入手。在国内消费者尤其是高收入消费者热衷进口奶粉的现状下,可以通过改变营销策略将消费群体定位于中低收入消费群体和中小型城市、村镇消费群体,在保证安全品质的前提下,通过简化过度包装、缩短流通渠道、采取线上线下联动销售等方式将奶粉价格控制在所针对消费群体可接受范围内。通过质优且相对"价廉"的奶粉"二线"销售,逐渐确立国产奶粉的安全品质口碑,从而改善国产奶粉在整个奶粉市场的信誉。

此外,国产奶粉安全品质的持久性保证,尽可能避免食品安全事件发生将是恢复国产奶粉安全品质声誉的前提。2008 年三聚氰胺事件发生后,国产奶粉安全品质受到严重质疑,随后 2009 年和 2010 年的三聚氰胺事件卷土重来,以及相继发生的其他食品安全事件如"瘦肉精"事件、上海"福喜"事件等,使消费者对国产食品的信任度下降显著,并且多重信任危机叠加使得国产食品安全信任危机难以在短时间内恢复。对此,要进一步加强以政府为主导、企业为主体、社会大众共同监督的市场化食品安全监管体系建设,并通过产业化调整、企业规模化转变、行业布局的战略性规划,长远、持续并从根本上解决我国食品安全问题。

第四节　我国进口食品安全问题及其影响因素分析

随着近年来我国人民生活水平的日益提升以及国内食品安全问题凸显,

我国进口食品量及贸易额呈现显著的增加趋势。例如,按照国际贸易标准分类核算我国进口食品及活动 2010 年为 215.7 亿美元,2014 年已经达到 468.27 亿美元,翻了一番多。并且电子商务的兴起,为消费者购买进口食品提供了更多的渠道。随着进口食品数量和种类的增加,进口食品安全问题对消费者身心健康和经济利益的损害更为突出。然而由于进口食品生产源头与消费终端的间隔远、产地国与消费国的食品安全标准通常不一致、包装运输等环节突发状况不可预见而难以保障全程的食品安全环境等问题。这些都使得进口食品安全的监管难度更大,进口食品经销企业的机会主义行为倾向更强烈,消费者监督维权的可行性降低。因此,近年来我国进口食品安全问题逐渐得到社会各界的广泛关注。根据国家质检总局的统计数据显示:2010 年至 2015 年 9 月,我国各地出入境检验检疫机构共从来自 110 多个国家或地区的进口食品中检出不合格进口食品 1.39 万批次、7.71 万吨、1.73 亿美元,几乎涉及所有食品种类(李颖,2015)。近年我国多地曝出的进口食品标签不合格,中文信息不准确和不全面,农药残留超标,食品添加剂不符合我国食品安全标准等问题尤为突出。相比于国内食品安全问题,进口食品安全问题存在着消费者进行消费选择具有盲目性和"崇拜性",监督维权更为困难,进口食品经销企业"良莠不齐",进口食品安全标准及其监管体系涉及国际贸易准则、技术甚至非法走私劣质进口食品问题,因此对进口食品安全问题的研究就更为复杂,并且刻不容缓。

现有对我国进口食品安全问题的相关研究主要分为以下几个方面。一是发达国家进口食品安全监管体系等经验借鉴的研究。王冉等(2013)总结分析了美国进口食品监管机制——分管机构、协调机制、进口手续及违法处理等方面,指出我各口岸对进口食品信息采取分散管理方式,导致进口食品的处理缺乏时效性及准确性。李建军等(2014)从进口食品经营主体和政府部门的监管职责方面,借鉴了发达国家进口食品安全管理的经验,从风险管理角度提出我国进口食品查验制度、源头和后续管理的健全措施。王文枝等(2014)对欧盟、美国及日本等我国主要贸易国的进口食品监管和通报机制进行了介绍,为我国出口企业和政府部门提供了参考。二是新修订的《食品安全法》针对我国进口食品安全监管的法规细则及启示。新修订的《食品安全法》明确了进口食品的监管主体,调整了进口食品的口岸检验监管方式,强化了进口食品企业的主体责任,明确了原产国体系评估制度。肖平辉(2015)总结了新《食品安全法》对进口食品的监管机制为"无标三新"四类食品的特别监管。其中进口"无标"产品指尚无食品安全国家标准的食品;进口"三新"产品指利用新的食品原料生产的食品、食品添加剂新品种、食品相关产品新品种。三是其他方面的相关研究主要从跨境电商的兴起对我国进口食品安全的影响,例如毕淑娟(2015)针对网购进口食品安全问题凸显的现状,网购进口食品渠道来源不明、中文标签不合格、必要的安全卫生检疫等缺乏,这将严重侵害消费者的权益;从食品市场失灵治理的角度,分析我国应当如何构建更为合理完备的法律制度,对进口食品进行有效监管,减少食源性疾病可能带来的危害,确保进口食品的安全可靠;从政府失灵角度分析认为政府监管不力会导致进口食品安全隐患,而食品安全技术性贸易措施能够提升消费者福利,进而增加社会总体福利。针对进口食品的主要利益相关者的分析认为:对于消费者而言,进口食品的增加使国内食品供给量增加,消费者能够享受相对较低的价格,但进口食品标签信息等不足造成消费者处于信息不对称的不利地位,同时消费者应为进口食品安全监督贡献力量;对于进口食品经营企业,要对其产品的质量安全及其管理负首要职责;政府部门应及时建立和维护相关法规条例并确保有效执行。

尽管现有研究对我国进口食品安全存在的主要问题及监管规制进行了分析,然而构建进口食品安全问题直接利益主体的理论模型,并利用相关数据实证分析进口食品安全问题影响因素的研究有待丰富。因此,本节首先通过建立进口食品经销企业与消费者的博弈模型,分析企业经销不合格进口食品概率与消费者对进口食品监督维权概率的影响因素;其次通过选取2010—2014年我国四类大宗进口食品的抽检不合格率、进口食品量、食品消费支出、监管年度的面板数据建立计量经济模型,实证分析进口食品不合格率的监管、消费等影响因素,验证博弈模型理论分析的部分结论;最后总结上述理论与实证分析结论,并提出相应的政策启示,从而为我国进口食品安全问题提供一定的参考依据。

一、进口食品安全问题直接利益主体的博弈分析

进口食品安全问题是进口食品经销企业①、消费者、政府监管部门等多个利益主体相互博弈的结果。其中作为进口食品交易的直接利益主体,进口食品经销企业与消费者分别是以利润最大化和效用最大化为目标进行行为选择。企业能否自律与消费者能否发挥自我保护行为的作用都将直接导致进口食品安全问题的发生。因此,本节将构建进口食品经销企业与消费者的静态博弈支付矩阵,由此分析进口食品安全问题两个直接利益主体的行为选择及其影响因素。

（一）进口食品经销企业与消费者的博弈模型构建

假设进口食品企业经销不合格进口食品的概率为 q,相应地经销合格进口食品的概率为 $1-q$。并且企业经销进口食品数量受到消费者在食品方面消费支出直接影响。同时,近年来我国政府部门食品安全监管体系日益完善,质量安全标准不断提升,对进口食品安全的监管水平也随之提高,所以进口食品数量也受到政府部门监管水平的影响。由此,企业经销进口食品数量为 $Q=Q(I,s)$。其中 I 表示消费者在食品方面的消费支出水平,s 表示政府部门对进口食品安全的监管水平。随着消费支出水平提高,进口食品数量将增加,所以有 $\dfrac{\partial Q(I,s)}{\partial I}>0$;并且随着政府部门监管水平提高,同等条件下进口食品数量将减少②,所以有 $\dfrac{\partial Q(I,s)}{\partial s}<0$。企业经销不合格进口食品的价格为 p_2,对应的单位经销成本为 c_2,而其经销合格进口食品的价格为 p_1,对应的单位经销成本为 c_1。根据成本收益比,上述价格和成本符合 $p_1>p_2$,$c_1>c_2$,并且 $p_2-c_2>p_1-c_1$。该假设说明经销合格进口食品的价格和成本都比经销不合格食品的要高,并且企业经销不合格进口食品获取的利润更高,更"有利可图",因此才有"唯利是图"的企业敢于"铤而走险"。M 是当消费者关注食品安全时,进口企业在

---

① 由于进口食品生产企业是属于其他国家,即使进口食品安全问题是在其生产过程中所致,由于本节研究的是我国进口食品安全问题利益相关者的博弈行为,所以研究中并没有包含他国的进口食品生产企业,而是将我国的进口食品经销企业作为进口食品的供给者。

② 政府部门对进口食品安全监管更为严格,质量安全标准要求更为规范,部分进口食品因不符合监管规范而无法进入我国食品市场。

不合格进口食品营销方面的相对支出。当消费者对食品安全关注时,经销不合格食品的企业需要在食品营销策略方面投入更多,才能保证其所经销的进口食品的正常销售。而当消费者对食品安全不关注时,消费者对不合格与合格进口食品缺乏分辨能力或者具有较低的关注度而更加难以辨识进口食品安全,所以进口企业经销不合格进口食品也无需投入更多的营销支出。在消费者不关注食品安全时,进口企业经销的无论是合格还是不合格食品,其价格都相同为 p_1,因为消费者不关注食品安全,所以经销不合格进口食品的企业为获得更高利润可以索要与合格进口食品相同的价格。

消费者对食品安全监督维权概率为 t,它可以反映消费者对食品安全的关注度,则消费者对食品安全不进行监督维权概率为 $1-t$,即消费者对食品安全不关注的程度。消费者在食品方面的消费支出为 I。当消费者对食品安全关注时,近年来我国食品安全事件频发,相比于国产食品,消费者对同类进口食品安全的信任度更高,所以他们消费进口食品获得的效用值比消费等量国产食品获得的效用值更高。因此,当消费者对食品安全关注时,令 k 表示消费者消费进口食品相比于消费国产食品获得的效用值倍数,显然 $k>1$。为便于分析且不失一般性,假设消费支出与对应的消费食品效用值是和货币值等价的。当消费者对食品安全不关注时,消费者消费同等价格的国产与进口食品获得的效用值相同。在该情况下,若消费者消费的是合格进口食品,其效用值将比消费不合格进口食品增加 W。其中 $W>0$,表示消费者尽管不关注食品安全,但由于企业的社会责任以及严格遵守食品安全监管规制,消费者由此获得的相对效用增加值。

根据上述问题描述和假设,进口食品经销企业与消费者的博弈支付矩阵如下。

表1-20　进口食品经销企业与消费者的博弈支付矩阵

		进口食品经销企业	
		不合格	**合格**
消费者	关注	$I+(k-1)p_2Q, (p_2-c_2)Q-M$	$I+(k-1)p_1Q, (p_1-c_1)Q$
	不关注	$I, (p_1-c_2)Q$	$I+W, (p_1-c_1)Q$

（二）博弈模型的均衡策略及其影响因素分析

根据进口食品经销企业与消费者的博弈支付矩阵分析混合策略的纳什均衡。用 EU 和 $E\pi$ 分别表示消费者的预期效用和进口食品经销企业的预期利润。具体如下：

消费者的预期效用为

$$EU = t[I+(k-1)(qp_2+p_1-qp_1)Q]+(1-t)[I+(1-q)W] \qquad (1.8)$$

进口食品经销企业的预期利润为

$$E\pi = q[(p_1-c_2)Q+t(p_2-p_1)Q-tM]+(1-q)(p_1-c_1)Q \qquad (1.9)$$

根据一阶最优条件,消费者预期效用对其食品安全监督维权概率 t 求导数,进口企业预期利润对其经销不合格进口食品概率 q 求导数有

$$\frac{\partial EU}{\partial t}=(k-1)(qp_2+p_1-qp_1)Q-(1-q)W=0 \qquad (1.10)$$

$$\frac{\partial E\pi}{\partial q}=(c_1-c_2)Q+t[Q(p_2-p_1)-M]=0 \qquad (1.11)$$

由此解得

$$t^*=\frac{(c_1-c_2)Q}{M+(p_1-p_2)Q} \qquad (1.12)$$

$$q^*=\frac{W-(k-1)p_1Q}{W-(k-1)p_1Q+(k-1)p_2Q} \qquad (1.13)$$

由式（1.10）和（1.11）可知二阶最优条件仍满足[①]。因此,式（1.12）和（1.13）求解的消费者食品安全监督维权概率 t^* 和进口企业经销不合格进口食品概率 q^* 是混合策略纳什均衡。并且根据概率的实际意义且非极端情况下有：当 $W>(k-1)p_1Q$ 时,$0<q^*<1$；当 $(p_2-c_2)Q-M<(p_1-c_1)Q$ 时,$0<t^*<1$。

该结果表明：在企业经销合格进口食品的条件下,如果消费者不关注食品安全时的消费进口食品效用增加值 W 高于其关注食品安全的消费进口食品

---

① 当混合均衡策略有实际意义时,二阶最优条件即海塞矩阵 $H=\begin{pmatrix} 0 & W-(k-1)p_1+(k-1)p_2)Q \\ -Q(p_1-p_2)-M & 0 \end{pmatrix}$ 非正定。

的净效用,那么企业经销不合格进口食品的概率为 $\dfrac{1}{1+\dfrac{(k-1)p_2Q}{W-(k-1)p_1Q}}$;在消费者

关注食品安全的条件下,如果企业经销不合格进口食品获得的利润不低于其经销合格食品获得的利润,那么消费者对食品安全监督维权概率为 $\dfrac{(c_1-c_2)Q}{M+(p_1-p_2)Q}$。

进一步分析可得如下结论:

(1)进口企业在博弈中选择经销不合格食品的概率是由企业经销合格食品时消费者不关注食品安全的消费进口食品效用增加值 W、合格进口食品价格 p_1、不合格进口食品价格 p_2、企业经销进口食品数量 Q、消费者消费进口食品相比于消费国产食品获得的效用值倍数 k 共同决定的。

由 q^* 对各决定因素求偏导数可得 $\dfrac{\partial q^*}{\partial Q}=-\dfrac{(k-1)p_2W}{[W-(k-1)(p_1-p_2)Q]^2}<0$;$\dfrac{\partial q^*}{\partial I}$

$\dfrac{\partial q^*}{\partial Q}\dfrac{\partial Q}{\partial I}<0$;$\dfrac{\partial q^*}{\partial s}=\dfrac{\partial q^*}{\partial Q}\dfrac{\partial Q}{\partial s}>0$;$\dfrac{\partial q^*}{\partial k}=\dfrac{Qp_2W}{[W-(k-1)(p_1-p_2)Q]^2}<0$;$\dfrac{\partial q^*}{\partial W}=$

$\dfrac{(k-1)Qp_2}{[W-(k-1)(p_1-p_2)Q]^2}>0$;$\dfrac{\partial q^*}{\partial p_1}=-\dfrac{(k-1)^2Q^2p_2}{[W-(k-1)(p_1-p_2)Q]^2}<0$;$\dfrac{\partial q^*}{\partial p_2}=-$

$\dfrac{(k-1)Q}{[W-(k-1)(p_1-p_2)Q]^2}<0$。说明当其他条件不变时,进口企业经销不合格食品概率随着进口食品数量增加而减小,随着食品消费支出增加而减小,随着政府部门监管水平提高而增大,随着进口食品效用倍数增加而减小,随着进口食品效用增加值增加而增大,随着合格进口食品价格上涨而减小,随着不合格进口食品价格上涨而减小。

(2)消费者在博弈中选择对食品安全监督维权的概率是由消费者关注食品安全时进口企业在不合格进口食品营销方面的相对支出 M、合格进口食品价格 p_1、不合格进口食品价格 p_2、企业经销进口食品数量 Q、合格进口食品的单位经销成本 c_1、不合格进口食品的单位经销成本 c_2 共同决定的。

由 t^* 对各决定因素求偏导数可得 $\dfrac{\partial t^*}{\partial Q}=\dfrac{(c_1-c_2)M}{[M+(p_1-p_2)Q]^2}>0$;$\dfrac{\partial t^*}{\partial I}=\dfrac{\partial t^*}{\partial Q}\dfrac{\partial Q}{\partial I}>$

$$0;\frac{\partial t^*}{\partial s}=\frac{\partial t^*}{\partial Q}\frac{\partial Q}{\partial s}<0;$$

$$\frac{\partial t^*}{\partial p_1}=-\frac{(c_1-c_2)Q^2}{[M+(p_1-p_2)Q]^2}<0;\frac{\partial t^*}{\partial p_2}=\frac{(c_1-c_2)Q^2}{[M+(p_1-p_2)Q]^2}>0;\frac{\partial t^*}{\partial c_1}=\frac{Q}{M+(p_1-p_2)Q}>$$

$$0;\frac{\partial t^*}{\partial c_2}=-\frac{Q}{M+(p_1-p_2)Q}<0;\frac{\partial t^*}{\partial M}=-\frac{(c_1-c_2)Q}{[M+(p_1-p_2)Q]^2}<0。说明当其他条件不变$$

时,消费者对食品安全监督维权概率随着进口食品数量增加而增大,随着食品方面消费支出增加而增大,随着政府部门监管水平提高而减小,随着合格进口食品价格上涨而减小,随着不合格进口食品价格上涨而增大,随着合格进口食品的单位经销成本增加而增大,随着不合格进口食品的单位经销成本增加而减小;随着不合格进口食品相对营销支出增加而减小。

二、我国进口食品安全及其影响因素的实证分析

在上述博弈分析的基础上,结合数据的可得性,本节采用面板数据建立计量经济模型实证分析进口食品不合格率与其主要影响因素进口食品数量、食品方面消费支出和政府部门监管水平之间的定量关系。

(一) 面板数据模型的指标变量选取

本节用进口食品抽检不合格批次占总抽检批次的比例作为衡量进口食品不合格率的指标,它是模型的被解释变量。将进口食品数量、城镇居民食品消费支出以及不同年度作为模型的解释变量。由于政府进口食品安全监管水平没有相应的指标数据,并且随着近年来我国食品安全监管体系逐步完善,各类食品安全监管规制的健全,我国食品安全监管环境呈现随时间向好的趋势,因此本节用年度作为进口食品安全监管水平的替代变量。

在指标选取上,国家质检总局发布的《2010—2014 年中国进口食品质量安全白皮书》对进口食品抽检不合格批次及抽检批次数据有明确统计。其余年份没有相应的统计数据,由该数据的可得性,所以本节选取的指标数据样本区间为 2010—2014 年。并且由于 2010—2014 的五年期间我国进口食品贸易额翻了近一翻,年均增长率达 17.4%。同时,国家质检总局数据统计显示:食用植物油、乳粉、肉类、水产及其制品类大宗产品进口量分别达 5083.8 万

吨、543.4万吨、1175.7万吨、1932.8万吨,相应的进口食品贸易额位居进口食品种类的前四位。因此,本节选取对应这四类进口食品的不合格率、进口总量、城镇居民消费支出以及相应年度作为变量,建立面板数据模型进行分析。进口食品不合格率根据国家质检总局进口食品抽检不合格批次及抽检批次数据的核算,其他指标数据均来自于中经网统计数据库全国宏观年度库,并且所有数据均经过标准化处理及整理。

表1-21　面板数据模型的变量定义及其预期影响方向

变量名称	变量符号	变量说明	理论分析的预期方向
进口食品不合格率	Lnp	被解释变量,进口食品抽检不合格批次与抽检批次的比值,经对数标准化处理	
进口食品量	$LnIMQ$	解释变量,分类食品进口量(单位:万吨),经对数标准化处理	负向
食品消费支出	LnC	解释变量,城镇居民分类食品消费支出(单位:元),以1978年为不变价格指数进行转换后,再经对数标准化处理	负向
食品安全监管水平	S	解释变量,分别用1、2、3、4、5表示2010—2014不同年度,作为进口食品安全监管水平的替代变量	正向

(二) 面板数据模型形式的设定

为选择适合面板数据的模型,并考虑到本节数据量的局限性,所以采用Wald-F检验对模型形式设定进行检验。

考虑截面变异下的一般面板数据模型的具体形式如下:

$$y_i = \alpha_i + \beta_i x_i' + u_i, i = 1,2,\cdots,N, t = 1,2,\cdots,T \qquad (1.14)$$

其中N表示个体截面成员的个数,T表示每个截面成员的观测时期总数,参数α_i表示模型的常数项,β_i表示对应于解释向量x_i的$k \times 1$维系数向量,k为解释变量个数,随机误差项u_i相互独立,且满足零均值、等方差为σ_i^2的假设。基于固定效应模型的不同形式,即变参数模型、变截距模型和不变参数模型,利用Wald-F检验进行确定。通过Eviews6.0软件估计出三种形式的模型:变参数模型、变截距模型和不变参数模型,由每个模型回归统计量得到的残差平方和分别为$S_1 = 0.2191$、$S_2 = 1.0744$、$S_3 = 2.1930$。根据公式计算得到

F 统计量及判定结果如下表 1-22 所示:

表 1-22　模型形式的设定检验

原假设	F 统计量	$\alpha = 0.05$ 下的临界值	检验结果	判定结果
$H_1 : \beta_1 = \beta_2 = \cdots = \beta_N$	$F_1 = 1.7355$	$F(9,4) = 6$	接受 H_1	不变系数模型
$H_2 : \alpha_1 = \alpha_2 = \cdots = \alpha_N,$ $\beta_1 = \beta_2 = \cdots = \beta_N$	$F_2 = 3.0037$	$F(12,4) = 5.91$	接受 H_2	

因此,本节建立不变系数模型,即混合模型,它的形式具体为

$$Lnq_{it} = \alpha + \beta_1 LnIMQ_{it} + \beta_2 LnC_{it} + \beta_3 S_{it} + \mu_{it} \tag{1.15}$$

其中 α 是模型的常数项,β_1、β_2、β_3 为相应解释变量的待估系数,μ 为随机误差项。$i = 1,2,3,4$,分别表示食用植物油、水产及其制品类、乳粉、肉类的不同四类食品;$t = 2010, \cdots, 2014$ 表示时间年度。其他变量符号含义同表 1-21 所示。

(三)　模型估计结果分析

经估计可得面板数据的不变系数模型为

$$\widehat{Lnq}_{it} = 4.9677 - 0.5466 LnIMQ_{it} - 0.6045 LnC_{it} + 0.1457 S_{it} \tag{1.16}$$
$$(-7.3678^{***})\ (-4.1182^{***})\ (2.3872^{**})$$

其中括号内的数值表示系数显著性的 t 检验值,"＊＊＊、＊＊"分别表示估计系数在 1% 和 5% 的水平上显著。

估计结果表明:模型的拟合优度 $R^2 = 0.8315$,调整后的拟合优度 $R^2_{adj} = 0.7999$,自相关检验的 $DW = 2.29$。解释变量 $LnIMQ$ 和 LnC 的系数均在 1% 水平上显著,解释变量 S 在 5% 水平上显著。上述结果说明模型通过检验,对实际问题具有一定的解释能力。根据模型估计系数可见:当其他条件不变时,进口食品量增加 1%,进口食品不合格率平均下降约 0.5466%;当其他条件不变时,食品消费支出增加 1%,进口食品不合格率平均下降约 0.6045%;当其他条件不变时,食品安全监管水平提高 1 个单位,进口食品不合格率平均上升约 0.1457%。

上述实证分析结果的解释变量影响方向与理论分析预期方向相一致。实

证分析结果验证了理论建模分析的结论。这些结果表明：

第一，随着我国进口食品量增加，进口食品质量安全抽检基数也随之显著增加，并且社会各界对进口食品质量安全重视程度逐渐增强，以及我国食品安全监管的整体环境作用，同等条件下进口食品质量安全监管、检验、抽查等方面都有所提高和完善，进口食品质量安全状况得到进一步规范，进口食品不合格率就会下降。

第二，随着我国人民生活水平的日益提升，消费者对所需求食品的品质要求逐渐提高，尤其在近年来我国食品安全问题频发现状下，消费者对国产食品的质量安全信任度急剧降低，转而通过进口食品零售超市、跨境电子商务、海外代购等多种途径购买进口食品。尽管同等情况下进口食品价格相对较高，但消费者在食品方面的消费支出增加，尤其是对进口食品的购买力增强，将对进口食品供给者产生经济激励作用。因此，在经济激励增强等上述条件作用下，进口食品质量安全水平具有一定保障或者得到一定提升，不合格率有所下降。

第三，随着政府部门食品安全监管水平提高，我国对进口食品质量安全标准、检验规范都更为严格，对进口食品质量安全水平的辨识能力以及认知态度都在不断完善，抽检批次、抽检标准等逐年提高，同等条件下进口食品不合格率就会上升。

三、本节主要结论及启示

（一）进口食品不合格率方面的结论及政策启示

进口食品不合格率受到以下各因素的影响，其影响效应及政策启示如下：

第一，受到进口食品量的负向影响。随着我国进口食品贸易额的逐年增加，各类进口食品数量的激增，在我国食品安全现状不断改善的背景下，一方面政府相关部门对进口食品质量安全的监管规制标准的完善、抽检批次的增加、检验检疫技术方法的改进等都有了显著提升；另一方面消费者对进口食品安全的认知态度有所改变、辨识能力提高、购买渠道正规化、举报维权积极性等方面都有了明显改善。在上述外部环境因素作用下，我国进口食品不合格率随着进口食品量增加而下降是较为合理的预期结果。

对此,相应的政策启示如下。首先,我国食品进出口贸易政策要对进口食品的数量和质量采取双重的规范,予以严格的把控。随着食品进口量增加,政府有关部门应加大进口食品抽检比例,从一定程度上降低进口食品安全风险。同时,结合我国食品安全法律制度和国民对食品安全及符合我国国民身体健康对食品营养卫生的需求,在进口食品安全标准细则方面进行重新审核修订。其次,对于经销进口食品或者从事海外代购的跨境电商等经济主体予以统一规范。在2015年我国修订的《食品安全法》中已经明确了网络第三方平台对产品质量安全问题负有连带责任。这对许多通过网络渠道购买进口食品的消费者的权益提供了一定的法律保障。而在法律条款的具体实施环节上,如何发挥法律真正的作用是政府部门及社会各界需要进一步深入探讨的问题,否则法律条款将形同虚设。并且对于不同的网络经销平台,例如天猫国际、京东全球购等大型网络平台,以及淘宝、微商等以个体商家为主的网络平台应予以明确区分,实施不同的监管细则。再次,政府有关部门以及消费者协会、食品行业协会、新闻媒体等组织机构应在消费者对进口食品质量安全鉴别能力提升、监督维权方式的便捷化和多元化供给方面加大投入力度,使消费者群体能够进一步提高自我保护和维权意识,不盲从地信任进口食品安全水平而使身心健康和经济利益遭受损害。

第二,受到食品消费支出的负向影响。随着我国人民收入水平的提高,对生活质量要求日益提升,在食品的消费支出方面由数量向质量转变,因此近年来我国人民在食品上的消费支出明显提高,尤其是在经济发展水平相对较高的城镇,居民的食品消费支出增长更为突出。人们对高品质食品尤其是质量安全有保障食品的消费显著增加,在经济激励的作用下食品经销企业对食品供给投入也会随之提高,食品质量安全水平就会相应提高,食品不合格率会下降。对此,社会各界应通过多种方式帮助消费者端正消费态度,养成良好的消费习惯。并且积极引导食品市场供需主体遵循投入产出的合理规律,在适当的规范约束下,以市场为主导形成"优质优价"的良好价格机制,充分发挥市场价格的调节作用,更好地发挥我国国民收入水平提高及其食品消费品质提升的优势,促进包括进口食品在内的我国食品安全水平整体提高。

第三,受到食品安全监管水平的正向影响。随着我国食品安全监管体系的完善,尤其是进口食品安全监管认知的改进,监管行为的规范,对进口食品质量安全监管标准、法律规范都在不断完善,因而随着监管"门槛"的提高,进口食品不合格率会相对上升。对此,政府监管部门应按照国际食品安全标准以及我国食品安全监管法规,适时调整更新对进口食品安全的监管规范,并且及时掌握了解进口食品产地国的该类食品安全状况,以应对可能存在的进口食品安全输入风险,尤其是食源性的食品安全风险隐患。同时,进一步加大对进口食品的监管力度,建立与国际接轨且符合我国国情的进口食品安全检验检疫体系,通过进口食品安全监管水平的提高,对进口食品安全责任主体或者存在潜在"危害"的主体产生威慑作用。监管部门及有关社会组织应引导社会各界树立对进口食品安全的正确态度,既不盲目认同也不忽视和轻视进口食品安全。

第四,受到进口食品效用倍数的负向影响。相比于一般国产食品,消费者对进口食品更为偏好,这种偏好程度越高,进口食品不合格率就会下降。消费者对进口食品安全信任度更高,消费进口食品给其带来的效用值就越高,消费者对进口食品偏好程度更高,并且进口食品数量随之增加,进口食品不合格率会相对减少。因此,消费者对进口食品安全的认知态度至关重要。对此,需要规范进口食品市场,为消费者培育和提供良好的进口食品消费环境;引导消费者正确认识进口食品安全,掌握鉴别进口食品安全的基本常识,使消费者能够通过查询进口食品商标和各类标注了解进口食品的原材料成分、产地、生产日期和保质期等信息,并通过新闻媒体、官方网站等多渠道为消费者提供对进口食品安全举报投诉的简便方式,进一步激励消费者对进口食品安全采取监督和维权行为,从而从需求端加强对进口食品安全的监督。

第五,受到进口食品效用增加值的正向影响。消费者不重视食品安全而进口企业自觉经营供给合格进口食品时将会导致进口食品不合格率上升。因为消费者对进口食品安全的重视程度会对进口企业的生产供给行为产生一定影响,若消费者对其供给合格与不合格食品没有相应的"反馈",那么即使消费者在当前因没有对进口食品安全重视而获得相对较高的效用增加值,但长此以往进口食品经销企业的趋利本质会促使其减少进口食品安全方面的投入,进口食品不合格率将会上升。对此,消费者在进口食品安全方面仍明确优质优价的一般价格规律,并且对品牌优质进口食品予以"口口相传"、重复购买等实际行为支持,让供给优质进口食品企业获得一定的经济激励并获取相应的品牌声誉价值。

第六,受到进口食品价格(包含合格或者不合格的进口食品)的负向影响。根据投入产出比规律,进口食品价格上涨,同等情况下企业经销产品的收益增加,即产出价值增加,所以相应的投入也会随之增加,质量安全水平会相应提高。此外,无论是合格还是不合格进口食品,其价格上涨,同等条件下根据供给定律,进口食品经销量增加,所以若抽检批次不变或者变化、增加不大,那么进口食品不合格率也将下降。对此,再次表明培育和建立"优质优价"的进口食品市场环境的重要性,并且进口食品安全的配套监管制度体系要更为健全。

(二)消费者对食品安全监督维权概率方面的结论及政策启示

消费者对食品安全监督维权概率受到以下各因素的影响,其影响效应及政策启示如下:

第一,受到进口食品量的正向影响。随着进口食品量增加及进口食品种类增多,进口食品安全问题也会相应增多,消费者监督维权的行为就更为突出,因而消费者的监督维权概率增加。对此,针对我国进口食品量显著增加的现状,增强消费者的维权意识和激励其监督维权行为,将对进口食品安全保障发挥至关重要作用。消费者是食品安全的直接利益主体,只有充分调动他们的积极性,才能形成食品安全消费者自我保护的良好氛围。

第二,受到食品消费支出的正向影响。近年来消费者在食品方面的支出额度明显增加,更高的支出是为满足消费者对食品品质的更高需求,而进口食品的相对价格较高,由于经济支出增加,消费者对进口食品安全的关注度就会相对增强,监督维权概率会增大。对此,尽管传统观念普遍认为进口食品由于产自别国且价格相对高昂,其食品安全水平较高。然而消费者更应积极承担对于高价格进口食品的监督维权责任,否则造成的经济损失和对消费者身心的损害更大。

第三,受到食品安全监管水平的负向影响。随着政府部门监管力度增强,监管体系不断完善,食品安全监管水平提高,消费者在食品安全监管环境趋好

供需失衡下食品安全的监管机制研究

的背景下会放松自身对食品安全的防护,相应的消费者监督维权概率下降。对此,消费者协会、新闻媒体等组织应帮助和引导消费者形成食品安全自我保护常态化的良好习惯,形成宏观监管与微观监督双重保障的良好氛围。

第四,受到合格进口食品价格的负向影响与不合格进口食品价格的正向影响,即合格与不合格进口食品的价差越大,消费者对食品安全监督维权的概率越小。因为优劣进口食品的价差显著,消费者通过价格信号能够区分"好坏"进口食品,或者根据价格选择购买优劣进口食品,所以相应的进口食品安全投诉举报数量会减少,监督维权概率将减小。对此,价格信号能够发挥作用的前提是优劣食品不能"混同",必须严格监管低劣和假冒的进口食品,促进形成优质优价的进口食品市场。

第五,受到合格进口食品经销成本的正向影响与不合格进口食品经销成本的负向影响,即合格与不合格进口食品经销成本差越大,消费者对食品安全监督维权的概率越大。企业经销合格与不合格进口食品的投入成本相差较大,意味着企业采取机会主义行为谋取经济利益的空间增大,经销不合格食品对企业更具经济诱惑力,因此不合格进口食品经销量增加,消费者监督维权概率增大。对此,政府部门对进口企业经销不合格进口食品的惩罚力度要从行政与刑事两方面入手,并且加大惩罚力度。同时在监管执行惩罚措施时要从严从速,这样具有机会主义倾向的企业经销不合格食品的机会成本会急剧增加,合格与不合格进口食品经销的实际成本差额减小,进口食品安全问题将得到一定程度缓解,从而减小消费者监督维权的概率。

第六,受到消费者关注食品安全时进口企业在不合格进口食品营销方面相对支出的负向影响。为"迎合"消费者对食品安全的需求,经销不合格进口食品的企业必须在其营销活动上加大投入费用,例如通过广告宣传、附带赠品、雇佣推销人员等多种方式经销不合格进口食品,在食品安全具有"信任品"特征的前提下,营销活动在一定程度上能够诱导消费者忽视和轻视进口食品本身的安全特征,消费者的监督维权概率将减小。对此,政府部门应结合相关法律,例如食品安全法、广告法、商标法等,加强对进口食品市场营销活动的严格监督,为保障进口食品安全提供坚实的基础。

第二章　我国食品安全供需失衡的 本质原因剖析

中国人民大学发布的 2015 年我国发展信心调查结果显示:食品安全列居中国人最担心的问题首位。对于食品安全问题,习近平强调:要牢固树立以人民为中心的发展理念,加快完善统一权威的监管体制和制度,落实"四个最严"的要求,切实保障人民群众"舌尖上的安全"。近年来"三聚氰胺"、"瘦肉精"、"地沟油"等食品安全事件的频发,一方面激发了消费者对食品安全的迫切需求;另一方面通过政府监管力度逐渐增强促进了企业对食品安全供给的增加。然而食品安全事件引发的食品安全信任危机,并没有真正增加消费者对国内安全食品的需求。香港奶粉限购、国外奶粉抢购潮,进口与国产奶粉销量的极大反差就是典型的实例。同时一系列事实又让我们开始质疑国内食品安全供给是否得到了真正的提升。如何加强食品安全监管,实现食品安全的有效供给依然是我国亟待解决的难题。

食品安全供给主要是指食品供给者所提供食品的安全水平(Henson 和 Trail,1993)。食品供给者包括食品原材料供应商(农户或农民专业合作社)、食品生产加工企业以及食品经销商(批发商、零售商)。就市场而言,所有的食品供给者在理性经济人的假设下都只会依据有利可图的原则提供具有相应安全水平的食品。同时,食品安全又具备公共物品的特征(Samuelson,1954):一是食品安全效应的非可分割性,食品安全是向整个社会提供的公共物品与服务,而不是只供个别成员或集体单独享用;二是食品安全消费的非竞争性,某个人对食品安全的消费不会排斥、妨碍其他人同时获得食品安全的机会;三是食品安全受益的非排他性,即无论食品安全表现为客观性状还是主观形式,其效应范围将覆盖全部受众。就我国食品安全现状而言,食品安全消费的非竞争性和受益的非排他性并不显著。以目前我国有机食品为例。因为有机食品要产自有机农业生产体系,相应的生产加工配送等全程都有严苛的标准规范,所以有机食品价格比一般食品价格至少高出 30%—80%。在供给价格相对高昂和数量有限的情况下,对应有机食品的食品安全消费和受益就具有一定的竞争性和排他性。因此,食品安全又具有一定的"准公共物品"特征。在我国食品安全问题突出的现状下,该特征更为显著。

对此,一方面食品安全的公共物品属性要求必须利用政府机制,以弥补市场机制对食品安全供给的外在监管缺失;另一方面食品安全消费和受益的一般物品特征要求必须依赖市场机制的作用,以补偿政府机制对食品安全供给的内在推动力不足。只有挖掘两者的互补性,充分发挥市场与政府的双重优势,才能促进我国食品安全的有效供给。针对食品安全的政府监管与市场机制关系的相关研究认为:交易双方的依赖性、消费者支付意愿对食品安全市场有影响,提出政府与市场主体共同治理食品安全,能够有效利用监管资源、节约监管成本和提高监管效率。针对"柠檬市场",提出创造行政治理与市场治理的协同效应是重要策略;针对我国食品安全监管困局,提出必须重新思考政府与市场的关系,达成监管共识。现有研究尽管认识到仅靠政府或市场解决食品安全问题难以发挥多元主体的治理作用,而对如何充分发挥市场作用,如何使政府与市场形成良性有效互动的研究较为缺乏。因此,本节针对我国食品安全的市场机制与政府机制互补性不足的现状,试图从市场与政府的双重互补作用角度分析并提出促进有效食品安全供给,实现我国食品安全供求均衡的对策。

第一节　食品安全的有效供给
不足与无效供给过剩

一、食品安全的供不应求与供过于求

根据当前我国食品市场的供求现状,分析食品的供求关系如下图所示。

图 2-1 中曲线 D 表示食品的正常需求曲线,曲线 S_0、S_g、S_b 分别表示一般食品的供给曲线、质量安全食品的供给曲线、质量不安全食品的供给曲线。p_0、Q_0,p_g、Q_g,p_b、Q_b 分别表示食品供求均衡时,一般食品、质量安全食品和质量不安全食品的均衡价格和数量。由于供给质量安全食品的成本相对较高,所以根据供给曲线与边际成本的对应关系,曲线 S_b、S_0 和 S_g 依次向左上方升高。由供求均衡点对应的价格和数量关系易见,$p_b<p_0<p_g$,$Q_g<Q_0<Q_b$。

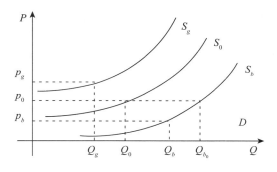

图 2-1 食品的供求均衡分析

如果在没有严格食品安全监管威慑的外部环境下,一旦消费者完全无法识别食品质量安全时,食品供给者根据自身经济利益最大为目标会提供质量不安全食品,此时对应的供求均衡的价格最低和数量最大;在消费者能够完全识别食品质量安全时,只有供给质量安全的食品才能销售出去,此时供求均衡的价格最高和数量最小;在消费者具有食品安全意识,但同时不能完全识别食品质量安全时,此时市场上供给的食品既包含质量安全食品也包含质量不安全食品,供求均衡的价格和数量①介于上述两种情况之间,如图中一般食品供求均衡的 p_0 和 Q_0。目前我国食品供求情况近似于一般食品的供求。由图可见,在一般食品均衡价格 p_0 下,质量安全食品几乎没有供给,即供给严重不足,而对应该价格水平下的质量不安全食品供给量为 Q_{b_0}($Q_{b_0}>Q_b$)。说明在当前食品市场供求情况下,供给者更倾向于提供过剩的质量不安全食品,相比于质量不安全食品本身的供求均衡数量而言,其实

① 此时可理解为平均价格和平均数量。

际的供给量更大。

在当前国内食品市场,低质不安全食品供过于求,优质安全食品供不应求的现状正与上述分析结果相似。消费者尽管对优质安全食品具有强烈的需求意愿,然而由于食品安全信息不通畅,食品市场"鱼龙混杂",仅通过价格标识难以确保优质优价的食品供给规律,最终会因逆向选择而导致"柠檬市场"(Akerlof,1970)。在食品质量安全追溯体系尚未建立健全、食品安全认证与企业信誉存在"虚假陷阱"、政府监管部门失效的背景下,食品供给主体的"道德风险"行为也将加剧。食品市场的供求均衡最后将处于图2-1中低质不安全食品的 p_b 和 Q_{b_0} 处。为尽可能减少食品安全的真实或潜在危害,消费者就会选择购买纯进口食品,或者通过海淘、代购等方式购买国外食品。近年来这一现象较为普遍,尤其在婴幼儿乳品的需求方面尤为突出。

二、国内与国外食品供求的显著差异

受到食品安全问题的影响,近年来国内与国外食品的供求差异显著。仍以奶制品为例,近年来国内生鲜乳价格整体低下。山东奶业协会会长张志民等业内人士认为:我国奶业自身的生产、加工、消费结构不合理,原料奶产量、加工量和消费量三者不协调是根源。而其中的关键是国内奶制品消费水平低。农业部数据显示:2015 年 3 月第四周国内牛奶平均价格在每公斤 3.41 元,而欧盟牛奶价格在每公斤 2.5 元左右。并且受 2008 年"三聚氰胺"事件影响,以及随后曝光的国内分装洋奶粉掺假售假问题,我国约七成消费者表示不敢购买国产奶粉[①]。消费者对国产奶制品质量安全的信心至今难被挽回。对消费者而言,国内奶制品的成本和质量安全水平都没有比较优势。欧盟是我国婴幼儿配方奶粉、液态奶、乳清粉、奶酪进口的主要来源地。据海关统计,2014 年我国进口婴幼儿配方奶粉 12.13 万吨,其中来自欧盟的奶粉达 8.71 万吨,占进口总量的 71.78%。2015 年欧盟正式取消了牛奶配额制度,预计我国对欧盟奶制品的进口增量将进一步激增。同时,随着互联网时代的到来,国

---

① 2011 年 2 月 27 日中央电视台《每周质量报告》节目披露的调查结果。

内消费者为了追求更高品质的产品和更实惠的价格,纷纷选择海外代购或者直接参与"海淘"。根据 2015 年第二季度海淘行业数据研究报告①显示:我国消费者在检索产品或者品牌时首要关注的重点是口碑评价。海淘商品检索集中度较高的商品前三位是护肤彩妆、母婴和奢侈品,总占比约 76.2%,其中母婴商品关注度增长最快,同比增速约 33.1%。奶粉及其他食品在母婴商品中的关注度最高,占总检索量的 70% 以上。受到奶粉产地影响,荷兰、德国和英国这三个国家的母婴商品检索量占比之和高达 73.7%。2013 年中国内地的"海淘族"已达 1800 万人,预计到 2018 年将增至 3560 万人,年消费额达到 1 万亿元人民币。对"海淘"消费者来说,"海淘"食品的质量安全能够满足其需求,这一点在婴幼儿奶粉购买上显得格外突出。消费者对国内食品安全信任度急剧降低,购买国外婴幼儿奶粉已成为消费者的替代性选择。

通过上述国内外奶制品消费量的比较分析可见,随着消费者群体学历和收入的双重提升,食品需求观念发生了改变,尤其是对婴幼儿食品或者国内曝光的食品安全事件涉及的同类食品。在信息不对称、监管绩效存疑的情况下,为确保食品安全,消费者选择购买进口食品,甚至通过海淘或者代购直接购买国外产且国外销食品,抑或通过选择产供销看得见的食品,以实现他们对食品安全的强烈需求。例如近年来日益兴起的"农夫菜园"、"市民农场"等食用农产品营销方式,通过让消费者亲身体验或者通过物联网等科技手段全程追踪种养殖过程,使食品安全保障成为"可视化";通过会员制等长期供求关系的实现,从食品安全供给信誉角度,使消费者食品安全需求得到满足。在上述食品安全供给模式中,食品销售价格尽管比一般食品的价格高昂很多,但仍然形成了一定规模的需求群体,并且潜在的需求群体规模庞大。近年来联想集团、顺丰快递等各类知名企业纷纷投身优质农业供给行业的现象,也从某种程度上表明:我国食品安全需求旺盛,潜在的食品安全需求巨大,而相应的食品安全供给严重不足。

---

① 数据来源:2015 年 10 月 16 日 360 营销研究院。

第二节　食品安全的市场机制与
政府机制的互补关系

一、市场机制与政府机制双重作用的必要性

目前我国食品供给的生产、流通和销售呈现以下特点。食用农产品及食品原材料的种植生产仍然是以小型分散的农户为主,多数农民专业合作社是以中介或者管理者的形式组织农户进行种养生产,合作社主要负责产品的经销。食品的生产加工阶段有一些大型的品牌食品企业,这些企业具备一定的规模化生产加工优势,个别企业还形成了产供销一条龙的产业化供给模式。根据统计数据预测:2015 年我国食品工业总产值将达到 12.7 万亿元,增长 101.1%,年均增长 15%左右,销售收入百亿元以上的食品工业企业达到 50 家以上[①]。尽管我国食品工业发展迅速,但生产加工主体仍以小型企业为主。由于流通渠道多样化,流通链条长短不一,食品批发零售阶段的主体多元化更为显著。随着近年来电子商务的兴起,食品的创新经销模式如网上直销、海外代购等层出不穷。因此,我国食品供给主体多且繁杂、规模大小不一、分布范围广、组织模式各有不同、所在的市场结构复杂多样,仅由市场机制作用必然导致食品安全供给受到多主体"自利"行为的影响,在食品安全信息不对称、食品安全问题反馈的企业信誉扭曲、食品安全事件导致的消费者信任脆弱的现状下,必然造成有效的食品安全供给严重不足及供给结构混乱,无法满足消费者对食品安全的有效需求,并抑制消费者对食品安全的潜在需求。

面对市场中食品安全供求现状,仅依赖市场或者政府机制进行协调是否可行? 市场机制是依靠市场主体的利益制衡机制实施的一种治理市场失信行为,恢复市场供给绩效的机制(戎素云,2012)。对此,如何纠正或者协调市场主体间利益,使成本与收益能够反映食品的价格与真实质量安全关系,促使食品安全信息准确及时地流通和反馈,满足消费者构建信任所具备的条件,真实

---

① 数据来源:《2015—2020 年中国食品行业深度研究与投资前景预测报告》。

有效地形成食品安全供给者的信誉至关重要。政府机制是指政府通过法律力量和行政力量等国家强制手段实施的一种鼓励市场诚信行为和惩罚市场失信行为,促使食品安全供给绩效恢复的机制。针对食品安全的"准公共物品"特征以及市场机制作用的不足,必须通过政府机制进行弥补与纠正。然而,在有限的公共资源约束下,食品安全政府机制作用的发挥,同样存在困境(马琳,2015)。随着生活水平的日益提高,人们对食品的需求更加丰富多样,食品产业规模不断扩张,食品供应链涉及复杂多样的主体,食品安全受到多重因素的影响。相应的政府监管制度设计及其配套的监管人员、设施,针对监管渎职和监管缺位的再监管等都需要投入大量的公共监管资源。而食品安全监管绩效难以在短时间内体现。因此,单纯依赖政府机制无法立即显现作用,"政府失灵"现象可能加剧。

二、食品安全的市场机制与政府机制的互补性不足

食品安全具有信任品的典型特点,其有效信息获取难度大。并且食品日常交易数量、次数庞大,交易主体变更频繁,增加了食品安全信息获取的成本以及食品安全识别、监管的难度。由于食品安全关乎身心健康,食品安全事件的发生及曝光更加重了消费者的谨慎和从众心理,使风险规避的消费者失去对同类食品安全的信心,甚至对所有国产食品的安全水平产生信任危机。

"三聚氰胺"事件的严重后果、双汇"瘦肉精"事件的恶劣影响、"地沟油"事件的屡禁不止,不断爆发的食品安全事件激发了消费者对食品安全的渴求,而需求旺盛的同时对应的是对国内食品安全的极度不信任,对食品供给主体信誉的否定,对食品安全信息真假难辨的无耐。从市场机制而言,如果通过市场制衡供给主体的利益,那么即使有提供优质安全食品的供给者,也无法凭借个体或者个别集体的力量挽回消费者的信任。并且品牌企业的食品安全问题屡现,在食品安全信誉体系薄弱、信息体系不完备的背景下,市场激励缺失,供给者对食品安全的高投入低回报将是必然的结果。对此,政府机制应从构建完善的食品安全信誉体系,健全食品安全信息供给体系,维持健康有序的市场竞争环境,引导食品安全需求面向真正的优质安全食品供给,以激发市场自发奖惩作用的发挥,促进实现有效的食品安全供求均衡。然而根据以往食品安

全案例可见,政府机制并没有在这些方面真正发挥应有的作用,有时甚至成为食品安全问题发生的诱导因素。从政府机制而言,严格的食品安全监管惩罚必须以监管实施有效性为前提,否则难以产生威慑作用。而我国食品安全监管主体庞大,监管层次多,监管信息不对称,监管资源有限,规制有效性缺失。市场自发的奖惩激励约束与政府主导的奖惩制度应为互补关系,否则在市场机制难以发力时,政府机制不能为其提供良好的环境,可能会加剧食品安全困境。以三鹿集团"三聚氰胺"事件中的政府免检制度为例。"三聚氰胺"事件曝光前,三鹿集团作为国内知名乳品企业,其所生产的"三鹿奶粉"是国家质监部门明确认定的"免检产品"①。1999 年 12 月产品免检制度在全国范围内启动,主要目的在于减少行政执法部门的乱检查,减轻企业负担,通过认可企业信誉,发挥奖励作用,推动企业主动实现自律。该制度原本是政府部门为更好地发挥市场作用、加强企业自主意识的举措。然而,它却成为了用行政审批代替日常监管,最终变为地方竭力保护本地产品,忽视甚至纵容监管的制度。这种制度不仅使政府放松了监管,而且使企业放弃了自律,成为权力寻租的一种工具。由这一案例可见,政府机制作用发挥不当,不仅没有与市场机制产生互补作用,而且将会造成政府与市场机制双重失效的严重后果。在当前市场竞争激烈的压力下,政府监管的盲区、漏洞一旦出现,企业很容易做出更为趋利的选择。这一免检制度的实行不仅导致整个乳品行业信誉崩溃,侵害消费者的权益,而且严重影响了政府部门的信誉。

第三节　食品安全的信息、信任与信誉供给不足

近年来,随着食品安全重视程度提高,消费者的食品安全意识增强,政府的食品安全监管日趋完善,国内食品安全供给有一定的加强,然而真正有效的食品安全供给是既能确保真正食品安全的供给,又能使消费者肯于实施需求

———————————

① 产品免检制度是指一些地方对本地连续数年检查合格的产品,在一定时间内免于监督检查。

行动的供给,两者缺一不可。真正食品安全的供给需要消费者付诸真实需求行动的市场激励,消费者真实的食品安全需求行动需要真正食品安全供给的持续可信的激发。在市场中真正的食品安全供给必然需要更高的成本投入,包括生产加工等各阶段的原材料、工艺、检测保障。而高成本对应高价格。当消费者面临着食品安全供给真实性的识别风险与高价格的经济风险时,政府机制所能提供给消费者的食品安全信任感知、供给主体的食品安全信誉保证、有效的食品安全信息传递就尤为重要。信息、信任与信誉之间存在密切关系:一方面有效信息供给不足,信任难以形成,信誉机制无法发挥作用;另一方面信誉一旦遭到破坏,信任危机就将产生,信息供给收效难。目前我国食品安全的信息、信任与信誉之间所体现的正是上述情况。

一、食品安全有效信息供给短缺的常态

食品安全因其信任品特征,其有效信息供给完全是不可能的。然而目前我国食品安全信息的常规供给在质量和数量上都缺乏规范。以我国一般食品销售标签为例,其中只包含两个日期即"生产日期"和"保质期"。并且对这些日期的真实可靠性没有必要的监管措施。尤其是食品安全受生产日期和保质期影响显著的熟食加工制品。大型零售商家乐福就曾被曝光随意篡改熟食制品的生产日期进行过期销售的问题。相比之下,英美、澳大利亚等国的生产商还会在食品外包装上明确标示"食用日期"和"最佳食用日期"。当食品到了或过了"最佳食用日期",但在"食用日期"之前,零售商会通过安排专门责任人或采取专柜标签监控措施等对这些食品开展积极的打折促销,过了"食用日期"的食品必须统一回收处理。此外,他们对于食品原材料成分及可能存在的食品安全隐患(如含有可能引发过敏的成分等)也有显著标示。常规食品质量安全信息尚缺乏严谨统一的规范,其他食品安全信息的供给就更为匮乏。

二、食品安全信任危机始终存在

美国管理学家 Zucker(1986)认为信任的建立具有三种机制:一是基于过程的信任,即声誉型信任,是根据对他人过去的行为和声誉的了解而决定是否

给予信任;二是基于特征的信任,即社会相似型信任,根据他人与自己在家庭背景、宗教、价值观念等方面的相似性多少来决定是否给予信任;三是基于制度的信任,即制度型信任,信任与正式的社会规章制度相联系,如因专业资格、科层组织及各种法规等的保证而给予的信任(吴元元,2012)。以我国"三聚氰胺"事件所引发的食品安全信任危机为例,食品安全的信任更多的是声誉信任和制度信任的瓦解。声誉信任的瓦解多由品牌企业引发的食品安全事件为导火索,从而导致品牌企业所供给的同类食品遭遇信任危机。此时制度信任可以发挥一定的作用。例如,政府监管部门出台的召回措施、对问题食品的封存销毁、对责任企业的严苛问责以及对同类食品行业采取新的质量安全监管细则。2008 年"三聚氰胺"事件发生后,政府部门相继采取了一系列措施(包括刑事和行政问责、颁布《中华人民共和国食品安全法》、成立国家食品安全委员会等)。同时,企业向公众公开生产过程、媒体协助进行监督等社会共治的监管模式开启,在一定程度上挽回了消费者的食品安全信心。然而 2009年底、2010 年部分地区又查处了含有"三聚氰胺"的奶制品,即为三鹿毒奶粉部分产品外流所致。这不仅再次重创了消费者对国内奶制品的食品安全信心,而且对消费者的声誉信任和制度信任都产生了无可挽回的后果。直至今日,国内婴幼儿奶粉的低销量与国外奶粉的供不应求就是该信任危机犹在的体现。

三、供给主体的信誉无保证

以品牌企业为首的食品供给主体的信誉决策的首要影响因素是市场利益的驱使。信誉机制发挥作用的前提是市场利益的显著增加与企业累积信誉所投入成本的成本收益比较(李新春、陈斌,2013)。其内在的动力是消费者对产品和品牌的认可所带来的市场需求激励,而外在的约束是指政府监管的奖惩机制。在食品市场,消费者对食品安全缺乏信任,企业信誉能够在一定程度上对此进行弥补。例如消费者会选择正规零售商购买所需食品,对品牌食品的需求量更为稳定。品牌声誉的溢出效应以及企业的社会责任担保能够激发食品安全需求。但近年来正是由于品牌产品、知名企业曝光的食品安全事件使信誉机制作用减弱。三鹿集团、双汇集团和上海福喜公司等生产商或者供应商作为责任主体的食品安全事件造成的恶性影响,世界连锁的大型零售商——沃尔玛和家乐福也在我国被曝光存在销售过期食品、含瘦肉精的肉制品等劣质食品问题。这些都使消费者对国内食品供给的各个环节主体(生产、流通和销售等经销主体)信誉产生怀疑,同时对信誉担保的主体——政府部门的监管能力和监管职责失去信心。

第四节　市场与政府的双重互补作用实现有效的食品安全供求均衡

在食品安全问题突出的现状下,我国食品市场更多体现的是消费者对食品安全需求旺盛,而食品安全供给却严重不足。对此,只有发挥市场与政府的双重互补作用,识别与激发有效的食品安全需求,加强与促进有效的食品安全供给,才能实现我国食品安全的供求均衡,将低劣质食品驱逐出市场。

一、有效的食品安全供给须以有效的食品安全需求为前提

近年来以政府部门为主导,我国在部分地区试点开展了质量追溯体系建设,部分有一定规模和实力的食品经营企业利用射频识别、物联网等技术也自发开展了质量追溯食品供给的尝试。然而这些建设试点和尝试却收效甚微,究其原因依然是市场机制无力导致需求不足,仅从政府机制角度强调加强供给,两者没有产生互补效应,最终导致质量追溯体系建设无疾而终。

以农产品质量追溯体系建设为例。由于农产品质量追溯体系能够通过信息记录、查询、召回和追责等措施,实现"从农田到餐桌"的全过程农产品质量安全监控,确保农产品质量安全。因此,农业部、商务部、质检总局等部委在北京、上海和大连等部分城市先后开展了农产品质量追溯体系建设的试点。但我国的农产品质量追溯体系建设并不顺利,部分地区的质量追溯体系甚至在建成后又被废止。目前我国农产品质量追溯体系建设主要是从生产供给的角度出发,通过在农产品生产与加工环节开展质量追溯试点,将合作社、龙头企业和农户生产的农产品纳入质量追溯体系,增加质量追溯农产品的市场供给。

由于受到我国农业生产与流通特点的制约，从"供给端推动"质量追溯体系建设投入成本大并且效果不显著，难以持续。一方面，我国农产品生产环节以小型、分散农户为主体，容易出现农户逃避质检、伪造虚假追溯信息等行为，同时在执行配套的质量检测、监管措施时，还易出现监管缺位、监管漏洞以及追责难等多种问题。因此，要想在生产环节真正有效开展质量追溯建设，必须给予足够的经济激励，这就要求质量追溯农产品的市场价格要高于一般农产品。另一方面，目前我国消费者对质量追溯农产品认可度低，并且不同地区不同产品不同环节的质量追溯信息缺乏有效的衔接，真实有效的质量追溯信息使用率低下，没有解决上下游信息不对称的问题，政府设立的统一市场准入和退出机制没有形成，这就导致市场对质量追溯农产品的需求严重不足，对质量追溯农产品不能做到优质优价。因此，供给主体缺乏参与追溯体系的动力，进而导致无质量追溯的农产品将质量追溯农产品逐出市场的现象。没有对质量追溯农产品的有效市场需求，就不可能真正建立起农产品质量追溯体系。从市场培育的角度出发，增强农产品流通各环节中需求主体对质量追溯农产品的需求，从而形成消费者拉动零售商、零售商拉动批发商、批发商拉动生产者进行农产品质量追溯体系建设的良好局面。这样不仅可以使消费者获得具有高质量安全水平的农产品，而且可以使质量追溯农产品的供给主体获得源自市场的经济激励，在市场与政府的双重互补作用下形成良性循环，逐步提高质量追溯农产品的市场份额，促进农产品质量追溯体系在全国范围内的发展。

二、市场与政府的双重互动促进食品安全供求均衡

必须从市场与政府的双重互补角度设计相关机制，促进我国食品安全的供求均衡。政府方面：对同类食品的质量安全标准实行分级规范与认证管理，对不同组织模式的市场实施准入、运行与退出的细则，对不同规模的企业生产和运营实行过程监管，促进食品安全信息真实有效的流动，为重建消费者的食品安全信任，发布与更新食品供给企业的信誉，从而与市场机制形成互补，逐步确立公平有效的市场竞争机制。市场方面：从质量等级细分、不同消费者群体特征等角度，引导需求主体形成优质优价的价格机制。依据信息机制发挥作用的前提是消费者理性推测与有效甄别，从食品安全知识传播、信息发送形

式与披露时间、信息发布机构及其与企业信誉的连带关系角度,激励企业承担社会责任,尤其是通过市场的传导作用,加强对大型、品牌企业的权责奖惩约束,由企业主体带动形成自查、自检、自省的食品安全供给环境,使政府机制事半功倍。最终,诱导食品市场供求主体实现资源的有效配置,促进有效的食品安全供求均衡。

第三章　食品安全供需视角下价格与质量安全水平研究

第一节　不同时序下食品供应商的价格和质量安全水平相关决策分析

食品质量安全事件多始发于食品供应链源头。2014年相继曝光的上海福喜事件、台湾地沟油事件都说明食品供应链上游供应商对产品质量安全水平的决定性作用。从供应链采购环节的供应商角度确保产品质量安全水平，能够有效地提高我国食品安全水平，减少食品安全事件的发生。尽管已有学者利用层次分析法、灰色关联度等方法，对食品供应商质量安全管理的选择与评价，以及食品供应链源头主体相关产品质量安全的行为进行了研究（孙梅，2013；Foster，2008；Kuei et al.，2011）。但相关研究较少考虑供应商所处的上游市场类型不同，以及多个供应商对质量安全水平进行不同时序决策时对供应商供给产品质量安全水平的影响。对此，本节分别分析了单个供应商、两个供应商同时或者按照先后顺序进行产品质量安全水平的决策，为我国食品供应链源头质量安全水平的改善提供了理论参考。

本节分析问题的基本框架如下：供应商生产产品后，将直接供应到市场进行销售。消费者能够感知市场上同类产品的平均质量安全水平，并将其作为标准质量安全水平，决定产品质量安全水平。即使消费者无法准确感知这一质量安全水平，供应商在做出质量安全水平决策时可以知道其他供应商的行为，并确定标准质量安全水平进行相关决策。当标准质量安全水平为 q_0 时，产品价格为（Yoo，2014）$p(q)=p_0-p_1(q_0-q)^2+p_2q_0-\underline{U}$。其中 q 表示由供应商生产决定的产品实际质量安全水平；其他参数 p_0 是与质量安全水平无关的该类产品在市场上的基本价格，p_1 是价格的质量安全敏感度（它反映的是价格受到产品质量安全水平与标准质量安全水平之间差距的影响程度），p_2 是价格的标准质量安全敏感度（它反映的是价格受到标准质量安全水平的影响程度），$\underline{U}$ 为消费者不购买产品时的保留效用。供应商对应产品质量安全水平的单位成本为 $\frac{1}{2}q^2$。本节研究的产品是指人们日常生活所需的食品，其需求量相对较为稳定，为便于分析假设每个供应商仅供给一单位产品（一单位可以是一定数量产品经过标准化后的单位数量），并且其他成本暂且忽略不计。下面将分别针对单个供应商和两个供应商的质量安全水平决策进行分析及比较。

一、单个供应商的质量安全水平和价格决策

如果该类产品仅由单个供应商供给，那么该供应商生产决定了产品的质量安全水平。一方面该供应商可能会严格按照安全生产程序生产供应标准质量安全水平的产品；另一方面他也可能为自身利益考虑偷工减料生产或者掺假，同时以一定比例供给标准质量安全水平以及低于该质量安全水平的产品。下面分别分析这两种情况。

（一）单个供应商的标准质量安全水平和价格

单个供应商仅生产供给标准质量安全水平产品时他的利润为

$$\pi_0(q_0)=p_0+p_2q_0-\underline{U}-\frac{1}{2}q_0{}^2 \qquad (3.1)$$

基于最优性条件，若供应商根据自身利润最大化决定最优的标准质量安全水平（为便于区分，称为基本的标准质量安全水平）。$q_0{}^*=p_2$，相应的价格为 $p^*=p_0+p_2{}^2-\underline{U}$，供应商利润为 $\pi_0{}^*=p_0+\frac{1}{2}p_2{}^2-\underline{U}$。显然，随着价格的标准质量安全敏感度增强，供应商生产决定的标准质量安全水平会提高，产品价格会上涨，供应商利润也会随之增加。说明消费者对标准质量安全水平越重视，单个供应商仅供给标准质量安全水平产品时,会激励供应商提高标准质量安全水平,同时会产生优质优价的结果,供应商利润也会得到增强。

（二）单个供应商的不同质量安全水平和价格

单个供应商会受到市场监管环境影响,而以概率 r 供给低质量安全水平 q_l 产品,以概率 $1-r$ 供给标准质量安全水平 q_0 产品。这里的概率 r 是由供应商所处的市场上食品安全监管环境所外生决定的参数,显然 $0 \le r \le 1$。若市场上食品安全监管环境良好,则 r 会较小,反之则会较高。$r=0.5$ 表示市场监管环境正常,$r>0.5$ 表示市场监管环境较差,$r<0.5$ 表示市场监管环境较好。此时供应商的预期利润为

$$\pi(q_0, q_1) = (1-r)\left(p_0 + p_2 q_0 - U - \frac{1}{2}q_0^2\right) +$$

$$r\left[p_0 - p_1(q_0 - q_1)^2 + p_2 q_0 - U - \frac{1}{2}q_1^2\right] \quad (3.2)$$

基于最优性条件,供应商根据自身利润最大化决定的标准质量安全水平及低质量安全水平分别为 $q_0^{**} = \dfrac{p_2}{1-r+r\left(\dfrac{2p_1}{2p_1+1}\right)}$, $q_l^{**} = \dfrac{p_2}{(1-r)\left(1+\dfrac{1}{2p_1}\right)+r}$。易

见,$q_0^{**} > q_0^*$,$q_l^{**} < q_0^*$。$\dfrac{\partial q_0^{**}}{\partial p_2} = \dfrac{1}{1-r+r\left(\dfrac{2p_1}{2p_1+1}\right)} > 0$, $\dfrac{\partial q_l^{**}}{\partial p_2} = \dfrac{1}{(1-r)\left(1+\dfrac{1}{2p_1}\right)+r} >$

0, $\dfrac{\partial q_0^{**}}{\partial r} = \dfrac{p_2}{(2p_1+1)\left[1-r+r\left(\dfrac{2p_1}{2p_1+1}\right)\right]^2} > 0$, $\dfrac{\partial q_l^{**}}{\partial r} = \dfrac{p_2}{2p_1\left[(1-r)\left(1+\dfrac{1}{2p_1}\right)+r\right]^2} > 0$,

$\dfrac{\partial q_0^{**}}{\partial p_1} = -\dfrac{2rp_2}{(2p_1+1)^2\left[1-r+r\left(\dfrac{2p_1}{2p_1+1}\right)\right]^2} < 0$, $\dfrac{\partial q_l^{**}}{\partial p_1} = \dfrac{p_2(1-r)}{2p_1^2\left[(1-r)\left(1+\dfrac{1}{2p_1}\right)+r\right]^2} > 0$。

对应标准质量安全水平的产品价格为 $p^{**} = p_0 - U + \dfrac{p_2^2}{(1-r+rA)^2}$,其中 $A =$

$\dfrac{2p_1}{2p_1+1}$,易见 $p^{**} > p^*$。低质量安全水平的产品价格为 $p_l^{**} = p_0 - U + \dfrac{p_2^2}{(1-r+rA)^2}$

$$\left[1-\frac{r(2p_1+1)+p_1}{(2p_1+1)^2}\right]$$，并且 $p_l^{**}<p^{**}$。而比较 p_l^{**} 与 p^* 可得：当 $0<r<$

$\dfrac{2p_1+1-\sqrt{4p_1^2+1}}{2}$ 时，$p_l^{**}<p^*$；当 $\dfrac{2p_1+1-\sqrt{4p_1^2+1}}{2}<r<1$ 时，$p_l^{**}>p^*$。特别地，当

$r=\dfrac{2p_1+1-\sqrt{4p_1^2+1}}{2}$ 时，$p_l^{**}=p^*$。

此时供应商的利润为 $\pi^{**}=p_0-U+\dfrac{1}{2}p_2{}^2\,\dfrac{(1-r+2rA-rA^2)}{(1-r+rA)^2}-\dfrac{p_1p_2r(1-A)}{1-r+rA}$。比

较 π_0^* 与 π^{**} 可得：当 $r>1-\dfrac{4p_1(p_2-p_1)}{2p_1-p_2}$ 且 $\dfrac{2p_2-1+\sqrt{4p_2^2+1}}{4}\leqslant p_1<p_2$ 时，或者当

$p_1<\dfrac{2p_2-1+\sqrt{4p_2^2+1}}{4}$ 时，都会有 $\pi^{**}>\pi_0^*$。

结论 3.1 当单个供应商有动机偏离标准质量安全水平，分别以一定概率供给不同质量安全水平产品时，他决定的质量安全水平、对应的价格及供应商利润有如下结果：

（1）供应商决定的标准质量安全水平会高于基本标准质量安全水平，而另一质量安全水平会低于基本标准质量安全水平。相应地，供应商决定的标准或者低质量安全水平都会随着价格的标准质量安全敏感度增强而提高，随着供给低质量安全水平产品概率的提高而提高。标准质量安全水平随着价格的质量安全敏感度增强而下降，但低质量安全水平会随之提高。

（2）随着标准质量安全水平的提高，相应的产品价格会比基本标准质量安全水平的价格高；而低质量安全水平产品的价格会显著低于标准质量安全水平产品的价格。但与基本标准质量安全水平产品的价格相比，只有当市场监管环境较好（即供给低质量安全水平产品概率较小）时，低质量安全水平产品的价格会较低，而当市场监管环境较差（即供给低质量安全水平产品概率较大）时，价格反而会较高，甚至当概率等于某一值时，低质量安全水平产品的价格与基本标准质量安全水平产品价格相同。说明受到市场监管环境不同的影响，仅从产品价格高低区分它的质量安全水平是无效的。

（3）当市场监管环境较差（即供给低质量安全水平产品的概率较大），并

且价格的质量安全敏感度弱于标准质量安全敏感度但同时强于标准质量安全敏感度一定比例;或者无论市场监管环境如何(即供给低质量安全水平产品的概率是多少),当价格的质量安全敏感度弱于标准质量安全敏感度一定比例时,满足上述两个条件之中的任何一个,供给不同质量安全水平产品的单个供应商的预期利润会高于他仅供给基本标准质量安全水平产品时的利润。

二、两个供应商的质量安全水平和价格决策

当有两个供应商分别供给高低质量安全水平的同类产品时,标准质量安全水平是高低质量安全水平的预期值所确定的,即 $q_0 = rq_l + (1-r)q_h$。其他条件与单个供应商时相同。供给高低质量安全水平产品的供应商所得的利润分别如下:

$$\pi_h(q_h) = p_0 - p_1(q_0 - q_h)^2 + p_2 q_0 - U - \frac{1}{2}q_h^2 \tag{3.3}$$

$$\pi_l(q_l) = p_0 - p_1(q_0 - q_l)^2 + p_2 q_0 - U - \frac{1}{2}q_l^2 \tag{3.4}$$

(一) 两个供应商同时决定的质量安全水平和价格

当两个供应商同时决定各自的高低质量安全水平时,由最优性条件 $\dfrac{d\pi_l(q_l)}{dq_l} = 0$, $\dfrac{d\pi_h(q_h)}{dq_h} = 0$ 解得 $q_{l_1} = \dfrac{p_2[B+C+1-(1-r)(C+1)-rB]}{B+C+1}$, $q_{h_1} = \dfrac{p_2[B+C+1-r(B+1)-C(1-r)]}{B+C+1}$。其中 $B = 2p_1(1-r)^2$, $C = 2p_1 r^2$。

通过与基本标准质量安全水平相比较,易见 $q_{l_1} < q_0^*$, $q_{h_1} < q_0^*$。并且分析可知 $\dfrac{\partial q_{l_1}}{\partial p_1} < 0$, $\dfrac{\partial q_{h_1}}{\partial p_1} < 0$。通过与单个供应商低质量安全水平相比较可得:当 $0 < p_1 \leqslant \dfrac{-3(1-r) + \sqrt{9(1-r)^2+4}}{4}$ 时,$q_{l_1} \geqslant q_l^{**}$;当 $p_1 > \dfrac{-3(1-r) + \sqrt{9(1-r)^2+4}}{4}$ 时,$q_{l_1} < q_l^{**}$。当 $r < \dfrac{1}{2}$ 时,$q_{h_1} \geqslant q_{l_1}$。

相应的产品价格分别为 $p_{h_1} = p_0 - U + p_2^2\left[1 - \dfrac{p_1 r^2}{(B+C+1)^2} - \right.$

$$\left.\frac{rB+(1-r)\,C+2r(1-r)}{B+C+1}\right],\ p_{l_1}=p_0-U+p_2^{\ 2}\left[1-\frac{p_1(1-r^2)}{(B+C+1)^2}-\frac{rB+(1-r)\,C+2r(1-r)}{B+C+1}\right]。$$

并且 $p_{h_1}<p^*$，$p_{l_1}<p^*$。当 $r<\dfrac{1}{2}$ 时，$p_{h_1}>p_{l_1}$。

对应的供应商利润分别为 $\pi_{h_1}=p_0-U+p_2^{\ 2}\left\{1-\dfrac{2p_1r^2+[(1-r)(B+1)+rC]^2}{2(B+C+1)^2}-\right.$

$$\left.\frac{rB+(1-r)\,C+2r(1-r)}{B+C+1}\right\},$$

$$\pi_{l_1}=p_0-U+p_2^{\ 2}\left\{1-\frac{2p_1(1-r)^2+[r(C+1)+(1-r)B]^2}{2(B+C+1)^2}-\frac{rB+(1-r)\,C+2r(1-r)}{B+C+1}\right\}。$$

$$\pi_{h_1}-\pi_{l_1}=p_2^{\ 2}\left\{\frac{2p_1(1-2r)+(r-B)[(3-2r)B+r+2rC]}{2(B+C+1)^2}\right\}。$$

根据分析可得：当 $r<\dfrac{1}{2}$ 时，若 $0<p_1<\dfrac{E+\sqrt{E^2+Dr^2}}{D}$，则 $\pi_{h_1}>\pi_{l_1}$；若 $p_1>$

$\dfrac{E+\sqrt{E^2+Dr^2}}{D}$，则 $\pi_{h_1}<\pi_{l_1}$；若 $p_1=\dfrac{E+\sqrt{E^2+Dr^2}}{D}$，则 $\pi_{h_1}=\pi_{l_1}$。其中 $D=4(1-r)^2$

$(7r^2-8r+3)>0$，$E=6r^3-6r^2+1>0$。

结论 3.2　当两个供应商同时决定高低质量安全水平时，他们的质量安全水平、对应的价格及供应商利润有如下结果：

（1）当两个供应商同时决定生产不同质量安全水平产品时，高低质量安全水平都会低于基本标准质量安全水平。并且当价格的质量安全敏感度较弱时，低质量安全水平不会低于单个供应商时的低质量安全水平；而当价格的质量安全敏感度较强时，低质量安全水平会低于单个供应商时的低质量安全水平。

（2）此时的产品价格均低于基本标准质量安全水平产品的价格。当市场监管环境较好，即供给低质量安全水平产品概率较低（小于 0.5）时，高质量安全水平会显著高于低质量安全水平，高质量安全水平产品的价格也高于低质量安全水平产品的价格。

（3）当市场监管环境较好时，即使价格的质量安全水平敏感度相对较弱，高质量安全水平供应商的利润也大于低质量安全水平供应商的利润;而若价格的质量安全水平敏感度相对较强,高质量安全水平供应商的利润会低于低质量安全水平供应商的利润;若价格的质量安全水平敏感度刚好等于某一值时,高质量安全水平供应商的利润会等于低质量安全水平供应商的利润。

（二）不同质量安全水平供应商的序贯质量安全水平和价格

当两个供应商按照先后顺序决定供给高低质量安全水平产品,并且他们决定的质量安全水平是双方可观察到的信息。此时有两种情况:一是高质量安全水平供应商作为领导者先决定质量安全水平,然后低质量安全水平供应商作为追随者再决定;二是刚好相反。

1. 高质量安全水平供应商作为领导者

首先根据 $\dfrac{d\pi_1(q_1)}{dq_1}=0$ 可得供给低质量安全水平产品供应商的反应函数

$q_1 = \dfrac{2p_1(1-r)^2 q_h + rp_2}{2p_1(1-r)^2 + 1}$。将其代入 $\pi_h(q_h)$ 后,由 $\dfrac{d\pi_h(q_h)}{dq_h}=0$ 解得 $q_{h_2} =$

$\dfrac{p_2[(B+1)^2+C-(1-r)C-r(B+1)]}{(B+1)^2+C}$, $q_{l_2} = \dfrac{p_2[(B+1)^2+C-(1-r)(C+1)-B]}{(B+1)^2+C}$。显

然 $q_{l_2}<q_0^*$, $q_{h_2}<q_0^*$。当 $r>\dfrac{1}{2}$ 且 $p_1>\dfrac{2r-1}{2(1-r)^3}$ 时,或者当 $0<r\leqslant\dfrac{1}{2}$ 时,都有 q_{h_2}

$>q_{l_2}$。

相应的产品价格分别为 $p_{h_2} = p_0 - \underline{U} + p_2^2 \left\{ 1 - \dfrac{p_1 r^2 [1-2r+(1-r)B]^2}{[(B+1)^2+C]^2} - \right.$

$\dfrac{(1-r)C+r(2-r)B+2r(1-r)}{(B+1)^2+C} \Big\}$, $p_{l_2} = p_0 - \underline{U} + p_2^2 \left\{ 1 - \dfrac{p_1(1-r)^2[1-2r+(1-r)B]^2}{[(B+1)^2+C]^2} - \right.$

$\dfrac{(1-r)C+r(2-r)B+2r(1-r)}{(B+1)^2+C} \Big\}$。并且 $p_{h_2}<p^*$, $p_{l_2}<p^*$。当 $r<\dfrac{1}{2}$ 时, $p_{h_2}>p_{l_2}$。对应

的利润分别为 $\pi_{h_2} = p_{h_2} - \dfrac{1}{2}q_{h_2}^2$, $\pi_{l_2} = p_{l_2} - \dfrac{1}{2}q_{l_2}^2$。

2. 低质量安全水平供应商作为领导者

首先根据 $\dfrac{d\pi_h(q_h)}{dq_h}=0$ 可得供给高质量安全水平产品的供应商反应函数

$q_h = \dfrac{2p_1 r^2 q_l + (1-r)\, p_2}{2p_1 r^2 + 1}$，代入 $\pi_l (q_l)$ 后，由 $\dfrac{d\pi_l(q_l)}{dq_l} = 0$ 求解得 $q_{l_3} =$

$\dfrac{p_2 [(C+1)^2 + B - (1-r)(C+1) - rB]}{(C+1)^2 + B}$，$q_{h_3} = \dfrac{p_2 [(C+1)^2 + B - r(B+1) - C]}{(C+1)^2 + B}$。显然 $q_{l_3} <$

$q_0^{\ *}$，$q_{h_3} < q_0^{\ *}$。当 $r < \dfrac{1}{2}$，$p_1 < \dfrac{1-2r}{2r^3}$ 时，$q_{h_3} > q_{l_3}$。

相应的价格分别为 $p_{h_3} = p_0 - \underline{U} + p_2^2 \left\{ 1 - \dfrac{p_1 r^2 (1-2r-rC)^2}{[(C+1)^2 + B]^2} - \right.$

$\left. \dfrac{(1-r^2) C + rB + 2r(1-r)}{(C+1)^2 + B} \right\}$，$p_{l_3} = p_0 - \underline{U} + p_2^2 \left\{ 1 - \dfrac{p_1 (1-r)^2 (2r-1+rC)^2}{[(C+1)^2 + B]^2} - \right.$

$\left. \dfrac{rB + (1-r^2) C + 2r(1-r)}{(C+1)^2 + B} \right\}$。并且 $p_{h_3} < p^{*}$，$p_{l_3} < p^{*}$。当 $r < \dfrac{1}{2}$ 时，$p_{h_3} > p_{l_3}$。对应的利

润分别为 $\pi_{h_3} = p_{h_3} - \dfrac{1}{2} q_{h_3}^2$，$\pi_{l_3} = p_{l_3} - \dfrac{1}{2} q_{l_3}^2$。

结论 3.3　当两个供应商按照先后顺序决定高低质量安全水平时，他们的质量安全水平及对应的产品价格有如下结果：

（1）当高质量安全水平供应商作为序贯质量安全决策中的领导者时，高、低质量安全水平依然低于基本标准质量安全水平。并且当市场监管环境较差，价格的质量安全水平敏感度较强时，或者当市场监管环境较好时，都会有高质量安全水平高于低质量安全水平，相应的产品价格也高于低质量安全水平的价格。但此时的产品价格都会低于基本标准质量安全水平时的最优产品价格。

（2）当低质量安全水平供应商作为序贯质量安全决策中的领导者时，高、低质量安全水平依然低于基本标准质量安全水平。当市场监管环境较好，并且价格的质量安全水平敏感度较弱时，高质量安全水平一定高于低质量安全水平。而在市场监管环境较好时，高质量安全水平的产品价格也高于低质量安全水平的价格。但此时的产品价格都会低于基本标准质量安全水平时的最优产品价格。

（三）两个供应商的质量安全水平和价格等比较分析

1. 两个供应商决定的质量安全水平进行两两相互比较

（1）同时决定的质量安全水平与高质量安全水平供应商作为领导者的质

量安全水平

由 $\dfrac{q_{h_1}}{q_{h_2}} = \dfrac{X_{h_1}}{X_{h_2}}$，可得 $X_{h_1} - X_{h_2} = (B+1)\left[\,-r\,(B+1)^2 + (r+rC-C)(B+1) +\right.$

$(1-r)C\left.\right] < 0$，所以有 $q_{h_1} < q_{h_2}$。类似地，$\dfrac{q_{l_1}}{q_{l_2}} = \dfrac{X_{l_1}}{X_{l_2}}$，$X_{l_1} - X_{l_2} = -B^2\left[\,r(B+1) +\right.$

$(1-r)C\left.\right] < 0$，所以 $q_{l_1} < q_{l_2}$。

（2）同时决定的质量安全水平与低质量安全水平供应商作为领导者的质量安全水平

由 $\dfrac{q_{h_1}}{q_{h_3}} = \dfrac{X_{h_1'}}{X_{h_3}}$，可得 $X_{h_1} - X_{h_3} = -C^2\left[(1-r)(C+1) + rB\right] < 0$，$q_{h_1} < q_{h_3}$。类似地，

$\dfrac{q_{l_1}}{q_{l_3}} = \dfrac{X_{l_1'}}{X_{l_3}}$，$X_{l_1'} - X_{l_3} = -C(C+1)\left[(1-r)(C+1) + rB\right] < 0$，$q_{l_1} < q_{l_3}$。

（3）高、低质量安全水平供应商分别作为领导者的质量安全水平

根据序贯质量安全水平决策的对称性可知：当 $r = \dfrac{1}{2}$ 时，$q_{l_2} < q_{l_3}$，$q_{h_2} > q_{h_3}$。

其他情况根据参数的具体取值不同而不同。

结论3.4　对两个供应商不同情况下的质量安全水平进行比较有如下结果：

（1）两个供应商同时决定时对应的高、低质量安全水平，分别低于高质量安全水平供应商作为领导者时的高、低质量安全水平。两个供应商同时决定时对应的高、低质量安全水平，分别低于低质量安全水平供应商作为领导者时的高、低质量安全水平。说明不同供应商进行质量安全序贯博弈，对提高产品质量安全水平具有推动作用。

（2）当市场监管环境正常时，即供给高、低质量安全水平产品的概率相同，此时高质量安全水平供应商作为领导者时的低质量安全水平低于低质量安全水平供应商作为领导者的低质量安全水平；而其高质量安全水平则高于后者。

2.参数变化时两个供应商的质量安全水平、价格及利润的数值比较分析

当参数取值不同，两个供应商的质量安全水平、价格及利润的结果不同，

没有一致的比较结果，因此可以通过数值分析进行比较说明。

（1）表3-1列出了两个供应商低质量安全水平的各变量随着市场监管环境变化的数值结果。由对称性可知高质量安全水平各变量的数值结果与表3-1是逆序的关系，所以不再重复列示。表3-1中的参数 $p_1 = 0.5$，$p_2 = 1$①。令 $p_0 - U = 0$ 不影响变量取值变化的趋势。根据数值结果可见：无论 p_1、p_2 的大小关系和质量安全水平高低如何，两个供应商时的价格、质量安全水平和利润都分别随着市场监管环境由好变差而先减少后增加。除了 $r = 0$ 和 $r = 1$ 的极端情况以外，两个供应商同时决定质量安全水平的各变量取值都是最低的。以市场监管环境正常为界（即 $r = 0.5$），当市场监管环境较好时，高质量安全水平供应商作为领导者的情况是占优的，即各变量取值均高于低质量安全水平供应商作为领导者的情况；而当市场监管环境较差时，则低质量安全水平供应商作为领导者的情况是占优的。

表 3-1　当市场监管环境变化时两个供应商的低质量安全水平对应结果的比较

r	q_{l_1}	q_{l_2}	q_{l_3}	p_{l_1}	p_{l_2}	p_{l_3}	π_{l_1}	π_{l_2}	π_{l_3}
0	0.5	0.5	0.5	0.875	0.875	0.875	0.75	0.75	0.75
0.1	0.456	0.4769	0.459046	0.7734	0.808	0.7748	0.6694	0.6943	0.6694
0.2	0.4286	0.4607	0.442379	0.6735	0.7335	0.6796	0.5816	0.6274	0.5818
0.3	0.4241	0.4576	0.45772	0.5856	0.6574	0.6012	0.4957	0.5527	0.4965
0.4	0.4474	0.4745	0.507505	0.5232	0.591	0.5542	0.4231	0.4784	0.4254
0.5	0.5	0.5172	0.586207	0.5	0.5511	0.5511	0.375	0.4174	0.3793
0.6	0.5789	0.5872	0.681529	0.5249	0.5548	0.5953	0.3573	0.3824	0.3631
0.7	0.6772	0.68	0.77923	0.5984	0.6111	0.6781	0.3691	0.3799	0.3745
0.8	0.7857	0.7862	0.868113	0.7117	0.7151	0.7833	0.4031	0.406	0.4065
0.9	0.8956	0.8956	0.942181	0.8507	0.851	0.8946	0.4496	0.4499	0.4507
1	1	1	1	1	1	1	0.5	0.5	0.5

① 在数值分析中，本节还分别令 p_1 取较高数值如16，p_2 取高于 p_1 的数值为32的情况；以及 p_2 小于 p_1 时，p_1 取值0.5和16，p_2 分别对应取值为0.25和8的情况。各变量数值结果的变化趋势与表3-1是相同的。

（2）表3-2、3-3列出了两个供应商低、高质量安全水平的各变量随着价格的质量安全敏感度变化的数值结果。其中 $r=0.2$，$p_2=0.4$[①]，并且令 $p_0-\underline{U}=0$。根据数值结果可见：无论 p_1、p_2 的大小关系如何，两个供应商时的价格、质量安全水平和高质量安全水平利润都分别随着价格的质量安全敏感度增强而增加，而低质量安全水平利润会随之减少。两个供应商同时决定质量安全水平时的各变量取值都是最低的。因为当市场监管环境较好时，高质量安全水平供应商作为领导者时的各变量取值均占优于低质量安全水平供应商作为领导者的情况。而当市场监管环境较差时，其他变化趋势与市场监管环境较好时相同，不同的是低质量安全水平供应商作为领导者时的各变量取值均占优于高质量安全水平供应商作为领导者的情况。并且高质量安全水平供应商的利润会随之减少。

表3-2　当价格的质量安全敏感度变化时两个供应商的
低质量安全水平对应结果的比较

p_1	q_{l_1}	q_{l_2}	q_{l_3}	p_{l_1}	p_{l_2}	p_{l_3}	π_{l_1}	π_{l_2}	π_{l_3}
0.5	0.1714	0.1843	0.177	0.1078	0.1174	0.1087	0.0931	0.1004	0.0931
1	0.2102	0.2375	0.2169	0.11	0.1247	0.1115	0.0879	0.0965	0.088
2	0.2452	0.2913	0.2525	0.1134	0.1342	0.1153	0.0833	0.0918	0.0834
4	0.2708	0.3346	0.2788	0.1167	0.1434	0.119	0.08	0.0874	0.0801
8	0.2869	0.3636	0.2961	0.1191	0.1504	0.122	0.078	0.0843	0.0782
16	0.296	0.3807	0.3078	0.1206	0.1548	0.1245	0.0768	0.0823	0.0772
32	0.3008	0.3901	0.3177	0.1215	0.1573	0.1273	0.0762	0.0812	0.0768
64	0.3033	0.395	0.3287	0.1219	0.1586	0.1309	0.0759	0.0806	0.0769
128	0.3046	0.3975	0.3424	0.1221	0.1593	0.136	0.0757	0.0803	0.0774
256	0.3052	0.3987	0.3581	0.1222	0.1596	0.1421	0.0757	0.0802	0.078
512	0.3056	0.3994	0.3727	0.1223	0.1598	0.1482	0.0756	0.0801	0.0787

①　在数值分析中，本节还令 p_2 取高于 p_1 的数值如 520 的情况，以及市场监管环境较差时如 $r=0.7$ 的情况，各变量取值结果的变化趋势与表3-2和表3-3的情况都是相同的。

表 3-3　当价格的质量安全敏感度变化时两个供应商的
高质量安全水平对应结果的比较

p_1	q_{h_1}	q_{h_2}	q_{h_3}	p_{h_1}	p_{h_2}	p_{h_3}	π_{h_1}	π_{h_2}	π_{h_3}
0.5	0.3143	0.3472	0.3145	0.1139	0.1253	0.1144	0.0645	0.065	0.065
1	0.3119	0.3606	0.3124	0.1162	0.1338	0.1169	0.0676	0.0688	0.0682
2	0.3097	0.3738	0.3107	0.1184	0.1424	0.1194	0.0704	0.0725	0.0711
4	0.3081	0.3843	0.31	0.12	0.1494	0.1213	0.0726	0.0755	0.0733
8	0.3071	0.3913	0.3107	0.1211	0.1541	0.123	0.0739	0.0775	0.0748
16	0.3065	0.3954	0.3131	0.1217	0.1568	0.1248	0.0747	0.0787	0.0758
32	0.3062	0.3976	0.3183	0.122	0.1584	0.1273	0.0751	0.0793	0.0766
64	0.306	0.3988	0.3273	0.1222	0.1592	0.131	0.0753	0.0797	0.0775
128	0.306	0.3994	0.3404	0.1223	0.1596	0.1363	0.0755	0.0798	0.0784
256	0.3059	0.3997	0.3563	0.1223	0.1598	0.1426	0.0755	0.0799	0.0792
512	0.3059	0.3998	0.3715	0.1223	0.1599	0.1487	0.0755	0.08	0.0797

（3）表 3-4 列出了两个供应商低质量安全水平的各变量随着价格的标准质量安全敏感度变化的数值结果。高质量安全水平各变量取值变化的结果与表 3-4 是一致的。其中 $r=0.2$, $p_1=0.8$①,并且 $p_0-U=0$。根据数值分析可见:无论 p_1、p_2 的大小关系和质量安全水平高低如何,两个供应商时的价格、质量安全水平和利润都分别随着价格的标准质量安全水平敏感度的增强而增加。两个供应商同时决定质量安全水平时的各变量取值都是最低的,并且高质量安全水平供应商作为领导者时的各变量取值均占优于低质量安全水平供应商作为领导者的情况。而当市场监管环境较差时,各变量取值的变化规律与市场监管环境较好时相同,不同的是低质量安全水平供应商时的各变量取值均占优于高质量安全水平的情况。

---

①　在数值分析中,本节还令 p_1 取高于 p_2,取较高数值如 1030,以及市场监管环境较差时如 $r=0.7$ 的情况,各变量取值结果的变化趋势与表 3-4 的情况都是相同的。

表 3-4　当价格的标准质量安全敏感度变化时两个
供应商的低质量安全水平对应结果的比较

p_2	q_{l_1}	q_{l_2}	q_{l_3}	p_{l_1}	p_{l_2}	p_{l_3}	π_{l_1}	π_{l_2}	π_{l_3}
1	0.4943	0.5493	0.5102	0.6819	0.7626	0.6901	0.5597	0.6117	0.56
2	0.9885	1.0986	1.0205	2.7274	3.0504	2.7605	2.2389	2.447	2.2398
4	1.977	2.1972	2.0409	10.91	12.202	11.042	8.9555	9.7879	8.9594
8	3.954	4.3943	4.0818	43.639	48.807	44.168	35.822	39.152	35.837
16	7.908	8.7887	8.1636	174.56	195.23	176.67	143.29	156.61	143.35
32	15.816	17.577	16.327	698.22	780.91	706.69	573.15	626.43	573.4
64	31.632	35.155	32.654	2792.9	3123.6	2826.8	2292.6	2505.7	2293.6
128	63.264	70.31	65.309	11172	12495	11307	9170.4	10023	9174.4
256	126.53	140.62	130.62	44686	49978	45228	36682	40091	36698
512	253.06	281.24	261.24	178746	199912	180912	146727	160365	146790

三、本节主要结论

本节分析了食品供应商生产产品直接供给到市场,由单个供应商或者两个供应商决定产品质量安全水平的不同情况。以单个供应商供给产品作为分析的基础,重点分析了两个供应商同时以及按照先后顺序进行的质量安全水平决策。得到的主要结论有:

首先,提高消费者对产品质量安全水平的重视度有利于实现优质优价,对激励供应商提高质量安全水平具有重要的现实意义。市场监管环境、产品价格的质量安全敏感度以及标准质量安全敏感度对供应商供给的产品质量安全水平、价格及供应商利润具有直接影响。考虑上述因素对供应商质量安全水平决策的联合影响,确定提高产品质量安全水平的对策,将是促进供应商质量安全水平改善的有利途径。

其次,当单个供应商生产不同质量安全水平产品时,相比于基本标准的质量安全水平,他会供给高于和低于该质量安全水平的不同质量安全水平产品。此时受到不同的市场监管环境影响,优质优价的有效性会减弱。

最后,两个供应商同时决定供给高低质量安全水平产品时,其质量安全水平均低于单个供应商供给的标准质量安全水平。市场监管环境的改善有利于产品质量安全水平的提升及优质优价的实现。从质量安全水平角度考虑,尽管两个供应商供给的产品质量安全水平都会较单个供应商供给产品的标准质量安全水平差,但其中一个供应商作为主导者先决定质量安全水平,另一个供应商再做出质量安全水平决策的情况占优于两个供应商同时决定质量安全水平的情况。说明同类产品供给市场中具有先动供应商或者居于领导者地位供应商的情况,更有利于质量安全竞争情况下同等地位同时决定质量安全水平供应商的情况。市场监管环境对不同质量安全水平供应商的占优具有重要影响,一般而言市场监管环境差,低质量安全水平供应商占优,反之则高质量安全水平供应商占优。

第二节　需求拉动下的某类食品高价格成因分析
——以年份酒为例

　　2012 年的"塑化剂"事件和三公消费禁令,对我国白酒尤其是高端白酒的销量造成了严重冲击。行业整体销量下滑,平均价格下跌,利润率下降。尽管如此,年份酒作为一类白酒"贵族",凭借其相对同类普通酒的高昂价格,在消费需求的拉动下,仍然为酒企带来了高收益。根据中国食品工业协会白酒专业委员会 2010 年的抽样调查显示:在我国销售额前 100 名的白酒企业中,就有近 60% 的企业推出了年份酒,年销售额不低于 50 亿元。而 2013 年 9 月中央电视台经济信息联播报道表明:目前我国销售额前 100 名的白酒企业中,已经有近八十家酒厂推出了年份酒,年销售额近百亿元。那么,在白酒行业处于销售低迷的状况下,年份酒的高价格是如何在需求拉动下促成的? 当前市场销售的年份酒真如消费者所追捧的那样物有所值,具有名副其实的高品质吗?通过在整个年份酒内外监管体系缺失的条件下,分析以消费层面作为需求拉动年份酒高价格的根源,逐渐到上游零售层面的加剧高价格的竞争性因素,再到生产层面的成本传导因素,深入地解析了年份酒高价格的本质成因。据此,本节提出以政府规制引导、市场机制为主要手段的对策建议。这对于类似年份酒的,具有概念性、高价格消费品市场的健康理性发展具有重要意义。

一、白酒年份酒高价格乱象及其问题

近年来,我国很多白酒企业都生产推出各种年份的所谓"年份酒",其根本原因就是一旦被冠以年份酒的称谓后,销售价格就会上涨数倍,为企业实现高额的利润。我国白酒的三大知名品牌"茅五剑"就相继推出了不同年份的高端白酒。这些年份酒与同品牌普通白酒相比,其价格随着年份的增加而呈现倍增的高走势。普通的 53 度茅台酒价格在 1100 元左右,而十五年的茅台酒价格则要 6000 元,三十年茅台酒的价格已经达 12888 元,五十年的茅台酒价格更是高达 31888 元。五十年的五粮液售价高达 25888元,三十年的剑南春酒售价为 6500 元。尽管与茅台、五粮液这些高端品牌白酒年份酒的高昂价格无法相提并论,普通牌子的白酒价格也会因其被赋予年份后逐级急剧升高。例如普通习酒的价格为 168 元,而"年份"为十年的习酒价格是 1328 元,十五年的价格已达 1688 元。普通国台酒价格为388 元,五年的国台酒价格为 688 元,十年的价格为 1688 元,十五年的价格为 1988 元。

根据酒类行业专业人士说明,严格意义上的年份酒价格高昂的主要原因可以归纳为以下四点(李颖,2013)。第一,年份酒酿制周期长,投入相应的人力、物力就会较多,客观上造成了酿制成本较高。第二,因为酒的年份较长,其协调度比较好、醇和度较高,所以酒香馥郁、味道醇厚、口感更佳,会受到消费者的青睐。第三,陈酿窖藏时间长,产量相对较少,会导致年份酒的供不应求。第四,酒类企业品牌的文化底蕴也是影响价格的重要因素之一,年份酒通常会被赋予更深厚的文化含义。然而由于我国对白酒年份酒的品质标准等没有明确规范,更没有对其的专门监管。相比于普通酒,年份酒的高昂价格与无法被辨识真正品质的外部效应,驱使众多具备一定条件或者根本不具备生产年份酒资质的酒企,纷纷投入到年份酒生产销售市场中。例如,四川泸州酒业有限公司成立 16 年,已经推出泸州三十年珍品年份酒;贵州茅台镇茅山酒业有限公司成立 30 年,已经推出茅台镇百年纯粮年份酒。而有些小型制售白酒的酒厂或作坊甚至刚刚成立,就已经生产出五年、十年甚至几十年的年份酒。大多数年份酒只是一个概念营销手段的产物。生产企业只是经过加入一些老酒,甚至有些企业直接勾兑香料、香精,将酒的口感调到与所标示年份的味道相近,而并没有在"年份酒"里加入标注那个年份的陈年老酒。

基于外部性等经济学理论,若外部效应存在,市场是无效的,相应的市场价格不能传达正确的信息,价格机制将被扭曲(张和群,2005;裴勇、郭晨凯,2013)。对于当前我国白酒年份酒市场而言,由于我国尚未确立年份酒的统一标准规范,致使年份酒的优劣无法辨别或者根本无辨别依据。因此,只要被标榜为年份酒,必然就会对应高价格。而企业若生产供给低品质产品,其投入成本低,获取利润就会更高。同时,2010 年中国酿酒工业协会白酒分会的工作报告显示:我国总共约有 8824 家白酒生产企业获得了"白酒生产许可证"。而生产白酒的企业实际有 1.1 万家。在 8824 家白酒生产许可证获证企业中:50 人以下的企业共 5708 家(其中 10 人以下企业 1569 家),占获证企业总数的 66.77%。然而国家统计局等部门公布的企业经营数据一般都是属于"规模以上"企业的数据,因此在具有"白酒生产许可证"的 8824 家白酒生产企业中,只有 15% 的企业生产经营状况会在国家工业经济统计中体现。而在 8824 家企业以外的那些企业更不在国家统计与监管的正规企业行列之内。这表明我国白酒生产经营企业以小规模,甚至"非正规"企业居多,由此加剧了对白酒行业监管的难度。最终"良币驱逐劣币"成为年份酒市场的必然。年份酒市场上所存在的这个现象,违背了按质论价的定价规律,破坏了公平竞争的原则,扰乱了市场秩序。

二、基于需求拉动链条的年份酒高价格本质成因

不同于通常的食品渠道价格变动多由供给因素引起(吕光明等,2013),白酒年份酒的高昂价格是以消费终端的需求拉动为根源,从而产生一系列连锁效应而导致的。下面在监管规制层面,通过终端消费层面——中间零售层面——上游生产层面,以逆向供应链逐级分析需求拉动链条下的年份酒高价格本质成因(图 3-1)。

（一）消费需求层面

1. 追求高品质的消费理念以及盲目跟风的消费习惯的助推效应

随着近年来我国人民收入水平的日益提高,消费者对白酒,尤其是具有一定品质的白酒需求量与日俱增。白酒"年份酒"顶着陈年佳酿的头衔而受到

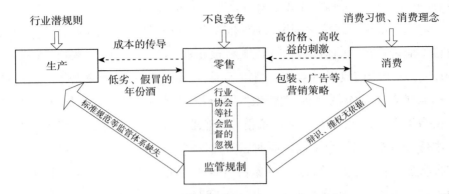

图 3-1　年份酒高价格成因的需求拉动链条

消费者的青睐,表面上更能满足消费者对高品质白酒的需求。消费者崇尚高品位、情愿为"面子"买单的消费理念,成为年份酒备受消费者追捧的坚实基础。消费群体盲目跟风的消费习惯,更在一定程度上加剧了市场对年份酒的需求扩张。

2.零售市场的营销策略对消费者需求的刺激效应

白酒经销商通过对年份酒施以大力度的广告营销,虚假夸大了年份酒的品质。同时,几乎所有年份酒的包装都比同品牌其他白酒显得更为高级华丽,以突显年份酒更具品质、更为尊贵、更具酒类文化内涵的特征。年份酒较之同品牌其他白酒的高昂价格,更突出所谓的"优质优价"定价机制。这些都进一步刺激了消费者对年份酒的需求。

(二) 零售竞争层面

1.需求价格弹性的正边际收益效应

作为非生活必需品甚至为"奢侈品"的年份酒,其需求价格弹性相对较大,所以企业销售年份酒的边际收益为正。同时,较高的销售价格会对应更高的边际收益,销售量的增加就会带来更大的销售收益增加额。因此,为获取高额利润,零售商会通过各种途径增加年份酒的市场销售量。

2.高价格的需求拉动促成各种品牌年份酒充斥零售市场

"优质优价"的表象定价机制,为年份酒相对同类白酒的高昂价格提供了合理的借口。年份酒的售价是普通白酒的几十倍,有的甚至达上百倍。因此,各种牌子的白酒企业几乎都推出了同类产品的年份酒。

3. 为利所驱导致中小型企业之间年份酒的不良竞争

在我国高端白酒零售市场,以"茅五剑"为首的品牌酒已经成为了消费者认可的产品。而其他中小型或者不知名酒类企业只能在我国中低端白酒市场展开激烈竞争,并且获利相对微薄。年份酒的高价格吸引这些企业竞相生产销售年份酒。有些酒厂甚至刚刚建厂,就已经开始销售所谓十五年、三十年的"年份酒"。由于他们的产品缺乏特色、相互替代性高,只能通过虚华的包装、夸大的宣传,甚至用香精、香料勾兑以提升酒香,最终逐渐演变为年份酒市场的不良竞争,甚至对消费者的身心造成损害。

（三）生产供应层面

1. 下游零售竞争成本增加的传导效应

白酒是中国文化和中国制造的最好体现,我国白酒的生产供给具有传统性、民族性、文化性。随着近年来人们生活水平的提高,对白酒的需求更是日益增强。与之相应的白酒生产供给量与价格也呈现整体上升的趋势。根据中经网产业数据库统计数据整理得到 2001 年到 2013 年的白酒产量(单位万吨)代表白酒的生产供给量,并以 2000 年同时期价格为 100 计算的白酒出厂价格指数代表白酒生产供给价格的指标①(图3-2)。可见我国白酒生产供给量在 2001 年至 2007 年之间呈现小幅平稳的先降后升的波动趋势,从 2007 年开始至 2012 年呈现出较为显著的上升趋势。而 2012 年至 2013 年又呈现显著下降,这主要是由于 2012 年第四季度开始曝光的酒鬼酒塑化剂事件对整个白酒行业产生了极大的负面影响,致使白酒销量大幅度下滑,白酒生产企业减产。相应地,白酒生产供给价格从 2001 年至 2011 年均呈现平稳上升趋势,这与近年来我国物价水平整体呈现上升趋势相一致,但到 2012 年有小幅下降而后 2013 年又有所回升。

然而在零售市场上年份酒的华贵包装、广告营销等策略都导致了其零售成本上涨。由此带来的终端成本传导效应是:为获取高额利润,零售商就会压

---

① 由于 2013 年 12 月白酒产量的数据查找不到,所以统计 2013 年白酒产量数据时是不含当年 12 月产量的数据。

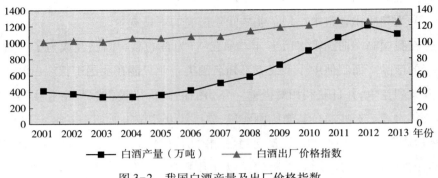

图 3-2 我国白酒产量及出厂价格指数

低从上游生产供应商采购年份酒的批发价格,尤其是从不知名、小规模或者非正规生产企业采购的批发价格①。较低的批发价格会驱使生产商通过压榨生产酿造年份酒的成本以保障自身利润。因此,大量品质低劣、甚至假冒的年份酒就会被供给到零售市场。

2. 年份酒生产供应的"行业潜规则"

年份酒生产商通过将少量陈年老酒(可能是五年、十年等),加入新酿造的酒、水、香料等进行勾兑,甚至有些就是利用香料,香精直接勾兑。我国酒类行业内部对年份酒没有统一规范,国家对白酒年份酒也没有相关标准规范。按照国际酒业对年份酒的界定,应该以制造年份酒的原料酒中的最低年份作为年份酒的年份标示。与之相反,我国白酒年份酒的年份标示几乎都是以原料酒中的最高年份作为标示。这些生产过程与年份标示行为都已经成为了年份酒生产供应的"行业潜规则"。这种投机取巧、以次充好的集体行为规则,成为了白酒行业内部对年份酒生产供应的普遍"标准规范"。

(四) 监管规制层面

1. 标准规范等监管体系的缺失效应

我国尚未确立白酒年份酒的标准规范,同时缺乏对年份酒的检验检测措施,更没有形成与之相应的奖惩机制,并且各级政府有关部门的监管缺位,也

---

① 由于小规模甚至非正规白酒生产经营企业的相关数据并没有被纳入或难以被国家统计部门所统计公布,所以图 3-4 中产量与价格数据不能完全代表白酒行业的生产供给产量与价格。

加剧了我国白酒"年份酒"乱象。由此可见,整个白酒年份酒的监管体系是缺失的。这种监管真空在一定程度上"纵容"了企业无良的逐利行为,激化了年份酒市场的无序竞争。

2.行业协会、消费者等其他社会监督主体的忽视效应

酒类行业似乎还没有意识到年份酒给其带来的严重声誉损失。相比于乳品行业的"三聚氰胺"事件,尽管年份酒的低品质甚至集体造假行为,并不至于对人们的身体健康造成严重危害,但经历了白酒"塑化剂"事件,此次年份酒问题再次重创了我国白酒行业的整体声誉。行业协会并没有发挥内部自监自查的职责,对年份酒问题采取的忽视态度放任了问题的发展。而消费者由于处于信息弱势地位,加之年份酒标准规范的缺失,他们对相关年份酒的辨识能力有限,即使辨识了假冒伪劣年份酒也不具备维权的依据。因此,作为重要的社会监督主体,消费者群体在不完备的客观监督条件下,更缺乏主观监督的积极性。

三、本节主要结论及对策建议

本节研究认为消费终端的需求拉动是造成年份酒高昂价格、低劣品质的本质根源,进而使上游零售商为逐利竞相采取各种包装、广告等营销策略。为应对上涨的营销成本,零售商通过压低进价,使生产商与其进行成本分摊。至此,为抵消部分成本,生产商供应了劣质假冒的年份酒。此外,内外部监管体系的缺失,放任了上述年份酒生产、零售与消费链条的持续运行。长此以往,不仅严重损害了消费者的利益,而且将对白酒行业的声誉造成无法挽回的损失,而公众对监管部门的信任度也会减弱,对我国整体社会福利造成损伤。因此,针对年份酒高价格乱象及其存在的问题,依据本质成因的理论分析,提出如下对策建议:

（一）政府有关部门应尽快建立健全标准规范等构成的监管体系

首先,国家应组织有关专家,参照国外酒类年份酒标准规范,结合我国白酒行业特点,确立白酒年份酒统一的认定标准,并将年份标示作为重要指标之一,纳入酒类质量检测管理体系。对不符合按照标准界定的年份酒违规造假等行为,明确与之相应的法律法规惩处细则。其次,地方各级政府监管部门应

依据国家标准规范,加强对酒类企业的实地实时监管。通过企业成立时间、是否外购陈酿、产品质量检测等多重指标,判定"年份酒"等酒类相关产品是否存在违规生产、假冒伪劣等问题。一旦发现企业违法违规行为,立即依照法律法规予以严厉惩处,并将惩处结果及时向社会公布。同时对严格遵守标准规范、产品长期保持较高品质的企业,予以公开奖励,通过树立品牌形象、发挥声誉优势等方式对企业进行激励。

（二）行业与政府共同发挥作用,建立健全质量安全追溯体系

在 2013 年工业和信息化部消费品工业司召开的食品药品质量安全可追溯体系建设试点工作会上,白酒行业已经被划入食品质量升级进行时的行列中。贵州茅台股份有限公司和五粮液集团有限公司这两个中国白酒企业的龙头,成为了首批食品药品质量安全可追溯体系建设试点企业。这对我国白酒行业的整体产品质量水平的提高,行业形象的提升具有重要意义。然而通过已有的食品质量安全追溯体系建设经验可以看到,该体系的建设不仅要具有长期性,而且还要有与之相应的法制体系相配套,仅仅依靠部分企业以及行业的力量难以更好地建设并发挥追溯体系的作用。因此,要通过以政府为主导,行业协会、企业为实施主体,社会大众为监督主体,上下联动逐步完善市场准入制度,确立质量标准规范的监管体系,实施明确的奖惩机制,才能使我国白酒行业乃至整个食品产业的质量追溯体系尽快地建立健全。

（三）社会主体充分发挥作用,以市场机制为主实现共赢

习近平和李克强都曾强调发挥市场在资源配置中的重要作用是我国未来改革的关键问题之一。因此,要处理好政府和市场、社会的关系。我国食品产业中涉及到各环节市场主体众多,如何通过市场机制如价格机制、供求机制、竞争机制协调上下游主体之间的成本分摊、利益分配等问题,是解决近年来我国食品安全问题的根本途径(樊行健、周冰,2013)。以年份酒问题为例,消费者应在新闻媒体、第三方监管部门等其他社会主体的帮助下,以政府建立健全的监管体系为依据,正确辨识年份酒等产品的真实品质,实施理性消费,并明确维护自身权益的方法,作为终端市场的真正主体发挥监督作用。只有在社会主体的共同监督下,依据法律法规,发挥市场供需确立的价格机制(赵辛、钟剑,2013),有准确公正的质量检测管理体系保证的"优质优价",零售商之

间才能保持公平有序的竞争秩序。零售商与生产商应从长期的、显性与隐性的利益角度考虑,通过合理的契约协调方式,形成利益共同体,实现风险共担、利益共享的合作机制。整个行业应在政府监管体系的规范下,每个主体各司其职,充分发挥市场资源优化配置优势,实现社会主体的共赢目标。

第三节　产品可替代条件下最优价格及其影响因素分析

目前我国许多产品都是由一个供应商向下游多个商家(为简化以下统称为零售商)提供原料或者初级产品,经由这些下游商家的简单加工包装后最终供给到零售市场。因此,这些零售商在市场上供给的产品具有一定的相互替代性。例如,我国年份酒市场各种品牌充斥,原料供应商将原料酒批发给多个零售商,零售商对原料酒进行简单加工包装后,直接将产品供给到市场进行销售,多种品牌的年份酒之间都具有相互替代性。此时,零售商的数量、产品间的替代程度、加工包装成本等均会对上游原料价格和下游产品零售价格等产生主要影响。这直接关系到由价格、产品竞争等影响的消费者福利,甚至对产品品质、行业健康发展也将产生主要作用。

已有学者对产品具有替代性条件下,供应链主体的最优价格以及供应商或制造商与零售商之间的定价问题分析较多,例如 Weng(1995)、Deng 等(2006)分析了在某一产品为价格敏感需求时的数量折扣契约、价格和产量协调问题;Wang(2006)分析了多个制造商供给一个零售商,且产品间是完全互补关系时制造商的产量与定价决策问题。现有对产品具有不同替代程度条件下一对多、多对一的供应商和零售商构成的两级供应链中最优价格的研究已经颇为丰富。但对于一个供应商与多个零售商的同一问题框架下,同时考虑产品替代程度与零售商数量不同时,在分散与集中模式中上游供应商与下游零售商的最优价格及其影响因素的分析较为缺乏。本节正是在上述问题背景下,通过构建供应商与零售商各自利润最大化模型,研究他们的最优价格及其影响因素。以此,为保障消费者福利,促进一对多供应链模式下产业健康发展,针对不同情况下的供应商与零售商提供了具体的对策建议。

一、分散与集中模式下供应商与零售商的最优价格

一个原料供应商将原料批发给 n 个零售商,零售商对原料进行简单加工包装后,直接将产品供给到市场进行销售。由于是简单加工包装,所以零售商的产品具有一定替代性,且零售市场的需求量与原料供给量相等。假设该产品并非生活必需品,市场对其需求量有限,原料供应商生产供给的原料完全可以满足下游零售商对原料的需求量。博弈顺序为:原料供应商提供给 n 个零售商的原料批发价格为 w 后,每个零售商依据自身利润最大化决定其销售产品的零售价格。由此,利用逆推归纳法分析原料供应商及零售商的最优价格及利润。

产品 i 的市场需求量 q_i(Acocella et al.,2009)为

$$q_i = \alpha - (1 + r) p_i + \frac{r}{n-1} \sum_{\substack{j \neq i \\ j=1}}^{n} p_j \qquad (3.5)$$

其中 r 表示产品之间的替代程度(为简化且不失一般性,$\frac{r}{n-1}$ 表示产品间的平均替代程度);α 表示市场基本需求量,p_i 表示产品 i 的零售价格($i = 1, \cdots, n$)。

由此可得零售商 i 的利润如下:

$$\pi_i(p_i) = (p_i - c_i - w) q_i \qquad (3.6)$$

其中 c_i 表示产品 i 的单位加工包装成本($i = 1, \cdots, n$)。

相应地,原料供应商的利润为①

$$\pi_s(w) = w \sum_{i=1}^{n} q_i \qquad (3.7)$$

(一) 分散模式下供应商与零售商的最优价格

当原料供应商与下游零售商是各自盈利的个体,分别依据自身利润最大

---

① 由于本节主要研究产品具有替代性与零售商数量对供应商和零售商的最优价格和利润的影响,因此忽略了供应商生产成本,其利润表达式简化为式(3.7)。由于该生产成本可被设定为固定参数,所以并不影响分析结论。

化进行定价决策。则零售商 i 依据自身利润最大化,由式(3.6)的一阶最优条

件 $\dfrac{d\pi_i}{dp_i}=0$ 可得

$$\alpha - 2(1+r)p_i + (1+r)(c_i+w) + \frac{r}{n-1}\sum_{\substack{j\neq i \\ j=1}}^{n} p_j = 0 \quad i=1,\cdots,n \quad (3.8)$$

二阶最优条件仍满足,即 $\dfrac{d^2\pi_i}{dp_i^2}=-2(1+r)<0$。

将 n 个零售商对应的式(3.8)累计相加整理可得

$$\sum_{i=1}^{n} p_i = \frac{n\alpha + (1+r)\sum_{i=1}^{n} c_i + (1+r)nw}{r+2} \quad (3.9)$$

代入式(3.8)解得

$$p_i = \frac{\alpha + (1+r)w}{r+2} + \frac{r(1+r)\sum_{j\neq i}^{n} c_j + (1+r)[nr+2(n-1)]c_i}{(r+2)[(2n-1)r+2(n-1)]}$$

$$(3.10)$$

$$q_i = \alpha - \frac{[n(r+1)-1]p_i}{n-1} + \frac{r\left[n\alpha + (r+1)\sum_{i=1}^{n} c_i + (r+1)nw\right]}{(n-1)(r+2)}$$

$$(3.11)$$

将式(3.10)和式(3.11)代入式(3.7)可得原料供应商的利润表达式

$$\pi_s(w) = \frac{(r+1)(n\alpha - \sum_{i=1}^{n} c_i - nw)w}{r+2} \quad (3.12)$$

原料供应商依据自身利润最大化决定批发价格。由式(3.12)的一阶最优

条件 $\dfrac{d\pi_s}{dw}=0$ 可得

$$\frac{(r+1)(n\alpha - \sum_{i=1}^{n} c_i - 2nw)}{r+2} = 0 \quad (3.13)$$

二阶最优条件仍满足，即$\dfrac{d^2\pi_s}{dw^2}=-\dfrac{2n(r+1)}{r+2}<0$。因此，原料供应商的最优批发价格为

$$w^* = \frac{\alpha}{2} - \frac{\displaystyle\sum_{i=1}^{n} c_i}{2n} \tag{3.14}$$

由式(3.14)易见$\dfrac{\partial w^*}{\partial \alpha}=\dfrac{1}{2}>0,\dfrac{\partial w^*}{\partial c_i}=-\dfrac{1}{2n}<0,\dfrac{\partial w^*}{\partial n}=\dfrac{\displaystyle\sum_{i=1}^{n} c_i}{2n^2}>0$。可得如下结论：

结论3.5 （1）市场基本需求量对原料供应商的批发价格具有正效应。具体而言，不受价格因素影响的市场基本需求量增加会导致零售商对上游原材料的需求量增加，由供需关系可知原料批发价格会上涨。

（2）下游加工包装成本对原料供应商的批发价格具有负效应。具体而言，同等条件下，下游加工包装成本增加会导致零售商利润空间缩小，因此他们会挤压原料采购成本，迫使原料供应商的批发价格下降。

（3）零售商数量对原料供应商的批发价格具有正效应。具体而言，销售具有一定替代性产品的零售商数量增加，会加剧产品零售市场的竞争性，同时他们对上游原料的总需求量也会增加，同等条件下会导致原料批发价格上涨。

将式(3.14)代入式(3.8)整理可得零售商i的最优价格为

$$p_i^* = \frac{(r+3)\alpha}{2(r+2)} + \frac{(r+1)[r-2(n-1)]\displaystyle\sum_{j\neq i}^{n} c_j}{2n(r+2)[(2n-1)r+2(n-1)]} +$$
$$\frac{(r+1)[2(n-1)(2n-1)+2n(n-1)r+r]c_i}{2n(r+2)[(2n-1)r+2(n-1)]} \tag{3.15}$$

由式(3.15)易见$\dfrac{\partial p_i^*}{\partial \alpha}=\dfrac{r+3}{2(r+2)}>0,\dfrac{\partial p_i^*}{\partial c_i}=\dfrac{(r+1)[2(n-1)(2n-1)+2n(n-1)r+r]}{2n(r+2)[(2n-1)r+2(n-1)]}$

$>0,\dfrac{\partial p_i^*}{\partial c_j}=\dfrac{(r+1)[r-2(n-1)]}{2n(r+2)[(2n-1)r+2(n-1)]}<0$。可得如下结论：

结论3.6 （1）市场基本需求量对产品零售价格具有正效应。具体而言，不受价格因素影响的市场基本需求量增加时，该产品零售价格会上涨。例如

消费者盲目跟风或面子等因素作用导致的产品市场基本需求量增加,使得产品零售价格也随之上涨。

(2)加工包装成本对产品零售价格具有正效应。具体而言,加工包装成本的增加挤占了零售商的部分利润空间,为确保自身利润,零售商会上调零售价格以平衡部分成本。

(3)其他竞争性零售商的加工包装成本对该零售商的产品价格具有负效应。具体而言,其他零售商加工包装成本增加导致他们的零售价格上涨,为突出竞争的比较优势,该零售商为获取相对更多的利润,可以通过降低零售价格以增加自身产品的需求量。

由式(3.15)对 p_i^* 表达式中的 n 求偏导数可得

$$\frac{\partial p_i^*}{\partial n} = \frac{(r+1)\,c_i\{(2n^2-4n+1)\,r^2-4r(2n^2-2n+1)+4\,(n-1)^{\,2}\}-(r+1)\sum_{j\neq i}^{n}c_j\{(4n-1)\,r^2-4r(2n^2-3n+1)+4\,(n-1)^{\,2}\}}{2n^2(r+2)\,[\,(2n-1)\,r+2(n-1)\,]^{\,2}}$$

(3.16)

由式(3.16)难以确定 $\dfrac{\partial p_i^*}{\partial n}$ 的正负。因此,在分散模式中零售商数量对最优零售价格的影响效应是正向的还是负向的不能确定。

由式(3.15)对 p_i^* 表达式中的 r 求偏导数可得

$$\frac{\partial p_i^*}{\partial r} = \frac{-\alpha}{2\,(r+2)^{\,2}}\frac{[\,(4n^2-2n-1)\,r^2+8n(n-1)\,r+4(n^2-1)\,]\sum_{j\neq i}^{n}c_j}{2n\,(r+2)^{\,2}\,[\,(2n-1)\,r+2(n-1)\,]^{\,2}} -$$
$$\frac{[\,6n(n-1)\,r^2+2(13n^2-9n-1)\,r+4(3n+1)\,(n-1)\,]\,(n-1)\,c_i}{2n\,(r+2)^{\,2}\,[\,(2n-1)\,r+2(n-1)\,]^{\,2}}$$

(3.17)

由式(3.17)难以确定 $\dfrac{\partial p_i^*}{\partial r}$ 的正负。因此,在分散模式中产品替代程度对最优零售价格的影响效应是正向的还是负向的不能确定。

为考察零售商数量与产品替代程度对最优零售价格的影响效应,通过将其他参数取值设定,分别计算 $\dfrac{\partial p_i^*}{\partial n}$ 与 $\dfrac{\partial p_i^*}{\partial r}$ 的数值。根据模型假设条件和变量含义,为简化且不失一般性,令 $c_i = c_j = 0.1, (i, j = 1, \cdots, n), \alpha = 1$。并且由于本节研究的是一对多供应链结构的情形,因此零售商数量 n 取不小于 3 且不大于 100 的整数值,即 $3 \leqslant n \leqslant 100$。

由此,可得分散模式中最优零售价格受零售商数量的影响效应取值具体如下表 3-5:

表 3-5　不同产品替代程度下最优零售价格

p_i^* 受零售商数量的影响效应

n \ r	0	0.2	0.5	0.8	1
3	−0.0278	−0.0133	−0.0045	−0.0018	−0.0014
10	−0.0200	−0.0087	0.0003	0.0048	0.0065
20	−0.0113	−0.0050	0.0001	0.0027	0.0037
30	−0.0078	−0.0035	0.000049	0.0019	0.0026
40	−0.0059	−0.0027	0.000028	0.0014	0.0020
50	−0.0048	−0.0022	0.000019	0.0012	0.0016
60	−0.0040	−0.0018	0.000013	0.0010	0.0013
70	−0.0035	−0.0016	0.000010	0.0008	0.0012
80	−0.0030	−0.0014	0.000008	0.0007	0.0010
90	−0.0027	−0.0012	0.000006	0.00065	0.0009
100	−0.0025	−0.0011	0.000005	0.00060	0.0008

由表 3-5 可见:当产品替代程度不同时,最优零售价格受到零售商数量的影响效应不同。在本节设定的参数取值范围内:(1)当产品替代程度为 0 的极端条件或者替代程度为 0.2 的条件下,$\dfrac{\partial p_i^*}{\partial n}$ 均为负,并且随着 n 增加,$\dfrac{\partial p_i^*}{\partial n}$ 的取值逐渐增加。说明当产品没有相互替代性或者产品替代程度较小时,最优零售价格受零售商数量的影响效应为负,即随着零售商数量增加,最优零售价格随之下降;并且零售商数量的这种负效应随着零售商数量增加而减弱。(2)当产品替代程度为不低于 0.5 的条件下,只有当 $n = 3$ 时,$\dfrac{\partial p_i^*}{\partial n}$ 为负,此外 $\dfrac{\partial p_i^*}{\partial n}$ 均为正,并且随着 n 增加,$\dfrac{\partial p_i^*}{\partial n}$ 的取值逐渐减小。说明当产品之间相互具

有较大替代程度时,最优零售价格受零售商数量的影响效应为正,即随着零售商数量增加,最优零售价格随之上涨;并且零售商数量的这种正效应随着零售商数量增加而减弱。

上述数值结果表明:当产品替代程度不同时,最优零售价格受零售商数量的影响效应正负不同。与一般情况下,给定产品替代程度越高,零售商数量越多会导致零售价格越低的结论不同,主要原因在于本节的分析是以一个原料供应商对应多个零售商为研究背景。根据对原料供应商的最优批发价格分析,零售商数量增加会导致最优批发价格上涨。而原料批发价格是零售商进行零售价格决策的主要因素之一,下游零售环节竞争更激烈,使上游原料价格上涨,进而使下游零售价格也呈现上涨趋势。但从零售商数量的影响效应的变化来看,若 $n > 100$,则在产品替代程度较大时,零售商数量的影响效应在 n 超过某个临界值后会为负。

分散模式中最优零售价格受产品替代程度的影响效应取值具体如下表 3-6:

表 3-6 不同零售商数量下最优零售价格
p_i^* 受产品替代程度的影响效应

r \\ n	3	20	50	80	100
0.1	−0.1478	−0.1440	−0.1438	−0.1437	−0.1437
0.2	−0.1451	−0.1388	−0.1383	−0.1382	−0.1382
0.3	−0.1415	−0.1340	−0.1335	−0.1334	−0.1333
0.4	−0.1369	−0.1297	−0.1292	−0.1290	−0.1290
0.5	−0.1313	−0.1258	−0.1253	−0.1252	−0.1252
0.6	−0.1248	−0.1221	−0.1218	−0.1217	−0.1217
0.7	−0.1176	−0.1186	−0.1186	−0.1186	−0.1186
0.8	−0.1099	−0.1152	−0.1156	−0.1157	−0.1157
0.9	−0.1020	−0.1120	−0.1128	−0.1130	−0.1131
1	−0.0941	−0.1089	−0.1102	−0.1106	−0.1107

由表 3-6 可见:当零售商数量不同时,最优零售价格受到产品替代程度的影响效应不同。在本节设定的参数取值范围内:当零售商数量分别取不同

大小的条件下，$\dfrac{\partial p_i^*}{\partial r}$ 均为负；并且给定某一零售商数量，随着 r 增加，$\dfrac{\partial p_i^*}{\partial r}$ 的取值逐渐增加。说明当给定其他条件不变时，无论零售商数量多大，最优零售价格受产品替代程度的影响效应均为负，即随着产品替代程度增强，最优零售价格随之下降；并且产品替代程度的负效应随着替代程度增强而减弱，上述数值结果表明与一般情况下相同，一定零售商数量下，产品替代程度越高，零售市场竞争更为激烈，则产品零售价格越低。

（二）集中模式下供应商与零售商的最优价格

若原料供应商与下游多个零售商形成集中式的产业链条，将式（3.6）和（3.7）相加可得集中模式下整个产业链的总利润为

$$\prod(p_i) = \sum_{i=1}^{n} \pi_i + \pi_s(w^*) = \sum_{i=1}^{n} (p_i - c_i) q_i \quad i = 1, \cdots, n \quad (3.18)$$

若以产业链总利润最大化为目标，则由式（3.18）的一阶最优条件 $\dfrac{\partial \prod}{\partial p_i} = 0$ 可得

$$\alpha - 2(r+1)p_i + (r+1)c_i + \frac{r}{n-1}\sum_{\substack{j \neq i \\ j=1}}^{n} p_j = 0 \quad (3.19)$$

二阶最优条件仍满足，即 $\dfrac{\partial^2 \prod}{\partial p_i^2} = -2(r+1) < 0$。因此，下游零售商 i 的最优零售价格为

$$p_i^{**} = \frac{\alpha}{r+2} + \frac{r(r+1)\sum_{j \neq i}^{n} c_j + (1+r)[nr + 2(n-1)]c_i}{(r+2)[(2n-1)r + 2(n-1)]} \quad (3.20)$$

比较集中模式下 p_i^{**} 与分散模式下 p_i^*，有 $p_i^* - p_i^{**} =$

$$\frac{(r+1)\left(\alpha - \dfrac{\sum_{i=1}^{n} c_i}{n}\right)}{2(r+2)[(2n-1)r + 2(n-1)]} > 0。$$

由式（3.20）易见 $\dfrac{\partial p_i^{**}}{\partial \alpha} = \dfrac{1}{r+2} > 0$，$\dfrac{\partial p_i^{**}}{\partial c_i} = \dfrac{(1+r)[nr + 2(n-1)]}{(r+2)[(2n-1)r + 2(n-1)]} > 0$，

$$\frac{\partial p_i^{**}}{\partial c_j} = \frac{r(1+r)}{(r+2)\left[(2n-1)r+2(n-1)\right]} > 0, \frac{\partial p_i^{**}}{\partial n} = -\frac{r(1+r)\left[rc_i+2(r+1)\sum\limits_{j\neq i}^{n}c_j\right]}{(r+2)\left[(2n-1)r+2(n-1)\right]^2} < 0。$$

可得如下结论：

结论3.7 （1）在原料供应商与零售商形成产业联盟的集中模式中，下游最优零售价格比分散模式的最优零售价格更低。

（2）市场基本需求量、加工包装成本对产品零售价格都具有正的影响效应，原因与分散模式下相同。

（3）不同的是：在集中模式中，其他零售商与该零售商是战略联盟的关系，其他零售商的加工包装成本对该零售商的零售价格也具有正效应。产业链下游的零售商数量对产品零售价格具有负的影响效应。具体而言，产业链下游的子零售商数量越多，根据产业规模效应，能够在一定程度上增加总体利润，因此可以适当降低零售终端的产品价格。这与分散模式下数值计算的结果不同，因为集中模式下忽略了对原料批发价格的决策，不受零售商数量对批发价格的间接影响，零售商数量对最优零售价格负的影响效应反映了集中模式下若下游零售商数量越大，将使产品零售价格下降，体现了产业规模优势。

由式（3.20）对 p_i^{**} 中的 r 求偏导，可得

$$\frac{\partial p_i^{**}}{\partial r} = \frac{1}{(r+2)^2\left[(2n-1)r+2(n-1)\right]^2}\Big\{\left[(2n-1)(n-1)r^3+(2n-1)^2r^2+\right.$$

$$(2n-1)(7n-6)r\big]c_i+\left[(2n-1)r^2+(n-1)(2r^2+6r+4)\right]\sum_{j\neq i}^{n}c_j-$$

$$\left[(2n-1)r+2(n-1)\right]^2\alpha\Big\} \tag{3.21}$$

由式（3.21）难以确定 $\dfrac{\partial p_i^{**}}{\partial r}$ 的正负。因此，在集中模式中产品替代程度对最优零售价格的影响效应是正向的还是负向的不能确定。为考察最优零售价格受产品替代程度的影响效应，与分散模式中的参数取值设定相同，计算 $\dfrac{\partial p_i^{**}}{\partial r}$ 的数值。

集中模式中最优零售价格受产品替代程度的影响效应取值具体如下表

3-7：

表 3-7　不同零售商数量下最优零售价格
p_i^{**} 受产品替代程度的影响效应

n r	3	20	50	80	100
0.1	−0.1973	−0.1982	−0.1982	−0.1982	−0.1982
0.2	−0.1755	−0.1766	−0.1767	−0.1767	−0.1767
0.3	−0.1579	−0.1588	−0.1589	−0.1589	−0.1589
0.4	−0.1432	−0.1439	−0.1439	−0.1439	−0.1439
0.5	−0.1307	−0.1311	−0.1311	−0.1311	−0.1311
0.6	−0.1198	−0.1200	−0.1200	−0.1200	−0.1200
0.7	−0.1104	−0.1104	−0.1104	−0.1104	−0.1104
0.8	−0.1021	−0.1019	−0.1018	−0.1018	−0.1018
0.9	−0.0947	−0.0943	−0.0943	−0.0943	−0.0943
1	−0.0881	−0.0876	−0.0875	−0.0875	−0.0875

由表 3-7 可见：当零售商数量不同时，最优零售价格受到产品替代程度的影响效应不同。在本节设定的参数取值范围内：与分散模式下产品替代程度的影响效应的结论类似，当零售商数量分别取不同大小的条件下，$\dfrac{\partial p_i^{**}}{\partial r}$ 均为负；并且给定某一零售商数量，随着 r 增加，$\dfrac{\partial p_i^{**}}{\partial r}$ 的取值逐渐增加。与分散模式下的产品替代程度的影响效应相比，集中模式下产品替代程度的影响效应在产品替代程度较小时，其绝对的负效应更大，而随着产品替代程度的增强，产品替代程度的负效应减弱的幅度更大。因为在集中模式中原料供应商与零售商形成了战略联盟，他们的目标是总体利润最大，中间原料批发价格的决策被忽略，所以集中模式下产品替代程度的影响效应更为显著。

二、本节主要结论及对策建议

（一）主要结论

根据上述分析，本节得到的主要结论如下：

1. 最优原料批发价格的影响效应

在分散模式中,对于原料供应商而言,市场基本需求量增加,会使原料供应商提高其原料批发价格;零售商的加工包装成本增加,会使原料供应商降低其批发价格;零售商数量增加,会使原料供应商提高其原料批发价格。

2. 最优零售价格的影响效应

比较分析分散模式与集中模式中零售商最优零售价格的影响因素:无论在分散模式还是集中模式中,对于零售商而言,市场基本需求量或者零售加工包装成本的增加,会使零售商提高其产品零售价格;集中模式下的最优零售价格低于分散模式下的最优零售价格。在分散模式中,其他竞争性零售商的加工包装成本增加,会使零售商降低其零售价格;而在集中模式中,其他竞争性零售商的加工包装成本增加,会使零售商提高其零售价格。

在分散模式中最优零售价格受零售商数量的影响效应不确定,分散与集中模式中的最优零售价格受产品替代程度的影响效应不确定。因此,通过给定其他参数取值进行数值分析结果表明:首先,在分散模式中,当产品替代程度不同时,最优零售价格受到零售商数量影响的正负效应不同。当产品替代程度较低(低于0.5)时,零售商数量对最优零售价格的影响为负,且负的影响效应随着零售商数量的逐渐增大而减弱;当产品替代程度较高(不低于0.5)时,除了仅有三个零售商情况下的零售商数量的影响效应为负,其他零售商数量情况下的零售商数量对最优零售价格的影响效应为正,且正的影响效应随着零售商数量的逐渐增大而减弱。这与在集中模式中,零售商数量对最优零售价格具有确定的负效应结论不同。其次,无论在分散模式还是集中模式中,当零售商数量不同时,最优零售价格受到产品替代程度的影响效应大小不同,但产品替代程度对最优零售价格的影响效应均为负,且负的产品替代程度影响效应随着替代程度的逐渐增强而减弱。而与分散模式相比,集中模式下的产品替代程度的影响效应在产品替代程度较小时的绝对负效应更大,随着产品替代程度的增强,产品替代程度负效应的减弱幅度更大。

(二) 对策建议

根据本节分析的主要结论,在一个原料供应商对应多个下游零售商的供应链中,原料供应商与零售商的最优价格由零售商数量、产品替代程度、加工包装成本、市场基本需求量等决定。根据这些因素对分散与集中模式中的最优原料批发价格与产品零售价格的影响，提出如下对策建议：

1. 从市场基本需求量的角度

消费者对某类非生活必需品具有偏好或者采取跟风行为，会使市场基本需求量增加，从而原料批发价格与产品零售价格都将上涨，同等条件下消费者福利受到损害。因此，新闻媒体、消费者协会等社会公众组织应通过多渠道传播产品消费知识，指导和培养消费者进行理性消费，不盲目跟风。这样不仅能够保持原料批发价格与产品零售价格的合理水平，而且能够维持零售商间良好的竞争秩序。

2. 从零售商加工包装成本的角度

政府部门对产品的简单加工包装应予以监督，不仅要禁止劣质加工和利用有毒有害材料包装，而且也要防止过度包装、虚夸包装。否则，不仅会危害消费者的身心健康，而且还会由于加工包装成本的提高，使零售商直接提高零售价格，而传导到上游原料供应商，会使其利润受到挤占和原料批发价格降低。甚至会使原料供应商由于批发价格降低、利润被挤占而采取劣质生产行为，进而影响原料的质量安全。在原料供应商与零售商非一体化的分散模式中，政府有关部门应该激励下游零售商之间的合理竞争，维持良好的竞争秩序，不仅能够使零售商通过竞争不断提高服务质量，提高零售产品的品质，而且由于零售价格的降低将更有利于消费者福利。

3. 从零售商数量的角度

在分散模式中，政府有关部门应根据产品替代程度或者产品差异化不同，监控下游零售商数量。在产品替代程度较低时，可以采取宽松的零售市场准入措施，适当增加零售商数量，激励零售商之间的公平竞争；而在产品替代程度较高时，应适度控制零售商数量。当零售商数量较大时，应监督原料供应商将其批发价格控制在适当水平，不能过度提高；当零售商数量较小时，要注意对原料供应商供给原料品质的监控。在集中模式中，下游零售商数量可以适当增加，以便形成产业规模优势，有利于产业健康发展。

4. 从产品替代程度的角度

无论是分散模式还是集中模式，在零售商数量等其他条件给定情况下，政府有关部门应激励零售商供给替代程度较大的产品,不仅能为消费者提供更多的可选择机会,使零售市场产品丰富多样化,而且能够降低零售价格,促进形成"物美价廉"的零售环境。在分散模式中,产品替代程度的增强还会使原料供应商受益,在同等条件下提高原料品质。

第四节　废弃食品回流再造食品安全问题中的价格及其影响因素分析

废弃食品回流再造问题,一是指在食品保质期内没有销售出去的剩余废弃食品被非正规收购者回收后,进行重新包装冒充正规食品以低廉的价格进行销售;二是剩余废弃食品由该食品制造商回收后,将其进行简单加工处理或者直接以原食品形式售出,抑或被重新加工为原材料以新产品形式售出。2014年4月北京大柳树市场被新闻媒体曝光:市场周边固定摊点销售超低价过期食品。这些食品大多是品牌食品或者进口食品。而与正常销售价格相比,这些摊点销售的同类食品价格有些甚至低至一折。我国食品零售市场的经营主体多,过期食品来源渠道广,过期食品供给收购商的途径"顺畅"。消费者对回流再造食品的辨识能力差,使收购商更有动力增加具有低价优势的回流再造食品的供给量。因此,长期以来回流再造食品供需通畅以及高额利润的诱导,使得缺乏监管的废弃食品回流再造产业链能够顺利运行。2001年知名食品生产企业——南京冠生园食品厂,将未售完的过期月饼从各地回收,通过去皮保留馅料,再将馅料重新翻炒处理放入仓库,第二年再用这些旧馅料加工生产新月饼进行销售。事件发生后,南京冠生园企业负责人公开表示:"用旧馅"在行业内是普遍现象。上海的"染色馒头"事件,"三聚氰胺"毒奶粉用于制造相关奶制品而重回市场事件等,都是上述问题的典型案例。2015年初韩国也曝出鸡蛋加工厂将发霉的废弃鸡蛋加工成蛋液等食品原料供应给知名糕点制造企业的食品安全事件。这些食品安全事件都说明废弃食品回流再造问题日益严重,明确问题背后利益相关者——食品制造商、废弃食品收购者的价格决策,将为该类食品安全问题的解决提供参考依据。

废弃食品相关研究主要分为以下三个方面。一是食品逆向物流内涵等理论研究。农产品逆向物流包含对农产品的过期退回、包装材料的回收循环利用、生产与流通加工中农副产品的再生利用,对废弃物资的处理、有害物质的无害化处理。王玉荣(2010)、刘凌霄(2013)研究认为:食品逆向物流具有复杂性和分散性特点,存在回收难度大、成本高、经济效益低等问题。孙浩等(2015)考虑环保约束和政府补贴等因素,建立了制造商回收模式下的多期闭环供应链网络均衡模型,认为再制造转化率的提高有利于各渠道成员和消费者利益的改善。二是循环经济下农产品逆向物流模式的发展对策。政府作为间接参与者,在农产品逆向物流中应起到的主要作用即制定相关环境标准、完善法律法规、实施环境补贴和奖惩措施、构筑公共信息平台以及建立专业交易市场等。以政府补贴为主促进政策性农业保险等发展,以激励农户将废弃农畜产品进行无害化处理或者有效回收。夏英、郑宇鹏(2008)分析了畜产品逆向质量安全的监管问题,认为溯源管理可以提高质量安全管理水平。三是从科学技术层面研究食品废物的回收利用。针对我国目前的农产品废弃物、食品废物处置水平还停留在比较落后的阶段,研究认为要参考国外的管理模式和经验,结合我国实际,通过研发各种生物转化技术等高科技手段,建立一套科学完善的管理体制,以促进农产品废弃物、食品废物的妥善处理和回收利用,实现环境效益、经济效益和社会效益的协调发展(王宇卓等,2004;刘鹏等,2014)。

目前专门针对数量庞大、经济价值相对较低的废弃食品回流再造的研究相对较为缺乏;基于循环经济的农产品逆向物流等研究,更多是对农产品废弃物如秸秆、地膜以及包装物等的研究,研究角度多是从科学技术层面;与废弃食品回收处理紧密联系的食品安全研究,多是针对餐厨垃圾的回收处置方面,而对于其他类别废弃食品如过期食品、病死农畜产品等废弃食品回流再造的研究涉及较少。因此,本节对回流再造食品相关主体的产品价格决定进行分析,为解决废弃食品回流再造的突出问题提供参考依据。

一、废弃食品回流再造模型描述

为重点分析回流再造食品相关价格决定,本节仅考虑两个时期,食品制造商分别在这两个时期生产相同的新产品,但在第一期末因供需不均衡产品仍会有销售剩余。这些销售剩余的食品会过期变质,按照正常处理程序应将其回收后销毁或进行资源化利用(通常是经回收利用后作为有机肥料、饲料等的生产原料)。然而存在个别的非正规废弃食品收购者,他们通过给予废弃食品所有者薄利并提供"方便快捷"的回收服务,收购这些废弃食品并采取篡改生产日期等方式,将这些废弃食品进行回流再造后,以相对低价再次在零售市场进行销售。因此,收购者会将第一期剩余的废弃食品回收后进行回流再造。

食品制造商每期的新产品单位生产成本相同,都为 c_m。废弃食品收购者进行回流再造的单位净成本(简单加工成本与被惩罚监管成本之和)为 c_r。根据实际情况必有 $c_m>c_r$。在第 i 期新产品的销售价格为 p_{m_i},相应的产品需求量为 D_{m_i},食品制造商生产销售产品获得的总利润为 π_{m_i},其中 $i=1,2$。收购者回流再造食品在第 2 期的销售价格为 p_r,相应的回流再造食品需求量为 D_r,收购者回流再造废弃食品获得的总利润为 π_r。

消费者消费每期单位新产品获得的效用为 v,它服从[0,1]均匀分布。只有消费者购买并消费单位产品获得的净效用不低于 0 时,消费者才会购买该产品。θ 表示消费者对食品安全的敏感度。该食品安全敏感度主要针对下述情况。尽管由于食品安全的信任品特征,消费者无法直接辨别出产品是否存在食品安全隐患,但回流再造食品相比于同期新产品的销售价格显著低下。因此,消费者可以通过市场上产品销售价格识别出两个产品,并且由于实际中回流再造食品的简单加工成本极其低下,并且政府部门对此类问题缺乏足够的重视,监管力度薄弱。而近年来我国食品安全问题日益突出,消费者对食品安全重视程度得到了一定提高。所以本节假设 $c_r<\theta$。然而废弃食品收购者通过篡改生产日期等简单加工方式,使消费者不能辨别出回流再造食品的危害性,并且消费者购买并消费单位回流再造食品的依据是由此获得的净效用不低于 0。

依据本节的假设条件和消费者购买效用,并参考 Mitra 和 Webster(2008)的需求函数分析,可得第一、二期新产品需求量分别为 $D_{m_1}=1-p_{m_1}$,$D_{m_2}=1-\dfrac{p_{m_2}-p_r}{1-\theta}$。废弃食品回流再造的产品需求量为 $D_r=\dfrac{\theta p_{m_2}-p_r}{\theta(1-\theta)}$。相应地,各类产品

的单位生产成本或回流再造单位净成本均满足 $0<c_r<c_m<1$。食品制造商在第一期生产销售新产品获得的利润如下：

$$\pi_{m_1}(p_{m_1})=(1-p_{m_1})(p_{m_1}-c_m) \tag{3.22}$$

根据一阶最优条件 $\dfrac{d\pi_{m_1}}{dp_{m_1}}=0$ 可得食品制造商在第 1 期的新产品最优价格

$p_{m_1}=\dfrac{c_m+1}{2}$。相应地，二阶最优条件也满足。

二、废弃食品回流再造的相关价格决定

（一）回流再造食品需求量低于第 1 期新产品剩余量情况下的价格决定

1. 食品制造商与废弃食品收购者是同一主体

如果食品制造商自身就进行废弃食品的回流再造，即他与废弃食品收购者是同一个主体，则他会根据第二期新产品与回流再造食品销售所得的总利润最大化进行产品定价。此时第二期总利润为

$$\pi_m(p_{m_2},p_r)=\pi_{m_1}+\pi_{m_2}+\pi_r=(1-p_{m_1})(p_{m_1}-c_m)+$$
$$(1-\frac{p_{m_2}-p_r}{1-\theta})(p_{m_2}-c_m)+\frac{(\theta p_{m_2}-p_r)}{\theta(1-\theta)}(p_r-c_r) \tag{3.23}$$

根据一阶最优条件，由 $\dfrac{\partial\pi_m}{\partial p_{m_1}}=0,\dfrac{\partial\pi_m}{\partial p_{m_2}}=0,\dfrac{\partial\pi_m}{\partial p_r}=0$，相应的二阶最优条件也

满足。由此求解可得 $p_{m_1}=p_{m_2}=\dfrac{c_m+1}{2},p_r=\dfrac{c_r+\theta}{2}$。并且通过比较易见 $p_{m_1}=p_{m_2}>$

p_r。说明回流再造食品的销售价格显著低于每期新产品的销售价格，并且该价格将随着消费者对食品安全敏感度的增强而上涨，随着回流再造单位成本的增加而上涨。尽管都为新产品，但第一期新产品价格高于第二期的。任何一期新产品的价格也会随着其单位生产成本增加而上涨。

由此可得制造商在第一期和第二期的相应利润分别如下：

$$\pi_{m_1}=\frac{(1-c_m)^2}{4} \tag{3.24}$$

$$\pi_{m_2}=\frac{(1-\theta-c_m+c_r)^2}{4(1-\theta)}+\frac{(\theta-c_r)^2}{4\theta} \tag{3.25}$$

根据式(3.24)和式(3.25)可知 $\pi_{m_1}<\pi_{m_2}$。如果食品制造商将其在第一期销售剩余产品进行回流再造后,并与第二期新产品共同销售所得的利润将超过第一期仅生产销售新产品时的利润。因此,在外界监管环境较弱的条件下,食品制造商会有利益激励的动机,将废弃食品进行回流再造。

由式(3.24)和式(3.25)可见: $\dfrac{\partial \pi_{m_1}}{\partial c_m}<0$, $\dfrac{\partial \pi_{m_2}}{\partial c_m}<0$; $\dfrac{\partial \pi_{m_2}}{\partial c_r}=$

$\dfrac{\theta(1-\theta)+(1+\theta)c_r-2\theta c_m}{4\theta(1-\theta)}$, 当 $c_m<\dfrac{\theta(1-\theta)+(1+\theta)c_r}{2\theta}$ 时,有 $\dfrac{\partial \pi_{m_2}}{\partial c_r}>0$, 当 $c_m>$

$\dfrac{\theta(1-\theta)+(1+\theta)c_r}{2\theta}$ 时,有 $\dfrac{\partial \pi_{m_2}}{\partial c_r}<0$。说明食品制造商在第一期的利润随着单位生产成本的增加而减少。食品制造商在第二期的利润随着单位生产成本的增加而减少;当单位生产成本较低时,食品制造商在第二期的利润随着回流再造成本增加而增加,反之影响结果相反。

2. 食品制造商与废弃食品收购者是相互竞争者

在第二期食品制造商与废弃食品收购者是各自独立的经济主体,他们会根据各自利润最大化决定价格。食品制造商和收购者的利润分别如下:

$$\pi_{m_2}(p_{m_2})=\left(1-\frac{p_{m_2}-p_r}{1-\theta}\right)(p_{m_2}-c_m) \tag{3.26}$$

$$\pi_r(p_r)=\frac{(\theta p_{m_2}-p_r)}{\theta(1-\theta)}(p_r-c_r) \tag{3.27}$$

(1)食品制造商和废弃食品收购者同时进行价格决定

当食品制造商和废弃食品收购者没有相互观察到彼此价格时,他们会同时根据自身利润最大化决定相应的价格,即由 $\max \pi_{m_2}(p_{m_2})$ 和 $\max \pi_r(p_r)$ 的一阶最优条件 $\dfrac{\partial \pi_{m_2}}{\partial p_{m_2}}=0$ 和 $\dfrac{\partial \pi_r}{\partial p_r}=0$ 解得[①]

$$p_{m_2}=\frac{2(1-\theta)+2c_m+c_r}{4-\theta} \tag{3.28}$$

① 二阶最优条件仍满足,以下最优化分析类似,本节不再累述。

$$p_r = \frac{\theta(1-\theta)+\theta c_m+2c_r}{4-\theta} \tag{3.29}$$

根据式(3.28)和式(3.29)可知 $p_{m_2}>p_r$,即第二期新产品价格高于回流再造产品价格。而 $p_{m_1}-p_{m_2}=\dfrac{\theta(1-c_m)+2(\theta-c_r)}{2(4-\theta)}$,若 $\theta>c_r$,则有 $p_{m_1}>p_{m_2}$。当回流再造的单位净成本高于消费者对食品安全的敏感度时,第一期新产品价格高于第二期新产品价格,并且可得 $\dfrac{\partial p_{m_2}}{\partial c_m}=\dfrac{2}{4-\theta}>0$,$\dfrac{\partial p_{m_2}}{\partial c_r}=\dfrac{1}{4-\theta}>0$,$\dfrac{\partial p_{m_2}}{\partial \theta}=\dfrac{-6+2c_m+c_r}{(4-\theta)^2}<$

0;$\dfrac{\partial p_r}{\partial c_m}=\dfrac{\theta}{4-\theta}>0$,$\dfrac{\partial p_r}{\partial c_r}=\dfrac{2}{4-\theta}>0$,$\dfrac{\partial p_r}{\partial \theta}=\dfrac{\theta^2-8\theta+4+4c_m+2c_r}{(4-\theta)^2}$ 不确定。当 $c_r>6-2c_m-$

$\dfrac{(\theta-4)^2}{2}$ 时,有 $\dfrac{\partial p_r}{\partial \theta}>0$;否则当 $c_r<6-2c_m-\dfrac{(\theta-4)^2}{2}$ 时,有 $\dfrac{\partial p_r}{\partial \theta}<0$。

由此可知,第二期新产品价格随着单位生产成本增加而上涨,随着回流再造单位净成本增加而上涨(新产品与回流再造食品之间竞争性替代效应的结果),随着消费者对食品安全敏感度的增强而下降(消费者对食品安全较为重视,新产品受到回流再造食品的"牵连",食品制造商通过降低新产品价格以增加销售量,进而实现增加销售利润的目标)。回流再造食品价格随着新产品单位生产成本增加而上涨,随着回流再造单位净成本增加而上涨。但消费者的食品安全敏感度对回流再造产品价格的影响不确定。只有当回流再造单位净成本较高时,回流再造食品价格将随着消费者的食品安全敏感度增强而上涨;否则若回流再造单位净成本相对较低,回流再造食品价格将随着消费者的食品安全敏感度增强而下降。说明此时回流再造食品付出的机会成本较高,为避免过多的利益损失,消费者食品安全敏感度的提升将推动收购者提高回流再造食品价格以获取更高的单位净得利益;而在监管薄弱环境下对于收购者来说回流再造"利远大于弊",可以通过降价优势弥补消费者食品安全敏感度提高可能带来的销量下降。

相应地,食品制造商和收购者在第二期的利润分别如下:

$$\pi_{m_2}=\frac{(2-\theta)(1-c_m)(c_r-\theta)+(c_r-\theta)^2}{(4-\theta)^2(1-\theta)} \tag{3.30}$$

$$\pi_r = \frac{[\theta(1-\theta)+\theta c_m-(2-\theta)c_r]^2}{(4-\theta)^2(1-\theta)\theta} \tag{3.31}$$

根据式(3.30)和式(3.31),当 $c_r \geq \theta$ 或者 $\theta \geq 1-\frac{c_m-c_r}{2-c_m}$ 时,则 $\pi_{m_2} \leq 0 \leq \pi_r$。
说明在第二期食品制造商与废弃食品收购者同时进行价格决定,当回流再造
单位净成本不低于消费者对食品安全敏感度时,或者当消费者对食品安全敏
感度较强时,新产品生产销售利润非正即利润为零或亏损,再造回流食品销售
利润为正。因此,废弃食品收购者具有巨大的利益动机进行回流再造。当 $c_r <$
$\theta < 1-\frac{c_m-c_r}{2-c_m}$ 时,则 $\pi_{m_2}>0$。即消费者对食品安全敏感度高于回流再造单位净成
本且低于一定值时,在第二期食品制造商生产新产品才能获得利润。

$\dfrac{\partial \pi_{m_2}}{\partial c_m} = \dfrac{(2-\theta)(\theta-c_r)}{(4-\theta)^2(1-\theta)} > 0$; $\dfrac{\partial \pi_{m_2}}{\partial c_r} = \dfrac{(2-\theta)(1-c_m)+2(c_r-\theta)}{(4-\theta)^2(1-\theta)}$, 当 $c_r > \theta -$
$\dfrac{(2-\theta)(1-c_m)}{2}$ 时,有 $\dfrac{\partial \pi_{m_2}}{\partial c_r}>0$,否则影响为负。$\dfrac{\partial \pi_r}{\partial c_m} = \dfrac{2[\theta(1-\theta)+\theta c_m-(2-\theta)c_r]}{(4-\theta)^2(1-\theta)}$,
$\dfrac{\partial \pi_r}{\partial c_r} = -\dfrac{2(2-\theta)[\theta(1-\theta)+\theta c_m-(2-\theta)c_r]}{(4-\theta)^2(1-\theta)\theta}$, 当 $c_r < \dfrac{\theta(1-\theta)+\theta c_m}{(2-\theta)}$ 时, $\dfrac{\partial \pi_r}{\partial c_m}>0$, $\dfrac{\partial \pi_r}{\partial c_r}>0$;
否则影响为负。说明第二期新产品利润随着单位生产成本增加而上涨;当回
流再造单位净成本相对较高时,该利润随着该净成本的增加而增加。当回流
再造成本相对较低时,回流再造食品销售利润分别随着新产品单位生产成本
和回流再造单位净成本的增加而增加。

(2)废弃食品收购者是价格决定的领导者

一般情况下,废弃食品收购者具有价格决定的先动优势,所以在第二期当
食品制造商先决定新产品价格,然后收购者观察到新产品价格后,再决定回流
再造食品价格。食品制造商的行为更易被"地下"收购者先观察到,因此废弃
食品收购者具有信息优势,是有价格决定优势的领导者。由此,食品制造商先
根据自身利润最大化,即 $\max \pi_{m_2}(p_{m_2})$,决定新产品价格,根据最优性条件可得

$$p_{m_2} = \frac{1-\theta+c_m+p_r}{2} \tag{3.32}$$

将式(3.32)代入收购者利润 $\pi_r(p_r)$ 可得

$$\pi_r(p_r) = \frac{[\theta(1-\theta+c_m)-(2-\theta)p_r](p_r-c_r)}{2\theta(1-\theta)} \qquad (3.33)$$

根据一阶最优条件 $\dfrac{d\pi_r(p_r)}{dp_r}=0$ 可得收购者决定的回流再造食品价格为

$$p_r = \frac{(2-\theta)c_r+\theta(1-\theta+c_m)}{2(2-\theta)} \qquad (3.34)$$

将其代回式(3.32)可得新产品价格为

$$p_{m_2} = \frac{(2-\theta)c_r+(4-\theta)(1-\theta+c_m)}{2(2-\theta)} \qquad (3.35)$$

根据式(3.34)和式(3.35)可知 $p_{m_2}>p_r$。说明此时第二期新产品价格高于回流再造食品价格。并且可得 $\dfrac{\partial p_{m_2}}{\partial c_m}=\dfrac{4-\theta}{2(2-\theta)}>0$，$\dfrac{\partial p_{m_2}}{\partial c_r}=\dfrac{1}{2}>0$，$\dfrac{\partial p_{m_2}}{\partial \theta}=\dfrac{2c_m-2-(2-\theta)^2}{2(2-\theta)^2}<0$（因为 $0\leqslant\theta\leqslant 1$）。$\dfrac{\partial p_r}{\partial c_m}=\dfrac{\theta}{2(2-\theta)}>0$，$\dfrac{\partial p_r}{\partial c_r}=\dfrac{1}{2}>0$，$\dfrac{\partial p_r}{\partial \theta}=\dfrac{2c_m-2+(2-\theta)^2}{2(2-\theta)^2}$ 正负不确定。当 $c_m>1-\dfrac{(2-\theta)^2}{2}$ 时，有 $\dfrac{\partial p_r}{\partial \theta}>0$；当 $c_m<1-\dfrac{(2-\theta)^2}{2}$ 时，有 $\dfrac{\partial p_r}{\partial \theta}<0$。说明第二期新产品价格随着单位生产成本增加而提高，随着回流再造成本增加而提高，随着消费者对食品安全敏感度增强而下降。回流再造食品价格随着新产品单位生产成本增加而提高，随着回流再造单位净成本增加而提高。消费者的食品安全敏感度对回流再造食品价格的影响不确定。当单位生产成本相对较高时，回流再造食品价格随着消费者对食品安全敏感度增强而上涨，而当单位生产成本相对较低时，回流再造食品价格随着消费者对食品安全敏感度增强而下降。

相应地，食品制造商和收购者在第二期的利润分别如下：

$$\pi_{m_2} = \frac{c_m[(2-\theta)c_r+\theta c_m+(4-\theta)(1-\theta)]}{-2(2-\theta)(1-\theta)} \qquad (3.36)$$

$$\pi_r = \frac{[\theta(3-\theta)(1-\theta+c_m)-(1-\theta)(2-\theta)c_r][\theta(1-\theta+c_m)-(2-\theta)c_r]}{4\theta(2-\theta)^2(1-\theta)} \qquad (3.37)$$

根据式(3.36)和式(3.37)可见 $\pi_{m_2}<0$；当 $c_r<\dfrac{\theta(1-\theta+c_m)}{2-\theta}$ 时，有 $\pi_r>0$。说明此时食品制造商生产销售新产品始终是亏损的。而当回流再造单位净成本低于某一较小值时，收购者回流再造是有利可图的。

$$\frac{\partial \pi_{m_2}}{\partial c_m} = \frac{2\theta c_m}{-2(2-\theta)(1-\theta)} < 0, \quad \frac{\partial \pi_{m_2}}{\partial c_r} = \frac{(2-\theta)c_m}{-2(2-\theta)(1-\theta)} < 0。\quad \frac{\partial \pi_r}{\partial c_m} =$$

$$\frac{\theta(1-\theta)(3-\theta)+\theta(3-\theta)c_m-(2-\theta)^2 c_r}{2(2-\theta)^2(1-\theta)}，当 c_r<\frac{\theta(1-\theta)(3-\theta)+\theta(3-\theta)c_m}{(2-\theta)^2}时，有\frac{\partial \pi_r}{\partial c_m}>$$

0，当 $c_r>\dfrac{\theta(1-\theta)(3-\theta)+\theta(3-\theta)c_m}{(2-\theta)^2}$ 时，有 $\dfrac{\partial \pi_r}{\partial c_m}<0$。$\dfrac{\partial \pi_r}{\partial c_r}=\dfrac{-1+\theta-c_m}{2(1-\theta)}<0$。说明食品制造商生产销售新产品的利润随着单位生产成本增加而减少，随着回流再造成本增加而减少。收购者利润随着回流再造单位净成本的增加而下降。当回流再造单位净成本较低时，收购者利润随着单位生产成本增加而增加；当回流再造单位净成本较高时，收购者利润随着单位生产成本增加而下降。

（二）消费者的食品安全敏感度对利润的影响分析

当回流再造食品需求量是市场实际需求量，在食品制造商与废弃食品收购者是不同的价格决定顺序时，消费者的食品安全敏感度对利润的影响利用解析方法不能直接分析出正负影响方向。因此，根据假设条件和变量取值，利用数值分析令 $c_m=0.4$，$c_r=0.5\theta$，$p_r=2c_r$。消费者的食品安全敏感度 $\theta \in [0,1)$。具体结果如表3-8所示：

表3-8 消费者食品安全敏感度对利润的影响分析

θ	食品制造商与废弃食品收购者是同一主体时	食品制造商和废弃食品收购者相互竞争并且同时进行价格决定时		食品制造商和废弃食品收购者相互竞争并且废弃食品收购者是价格决定的领导者时	
	π_{m_2}	π_{m_2}	π_r	π_{m_2}	π_r
0	0.09	0	0	−0.4	0
0.1	0.0903	−0.00400	0.0009	−0.4263	0.0079
0.2	0.0906	−0.0085	0.0016	−0.4583	0.01528
0.3	0.0911	−0.0136	0.0020	−0.4983	0.0220

θ	食品制造商与废弃食品收购者是同一主体时	食品制造商和废弃食品收购者相互竞争并且同时进行价格决定时		食品制造商和废弃食品收购者相互竞争并且废弃食品收购者是价格决定的领导者时	
	π_{m_2}	π_{m_2}	π_r	π_{m_2}	π_r
0.4	0.0917	−0.0196	0.0021	−0.55	0.0276
0.5	0.0925	−0.0265	0.0018	−0.62	0.0313
0.6	0.0938	−0.0350	0.0013	−0.7214	0.0314
0.7	0.0958	−0.0461	0.0005	−0.8846	0.0244
0.8	0.1	−0.0625	0	−1.2	0
0.9	0.1125	−0.0983	0.0023	−2.1182	−0.0925

在该数值分析设置条件下,回流再造食品需求量是市场实际需求量时,若食品制造商与废弃食品收购者是同一主体,食品制造商在第二期获得的总利润受消费者食品安全敏感度的正向影响,程度随该敏感度增强而增强。若食品制造商与废弃食品收购者相互竞争且同时决定价格,则食品制造商在第二期获得的新产品利润受消费者食品安全敏感度的负向影响程度随该敏感度增强而增强;废弃食品收购者回流再造利润受消费者食品安全敏感度的正向影响程度随该敏感度增强而先增强再减弱又增强。说明在该数值条件下,食品制造商如果收购并回流再造废弃食品,那么即使消费者对食品安全敏感度增强,也很难区分新产品与回流再造食品。例如实际中存在的"南京冠生园陈月饼馅料"事件等食品制造商将过期食品重新更换包装或重新加工作为原材料生产新产品。由于食品安全信任品的特征,食品制造商采取此类行为更难以让消费者辨别出新旧产品,因此食品制造商通过生产与再造产品获得的利润更高。对此,政府监管部门更应加强对正规食品制造商的规范。而当食品制造商与废弃食品收购者是相互竞争关系并且同时决定价格时,较高的食品安全敏感度反而对食品制造商不利,而废弃食品收购者始终受益。

当废弃食品收购者是价格决定的领导者时,食品制造商在第二期获得的新产品利润受消费者食品安全敏感度的负向影响程度随该敏感度增强而增强;废弃食品收购者回流再造利润受消费者食品安全敏感度的正向影响程度随该敏感度增强而增强再减弱,最后在较高的食品安全敏感度时,影响程度减弱为负。此时,尽管较高的食品安全敏感度对食品制造商始终不利,但当消费者的食品安全敏感度近乎于最高程度时,对收购者利润也转变为不利。

三、回流再造食品需求量不低于第一期新产品剩余量情况下的价格决定

第一期新产品剩余量低于第二期市场对回流再造食品的实际需求量,该情况下若第一期新产品剩余比例为 r,则废弃食品数量为

$$D_r = r(1-p_{m_1}) \tag{3.38}$$

（一）第二期食品制造商与废弃食品收购者相互勾结共同谋利时的价格决定

给定回流再造食品价格 p_r,食品制造商与废弃食品收购者相互勾结,即不仅生产销售新产品而且还回流再造上一期的废弃食品获利,此时食品制造商在第二期的总利润为

$$\pi_{m_2}(p_{m_2}) = \frac{r(1-c_m)(p_r-c_r)}{2} + (1-\frac{p_{m_2}-p_r}{1-\theta})(p_{m_2}-c_m) \tag{3.39}$$

根据一阶最优条件 $\dfrac{d\pi_{m_2}}{dp_{m_2}}=0$ 可得

$$p_{m_2} = \frac{1-\theta+p_r+c_m}{2} \tag{3.40}$$

当 $p_r<1-\theta+c_m$ 时,有 $p_{m_2}>p_r$;当 $p_r>1-\theta+c_m$ 时,有 $p_{m_2}<p_r$。$\dfrac{\partial p_{m_2}}{\partial c_m}>0$,$\dfrac{\partial p_{m_2}}{\partial p_r}>0$,$\dfrac{\partial p_{m_2}}{\partial \theta}<0$。说明当回流再造食品价格低于消费者食品安全敏感度（即 $1-\theta$）与单位生产成本之和时,第二期新产品价格高于回流再造食品价格;否则结果相反。此时,新产品价格随着单位生产成本的增加而上涨,随着给定回流再造食品价格的上涨而上涨,随着消费者对食品安全敏感度的增强而下降。

相应地,第二期食品制造商生产销售新产品利润为

$$\pi_{m_2} = \frac{r(1-c_m)(p_r-c_r)}{2} + \frac{(1-\theta-c_m+p_r)^2}{4(1-\theta)} \tag{3.41}$$

由式(3.41)分析可知,随着废弃食品剩余比例增加,食品制造商在第二期获得的利润会增加;随着回流再造单位净成本增加,该利润会减少。当回流再造食品价格低于一定值(即 $p_r < [1+(1-\theta)r]c_m-(1-\theta)(1+r)$)时,食品制造商利润会随着回流再造食品价格的增加而减少,否则会增加。而消费者的食品安全敏感度对食品制造商利润的影响不确定。

(二) 食品制造商与废弃食品收购者是利益共同体时的价格决定

当食品制造商与废弃食品收购者在这两期一直是利益共同体,此时食品制造商价格决定的依据是两期总利润最大,即

$$\max \pi_m(p_{m_1},p_{m_2},p_r)=(1-p_{m_1})(p_{m_1}-c_m)+\left(1-\frac{p_{m_2}-p_r}{1-\theta}\right)(p_{m_2}-c_m)+r(1-p_{m_1})(p_r-c_r)$$

$$(3.42)$$

由一阶最优条件 $\dfrac{\partial \pi_m}{\partial p_{m_1}}=0,\dfrac{\partial \pi_m}{\partial p_{m_2}}=0,\dfrac{\partial \pi_m}{\partial p_r}=0$ 求解可得

$$p_{m_1}=\frac{r(1+2r)(1-\theta)+1+rc_r+(1-r)c_m}{2[1+r^2(1-\theta)]} \qquad (3.43)$$

$$p_{m_2}=\frac{r^2(1+2r)(1-\theta)^2+r^2(1-\theta)c_r+[r(1-r)(1-\theta)+1]c_m}{2[1+r^2(1-\theta)]} \qquad (3.44)$$

$$p_r=\frac{(1-\theta)[2r^3(1-\theta)-1]+r^2(1-\theta)c_r+r(1-2r)(1-\theta)c_m}{1+r^2(1-\theta)} \qquad (3.45)$$

p_{m_1} — p_{m_2} =

$$\frac{r(1+2r)(1-\theta)[1-r(1-\theta)]+rc_r[1-r(1-\theta)]+1-c_m+(1-r)[1-r(1-\theta)]c_m}{2[1+r^2(1-\theta)]}>0,即$$

$p_{m_1}>p_{m_2}$。$p_{m_2}-p_r=\dfrac{r^2(1-\theta)^2+2(1-\theta)+[(3r^2-r)(1-\theta)+1]c_m-r^2(1-\theta)c_r}{2[1+r^2(1-\theta)]}$,当 $c_r<$

$\dfrac{r^2(1-\theta)^2+2(1-\theta)+[(3r^2-r)(1-\theta)+1]c_m}{r^2(1-\theta)}$ 时, 有 $p_{m_2}>p_r$。 当 $c_r>$

$\dfrac{r^2(1-\theta)^2+2(1-\theta)+[(3r^2-r)(1-\theta)+1]c_m}{r^2(1-\theta)}$ 时,有 $p_{m_2}<p_r$。说明第一期新产品价格高于第二期新产品价格。当回流再造单位净成本低于一定值时,第二期新

产品价格高于回流再造食品价格;当回流再造单位净成本高于一定值时,第二期新产品价格低于回流再造食品价格。

$$\frac{\partial p_{m_1}}{\partial c_m} = \frac{1-r}{2[1+r^2(1-\theta)]} > 0, \quad \frac{\partial p_{m_1}}{\partial c_r} = \frac{r}{2[1+r^2(1-\theta)]} > 0, \quad \frac{\partial p_{m_1}}{\partial \theta} =$$

$$\frac{r[rc_m-r^2(c_m-c_r)-r-1]}{2[1+r^2(1-\theta)]^2} \qquad < \qquad 0。 \qquad \frac{\partial p_{m_1}}{\partial r} =$$

$$\frac{(1-\theta)(1+2r)-r^2(1-\theta)^2-[1-r^2(1-\theta)](c_m-c_r)-2r(1-\theta)c_m}{2[1+r^2(1-\theta)]^2} \text{的正负不确定。}$$

当 $c_r < \dfrac{(1-\theta)^2 r^2-(1-\theta)(2r+1)+c_m[1-r^2(1-\theta)+2r(1-\theta)]}{[1-r^2(1-\theta)]}$ 时,有 $\dfrac{\partial p_{m_1}}{\partial r}<0$;当 $c_r >$

$\dfrac{(1-\theta)^2 r^2-(1-\theta)(2r+1)+c_m[1-r^2(1-\theta)+2r(1-\theta)]}{[1-r^2(1-\theta)]}$ 时,有 $\dfrac{\partial p_{m_1}}{\partial r}>0$。说明当回流

再造食品需求量是一定比例的第一期新产品剩余量时,食品制造商与废弃食品收购者是利益共同体,根据两期总利润最大化决定每期新产品价格和回流再造食品价格时,第一期新产品价格随着单位生产成本增加而上涨,随着回流再造单位净成本增加而上涨,随着消费者的食品安全敏感度增强而下降。当回流再造单位净成本低于一定值时,第一期新产品价格会随着废弃食品剩余比例增加而下降;反之影响方向相反。

$$\frac{\partial p_{m_2}}{\partial c_m} = \frac{r(1-r)(1-\theta)+1}{2[1+r^2(1-\theta)]} > 0, \quad \frac{\partial p_{m_2}}{\partial c_r} = \frac{r^2(1-\theta)}{2[1+r^2(1-\theta)]} > 0, \quad \frac{\partial p_{m_2}}{\partial \theta} =$$

$$\frac{r\{rc_r+(1-2r)c_m+r(1+2r)(1-\theta)[2+r^2(1-\theta)]\}}{2[1+r^2(1-\theta)]^2} \text{的正负不确定。当 } 0<r\leq 0.5$$

时,或者当 $0.5<r<1$ 且 $c_m < \dfrac{r}{2r-1}\{c_r+(1+2r)(1-\theta)[2+r^2(1-\theta)]\}$ 时,有 $\dfrac{\partial p_{m_2}}{\partial \theta}<0$;

当 $0.5<r<1$ 且 $c_m > \dfrac{r}{2r-1}\{c_r+(1+2r)(1-\theta)[2+r^2(1-\theta)]\}$ 时,有 $\dfrac{\partial p_{m_2}}{\partial \theta}>0$。$\dfrac{\partial p_{m_2}}{\partial r} =$

$$\frac{2r(1-\theta)^2[1+3r-2r^3(1-\theta)]+2r(1-\theta)c_r+(1-\theta)c_m[1-4r-r^2(1-\theta)]}{2[1+r^2(1-\theta)]^2} \text{的正负不}$$

确定。当 $0 < r < \dfrac{\sqrt{5-\theta}-2}{1-\theta}$ 时，或者当 $\dfrac{\sqrt{5-\theta}-2}{1-\theta} < r < 1$ 且 $c_m <$

$\dfrac{2r(1-\theta)\,[\,1+3r-2r^3(1-\theta)\,]+2rc_r}{r^2(1-\theta)+4r-1}$ 时，有 $\dfrac{\partial p_{m_2}}{\partial r} > 0$；当 $\dfrac{\sqrt{5-\theta}-2}{1-\theta} < r < 1$ 且 $c_m >$

$\dfrac{2r(1-\theta)\,[\,1+3r-2r^3(1-\theta)\,]+2rc_r}{r^2(1-\theta)+4r-1}$ 时，有 $\dfrac{\partial p_{m_2}}{\partial r}<0$。说明第二期新产品价格随着单

位生产成本增加而上涨,随着回流再造单位净成本增加而上涨。当废弃食品剩余比例相对较低时,或者当废弃食品剩余比例相对较高并且单位生产成本低于一定值时,第二期新产品价格随着消费者的食品安全敏感度增强而下降;当废弃食品剩余比例相对较高,并且单位生产成本高于一定值时,第二期新产品价格随着消费者的食品安全敏感度增强而上涨。当废弃食品剩余比例较低时,或者当废弃食品剩余比例较高并且单位生产成本低于一定值时,第二期新产品价格随着废弃食品剩余比例增加而上涨;当废弃食品剩余比例较高并且单位生产成本高于一定值时,第二期新产品价格随着废弃食品剩余比例增加而下降。

$\dfrac{\partial p_r}{\partial c_m} = \dfrac{r(1-2r)(1-\theta)}{1+r^2(1-\theta)}$，当 $0<r<0.5$ 时，有 $\dfrac{\partial p_r}{\partial c_m}>0$；当 $0.5<r<1$ 时，有 $\dfrac{\partial p_r}{\partial c_m}<0$。

$\dfrac{\partial p_r}{\partial c_r} = \dfrac{r^2(1-\theta)}{1+r^2(1-\theta)} > 0$。 $\dfrac{\partial p_r}{\partial \theta} = \dfrac{-2r^5(1-\theta)^2-4r^3(1-\theta)+1-r^2c_r-r(1-2r)c_m}{[\,1+r^2(1-\theta)\,]^2}$，当 $1-$

$\dfrac{\sqrt{4r^2+2r[\,(2c_m-c_r)\,r^2-c_mr+1\,]}-2r}{2r^3} < \theta < 1$ 时，有 $\dfrac{\partial p_r}{\partial \theta} > 0$；当 $0 < \theta < 1-$

$\dfrac{\sqrt{4r^2+2r[\,(2c_m-c_r)\,r^2-c_mr+1\,]}-2r}{2r^3}$ 时， 有 $\dfrac{\partial p_r}{\partial \theta} < 0$。 $\dfrac{\partial p_r}{\partial r} =$

$\dfrac{-(1-\theta)\,[\,(1-\theta)\,r^2+4r-1\,]\,c_m+2r(1-\theta)\,c_r+2r\,(1-\theta)^2\,[\,3r+1-(1-\theta)\,r^3\,]}{[\,1+r^2(1-\theta)\,]^2}$，当 $0<r<$

$\dfrac{-2+\sqrt{5-\theta}}{1-\theta}$时,或者当 $\dfrac{-2+\sqrt{5-\theta}}{1-\theta}<r<1$ 且 $c_m<\dfrac{2r(1-\theta)\,c_r+2r\,(1-\theta)^2\,[\,3r+1-(1-\theta)\,r^3\,]}{(1-\theta)\,[\,(1-\theta)\,r^2+4r-1\,]}$

时,有 $\dfrac{\partial p_r}{\partial r}>0$；当 $\dfrac{-2+\sqrt{5-\theta}}{1-\theta}<r<1$ 且 $c_m>\dfrac{2r(1-\theta)\,c_r+2r\,(1-\theta)^2\,[\,3r+1-(1-\theta)\,r^3\,]}{(1-\theta)\,[\,(1-\theta)\,r^2+4r-1\,]}$

时，有$\frac{\partial p_r}{\partial r}<0$。说明当废弃食品剩余比例相对较低时，回流再造食品价格随着单位生产成本增加而上涨，反之则影响作用相反。回流再造食品价格随着回流再造单位净成本增加而上涨。当消费者的食品安全敏感度较强时，回流再造食品价格随着消费者的食品安全敏感度增强而上涨，反之则影响作用相反。当废弃食品剩余比例较低时，或者当废弃食品剩余比例较高并且单位生产成本低于一定值时，回流再造食品价格随着废弃食品剩余比例增加而上涨；当废弃食品剩余比例较高并且单位生产成本高于一定值时，回流再造食品价格随着废弃食品剩余比例增加而下降。

相应地，食品制造商的总利润为

$$\pi_m = \frac{1}{4\left[1+r^2(1-\theta)\right]^2}\left[1-r(1-\theta)-rc_r-(1-r)c_m\right]\left\{r(1+2r)(1-\theta)+1+rc_r-\right.$$

$$\left.\left[1+r+2r^2(1-\theta)\right]c_m\right\}+\frac{2}{4\left[1+r^2(1-\theta)\right]^2}\left[r-r^2(1-\theta)-r^2c_r-r(1-r)c_m\right]$$

$$\left\{(1-\theta)\left[2r^3(1-\theta)-1\right]-c_r+r(1-2r)(1-\theta)c_m\right\}+\frac{1}{4\left[1+r^2(1-\theta)\right]^2}$$

$$\left\{(r^2+2r^3)(1-\theta)+r^2c_r-\left[(3r^2-r)+\frac{1}{1-\theta}\right]c_m\right\}\left\{r^2(1+2r)(1-\theta)^2+\right.$$

$$\left.r^2(1-\theta)c_r+\left[(r-3r^2)(1-\theta)-1\right]c_m\right\} \tag{3.46}$$

由式（3.46）可知，食品制造商受单位生产成本、回流再造单位净成本、消费者的食品安全敏感度和废弃食品剩余比例的多重影响。

（三）消费者食品安全敏感度对利润的影响分析

当回流再造食品需求量等同于第一期新产品剩余量时，消费者的食品安全敏感度对食品制造商利润的影响利用解析方法不能得出明确的正负影响。因此，根据假设条件和变量取值，并且利用数值分析仍令$c_m=0.4$，$c_r=0.5\theta$，$p_r=2c_r$。消费者的食品安全敏感度$\theta\in[0,1)$。此时废弃食品剩余量不同也对消费者的食品安全敏感度影响产生作用，因此选取低剩余比例$r=0.2<0.5$，以及高剩余比例$r=0.6>0.5$。

表3-9 废弃食品剩余量不同时消费者食品安全敏感度对利润的影响分析

θ	π_{m_2}		π_m	
	$r = 0.2$	$r = 0.6$	$r = 0.2$	$r = 0.6$
0	0.09	0.09	0.0647	0.1510
0.1	0.103	0.109	0.0726	0.1648
0.2	0.1185	0.1305	0.0816	0.1795
0.3	0.1376	0.1556	0.0922	0.1952
0.4	0.162	0.186	0.1053	0.2120
0.5	0.195	0.225	0.1223	0.2304
0.6	0.243	0.279	0.1459	0.2514
0.7	0.321	0.363	0.1830	0.2778
0.8	0.474	0.522	0.2535	0.3186
0.9	0.927	0.981	0.4573	0.4212

在该数值分析设置条件下,废弃食品剩余量等同于回流再造食品需求量时,若食品制造商与废弃食品收购者在第二期相互勾结共同谋利,食品制造商在第二期利润受消费者食品安全敏感度的正向影响,会随着该敏感度的增强而增强。然而废弃食品剩余量较大时,同等食品安全敏感度情况下正向影响程度更强。若食品制造商与废弃食品收购者是利益共同体,食品制造商总利润受消费者食品安全敏感度的正向影响,也随着该敏感度的增强而增强。不同的是当废弃食品剩余量较小时,同等食品安全敏感度情况下正向影响程度更弱。说明当废弃食品剩余量等同于回流再造食品需求量时,消费者的食品安全敏感度对食品制造商第二期利润和总利润都是有利的。若食品制造商与废弃食品收购者在第二期相互勾结谋利,更多的废弃食品加强了消费者食品安全敏感度对食品制造商第二期利润的有利效应,并且食品制造商与废弃食品收购者是利益共同体时,废弃食品越多,消费者的食品安全敏感度对食品制造商第二期利润会产生更强的正向影响;而由于较多的废弃食品剩余会对第一期新产品利润产生挤出作用,对总利润的正向影响相对较弱。因此,在第一期新产品剩余量低于第二期市场对回流再造食品的实际需求量时,消费者的食品安全敏感度增强,对抑制食品制造商独自进行回流再造或者勾结收购者

进行回流再造的行为,不仅难以发挥正常作用,反而将产生逆向的激励作用。

四、本节主要结论

本节在回流再造食品与新产品存在竞争性替代关系背景下,建立优化模型分析食品制造商与收购者关于回流再造食品和新产品价格决定及相应的利润、影响因素,可以得到以下主要结论。

(一) 回流再造食品需求量低于第一期新产品剩余量情况下的结论

1. 食品制造商与废弃食品收购者是同一主体

食品制造商生产较为昂贵的食品(即生产成本较高)时,对他任何一期的获利都没有帮助。然而回流再造的单位净成本越低,对同为废弃食品收购者的食品制造商的利润是有推动作用的。相比之下,食品制造商生产较为低廉的食品(即生产成本较低)时,回流再造的单位净成本越高,对他获利越不利。

2. 食品制造商与废弃食品收购者是相互竞争者

(1)食品制造商和废弃食品收购者同时进行价格决定

食品制造商和废弃食品收购者同时决定价格时,废弃食品收购者进行回流再造会干扰当前食品零售市场。由于回流再造食品的价格比较优势以及食品安全信息不对称,消费者会倾向于选择回流再造食品。并且新产品生产成本、回流再造单位净成本都会对新产品价格、回流再造食品价格产生相同的正向影响。而消费者的食品安全敏感度对新产品价格具有负向影响,对回流再造食品价格的影响方向不确定。只有当回流再造食品的生产惩罚等机会成本较高时,消费者的食品安全敏感度才会对其价格产生正向影响,进而影响消费者的购买决策。此时废弃食品收购者的回流再造行为对食品制造商的新产品生产获利具有阻碍作用,最终将导致"劣币驱逐良币"的后果。食品制造商越是生产成本较高的食品,其生产销售新产品的利润会更高。而回流再造的机会成本越高对于食品制造商越有利,因为收购者会由于较高的机会成本而减少回流再造食品行为,或者回流再造的高成本抬高了回流再造食品价格,使其较之于新产品的价格比较优势减弱,进而缺乏竞争力。而回流再造的机会成本相对较低时,就会激励收购者为获取更高的利益进行回流再造。此时若新产品的生产成本越高,这种成本的比较优势更显著,收购者的非法牟利行为越突出。

(2)废弃食品收购者是价格决定的领导者

废弃食品收购者是价格决定的领导者时,单位生产成本与回流再造单位净成本都对新产品和再造食品价格具有正向影响。新产品价格受到消费者对食品安全敏感度的负向影响。消费者对较昂贵食品的食品安全关注度更高时,回流再造食品价格会随着食品安全敏感度增强而提高,从而"伪装"为新产品。回流再造的机会成本对食品制造商和废弃食品收购者利润的影响都为负向。当较低的回流再造单位净成本与较高的新产品单位生产成本形成较大的成本落差时,更会激励废弃食品收购者进行回流再造。

(二)回流再造食品需求量不低于第一期新产品剩余量情况下的结论

1.食品制造商与废弃食品收购者在第二期相互勾结共同谋利

当新产品剩余量低于回流再造食品的实际需求量时,第二期回流再造食品需求量即为第一期新产品剩余量。此时给定外生的回流再造食品价格,食品制造商与收购者相互勾结,根据当期利润最大化共同谋利决定新产品价格和回流再造食品价格时,新产品价格受到其单位生产成本推动作用以及回流再造食品价格竞争性替代的拉动作用,使消费者的食品安全敏感度对新产品价格产生负向影响。尽管新产品价格受到回流再造食品的影响,但食品制造商的总利润会因废弃食品回流再造所得而增加。而一旦回流再造的机会成本增加,食品制造商的利润将受到负向冲击。

2.食品制造商与废弃食品收购者是利益共同体

首先,当第二期回流再造食品需求量即为第一期新产品剩余量时,给定外生的回流再造食品价格,食品制造商与收购者是利益共同体,根据两期总利润最大化决定新产品价格和回流再造食品价格时,第一期新产品价格高于第二期的新产品价格。相比于同期新产品,较低的回流再造单位净成本,更凸显了回流再造食品的比较价格优势。而第一期新产品价格受到其自身单位生产成本与后期回流再造成本的推动作用,以及消费者的食品安全敏感度对其的负向影响。当回流再造成本低以及被监管处罚的力度轻时,废弃食品剩余量的增加会对新产品价格产生冲击。当回流再造成本较高以及被监管处罚的力度增强时,废弃食品剩余量的增加会促使食品制造商通过提高第一期新产品价格的途径增加总利润。

其次,第二期新产品价格同样受到其自身单位生产成本与回流再造单位净成本的推动作用。不同的是当废弃食品剩余量相对较少时,或者即使废弃食品剩余量相对较多且单位生产成本较小时,为获得回流再造食品生产销售的较高单位净利益(价格与回流再造单位净成本之差),食品制造商会随着消费者的食品安全敏感度增强而降低同期新产品的价格,以混淆回流再造食品与新产品的差别,获得更高的总利润。而当废弃食品剩余量相对较多且单位生产成本较高,消费者的食品安全敏感度增强时,食品制造商会提高当期新产品价格,突出新产品的比较优势,以平衡掉消费者可能识别出回流再造食品而造成的损失。当废弃食品剩余量较少,或者即使废弃食品剩余量较多且单位生产成本较低,废弃食品剩余量增加会推高同期新产品价格,以突出回流再造食品价格的比较优势,促进回流再造食品的销售。而当废弃食品剩余量较多且单位生产成本较高,废弃食品剩余量减少则会推高同期新产品价格,以促进回流再造食品的销售。

最后,当废弃食品剩余量较少时,更易于与新产品混合销售,单位生产成本提高也可以顺势提高回流再造食品价格;反之当废弃食品剩余量较多时,为促进回流再造食品的销售,在单位生产成本提高推高新产品价格的同时,可以降低回流再造食品价格,以促进其大量销售。回流再造成本对回流再造食品价格具有同样的成本推动价格的作用。当消费者的食品安全敏感度相对较强时,为从价格上掩饰回流再造食品,食品制造商会随着消费者食品安全敏感度的增强而提高回流再造食品价格(该情况类似于现实中食品制造商通过将废弃食品重新包装、更换生产日期等行为);而当消费者的食品安全敏感度较弱时,即使该敏感度增强,食品制造商为多卖出回流再造食品实现获利目的,会降低回流再造食品价格以促进回流再造食品的销售。废弃食品剩余量相对较少时,或者即使废弃食品剩余量相对较多且新产品单位生产成本较低时,都可以随着废弃食品剩余量增加而提高回流再造食品价格以促进其销售获利。而当废弃食品剩余量相对较多但新产品单位生产成本较高时,食品制造商就会从价格的比较优势角度,提供相对更低廉的回流再造食品,以将其销售获利。

第四章 食品安全供需视角下
食品安全信息研究

第一节 信息不对称对食品安全的影响分析

信息不对称理论作为微观信息经济学的核心内容之一,最早是由美国经济学家乔治·阿克洛夫通过对二手车市场的研究、迈克尔·斯宾塞对保险市场的研究以及约瑟夫·斯蒂格利茨对劳动力市场交易行为的研究,提出了"信息不对称理论"。三位学者研究的领域虽然不同,但其研究结果均指出:信息不对称理论是在市场经济条件下,市场的买卖主体不可能完全占有对方的信息,这种信息不对称必然导致信息拥有方为谋取更大的利益而使另一方的利益受到损害。信息不对称通常表现为有关经济主体对信息了解和掌握的程度不一样多,主要分为:卖方之间拥有的信息不同;买方之间拥有的信息不同;卖方和买方之间拥有的信息不同。通常在市场上,有一部分参与者拥有特定信息多,有一部分参与者拥有特定信息少,交易双方掌握的信息处于不对称状态下,从而影响交易双方的行为方式和行为结果。

一、信息不对称导致食品安全信息难以传递

从食品原材料的种植或养殖到加工、包装再到运输过程直至最后的市场流通过程,整个食品产业链上的每一环节都可能对食品安全产生直接或间接危害,而农产品产业链中各个环节的信息不对称问题更加剧了食品不安全的程度(郑风田、赵阳,2003)。科技的发展同时使得食品安全问题成因更为复

杂化,食品安全问题从最初"看得见"的影响因素发展到虽然"看不见"却能检测到的影响因素,再到既"看不见"也很难检测到的影响因素。这些都使得消费者已经无法依靠自身力量有效地保护自己。

首先,在食品生产加工过程中,生产者不按工艺要求操作,如没有经过必要的杀菌程序或者超量使用、滥用食品添加剂或非法添加物等。目前面粉加工企业中就有不少厂家使用过氧化甲酰作为增白剂,其用量远超过了规定的标准。这些生产加工信息消费者是很难掌握的。此外,消费者也无法直接了解到食品的实际生产环境信息。例如,许多劣质食品的生产环境脏乱不堪,从事食品生产加工人员的个人卫生和健康状况不符合相关规定(吴修立等,2008)。

其次,在食品流通过程中,仓储、运输等是否按规定采取了相关措施,消费者也很难了解。有些出厂合格的食品在流通过程中变质或受损,却依然被提供到零售终端,甚至到了消费者的口中。即使某一环节的食品供给主体了解产品质量安全的相关信息,由于客观的技术条件或者主观的利益能动性原因,这些主体也很难或者不会主动将这些信息有效传递给其他环节的相关主体。

最后,加工食品产业链条越长,食品从田间到餐桌的环节越多,信息传递难度越大,质量安全问题发生的概率越高。例如,种子公司知道其种子是否是转基因品种而农民不知道;农民知道其种养殖过程中农药、化肥、兽药、添加剂等的使用状况而经销企业和消费者不知道;加工企业知道其食品加工过程中添加剂、保鲜剂等的使用状况而零售商和消费者不知道;批发商和零售商知道其产品在储运和销售过程中是否卫生安全而消费者不知道(周应恒等,2004)。整个食品产业链条上各环节都存在信息不对称,交错叠加后的结果是食品安全的有效信息传递难度指数倍增加。

二、信息不对称导致食品市场的逆向选择和道德风险

食品市场中信息不对称容易导致信息拥有方或信息优势方获取自身更大的利益而使另一方利益受到损害,从而产生两种市场行为即"逆向选择"和"道德风险"。从发生时间上看,事前信息不对称容易存在"逆向选择"问题,而事后信息不对称则容易产生"道德风险"问题(张维迎,1996)。不管是"逆

向选择"还是"道德风险",都会使食品市场处于低效率状态,市场无法实现资源的最优配置,高成本的优质安全食品市场将会逐步萎缩甚至消亡。例如,在农产品交易市场上,农民作为农产品的供给方,既是农产品的生产者又是经营者,往往由于缺乏农产品的相关市场信息,如农产品包装技术信息、保鲜技术信息、定价信息、营销信息等,难以将大量优质农产品高价出售。同时,大量伪劣农产品充斥优质农产品市场,因为信息不对称难以被辨识。消费者依据市场平均价格进行购买,劣质农产品供给者能够获得超额利润。消费者作为农产品的需求方也缺少对优质安全农产品信息的辨识能力。在信息缺乏的情况下,价格依然是消费者进行购买决策的第一考虑因素。一旦消费者因为曾经购买了劣质不安全农产品而遭受过损害,那么在没有任何食品安全信息改善的情况下,为规避食品安全与经济的双重损失,消费者将宁愿以平均价格或者更低价格购买农产品。因此,食品市场的价格机制将失灵,优胜劣汰的市场竞争机制无法实现,进而优质安全食品市场不断萎缩,最终形成"柠檬"市场(杨万江,2006)。

第二节 公共信息对称溢出时消费者的食品安全信息分析

在消费某类食品时,每个消费者掌握的相关食品安全信息通常不同。其中有一部分信息是消费者因个人偏好、职业等不同而了解的私有信息,另一部分是通过公共渠道,如食品供给者通过公开渠道(包括产品标签、广告等)、质检部门通过官方网站或者新闻媒体公布的公共信息。本节通过建立消费者关于食品安全信息的效用函数优化模型,具体分析当公共信息具有对称溢出效应时,消费者食品安全的最优公共信息及其与私有信息的关系。

一、基本模型假设及问题描述

基本模型的假设条件:消费者 i 关于信息的效用函数为 $U = U(c_i, f_i)$。假设每个消费者能够获得信息总量是有限的,将其标准化为单位 1。消费者 i 供给的食品安全等公共信息量为 g_i，相应的其他信息获取量即私有信息量 c_i，则为 $c_i = 1 - g_i$；他能够获得的食品安全等公共信息总量为 $f_i = \sum_j \alpha_{ij} g_j$。其中 α_{ij} 是消费者 i 从消费者 j 处获得如食品安全等公共信息的比例，表示食品安全等公共信息溢出效应，并且 $0 < \alpha_{ij} < 1$。其中 $\alpha_{ij} = 0$ 或者 $\alpha_{ij} = 1$ 是极端情况，说明没有溢出效应，本节不予考虑。若为同一个消费者 i，则其从自身获得公共信息的比例为 1，即 $\alpha_{ii} = 1$。因此，消费者 i 根据自身效用最大化确定的自身提供最优公共信息量为 g_i，它满足边际商品替代率 $MRS(c_i, f_i) = \dfrac{U_c}{U_f} = 1$。并且其效用函数满足如下条件：$\dfrac{U_{cc}}{U_c} < \dfrac{U_{cf}}{U_f}, \dfrac{U_{ff}}{U_f} < \dfrac{U_{cf}}{U_c}$。其中 $U_c = \dfrac{\partial U(c_i, f_i)}{\partial c_i}$，$U_f = \dfrac{\partial U(c_i, f_i)}{\partial f_i}$，$U_{cc} = \dfrac{\partial^2 U(c_i, f_i)}{\partial c_i^2}$，$U_{ff} = \dfrac{\partial^2 U(c_i, f_i)}{\partial f_i^2}$，$U_{cf} = \dfrac{\partial^2 U(c_i, f_i)}{\partial c_i \partial f_i} = \dfrac{\partial^2 U(c_i, f_i)}{\partial f_i \partial c_i}$。$MRS_c = \dfrac{U_{cc} U_f - U_c U_{cf}}{(U_f)^2} < 0$，$MRS_f = \dfrac{U_{cf} U_f - U_c U_{ff}}{(U_f)^2} > 0$。

二、对称溢出时消费者的最优公共信息

定理 4.1　当消费者按照自身效用最大化决定他供给的公共信息量时，最优的公共信息量满足私有信息量对公共信息量的边际替代率为 1。

证明：最大化消费者 i 关于信息的效用，因此为

$$\max_{g_i} U(c_i, f_i) = U\left(1 - g_i, \sum_j \alpha_{ij} g_j\right) \tag{4.1}$$

由一阶最优条件可得

$$\frac{dU}{dg_i} = -U_c + U_f = 0 \tag{4.2}$$

因此可得 $MRS(c_i, f_i) = \dfrac{U_c}{U_f} = 1$。

假设二阶最优条件满足，即 $\dfrac{d^2 U}{dg_i^2} = U_{cc} - 2U_{cf} + U_{ff} < 0$。

若为同质消费者，则如食品安全等公共信息的溢出效应是对称的，即 $\alpha_{ij} = \alpha$，并且 $0 < \alpha \leq 1$。若为同一个消费者，则其从他自身获得公共信息的比例为 1。

定理4.2 当溢出效应是对称时,每个消费者的最优公共信息量都是唯一且相同的。

证明:首先,证明第 i 个消费者的最优公共信息供给量是唯一的,都为 g_i。反证法,假设消费者 i 在自身效用最大化时,最优公共信息量还可以为 g_i',并且 $g_i \neq g_i'$。

不妨令 $g_i > g_i'$,则必有 $1-g_i < 1-g_i'$,即 $c_i < c_i'$;$f_i \leq f_i'$。否则若 $f_i > f_i'$,根据私有信息对公共信息的边际替代率 MRS 满足 $MRS_c < 0$,$MRS_f > 0$,可得 $MRS(c_i, f_i) > MRS(c_i', f_i')$。这与 g_i 和 g_i' 都是消费者 i 的最优公共信息量是矛盾的。因为最优公共信息量都满足一阶最优条件,即 $MRS(c_i, f_i) = MRS(c_i', f_i') = 1$。

所以若 $g_i > g_i'$,则 $f_i \leq f_i'$。类似地,若消费者 j 的最优公共信息量也不唯一,分别记为 g_j 和 g_j',令 $g_j' > g_j$,则 $f_j' \leq f_j$。

由 $f_i = g_i + \alpha g_j + \alpha \sum_{k \neq i,j} g_k$,$f_i' = g_i' + \alpha g_j' + \alpha \sum_{k \neq i,j} g_k'$,$f_j = g_j + \alpha g_i + \alpha \sum_{k \neq i,j} g_k$,$f_j' = g_j' + \alpha g_i' + \alpha \sum_{k \neq i,j} g_k'$。因此,分别由 $f_i \leq f_i'$,$f_j' \leq f_j$ 可得

$$g_i + \alpha g_j + \alpha \sum_{k \neq i,j} g_k \leq g_i' + \alpha g_j' + \alpha \sum_{k \neq i,j} g_k' \qquad (4.3)$$

$$g_j' + \alpha g_i' + \alpha \sum_{k \neq i,j} g_k' \leq g_j + \alpha g_i + \alpha \sum_{k \neq i,j} g_k \qquad (4.4)$$

将式(4.3)和式(4.4)相加整理可得

$$0 < (1-\alpha)(g_i - g_i') \leq (1-\alpha)(g_j - g_j') < 0 \qquad (4.5)$$

式(4.5)是矛盾的。因此假设不成立,我们可知每个消费者只有唯一的最优公共信息量。

再证明不同消费者的最优公共信息量都是相同的,即消费者 i 和消费者 j 的最优公共信息量相同,$g_i = g_j (i \neq j)$。

仍然利用反证法。假设 $g_i \neq g_j (i \neq j)$,那么有 $g_i > g_j$ 或者 $g_i < g_j$。

当 $g_i > g_j$ 时,可知 $c_i < c_j$,并且此时 $f_i = g_i + \alpha g_j + \alpha \sum_{k \neq i,j} g_k$,$f_j = g_j + \alpha g_i + \alpha \sum_{k \neq i,j} g_k$,显然 $f_i > f_j$。因此,有 $MRS(c_i, f_i) > MRS(c_j, f_j)$。这与 g_i 和 g_j 是消费者 i 和消费者 j 的最优公共信息量相矛盾(即 $MRS(c_i, f_i) = MRS(c_j, f_j) = 1$)。类似地,当 $g_i < g_j$ 时,有 $MRS(c_i, f_i) < MRS(c_j, f_j)$。这也与 g_i 和 g_j 是消费者 i 和消

费者 j 的最优公共信息量相矛盾。因此，必有 $g_i = g_j (i \neq j)$。

综上，定理 4.2 得证。

如果具有对称溢出效应的消费者圈中共有 n 个消费者，根据定理 4.2 将每个消费者的最优公共信息量记为 g，因此每个消费者的效用为

$$U(c,f) = U(1-g, \alpha(n-1)g+g) \tag{4.6}$$

由此可得定理 4.3：

定理 4.3　若消费者间的公共信息具有对称溢出效应 α 时，消费者圈中共有 n 个消费者，则每个消费者的最优公共信息量满足私有信息对公共信息的边际替代率等于 $\alpha(n-1)+1$。

证明：根据一阶最优条件，可得

$$MRS(c,f) = \alpha(n-1)+1 \tag{4.7}$$

推论 4.3　若消费者间的公共信息具有对称溢出效应 α 时，消费者圈中共有 n 个消费者，则消费者圈中消费者数量 n 或者消费者公共信息溢出效应 α 对每个消费者的最优公共信息量的影响是相同的，具体为当私有信息对公共信息的边际替代率对公共信息量的偏导数小于（大于）每个消费者能够提供的公共信息量倒数时，消费者圈中消费者数量 n 或者消费者公共信息溢出效应 α 对每个消费者的最优公共信息量的影响是正（负）的。

证明：分析消费者圈中人数对每个消费者的最优公共信息量的影响。因此，对式（4.7）两边 n 求导，整理可得

$$\frac{\partial g}{\partial n} = \frac{\alpha(1-gMRS_f)}{MRS_f[\alpha(n-1)+1]-MRS_c} \tag{4.8}$$

其中 $MRS_c = MRS_c(1-g, \alpha(n-1)g+g)$，$MRS_f = MRS_f(1-g, \alpha(n-1)g+g)$。

根据式（4.8），显然其右端分母为正，$\frac{\partial g}{\partial n}$ 的符号由分子决定。因此，当 $MRS_f < \frac{1}{g}$ 时，有 $\frac{\partial g}{\partial n} > 0$；当 $MRS_f > \frac{1}{g}$ 时，有 $\frac{\partial g}{\partial n} < 0$。

类似地，分析消费者公共信息溢出效应对每个消费者的最优公共信息量的影响。因此，对式（4.7）两边 α 求导，整理可得

$$\frac{\partial g}{\partial \alpha} = \frac{(n-1)(1-gMRS_f)}{MRS_f[\alpha(n-1)+1]-MRS_c} \tag{4.9}$$

比较式（4.8）和式（4.9）可知 $\dfrac{\partial g}{\partial \alpha}$ 的正负与 $\dfrac{\partial g}{\partial n}$ 相同。

下面考察如果不同的消费者数量的消费者圈对应的消费者提供的总公共信息量。我们有如下定理4.4：

定理4.4　若消费者间的公共信息具有对称溢出效应时，具有较多消费者的消费者圈中总公共信息量大于另外一个有较少消费者的消费者圈中总公共信息量。

证明：假设有两个消费者圈子，其中一个消费者圈中消费者数量为 n，该消费者圈中每个消费者的最优公共信息量记为 g_n；另一个消费者圈中消费者数量为 m，该消费者圈中每个消费者的最优公共信息量记为 g_m。并且 $n>m$，则需证明有 n 个消费者数量的消费者圈子提供的总公共信息量不小于有 m 个消费者数量的消费者圈子提供的总公共信息量，即 $ng_n \geqslant mg_m$。

反证法。假设 $ng_n < mg_m$，则 $\dfrac{g_n}{g_m} < \dfrac{m}{n} < 1$，即 $g_n < g_m$。因此 $1-g_n > 1-g_m$，即 $c_n > c_m$。同时由假设条件和已知条件，可得 $f_n = \alpha ng_n + (1-\alpha) g_n < \alpha mg_m + (1-\alpha) g_m = f_m$，因此

$$MRS(c_n, f_n) < MRS(c_m, f_m) \qquad\qquad (4.10)$$

而由一阶最优条件有 $MRS(c_n, f_n) = \alpha(n-1) + 1$，$MRS(c_m, f_m) = \alpha(m-1) + 1$，因此 $MRS(c_n, f_n) > MRS(c_m, f_m)$。式（4.10）与之矛盾。所以假设不成立，我们有 $ng_n \geqslant mg_m$。定理4.4得证。

由定理4.4可得如下推论4.4：

推论4.4　若消费者间的公共信息具有对称溢出效应时，具有较多消费者的消费者圈中每个消费者的最优效用大于另外一个有较少消费者的消费者圈每个消费者的最优效用。

推论4.4　若消费者间的公共信息具有对称溢出效应时，具有较多消费者的消费者圈中每个消费者的最优效用大于另外一个有较少消费者的消费者圈每个消费者的最优效用。

证明：由于私有信息和公共信息的边际效用均为正，因为 $n>m$，即有 $\alpha(n-1) g_m + g_m > \alpha(m-1) g_m + g_m$，所以

$$U(1-g_m,\alpha(n-1)g_m+g_m)>U(1-g_m,\alpha(m-1)g_m+g_m) \tag{4.11}$$

又由 $U(1-g_n,\alpha(n-1)g_n+g_n)=\max U(1-g,\alpha(n-1)g+g)$ ，所以

$$U(1-g_n,\alpha(n-1)g_n+g_n)\geqslant U(1-g_m,\alpha(n-1)g_m+g_m) \tag{4.12}$$

综上可得

$$U(1-g_n,\alpha(n-1)g_n+g_n)>U(1-g_m,\alpha(m-1)g_m+g_m) \tag{4.13}$$

即 $U(c_n,f_n)>U(c_m,f_m)$ 。推论 4.4 得证。

三、本节主要结论

本节通过建立消费者对应食品安全信息的效用函数优化模型,分析了消费者间公共信息间具有溢出效应时,消费者的食品安全私有信息和公共信息的替代关系等,得到以下主要结论:

消费者个人实现对应食品安全信息的效用最大化时,为保持效用最大,私有信息量的增加必将减少同等公共信息量;在当前网络等公共信息获取渠道较为便利的条件下,对于某些公共食品安全信息的获知,一般消费者都是相同的;当消费者所在的同类食品消费圈子中,每个消费者间的公共信息溢出效应相同时,那么单个消费者实现自身对应食品安全信息的效用最大化时,消费者私有信息量的减少将需要增加大于消费圈子溢出效应的公共信息总量才能保持其效用不变;当私有信息对公共信息的边际替代率受公共信息量影响相对较小(较大)时,随着消费同类食品的消费圈子的扩大或者消费者间的公共信息溢出效应增强,每个消费者获取的食品安全公共信息量会增加(减小);消费量较大的食品对应的食品安全公共信息量也较大,其每个消费者对应的食品安全信息的最优效用值也较高。

第三节　信息不对称条件下食品供应商与
零售商的合作合同分析

本节以 Martimort 等(2010)模型为基础,主要分析信息不对称条件下既能揭露供应商真实食品质量安全类型,同时又可以激励零售商付出促进食品质

量安全的不可证实努力水平的合同。重点分析供给食品质量安全类型为好的供应商如何通过合同设计传递自己信息，同时激励零售商更加努力实现食品质量安全。

一、基本问题描述

（一）模型假设条件

为简化分析给出以下假设条件。有一个食品供应商和一个零售商，并且他们都是风险中性的。供应商供给某类食品，且食品质量安全的类型只有两种，即好的和差的。设 θ 表示食品质量安全类型，好的和差的类型分别记为 $\bar{\theta}$ 和 $\underline{\theta}$，且两者的差距为 $\Delta\theta=\bar{\theta}-\underline{\theta}$。食品质量安全的类型是供应商的私有信息。同时，供应商可以将食品质量安全伪装成其他类型（例如通过包装、添加剂的使用、检验检测结果的造假等方式），若将食品质量安全伪装为类型 $\hat{\theta}$，则供应商需要花费伪装成本 $F=\varphi(\hat{\theta}-\theta)$。其中伪装成本函数 $F=\begin{cases}\varphi(x)\,,x>0\\0,x\leqslant0\end{cases}$。

供应商和零售商通过签订合同建立合作关系。零售商可以接受合同，也可以拒绝合同，但是零售商不具备讨价还价的能力。接受合作合同的零售商可通过自身的努力促进食品质量安全水平的提升（例如实行再检测等质量安全控制方法）。零售商努力的等价性成本记为 $\phi(e)=\dfrac{e^2}{2}$，并且其努力水平 e 是不可证实的。食品质量安全类型为 θ 的食品最终实现价值为 π（即最终销售获取的利润）的相应概率是 $p(\theta,e)=\theta+\lambda e(0\leqslant p\leqslant1)$。其中 $\lambda(0<\lambda<1)$ 表示努力水平 e 对最终利润实现的边际影响。

如果零售商接受合同，即供应商和零售商双方签订合同。首先零售商要向供应商支付采购费用 a，以得到该类食品的固定供货许可权；其次当食品最终利润实现时，零售商可得到 w 的利润分红（其中 $w\in[0,\pi]$）；最后利润剩余 $(\pi-w)$ 由供应商获得。供给食品质量安全类型为 θ 的供应商总收益记为 $V(\theta)$。如果零售商不签订合同，而通过其他渠道采购，其对应的机会成本为 I。此时若零售商最终实现利润，可获得的利润为 $r\pi(\theta+\lambda e)$（其中 $r\in(0,1)$）。

这是由于该供应商是零售商该类食品的首选供应商,所以与之合作对零售商利润的获得至关重要。零售商具有的保留利润 $u(\theta)$,它是零售商能够从其他渠道获取的最大利润。所以 $u(\theta) = \max\left\{0, \max_e\left[r(\theta+\lambda e)\ \pi - \dfrac{e^2}{2} - I\right]\right\}$,由 $e = \arg\left\{\max_e\left[r(\theta+\lambda e)\ \pi - \dfrac{e^2}{2} - I\right]\right\} = \lambda r\pi$,则 $u(\theta) = \max\left\{0, r\theta\pi + \dfrac{\lambda^2 r^2 \pi^2}{2} - I\right\}$。因此,根据 I 的取值不同可分为如下三种情况:

（1）当 I 较大时,即 $I \geqslant \overline{\theta}r\pi + \dfrac{\lambda^2 r^2 \pi^2}{2}$,$u(\overline{\theta}) = u(\underline{\theta}) = 0$。这种情况说明零售商选择其他合作途径的成本较高,他更倾向于与该供应商签订合作合同。

（2）当 I 较小时,即 $I < \underline{\theta}\pi + \dfrac{\lambda^2 r^2 \pi^2}{2}$,$u(\overline{\theta}) = \overline{\theta}r\pi + \dfrac{\lambda^2 r^2 \pi^2}{2} - I > u(\underline{\theta}) = \underline{\theta}r\pi + \dfrac{\lambda^2 r^2 \pi^2}{2} - I > 0$。

这种情况说明零售商选择其他合作途径的成本较低,他更易拒绝签订合作合同。

（3）当 I 取值适当时,即 $\underline{\theta}r\pi + \dfrac{\lambda^2 r^2 \pi^2}{2} \leqslant I < \overline{\theta}r\pi + \dfrac{\lambda^2 r^2 \pi^2}{2}$,则 $u(\overline{\theta}) = \overline{\theta}r\pi + \dfrac{\lambda^2 r^2 \pi^2}{2} - I > u(\underline{\theta}) = 0$。这种情况说明零售商选择其他合作途径的成本既不过高也不过低,他既可能签订合作合同,又可能拒绝签订合作合同。

（二）模型分析的时间顺序

根据上述模型的基本假设,模型分析的时间顺序如下:

（1）供应商供给的食品质量安全类型为 θ。

（2）供应商显示食品质量安全类型为"θ"的证据,并同时提供给零售商合同记为 $C(a, w)$。

（3）零售商根据合同中的 $e(\overline{\theta}) = \lambda w(\overline{\theta})$ 和 θ 来估计真实的食品质量安全类型。同时,零售商可以预计出如果拒绝合作合同,其他渠道可以得到的保留利润。此时可能有两种结果:①零售商拒绝合同,双方博弈结束,零售商获得预期利润 $E(u(\theta)\backslash C, \theta)$,供应商所得利润为 0。②零售商接受合同,支付合作

费用 a 给供应商，并且付出自己不可证实的努力水平 e。

（4）若零售商接受了合作合同，则一旦其通过努力促进食品质量安全水平进一步提升时，零售商可获得利润分红 w，供应商可获得剩余利润 $(\pi-w)$。

二、完全信息条件下的基本模型分析

为分析清晰，令完全信息条件下的均衡结果为 $w_c^*(\theta)$，$V_c^*(\theta)$，$a_c^*(\theta)$，$e_c^*(\theta)$。在完全信息条件下，食品质量安全类型 θ 是共同信息。只有零售商的努力是不可证实的，这可能引起道德风险问题。在上述假设条件下建立模型求解。根据道德风险问题的经典理论，即给予风险中性代理人全部的剩余利润索取权，由此可知零售商可获得利润为 $w_c^*(\theta)=\pi$。根据零售商的参与约束可得 $(\theta+\lambda e)\pi-\dfrac{e^2}{2}-a(\theta)\geqslant u(\theta)$，所以 $a_c^*(\theta)=(\theta+\lambda e)\pi-\dfrac{e^2}{2}-u(\theta)$。此时，由于零售商可获得食品质量安全水平提升的全部利润，他必会付出最大努力水平，即 $e_c^*(\theta)=\arg\left\{\max\limits_{e}\left[(\theta+\lambda e)\pi-\dfrac{e^2}{2}\right]\right\}=\lambda\pi$，则 $a_c^*(\theta)=\theta\pi-\dfrac{\lambda^2\pi^2}{2}-u(\theta)$。于是供应商可以获得的利润为 $V_c^*(\theta)=a_c^*(\theta)=\theta\pi+\dfrac{\lambda^2\pi^2}{2}-u(\theta)$。

综上，此时供应商获得的利润与零售商的保留利润之和为 $V_c^*(\theta)+u(\theta)=\theta\pi+\dfrac{\lambda^2\pi^2}{2}(V_c^*(\bar{\theta})+u(\bar{\theta}))-(V_c^*(\underline{\theta})+u(\underline{\theta}))=\bar{\theta}\pi-\underline{\theta}\pi=\Delta\theta\pi\geqslant u(\bar{\theta})-u(\underline{\theta})$（根据 I 的三种情况可得 $u(\bar{\theta})-u(\underline{\theta})\leqslant\Delta\theta r\pi<\Delta\theta\pi$）。

三、信息不对称条件下的合作合同分析

（一）激励相容约束条件

因为信息不对称，只有供应商知道其供给的食品质量安全类型 θ。公平的均衡合同能使供应商主动揭露其供给的真实食品质量安全类型。令 $\tilde{V}(\theta,\hat{\theta})$ 表示供给食品质量安全类型为 θ 的供应商伪装成供给食品质量安全类型为 $\hat{\theta}$ 时获得的预期利润，此时有 $\tilde{V}(\theta,\hat{\theta})=(\theta+\lambda e(\hat{\theta}))(\pi-w(\hat{\theta}))+a(\hat{\theta})-\varphi(\theta-\hat{\theta})$。其中 e

$(\bar{\theta})$ 由零售商决定，$e(\bar{\theta})=\arg\left\{\max\limits_{e}\left[(\bar{\theta}+\lambda e)\,w(\bar{\theta})-\dfrac{e^2}{2}-a(\bar{\theta})\right]\right\}=\lambda w(\bar{\theta})$。相应的

激励相容约束可以表示为 $V(\bar{\theta})\geqslant\tilde{V}(\theta,\bar{\theta})$，将 $e(\bar{\theta})$ 代入 $V(\bar{\theta})$ 和 $\tilde{V}(\theta,\bar{\theta})$ 可得

$(\bar{\theta}+\lambda^2 w(\bar{\theta}))(\pi-w(\bar{\theta}))+a(\bar{\theta})\geqslant(\bar{\theta}+\lambda^2 w(\underline{\theta}))(\pi-w(\underline{\theta}))+a(\underline{\theta})-\varphi(\bar{\theta}-\theta)$。

由于假设供给的食品质量安全类型只有好和差两种类型，即 $\bar{\theta}$ 和 $\underline{\theta}$，

因此激励相容约束为 $\begin{cases}V(\bar{\theta})\geqslant\tilde{V}(\theta,\bar{\theta})\\[2mm] V(\underline{\theta})\geqslant\tilde{V}(\bar{\theta},\underline{\theta})\end{cases}$，进而有

$\begin{cases}(\bar{\theta}+\lambda^2 w(\bar{\theta}))(\pi-w(\bar{\theta}))+a(\bar{\theta})\geqslant(\bar{\theta}+\lambda^2 w(\underline{\theta}))(\pi-w(\underline{\theta}))+a(\underline{\theta})-\varphi\Delta\theta\\[3mm](\underline{\theta}+\lambda^2 w(\underline{\theta}))(\pi-w(\underline{\theta}))+a(\underline{\theta})\geqslant(\bar{\theta}+\lambda^2 w(\bar{\theta}))(\pi-w(\bar{\theta}))+a(\bar{\theta})\end{cases}$。将两

式相加可得

$$\Delta\theta(w(\bar{\theta})-w(\underline{\theta}))+\varphi(\theta)\geqslant 0 \qquad (4.14)$$

根据激励相容约束，供应商应主动揭露食品质量安全的真实类型。当食品质量安全类型为 $\underline{\theta}$ 时，均衡合同为 $C^*(\pi,a^*(\underline{\theta}))$。此时供应商可得到利润

为 $V^*(\underline{\theta})=a^*(\underline{\theta})=\underline{\theta}\pi+\dfrac{\lambda^2\pi^2}{2}-u(\underline{\theta})$。

（二）参与约束条件

合作合同应使供应商有动力参与合同的签订，即在信息不对称条件下供应商获得利润至少不低于完全信息条件下的利润。因此，当食品质量安全类型为 $\bar{\theta}$ 时有

$$(\bar{\theta}+\lambda e(\bar{\theta}))\pi-\dfrac{e^2(\bar{\theta})}{2}-u(\bar{\theta})\geqslant V(\bar{\theta}) \qquad (4.15)$$

由式（4.15）可见，在完全信息条件下供给食品质量安全类型好的供应商最多可得到零售商的全部剩余利润。

将 $e(\bar{\theta})=\lambda w(\bar{\theta})$ 代入，可得 $\bar{\theta}+\lambda w(\bar{\theta})\left(\pi-\dfrac{w(\bar{\theta})}{2}\right)-u(\bar{\theta})\geqslant V(\bar{\theta})$。当食品质

量安全类型为 $\underset{-}{\theta}$ 时，$\underset{-}{\theta}\pi+\lambda w\underset{-}{(\theta)}\left(\pi-\dfrac{w\underset{-}{(\theta)}}{2}\right)-u\underset{-}{(\theta)}\geq V\underset{-}{(\theta)}$。由 $V\underset{-}{(\theta)}=$

$(\underset{-}{\theta}+\lambda e\underset{-}{(\theta)})(\pi-w\underset{-}{(\theta)})+a\underset{-}{(\theta)}$ 和 $(\underset{-}{\theta}+\lambda e\underset{-}{(\theta)})\pi-\dfrac{e^2\underset{-}{(\theta)}}{2}w\underset{-}{(\theta)}-u\underset{-}{(\theta)}\geq V\underset{-}{(\theta)}$，可得

$$\underset{-}{\theta}w\underset{-}{(\theta)}+\frac{\lambda^2 w^2\underset{-}{(\theta)}}{2}-a\underset{-}{(\theta)}\geq u\underset{-}{(\theta)} \tag{4.16}$$

四、信息不对称条件下食品质量安全类型为好的均衡合同分析

（一）信息不对称条件下食品质量安全类型为好的模型建立

根据相应的目标函数以及激励相容约束、参与约束有

$$\max_{V(\overset{-}{\theta}),w(\overset{-}{\theta})}V(\overset{-}{\theta})$$

$$\begin{cases} V^*(\underset{-}{\theta})\geq V(\overset{-}{\theta})-\Delta\theta(\pi-w(\overset{-}{\theta}))-\varphi\Delta\theta \\[2mm] \overset{-}{\theta}\pi+\lambda^2 w(\overset{-}{\theta})\left(\pi-\dfrac{w(\overset{-}{\theta})}{2}\right)-u(\overset{-}{\theta})\geq V(\overset{-}{\theta}) \end{cases} \tag{4.17}$$

模型（4.17）中的第一个约束即激励相容约束，由 $V^*(\underset{-}{\theta})\geq V(\underset{-}{\theta},\overset{-}{\theta})=$ $V(\overset{-}{\theta})-\Delta\theta(\pi-w(\overset{-}{\theta}))-\varphi\Delta\theta$ 得到。为使分析讨论有实际意义，假设 $\overset{-}{\theta}\pi-u(\overset{-}{\theta})-\varphi\Delta\theta$ $>\underset{-}{\theta}\pi-u(\underset{-}{\theta})$ 即 $\varphi\Delta\theta<\Delta\theta\pi-(u(\overset{-}{\theta})-u(\underset{-}{\theta}))$。说明供给食品质量安全类型差的供应商将食品质量安全类型伪装为好的成本较低，即伪装是有利可图的。

求解模型（4.17），引入拉格朗日乘子 k 和 l，建立拉格朗日函数如下

$L=V(\overset{-}{\theta})+k[V^*(\underset{-}{\theta})-V(\overset{-}{\theta})+\Delta\theta(\pi-w(\overset{-}{\theta}))+\varphi\Delta\theta]+l\big[\overset{-}{\theta}\pi+\lambda^2 w(\overset{-}{\theta})$

$\left(\pi-\dfrac{w(\overset{-}{\theta})}{2}\right)-u(\overset{-}{\theta})-V(\overset{-}{\theta})\big]$

$$\begin{cases} \dfrac{\partial L}{\partial V(\overset{-}{\theta})}=1-k-l=0 \\[3mm] \dfrac{\partial L}{\partial w(\overset{-}{\theta})}=-\Delta\theta k+l\lambda^2(\pi-w(\overset{-}{\theta}))=0 \end{cases}$$

$$\tag{4.18}$$

若 $w(\bar{\theta}) = \pi$，则 $k = 0$，$l = 1$，并且 $V(\bar{\theta}) = \bar{\theta}\pi + \dfrac{\lambda^2\pi^2}{2} - u(\bar{\theta})$，要满足模型

（4.17）中的第二个参与约束，则有 $\varphi\Delta\theta \geqslant \Delta\theta\pi - (u(\bar{\theta}) - u(\underline{\theta}))$。这与假设条件

相矛盾。若 $w(\bar{\theta}) < \pi$，则 $k = \dfrac{\lambda^2(\pi - w(\bar{\theta}))}{\Delta\theta + \lambda^2(\pi - w(\bar{\theta}))} > 0$，$l = \dfrac{\Delta\theta}{\Delta\theta + \lambda^2(\pi - w(\bar{\theta}))} > 0$。则

模型（4.17）中的两个约束均为紧约束，解等式方程组可得

$$w^*(\bar{\theta}) = \pi - \frac{1}{\lambda^2}\left(\sqrt{\Delta\theta^2 + 2\lambda^2(\Delta\theta\pi - \Delta\theta\varphi - (u(\bar{\theta}) - u(\underline{\theta})))} - \Delta\theta\right) \quad (4.19)$$

$$V^*(\bar{\theta}) = V^*(\underline{\theta}) + \Delta\theta\left(\varphi + \frac{1}{\lambda^2}\sqrt{\Delta\theta^2 + 2\lambda^2(\Delta\theta\pi - \Delta\theta\varphi - (u(\bar{\theta}) - u(\underline{\theta})))} - \Delta\theta\right)$$

$$\quad (4.20)$$

$$a^*(\bar{\theta}) = \theta w(\bar{\theta}) + \frac{\lambda^2 w^2(\bar{\theta})}{2} - u(\bar{\theta}) < a^*(\bar{\theta}) = \bar{\theta}\pi + \frac{\lambda^2\pi^2}{2} - u(\bar{\theta}) \quad (4.21)$$

同时合同 $(w^*(\bar{\theta}), a^*(\bar{\theta}))$ 提供了使供给食品质量安全类型 $\bar{\theta}$ 供应商，因

此可给出如下激励约束条件：$V(\bar{\theta}) \geqslant \max\limits_{w,a \leqslant \theta w + \frac{\lambda^2 w^2}{2} - u(\bar{\theta})}\{(\bar{\theta} + \lambda^2 w)(\pi - w) + a\}$。

（二）信息不对称条件下食品质量安全类型为好的均衡结果分析

定理 4.5 信息不对称条件下，零售商获得利润 $w^*(\bar{\theta})$ 和支付的固定费

用 $a^*(\bar{\theta})$ 分别是 $\varphi\Delta\theta$（即伪装成本）和 $u(\bar{\theta}) - u(\underline{\theta})$（即保留利润差）的增

函数。

定理 4.5 证明：由式（4.19）可得 $\dfrac{\partial w^*(\bar{\theta})}{\partial(\varphi\Delta\theta)} > 0$，$\dfrac{\partial w^*(\bar{\theta})}{\partial(u(\bar{\theta}) - u(\underline{\theta}))} > 0$；由式

（4.21）可得 $\dfrac{\partial a^*(\bar{\theta})}{\partial w^*(\bar{\theta})} > 0$，$\dfrac{\partial a^*(\bar{\theta})}{\partial(\varphi\Delta\theta)} = \dfrac{\partial a^*(\bar{\theta})}{\partial w^*(\bar{\theta})}\dfrac{\partial w^*(\bar{\theta})}{\partial(\varphi\Delta\theta)} > 0$，$\dfrac{\partial a^*(\bar{\theta})}{\partial(u(\bar{\theta}) - u(\underline{\theta}))} =$

$\dfrac{\partial a^*(\bar{\theta})}{\partial w^*(\bar{\theta})}\dfrac{\partial w^*(\bar{\theta})}{\partial(u(\bar{\theta}) - u(\underline{\theta}))} > 0$。

定理 4.5 说明如果伪装成本 $\varphi\Delta\theta$ 越小,则信息不对称条件下零售商获得利润 $w^*(\bar{\theta})$ 越小,同时支付的固定费用 $a^*(\bar{\theta})$ 越小;若伪装成本越大,则零售商获得利润 $w^*(\bar{\theta})$ 越大,同时支付的固定费用 $a^*(\bar{\theta})$ 越大。若保留利润差($u(\bar{\theta})-u(\underline{\theta})$)越大,则信息不对称条件下零售商获得利润 $w^*(\bar{\theta})$ 和支付的固定费用 $a^*(\bar{\theta})$ 越大。这表明零售商从其他渠道采购的机会成本 I 不是很大时,供给食品质量安全类型 $\bar{\theta}$ 的供应商会为零售商带来较高的利润,同时需要向其索要较高的固定费用。零售商可以获得较高的利润,从而使其有经济动力接受合同,同时支付较高的固定费用。由此,供应商通过提供的合同可以显示其供给食品质量安全的类型。

定理 4.6　当 $\pi-\dfrac{\varphi\Delta\theta+u(\bar{\theta})-u(\underline{\theta})}{\Delta\theta}>\dfrac{3}{2\lambda^2}\Delta\theta$ 时,供给食品质量安全类型为 $\bar{\theta}$ 的可能性比类型 $\underline{\theta}$ 的可能性更低。

定理 4.6　证明:当 $\pi-\dfrac{\varphi\Delta\theta+u(\bar{\theta})-u(\underline{\theta})}{\Delta\theta}>\dfrac{3}{2\lambda^2}\Delta\theta$ 时,$2\lambda^2(\pi\Delta\theta-\varphi\Delta\theta+u(\bar{\theta})-u(\underline{\theta}))>3(\Delta\theta)^2$,所以 $w^*(\bar{\theta})<\pi-\dfrac{\Delta\theta}{\lambda^2}$,即 $\underline{\theta}+\lambda^2 w^*(\bar{\theta})<\bar{\theta}+\lambda^2\pi$。

推论 4.6　(1)当供给食品质量安全类型为 $\bar{\theta}$ 的供应商,零售商获得利润 $w^*(\bar{\theta})<\pi$,同时使得零售商努力水平比完全信息条件下低,即 $\lambda w^*(\bar{\theta})<\lambda\pi$,这将使得供给食品质量安全水平提升的可能性减小。这会减少对零售商的激励,同时抵消掉部分食品质量安全类型为 $\bar{\theta}$ 的优势。(2)当伪装成本 $\varphi\Delta\theta$ 越小时,$w(\theta)$ 越小,$e(\theta)$ 则越小。随着伪装成本减小,供给食品质量安全类型 $\bar{\theta}$ 的供应商认为有必要获得更高的利润($\pi-w$),即使此时零售商努力水平较低。反之,若伪装成本增加,食品质量安全水平提升可能性降低的问题会得到缓解。

五、问题的相关扩展分析

（一）供应商的事前投资

当供应商在生产供给阶段以及合同签订前投入更多的人力物力等事前投资，使得质量安全类型为 $\bar{\theta}$ 的食品供给可能性增加。设 $v(i) \in [0,1]$ 是供应商事前投资，i 是质量安全类型为 $\bar{\theta}$ 的食品供给概率。并且 $v'(0)=+\infty$ ，$v'(+\infty)=0, v'(x) \geqslant 0, v''(x) < 0$。若用 $V^*(\bar{\theta})$ 和 $V^*(\underline{\theta})$ 分别表示供应商在食品质量安全类型为 $\bar{\theta}$ 和 $\underline{\theta}$ 时获得的利润，其中 $V^*(\underline{\theta})$ 代表信息不对称条件下的利润。最优的事前投资 i^* ，即 $i^* = \arg \max\limits_{i} \{v(i) V^*(\bar{\theta}) + (1-v(i)) V^*(\underline{\theta}) - i\}$ ，则 $v'(i^*)(V^*(\bar{\theta}) - V^*(\underline{\theta})) = 1$。因为 $V^*(\bar{\theta}) < V_c^*(\bar{\theta})$ ，则 $V^*(\bar{\theta}) - V^*(\underline{\theta}) < V_c^*(\bar{\theta}) - V^*(\underline{\theta})$ ，$v'(i_i^*) > v'(i^*)$ ，$i^* < i_c^*$。其中 i^* 和 i_c^* 分别表示信息不对称和完全信息条件下的供应商事前投资水平。说明信息不对称条件下，供应商事前投资的激励比完全信息条件下的低。

（二）双边道德风险

在供给食品过程中，供应商付出不可证实的努力水平 ε ，则供给食品安全类型 θ 的概率为 $p(\theta, e, \varepsilon) = \theta + \lambda e + \alpha \varepsilon$。其中 $\alpha \in [0,1]$ ，它表示供应商努力对概率的边际影响。设此时合同为 $\hat{C}(\theta) = (\hat{w}(\theta), \hat{a}(\theta))$ ，则零售商的努力 e $(\hat{\theta}) = \arg \max\limits_{e} \left\{ (\theta + \lambda e + \alpha \varepsilon) \hat{w}(\theta) - \dfrac{e^2}{2} - \hat{a}(\hat{\theta}) \right\} = \lambda \hat{w}(\theta)$。供应商的努力水平为 ε $(\hat{\theta}) = \arg \max\limits_{\varepsilon} \left\{ (\hat{\theta} + \lambda e + \alpha \varepsilon) \hat{w}(\theta) - \dfrac{\varepsilon^2}{2} - \hat{a}(\hat{\theta}) \right\} = \alpha(\pi - \hat{w}(\hat{\theta}))$。

当完全信息条件下，用 $w_{cs}^*(\theta)$ 和 $V_{cs}^*(\theta)$ 表示该情况下零售商获得利润和供应商利润总和最大化为 $\max\limits_{w} \left\{ (\theta + \lambda e + \alpha \varepsilon) \pi - \dfrac{e^2}{2} - \dfrac{\varepsilon^2}{2} \right\} = \max\limits_{w} \left\{ [\theta + \lambda^2 w + \alpha^2 (\pi - w)] \pi - \dfrac{\lambda^2 w^2}{2} - \dfrac{\alpha^2 (\pi - w)^2}{2} \right\}$。由一阶条件可得 $w_{cs}^*(\theta) = \dfrac{\lambda^2}{\lambda^2 + \alpha^2} \pi, V_{cs}^*(\theta) =$ $(\theta + \lambda e + \alpha \varepsilon) \pi - \dfrac{e^2}{2} - \dfrac{\varepsilon^2}{2} - u(\theta) = \theta \pi + \dfrac{(\lambda^4 + \alpha^4 + \lambda^2 \alpha^2) \pi^2}{2(\lambda^2 + \alpha^2)} - u(\theta)$。

当信息不对称条件下，用 $w_s^*(\theta)$ 和 $V_s^*(\theta)$ 表示该情况下零售商利润和供应商利润，则模型如下

$$\max_{V,w} V(\bar{\theta})$$

$$\begin{cases} V_{cs}^*(\underline{\theta}) \geq V(\bar{\theta}) - \Delta\theta(\pi - w) - \varphi\Delta\theta \\ \bar{\theta}\pi + \lambda^2 w\left(\pi - \dfrac{w}{2}\right) + \alpha^2(\pi - w)\left(\dfrac{\pi + w}{2}\right) - u(\bar{\theta}) \geq V(\bar{\theta}) \end{cases} \tag{4.22}$$

建立相应的拉格朗日函数求解，设拉格朗日乘子 k、l。

$$L = V(\bar{\theta}) + k\left[V_{cs}^*(\underline{\theta}) - V(\bar{\theta}) + \Delta\theta(\pi - w) + \varphi\Delta\theta\right] + l\left[\bar{\theta}\pi + \lambda^2 w\left(\pi - \dfrac{w}{2}\right) + \right.$$

$$\left. \alpha^2(\pi - w)\left(\dfrac{\pi + w}{2}\right) - u(\bar{\theta}) - V(\bar{\theta})\right]$$

$$\begin{cases} \dfrac{\partial L}{\partial V} = 1 - k - l = 0 \\ \dfrac{\partial L}{\partial w} = -k\Delta\theta + l(\lambda^2\pi - \lambda^2 w - \alpha^2 w) = 0 \end{cases} \tag{4.23}$$

当 $w_s^*(\bar{\theta}) = \dfrac{\lambda^2}{\lambda^2 + \alpha^2}\pi$ 时，$k = 0$，$l = 1$，则 $V_s^*(\bar{\theta}) = \bar{\theta}\pi + \dfrac{\alpha^4 + \lambda^4 + \alpha^2\lambda^2}{2(\alpha^2 + \lambda^2)}\pi^2 - u(\bar{\theta})$。

同时要满足模型（4.22）的第一个约束，即 $\varphi\Delta\theta \geq \Delta\theta\pi\dfrac{\lambda^2}{\alpha^2 + \lambda^2} - (u(\bar{\theta}) - u(\underline{\theta}))$。

这与假设伪装成本较小，即 $\varphi\Delta\theta < \Delta\theta\pi\dfrac{\lambda^2}{\alpha^2 + \lambda^2} - (u(\bar{\theta}) - u(\underline{\theta}))$ 相矛盾。当 $w_s^*(\bar{\theta}) < \dfrac{\lambda^2}{\lambda^2 + \alpha^2}\pi$ 时，模型（4.22）的两个约束条件均为紧约束。建立方程组求解可得

$$w_s^*(\bar{\theta}) = \dfrac{\lambda^2\pi}{\alpha^2 + \lambda^2} - \dfrac{1}{\alpha^2 + \lambda^2}\left(\sqrt{\Delta\theta^2 + 2\lambda^2\pi\Delta\theta - 2(\alpha^2 + \lambda^2)(u(\bar{\theta}) - u(\underline{\theta}) + \varphi\Delta\theta)} - \Delta\theta\right)$$

$$\tag{4.24}$$

（三）零售商具有讨价还价能力

基本模型假设条件是零售商完全没有讨价还价能力。若放松该假设条

件,实现纳什均衡,即双方均有讨价还价能力。在完全信息条件下,供应商获得全部总利润的一半。用 $w_{cn}^*(\theta)$ 和 $V_{cn}^*(\theta)$ 表示该情况下零售商利润和供应商利润,则有 $V_{cn}^*(\theta)=\dfrac{1}{2}V^*(\theta)=\dfrac{1}{2}\left(\theta\pi+\dfrac{\lambda^2\pi^2}{2}-u(\theta)\right)$。在信息不对称条件下,用 $w_n^*(\bar{\theta})$ 和 $V_n^*(\bar{\theta})$ 表示该情况下零售商利润和供应商利润,相应模型如下:

$$\max V(\bar{\theta})$$

$$s.t.\begin{cases} V_{cn}^*(\underset{\sim}{\theta})\geqslant V^*(\bar{\theta})-\dfrac{\Delta\theta}{2}(\pi-w(\bar{\theta}))-\varphi\Delta\theta \\[2mm] \dfrac{1}{2}\left[\bar{\theta}\pi+\lambda^2 w(\bar{\theta})\left(\pi-\dfrac{w(\bar{\theta})}{2}\right)-u(\bar{\theta})\right]\geqslant V(\bar{\theta}) \end{cases} \tag{4.25}$$

建立拉格朗日函数求解,设拉格朗日乘子 k、l 如下,

$$L=V(\bar{\theta})+k\left[V_{cn}^*(\underset{\sim}{\theta})-V(\bar{\theta})+\dfrac{\Delta\theta}{2}(\pi-w(\bar{\theta}))+\varphi\Delta\theta\right]+l\left[\dfrac{1}{2}\bar{\theta}\pi+\dfrac{1}{2}\lambda^2\bar{\theta}w\right.$$

$$\left(\pi-\dfrac{w}{2}\right)-\dfrac{1}{2}u(\bar{\theta})-V(\bar{\theta})\right]$$

$$\begin{cases} \dfrac{\partial L}{\partial V}=1-k-l=0 \\[2mm] \dfrac{\partial L}{\partial w}=-k\dfrac{\Delta\theta}{2}+\dfrac{l}{2}\lambda^2(\pi-w)=0 \end{cases} \tag{4.26}$$

当 $w_n^*(\bar{\theta})=\pi$ 时,$k=0,l=1$,则 $V_n^*(\bar{\theta})=\dfrac{1}{2}\left[\bar{\theta}\pi+\dfrac{\lambda^2\pi^2}{2}-u(\bar{\theta})\right]$。由模型(4.25)的第一个约束成立,可得 $\varphi\Delta\theta\geqslant\dfrac{1}{2}\Delta\theta\pi-\dfrac{1}{2}(u(\bar{\theta})-u(\underset{\sim}{\theta}))$。这与 $\varphi\Delta\theta$ 较小的假设条件相矛盾(若 $\varphi\Delta\theta<\dfrac{1}{2}\Delta\theta\pi-\dfrac{1}{2}(u(\bar{\theta})-u(\underset{\sim}{\theta}))$)。当 $w_n^*(\bar{\theta})<\pi$ 时,模型(4.25)的两个约束为紧约束,通过方程组求解可得

$$w_n^*(\bar{\theta})=\pi-\dfrac{1}{\lambda^2}\left[\sqrt{\Delta\theta^2+2\lambda^2(\Delta\theta\pi-2\varphi\Delta\theta-(u(\bar{\theta})-u(\underset{\sim}{\theta})))}-\Delta\theta\right] \tag{4.27}$$

当零售商具有讨价还价能力时,零售商利润高于基本模型中零售商不具

备讨价还价能力的情况。

六、本节主要结论

根据本节分析得到以下主要结论:在信息不对称条件下,合作合同应该是既能使得供应商主动揭露真实的食品质量安全类型,又能使零售商具有足够的激励努力提升食品质量安全水平,从而实现双赢的合同。本节建立数理模型,在一些假设条件下分析了合作合同。当信息不对称条件下食品质量安全类型为好的情况时,零售商获得的利润和向供应商支付的固定费用是供应商的伪装成本与零售商保留利润的差额的增函数。该结论在后面的扩展分析中也基本成立,具有一定的普遍意义。当零售商通过其他渠道采购的机会成本较高时,供应商伪装为供给食品质量安全类型好的食品成本较高情况下,零售商获利和支付给供应商的固定费用都较低,食品供应商和零售商都很少有经济动力伪装为高质量安全水平食品供给者。

第四节　基于信息有效传递和揭示的不同食品 安全追溯体系实施模式中企业决策

食品安全追溯体系作为食品质量安全管理的一种有效方式,20 世纪 90 年代以来陆续在欧盟、日本、美国等发达国家得到广泛应用。食品安全追溯体系是披露食品质量安全信息的工具,它基于食品质量安全信号传递机制,能够对食品供应链全过程信息进行有效衔接和监控,有利于缓解食品市场上信息不完全、不对称的问题。利用食品安全追溯体系跟踪和追溯的信息能够明确食品安全的相关责任人,准确、快速地找出问题的根源并及时采取有效应对措施。我国自 2002 年起制定相关法律法规,并在北京、上海等城市陆续开展食品质量安全追溯体系试点建设。随着近年来我国食品安全问题日益严峻,结合我国农产品种植、食品生产加工消费的实际情况,逐步推广和加速食品安全追溯体系建设已经成为当务之急。对此,2009 年出台的《食品安全法》就明确了我国食品安全追溯的要点,规定企业在食品生产、加工、流通环节都要有能够实现追溯所要记录的内容,以强化"从农田到餐桌"的全程监管。但就目前我国农业仍以小农户分散种养殖为主,企业建立可追溯体系的动力不足,消费者对可追溯食品认知度不高等现状来看,结合我国实际采取何种模式实施追溯体系,主要利益主体的相关决策受何种因素影响,如何协调利益主体间的关系仍是亟待深入探讨的问题。

近年来国内外学者对于食品安全追溯体系实施的主要利益主体及其行为决策的影响因素进行了一些研究,但结合我国不同追溯体系实施模式的此类研究相对较少。并且对于追溯体系的三个主要衡量标准——广度(指体系内所包含的信息范围)、深度(指纵向相关联信息记录的长度)、精确度(指确定问题源头或产品某种特性的能力)中的精确度在利益主体决策行为中的作用缺乏一定讨论。因此,本节结合当前我国不同追溯体系主要实施模式,这些模式是(王慧敏、乔娟,2011):一是企业自有基地生产模式,即企业以自有基地为依托,农产品的生产、加工、流通、配送、追溯过程在企业内部完成;二是"农户+合作社+企业"模式,即通过主导企业,主要是加工企业内部整合和信息化水平提高,带动上下游环节进行相应协调与整合——分别研究了企业自有基地生产模式和"农户+合作社+企业"模式,作为实施追溯体系的主体——企业的相关决策,并分析了"农户+合作社+企业"模式中企业如何对合作社农户进行激励,同时将追溯体系实施成功率(即追溯体系实施的精确度)作为企业决策变量引入到模型中进行分析,为我国食品安全追溯体系建设及其推广提供了企业管理决策视角的参考依据。

一、企业自有基地生产模式的决策分析

(一) 模型假设

在企业自有基地生产模式中,由于农产品的生产、加工、流通、配送、追溯过程均在企业内部完成,因此种植农产品的农户可以视为企业内部的生产工人,他们生产安全农产品的努力水平就可视为企业的努力水平,记为 e。相应该努力的成本函数为 $C(e)$,并且假设其是二阶可微的。不失一般性有 $C'(e) > 0$,$C''(e) > 0$,说明努力的边际成本为正,并且符合边际收益递减规律。类似地,企业提供安全食品的概率为 $F(e)$,并且假设 $F(e)$ 是二阶可微的,则有

$F'(e) > 0, F''(e) < 0$,说明供给安全食品的概率随着企业为生产安全食品付出努力水平的提高而增大,同时由于边际收益递减规律该努力水平带来的正边际收益会逐渐减少。企业实施追溯体系的精确度为 s,它可以代表企业实施追溯体系的成功率,即一旦发生食品安全问题,根据追溯体系成功锁定问题根源的概率。相应地,企业为实施追溯体系付出的成本为 $g(s)$,并且假设它也是二阶可微的,仍满足边际成本为正和边际收益递减规律,因此有 $g'(s) > 0, g''(s) > 0$。若企业供给了不安全食品,则会遭受一定损失,包括消费者索赔、企业声誉损失等有形和无形的损失。此时如果企业成功实施追溯,则其遭受的损失记为 $\underline{L}$;如果企业实施追溯失败,则其遭受的损失记为 $\bar{L}$,并且易见 $\bar{L} > \underline{L} > 0$,这是由于若企业成功实施追溯,则一旦发生食品安全问题,企业可以准确地找到引发问题的根源,实施紧急措施如召回等以避免或挽回一定损失。

(二) 模型构建及求解

在企业自有基地生产模式中,企业以供给安全食品和实施追溯体系总成本最小为目标,则有如下模型

$$\min_{e \geq 0, s \geq 0} C(e) + g(s) + s[1 - F(e)]\underline{L} + (1 - s)[1 - F(e)]\bar{L} \tag{4.28}$$

令企业依据自身决策的最优努力水平和实施追溯的成功率分别为 e^* 和 s^*,相应的拉格朗日乘数分别为 μ 和 λ,则根据已知条件和库恩塔克充要条件定理(即 K-T 条件)求解该模型可得

$$C'(e^*) - F'(e^*)[s^* \underline{L} + (1 - s^*)\bar{L}] - \mu = 0 \tag{4.29}$$

$$g'(s^*) - [1 - F(e^*)](\bar{L} - \underline{L}) - \lambda = 0 \tag{4.30}$$

$$\mu e^* = 0 \tag{4.31}$$

$$\lambda s^* = 0 \tag{4.32}$$

根据式(4.29)—(4.32)分析有

(1)若 e^* 满足 $C'(e^*) = F'(e^*)[s^* \underline{L} + (1 - s^*)\bar{L}]$,则 $e^* > 0$。

(2)若 e^* 满足 $C'(e^*) > F'(e^*)[s^* \underline{L} + (1 - s^*)\bar{L}]$,则 $e^* = 0$。

(3)若 s^* 满足 $g'(s^*) = [1 - F(e^*)](\bar{L} - \underline{L})$,则 $s^* > 0$。

（4）若 s^* 满足 $g'(s^*) > [1-F(e^*)](\bar{L}-L)$，则 $s^* = 0$。

因此，可得在企业自有基地生产模式中，企业供给安全食品的最优努力水平以及实施追溯体系的最优成功率满足下列结论：

（1）若企业供给安全食品生产努力的边际成本等于相应该努力带来的预期损失减小值，即努力所带来的边际收益时，则企业将付出正的最优努力水平；若企业供给安全食品生产努力的边际成本大于其努力所带来的边际收益时，则企业将不会付出供给安全食品的努力。

（2）若企业实施追溯体系成功率的边际成本等于相应该成功率提高带来的预期损失减小值，即追溯成功率所带来的边际收益时，则企业将提供正的最优追溯成功率；若企业实施追溯体系成功率的边际成本大于相应该成功率所带来的边际收益时，则企业将会选择实施追溯体系失败。

由此可得如下推论：在企业自有基地生产模式中，无论企业实施追溯体系成功或失败，若供给不安全食品给企业带来的损失都相对较小时，更可能导致企业不会付出供给安全食品的努力；若企业在实施追溯体系成功和失败两种情况下供给不安全食品导致的损失差额较小时，企业更可能选择实施追溯体系失败。

二、"农户+合作社+企业"模式的决策分析

（一）模型假设

在"农户+合作社+企业"模式中企业通过与合作社签订合同，从合作社农户手中采购农产品，并进行初级加工或深加工供给终端市场。企业由于规模优势，同时考虑到自身声誉等会采取自愿实施追溯体系。实施追溯体系成功率 s 主要由企业自身行为所决定，相应的追溯成本为 $g(s)$。企业将支付给农户固定的合作投资资金为 I，包括基础设施建设、专业技术培训等。假设企业严格遵守安全生产原则，安全食品供给完全取决于合作社农户的生产行为。当供给最终市场不安全食品时，若企业实施追溯体系成功则其遭受的损失仍为 L，而若企业实施追溯体系失败则其遭受的损失较大仍为 $\bar{L}$。当企业成功实施追溯体系时，一旦发生食品安全问题，即供给了不安全食品，合作社农户要

向企业支付一定惩罚额为 P,但若未发生食品安全问题,企业将支付给合作社农户一定奖金为 J。由于企业不能完全实现对农户生产行为的监督,企业在提供给合作社农户的合同中会对 I、P、J 进行决策。企业作为委托人的目标是最小化合作与实施追溯体系的总成本,通过合同条款设计,企业将使作为代理人的合作社农户生产安全农产品的努力水平 e 满足参与约束与激励相容约束。合作社农户的努力成本仍用 $C(e)$ 表示。合作社农户的效用函数为 $U(x)$,满足一般效用函数的性质,即 $U'(x) > 0$,其中 x 表示农户的等价性货币收入。

（二）模型构建及求解

具体模型如下:

$$\min_{s \geqslant 0, e \geqslant 0, I \geqslant 0, J \geqslant 0, p \geqslant 0} I + g(s) + s[1 - F(e)]\underline{L} + (1 - s)[1 - F(e)]\overline{L} + sF(e)J - s[1 - F(e)]P \tag{4.33}$$

$$s.t. \quad sF(e)U(I+J) + [1 - F(e)]U(I-P) + (1-s)U(I) - C(e) \geqslant \underline{U}$$

$$sF'(e)[U(I+J) - U(I-P)] - C'(e) = 0$$

其中该模型中第一个约束条件是农户的参与约束,不等式左端表示合作社农户的预期净效用,右端表示若不与企业签订合同,农户能够获得的最低效用为 $\underline{U}$;第二个约束条件是农户的激励相容约束,满足该约束能够实现农户预期净效用最大。

根据企业总成本最小的目标和已知条件,农户的参与约束为等式约束,因此整理等式参与约束与激励相容约束可得

$$U(I+J) = s^{-1}\left\{\underline{U} + C(e) - (1-s)U(I) + [1 - F(e)]\frac{C'(e)}{F'(e)}\right\} \tag{4.34}$$

$$U(I-P) = s^{-1}\left\{\underline{U} + C(e) - (1-s)U(I) - F(e)\frac{C'(e)}{F'(e)}\right\} \tag{4.35}$$

由式(4.34)和式(4.35)可见 $J = J(I,s,e)$,$P = P(I,s,e)$,对式(4.34)和式(4.35)两边 I、e 分别求导可得

$$\frac{\partial J}{\partial I} = -s^{-1}(1-s)\frac{U'(I)}{U'(I+J)} - 1 \tag{4.36}$$

$$\frac{\partial P}{\partial I} = 1 + s^{-1}(1-s)\frac{U'(I)}{U'(I-P)} \tag{4.37}$$

$$\frac{\partial J}{\partial e} = \frac{s^{-1}[1-F(e)][C''(e)F'(e)-C'(e)F''(e)]}{U'(I+J)[(F'(e))]^2} \tag{4.38}$$

$$\frac{\partial P}{\partial e} = \frac{s^{-1}F(e)[C''(e)F'(e)-C'(e)F''(e)]}{U'(I-P)[(F'(e))]^2} \tag{4.39}$$

根据已知条件易见 $\frac{\partial J}{\partial I}<0,\frac{\partial P}{\partial I}>0,\frac{\partial J}{\partial e}>0,\frac{\partial P}{\partial e}>0$。

综上可得：在"农户+合作社+企业"模式中，企业作为委托人，合作社农户作为代理人，当企业成功实施追溯体系时，若供给最终市场的食品是安全的，企业将支付给农户一定奖金；若供给最终市场的食品是不安全的，企业将向农户索取一定惩罚额，奖金和惩罚额都是由企业支付给农户的固定合作投资资金、追溯成功率和农户生产安全农产品所付出的努力水平所决定的。并且随着企业支付给农户固定合作投资资金的增加，农户供给安全食品所得奖金将减少，供给不安全食品所支付的惩罚额将增加；随着农户生产安全农产品所付出的努力水平的提高，农户供给安全农产品所得奖金或者供给不安全食品所支付的惩罚额都将增加。

对式（4.34）和式（4.35）两边 s 求导可得

$$\frac{\partial J}{\partial s} = \frac{-s^{-2}\left\{U+C(e)-U(I)+[1-F(e)]\dfrac{C'(e)}{F'(e)}\right\}}{U'(I+J)} \tag{4.40}$$

$$\frac{\partial P}{\partial s} = \frac{s^{-2}\left\{U+C(e)-U(I)+F(e)\dfrac{C'(e)}{F'(e)}\right\}}{U'(I-P)} \tag{4.41}$$

结合已知条件可见式（4.40）和式（4.41）两式右端分式分母均为正，根据分析可得：

（1）当 I 和 e 满足 $U(I)>U+C(e)+[1-F(e)]\dfrac{C'(e)}{F'(e)}$ 时，有 $\frac{\partial J}{\partial s}>0,\frac{\partial P}{\partial s}<0$。

（2）当 I 和 e 满足 $U(I)<U+C(e)-F(e)\dfrac{C'(e)}{F'(e)}$ 时，有 $\frac{\partial J}{\partial s}<0,\frac{\partial P}{\partial s}>0$。

（3）当 I 和 e 满足 $U+C(e)+[1-F(e)]\dfrac{C^{'}(e)}{F^{'}(e)}>U(I)>U+C(e)-F(e)\dfrac{C^{'}(e)}{F^{'}(e)}$

时，有 $\dfrac{\partial J}{\partial s}<0,\dfrac{\partial P}{\partial s}<0$。

（4）但 I 和 e 不能满足给定条件使得 $\dfrac{\partial J}{\partial s}>0,\dfrac{\partial P}{\partial s}>0$。

综上可得：在"农户+合作社+企业"模式中，企业实施追溯体系成功率对农户所得奖金或所支付惩罚额的影响，是由固定合作投资资金给农户带来的效用、农户生产安全农产品所付出的努力水平以及农户不与企业签订合同能够获得的最低效用满足的条件所决定的，具体为：

（1）若固定合作投资资金给农户带来的效用大于最低效用、其努力成本等决定的某一较大值时，即 $U(I)>U+C(e)+[1-F(e)]\dfrac{C^{'}(e)}{F^{'}(e)}$，则随着企业实施追溯体系成功率的提高，农户所得奖金增加而其所支付的惩罚额减少。

（2）若固定合作投资资金给农户带来的效用小于最低效用、其努力成本等决定的某一较小值时，即 $U(I)<U+C(e)-F(e)\dfrac{C^{'}(e)}{F^{'}(e)}$，则随着企业实施追溯体系成功率的提高，农户所得奖金减少而其所支付的惩罚额增加。

（3）若固定合作投资资金给农户带来的效用在最低效用、其努力成本等决定的某较大与较小值之间时，即 $U+C(e)-F(e)\dfrac{C^{'}(e)}{F^{'}(e)}<U(I)<U+C(e)+$

$[1-F(e)]\dfrac{C^{'}(e)}{F^{'}(e)}$，则随着企业实施追溯体系成功率的提高，农户所得奖金和所支付的惩罚额都减少。

三、本节主要结论

本节通过建立数理模型，分析了在企业自有基地和"农户+合作社+企业"两种不同模式中，企业实施追溯体系的相关决策，得到以下主要结论：

首先，在企业自有基地生产模式中，若企业供给安全食品生产努力的边际成本等于相应该努力水平带来的预期损失减小值，并且企业实施具有一定成功率追溯体系的边际成本等于相应该成功率提高带来的预期损失减小值时，企业将付出相对自身总成本最小的最优努力水平和提供最优追溯成功率。

其次，在"农户+合作社+企业"模式中，企业通过与合作社签订合同，规定农户供给安全食品生产的努力水平，并提供给农户固定合作投资资金以及确定自身实施追溯体系的最优成功率。依据企业支付的固定合作投资资金的不同，实施追溯体系成功率对激励农户行为将产生总体的抵消作用。说明企业实施追溯体系越成功，但对合作社农户的安全生产激励却起到削弱作用。

最后，相比之下，在"农户+合作社+企业"模式中，企业要提供给合作社农户最低效用保障，以促使他们参与合作。因此，在这种模式中，合作社农户不参与合作的最低效用越低，企业进行合作所要支付的固定成本越低，会进一步激励企业与农户合作。因此，政府相关部门对合作社农户进行扶持和补贴，或者对企业实施优惠税收等财政政策，不仅能够减轻企业与合作社进行合作的成本负担，而且还能够激励农户参与合作，更有利于"农户+合作社+企业"模式的发展。

第五章 食品安全供需视角下信任与质量安全水平研究

第一节 基于社会网络的我国食品安全信任危机探讨

根据我国食品安全典型事件的总结,启发性地探讨了由此造成的食品安全品牌信任危机,进而扩展到以社会网络为背景的政府、企业、传媒和消费者之间对食品安全信任的作用机制分析。由此得出要恢复消费者对食品安全的信任,就要以社会网络为背景,分析产生食品安全信任危机的原因,研究影响信任的因素,传递信任的机制,重建信任的途径。这样不仅能够从根本上改善食品安全所带来的社会福利,还能更好地促进我国和谐社会的发展进程。

一、我国食品安全典型事件

近年来我国食品安全事件频发,由消费者对某类食品安全信任缺失至对整个食品行业的信任危机爆发。

(一)"三聚氰胺"卷土重来

距 2008 年由三鹿集团引发的三聚氰胺奶粉事件两年的时间,2010 年 7 月 9 日由甘肃省质量技术监督局检测的三份奶粉样品中,检验出三聚氰胺超出限量值标准,三份样品三聚氰胺含量分别为:215mg/kg、1397mg/kg、323mg/kg,分别超出限量值标准 86 倍、559 倍、130 倍。受检的奶粉来自于青海省民和回族土族自治县东垣乳制品厂。青海省质监部门已查获这批问题奶粉,约达 38

吨。不仅甘肃,青海、吉林等地,也在奶粉中发现了三聚氰胺超标事件。乳品"三聚氰胺"事件产生的阴影尚未完全消散,"瘦肉精"事件则再次引起了国人对食品安全的恐慌。

（二）双汇"瘦肉精"事件

2011 年 3 月 15 日中央电视台新闻频道报道:河南孟州、沁阳、温县、获嘉、济源等地,大批生猪养殖户违法使用"瘦肉精"已经成了当地公开的秘密。央视记者跟踪调查发现,使用"瘦肉精"无论是当地养殖户、收购生猪的运输户、还是检验检疫的工作人员、甚至是屠宰加工的负责人都心知肚明,可是为了各自的利益却都视而不见,以至于含有"瘦肉精"的猪肉竟然流入了全国最大的肉品企业河南双汇集团的济源分公司。据《中国证券报》报道,瘦肉精事件对双汇集团产生了巨大的负面影响。因流入含有"瘦肉精"生猪的济源双汇食品有限公司已经被停产整顿,并自 3 月 17 日起召回市场流通产品。双汇集团在全国一共有超过 17 家肉制品厂,济源双汇只是其中规模最小的一家。由于品牌的连带性,双汇位于其他地方的工厂同样受到了影响,多个地方的产品尽管出示了检验合格证明,但消费者仍然不敢相信,拒不买账。令资本市场担心的是,此次事件将会为双汇发展（股票代码:000895）正在进行中的重组埋下隐患。2011 年 3 月 15 日,双汇发展跌停,股价从 86.6 元跌至 77.94 元,市值蒸发 52 亿元。2011 年 3 月 16 日,公司发布连续停牌公告。

按照双汇公司的规定,18 道检验并不包括"瘦肉精"检测。医学资料表明,食用含有"瘦肉精"的肉会使人产生恶心、头晕、四肢无力、手颤等中毒症状,早在 2002 年农业部、卫生部、国家食品药品监督管理局就发布公告,明令禁止在饲料和动物饮用水中添加"瘦肉精"。因双汇"瘦肉精"事件掀开的冰山一角,使消费者、政府监管、行业、流通渠道等各界,对整个肉制品产业发展,以及食品质量安全体系开始重新审视。随着欧典地板、三鹿奶粉等名牌企业在市场的检验中应声倒下,产品假冒伪劣、价格欺诈、虚假宣传等现象严重地扰乱了市场竞争秩序,损害了消费者的利益,双汇"诚信立企、德行天下"的企业信条如今就倍显尴尬。针对名牌企业诚信缺失现象,有学者认为主要有两个原因造成。其一,现在中国市场经济体制不完善,是国内国外企业存在大量不诚信现象的主因。政府之前没发现是因为监管力量不均衡造成的,而监管不到位,就不会给企业提供诚信的土壤。其二,目前中国经济体制面临转型,过去粗放不完善的经营模式,迟早会遭遇滑铁卢,企业早一点觉醒和发现问题,可为品牌再造达成好的基础。"相信双汇现象不是个案。奶粉也好,粮食也好,食品领域频频曝光的安全问题一直是消费者最大的担心。"

（三）西瓜"膨大剂"事件

江苏镇江一农户40多亩的西瓜大棚就像布下了"地雷阵",从2011年5月8日开始,棚内的大小西瓜,还没有成熟就一个个"疯狂"地炸裂开来。这一炸让大家知道,原来这些西瓜都用了膨大剂。植物激素是由植物自身代谢产生的一类有机物质,并自产生部位移动到作用部位,在极低浓度下就有明显的生理效应的微量物质,也被称为植物天然激素或植物内源激素。植物激素有六大类,它们都是些简单的小分子有机化合物,但它们的生理效应却非常复杂多样。例如从影响细胞的分裂、生长、分化到影响植物发芽、生根、开花、结果、性别的决定、休眠和脱落等。所以,植物激素对植物的生长发育有重要的调节控制作用(盛大林,2011)。这一事件使得西瓜滞销,同时引发消费者对农产品质量安全问题的担忧,并导致业内外专家学者对农产品种植过程中是否应该使用膨大剂以及如何使用膨大剂的争论。

（四）台湾"塑化剂"事件

2011年4月,台湾岛内卫生部门例行抽验食品时,在一款"净元益生菌"粉末中发现,里面含有 DEHP,浓度高达 600ppm(百万分之一)。追查发现,DEHP 来自昱伸香料公司所供应的起云剂内。此次污染事件规模之大为历年罕见,在台湾引起轩然大波。连日来,台湾岛内多家媒体均对此事进行报道,相关机构仍在持续追查相关食品业者。台湾日前出现在食品添加物起云剂中加入有害健康的塑化剂"邻苯二甲酸(2—乙基己基)酯"(DEHP)事件(王平,2011)。台湾卫生署报告指出,台湾已向 15 个国家和地区通报塑化剂污染情况,其中向大陆通报了七家厂商和 17 项产品。迹象表明,这场非法食品添加剂酿成的安全危机,已经波及大陆、港澳以及所有进口台湾食品的地区。根据台湾卫生部门发布的统计数字,到 2011 年 5 月 31 日台湾共查获含有毒塑化剂成分的产品 746 项,共涉及 216 家厂商。此外,2011 年 5 月 31 日台湾各县市卫生部门开展大规模清查行动以来,共检查 2700 多家厂商,其中 180 多家

被限时整改。同时调查发现,塑化剂并非新生事物,被添加到台湾食品中竟已
有 30 年历史。有台湾食品专家指出,塑化剂比三聚氰胺毒 20 倍,1 个人喝 1
杯 500 毫升掺塑化剂饮料就已经超过单日食量上限,所以塑化剂事件堪称"30
年最严重的食品掺毒事件"(吴亚明、陈晓星,2011)。台湾多种食品含工业用
有毒塑化剂,日日有新发现,凸显当地食品供应链的质量监控漏洞。台湾因塑
化剂引起的食品、保健品安全风波持续蔓延,台湾几乎所有食品大厂都被卷入
其中。目前,台湾的塑化剂风波已经演变成重大的食品安全危机。除了上述
近一两年来我国食品安全发生的大事件以外,如染色馒头、毒豆芽、地沟油、硫
磺熏制生姜、牛肉膏等食品安全事件更是屡现不断。一时间,引发消费者对食
品安全的信任危机。

二、我国食品安全的品牌信任危机

由近两年来爆发的食品安全事件,我们可以看到从乳品行业的"三鹿"倒
台,到"双汇"的品牌失信,再到对台湾销至海内外的含"塑化剂"饮料、保健等
食品安全事件,无疑使得消费者对食品行业的品牌信任造成了重创,进而危及
到消费者对整个食品行业的不信任和怀疑。

Hiscock(2001)认为市场营销的最终目标是在消费者与品牌之间建立强
劲的关系,而这一联系的主要成分就是信任。品牌信任是指由于期望这个品
牌会带来积极的结果,在面临风险的情况下消费者信赖该品牌的意愿(Lau、
Lee,1999)。消费者对品牌信任的理解主要分为三大方面:一是总体的表达,
认为信任就是一种放心感、信赖感和安全感等。二是对产品表现(如质量)等
方面的信任,认为信任就是消费者相信该品牌能够一直有很好的表现。第三
种是相信品牌或者品牌所在的企业不会欺骗消费者、会考虑消费者的利益等。
同时大部分学者认为,品牌信任应该包括品牌的品质信任、能力信任和善意信
任三个维度。其中品质信任是指消费者对品牌现有质量的信任,能力信任是
指消费者对品牌具备履行承诺的能力的信任,善意信任是指消费者对品牌将
进一步改进品质或解决一切相关问题的信任(金玉芳、董大海,2010)。关于
品牌信任如何形成,现有的研究将品牌信任的形成机制归纳为三种:经验机
制、计算机制和转移机制。其中,经验机制认为品牌信任是从过去累积的品牌

满意经验以及先前消费者与品牌的互动中发展而来,顾客在交易过程中形成的品牌满意可以直接促进品牌信任的形成;计算机制源自经济学的思想,是指施信方计算自己的利益得失之后形成的信任;转移机制是指施信方以第三方对受信方的信任作为受信方是否可信的基础,这表明信任可以由施信方所信任的证据源转移而来(Swan et al.,1988;Chen、Dhillon,2003)。

那么基于品牌信任的含义、维度和形成机制,我们可以看到食品安全事件中出现的品牌企业信任危机,正是由于消费者在以往对其品牌产品的品质信任、对企业的能力信任以及对企业声誉的认可,对企业诚恳善良的期盼所形成的信任,同时另由社会上各相关的第三方对品牌企业的认可,使得这种信任的形成更加牢固,甚至政府等相关部门对其的表彰,更使得这种信任在社会网络中蔓延,而正是在这种强大的品牌信任背景下,这些品牌企业相继爆发了信任危机。沿用 Dawar 和 Lei(2009)的品牌危机定义,品牌危机是指品牌诱因导致品牌的属性和诉求受到消费者的质疑和不信任,并且这一做法在品牌消费者群体中被广泛接受和扩散的情形。该定义包括两个要点:第一,品牌危机的实质是信任危机。危机不是一个事件本身,更不是产品属性问题,而是消费者对整体品牌产生的不信任的态度和行为。第二,品牌危机是品牌消费者群体对品牌的积极态度向消极态度转化的集体行为的结果。危机能否真正转化为品牌危机,取决于危机诱因在消费者心中激起的不信任感在消费者群体中的扩散和被认可的程度,一旦个体品牌消费者对危机品牌表现出的不信任态度和行为演化为品牌消费者群体的集体态度和行为,危机诱发事件就被真正激化为品牌危机。

而我国近两年来爆发的食品安全事件,不仅是个别品牌的危机,而是多个品牌危机造成的连锁效应传导为整个食品行业的信任危机。由于我国食品行业仍然是以中小企业以及小作坊生产为主,为数不多的品牌食品企业更成为消费者信任的核心焦点。在市场机制发展尚未完善,监管机制不成熟的食品行业,品牌企业更是消费者食品安全信任的重要来源之一。但从液态奶到肉类制品再到海外产品的食品安全事件相继发生,品牌企业的声誉优势已经随着事件的发生而逐渐消逝,消费者对品牌的信任也因事件的发生而受挫,进而由各个品牌企业领军所在的食品行业也渐失消费者的信任。从 2008 年"三聚氰胺"事件所引发的奶制品销量的锐减,至肉类制品的销量下滑,再到因"塑化剂"饮料而带来的小家电销量攀升,说明消费者已经不再是因为对某品牌食品的信任危机而转向消费或信任其他同类食品进行替代,而是对整个品牌食品危机所在行业的整体信任危机。同时不同类食品信任危机的相继爆发,导致的是即使暂没有出现食品安全事件的某类食品行业也受到消费者的质疑。既然某些有毒性物质能够在某些类食品中出现,也不能排除其在其他类食品中出现。

三、我国食品安全信任的社会网络

（一）食品安全信任理论

信任是人们社会生活中必不可少的重要因素,学者们从 20 世纪 50 年代开始对信任进行研究,到 20 世纪 80 年代中后期和 20 世纪 90 年代,成为社会学研究的主要问题之一。美国心理学家 Deutsch 对囚徒困境中人际信任的实验研究和 Hovland 等人对人际沟通过程中的信源可信度(Source Credibility)的研究被视为社会科学中信任研究的先河(彭泗清,2000)。除了社会学之外,心理学和经济学中也有对信任的研究。在社会学中,信任被看作是减少社会生活和社会交往复杂性的机制,人们需要信任解决复杂的社会问题(Luhmann,1979);信任是社会关系的一个重要维度,是与社会结构和文化规范紧密相关的社会现象;在心理学中,信任提高了人们在一个关系中的安全性,减少了防御与禁锢,是个人的心理特征;在经济学中,信任可以减少交易成本,其核心的属定义为预期和风险性行动。社会学家 Coleman(1990)认为,信任是致力于在风险中追求最大化功利的有目的的行为;信任是社会资本形式,可减少监督与惩罚的成本。经济学家 Arrow(1974)认为,信任是经济交换的有效的润滑剂。他说:"世界上很多经济落后可以通过缺少相互信任来解释。"

在各个学科之间,对信任存在的条件有共同的认识。在心理学、社会学和经济学文献中,学者们认为不确定性是信任的一个必要条件,具备了确定性,就不存在风险与应对风险的这一特定方式。风险的存在为信任创造了机会,而信任令人主观上有敢于承担风险的倾向和愿望。信任的另一个条件是信任双方的相互依赖，没有对另一方的信赖，一方无法取得利益，但由于言与行、承诺与兑现之间存在着时间差，施信方与受信方之间存在着某种不对称性。

依据信任的含义，结合商品的不同质量特征属性，Darby 与 Karni（1973）在 Nelson（1970）的基础上，根据买卖双方在质量信息上的不对称程度，将商品的质量特性划分为三类：搜索质量（search qualities）、体验质量（experience qualities）与信任质量（credence qualities）。买方在购买前就能确知的质量特性称为搜索质量，例如衣服的样式和尺寸；买方在购买前无法确知但在购买后就能确知的质量特性称为体验质量，例如食品的口感和味道；信任质量则是那些即使在购买后也难以被买方确知的质量特性，例如汽车维修、医疗等专家型服务的质量。李想（2011）将具有上述三类质量特性之一的商品分别称为搜索品、体验品与信任品。

食品这类商品，因其色泽与外形等属性具有搜索品特征，其口感与味道等属性具有体验品特征。然而，该食品是否安全亦即是否会对人体健康产生负面影响，消费者往往在食用后也无法得出结论，即使之后出现健康问题也难以将病因明确归结于该食品；要想确定该食品的安全程度，除非其安全缺陷在之前被可信地揭露，消费者要么需要清楚该产品的生产、加工、流通等各环节是否符合必要的规范标准，要么需要对该样品进行专业的检测分析和推断，而这些信息的获取或专业技能的掌握往往都要付出高昂的代价。因此，食品安全具有明显的信任品特征。

（二）社会网络中的食品安全信任传递

正是食品安全本身具备的信任品特征，使得食品安全信任具备信任的传递机制。那么影响食品安全信任的因素更因此而变得复杂，凡是社会网络的构成要素都是影响食品安全信任，以及传递信任的节点。复杂的社会网络构成更使得这种信任影响和传递复杂化。不妨简化社会网络的重要构成节点为政府各相关部门机构、处于食品供应链的各企业（包括供应商、生产商、经销商和零售商）、传媒、消费者，这些节点内部以及节点之间都具有复杂交错的关系网联，信任在这些网联中传递。

对于政府，政府及其相关部门对于食品安全信任在整个社会网络中起到监督管理的主要作用，如加强消费者食品安全教育；食品企业要持续改进生产技术,提高生产安全食品的能力;第三方认证机构应积极向消费者展示其公正性;同时监督大众传媒发布信息等准确可靠性。由于食品安全是一种信任品,具有不透明的、只有检测才可以知道的性质。消费者即使食用了,也不知道其安全程度。因此,政府部门的立法、执法和监管等工作就显得尤为重要。在食品安全和公众健康的信息获取上成本高昂,而且政府对食品市场的干涉是比较缺乏的。政府部门提供信息、进行食品安全知识宣传等也是建立信任的重要因素。消费者作为社会网络中的微小个体对政府的依赖性更为强烈(仇焕广等,2007)。通过计量经济模型定量研究了消费者对政府公共管理能力的信任程度等因素对消费者接受程度的影响。研究结果表明,消费者对政府公共管理能力的信任程度显著影响消费者对转基因食品的接受程度。

而政府各个相关部门内部之间的信任也尤为重要。就目前我国食品安全的管理来看,它是一个相当复杂的系统:不同食品品种、不同环节,都有不同的部门在管理。甚至不同地方,监管体系都有所差别。在监管过程中,还存在着一些职能交叉、模糊与空白地带。从国务院食品安全委员会的组成部门来看,目前对外正式公布的有13个,包括国家发改委、科技部、工业和信息化部、公安部、财政部、环保部、农业部、商务部、卫生部、国家工商总局、国家质检总局、国家粮食局、国家食品药品监管局。在组成部门中,农业部、商务部、工商总局、质检总局、食品药品监管局五个部门是直接具有行政执法管理职责的部门,其他组成部门的职责仅是涉及,比如盐业管理由发改委负责。[①] 食品安全事件爆发以后,我们看到的不是各个部门之间的信任,而是相互推卸责任,互相怀疑。这样内部的不信任经过传递扩散,造成不信任的放大效应,波及到社会网络的其他节点乃至整个社会网络,使整个社会形成了食品安全不信任的氛围。

对于企业,食品供应链实质指的是原材料供应商、生产商、中间商等共同创造价值的企业共同体。企业是社会经济的主体,食品生产企业是食品生产链条上的重要一环,是决定食品安全的关键主体。企业的知识和专业技术、开放和诚实等众多因素直接影响着消费者对食品安全的评价,进而影响消费者

---

① 资料来源:《人民日报》2011 年 5 月 5 日。

对食品安全的信任。许多学者对企业影响消费者信任的相关要素进行了研究，认为企业的诚信、专业技术、能力和善意是构建消费者信任的重要因素。鞠芳辉等(2005)从企业承担社会责任的动因看，既有经济动因，也有道德动因和制度动因。而经济动因是市场经济条件下企业承担社会责任的最根本动因，我国的大量企业，尤其是中小企业对社会责任的认识还处于较为朴素的概念阶段，还无法知晓企业社会责任的承担对企业的持续发展和社会的和谐与繁荣究竟带来什么样的效益，在操作层面上更是不知道如何承担企业的社会责任；另一方面，即使部分企业对企业社会责任行为的正负效应以及实现机制有较好的认识，但发生在个人身上的"言行不一，前后不一，重短期利益轻长期利益"的现象似乎更有可能在企业身上发生，"对外说一套，对内做一套"的现象比比皆是。前述的我国食品安全的品牌信任危机中的企业正是如此。企业的这种行为导致了消费者认为食品安全问题产生的首要原因就是个别企业及其责任承担者的道德缺失，那么这也正是导致信任危机的根源。

对于传媒，在中国经济社会发展中的作用与发展阶段有着密切的关系。经济越发达，国家越民主，社会越开放，传媒的作用就越大。传媒已经成为中国经济社会发展的一支极其重要的特殊力量。从食品安全事件的爆发来看，前述的食品安全大事件均是通过主要的媒体曝光而引发人们的重视和关注的。而通过消费者对于解决当前食品安全事件的主要措施的调查结果也显示，消费者认为媒体曝光是解决食品安全事件的首要措施，由此可见传媒在当今社会网络中发挥着不可替代的作用。政府的相关政策措施要通过媒体进行传播，同时政府要监督媒体信息的真实性和准确性，是否具有积极导向等。企业和媒体关系更是具有双面性的。一方面，企业与媒体之间是相互依存、共生共荣的关系。在市场化、信息化和网络化的今天，没有一个企业能够离开媒体而生存，因为媒体是信息传播的渠道和管道，没有媒体的传播，消费者就无法了解企业，自然无法产生利润。相应的，媒体的发展也离不开企业的支持。在市场经济条件下，绝大部分媒体都是依靠企业的广告收入来维持生存和获得发展。因此，在这一个层面上，企业和媒体有着一致的利益和追求。另一方面，企业和媒体之间又有着对立的立场和关系。媒体是天然的社会公信力的代表，主流电视台、电台、杂志、报纸和网络所发表的观点和信息，本身就是社会公平、正义的代表。在这个意义上讲,媒体有责任和义务揭露企业经营中的不法行为和不当行为,对企业的经营管理进行监督。消费者与媒体的关系更是紧密的,通过媒体消费者可以获知各种相关信息,可以反馈消费者的意见和举报等,如每年的315晚会就为消费者提供了维权的渠道,同时媒体也是依托消费者进行生存,媒体的公信力越强,消费者对其依赖性就越强,媒体的发展前景越广阔。

对消费者,他们是食品消费中的主体,其自身的安全意识对信任的形成具有决定性的作用。许多国家的政府部门已经认识到消费者在食品安全方面的角色地位,认为消费者不应仅仅是被动的接受,也应发挥自己的积极作用。如果不存在信息的不对称性,信任这个概念便也不会存在,消费者通过食品信息的了解,对产品可能的危害有了清晰的自我评价,产品信息了解越多,对使用该产品就更有把握,对选购的产品安全性也会有更加肯定的评价。消费者对食品安全的信任,不仅受到社会网络中上述节点的影响,还受到消费者群体内部间信任传递的影响。以家庭为例,一般而言,对于某种食品的选择和购买是具有一致性的,家庭成员之间、亲友之间的信任传递对这种选择和购买具有显著的正向影响。

四、本节小结

要恢复消费者对食品安全的信任,就要以社会网络为背景,分析产生食品安全信任危机的原因,研究影响信任的因素,传递信任的机制,重建信任的途径。而作为社会网络中重要节点的政府的首要职责是制定规则,完善健全的法律制度和监管体系;企业应以社会责任、道德标准为经营的理念,尤其是品牌企业应发挥榜样作用。企业对危机的积极响应以及对受害消费者表现出的同情,有助于建立消费者对品牌的积极态度。企业及时向受到影响的品牌消费者表达同情并进行补偿等沟通行为对公司声誉、社会公众的情绪以及对危机状况的解释接受性都有直接的影响。所以危机诱因出现后,品牌危机管理者应迅速响应并与媒体积极配合,获取话语权,并通过产品召回和各种补偿的方式,展现品牌的社会责任感,争取消费者的谅解。传媒应该始终将社会公信力作为首要的行为准则,发挥服务企业和监督企业的双重功能;消费者则要强化维权意识,做一个负责任的成熟的消费者。

目前对于食品安全信任的研究大都集中于品牌信任的影响因素,缺乏对社会网络背景下信任的度量、传递等定性、定量的研究。已有研究多以调查问卷形式为主,定性分析或以结构方程模型为主要工具分析信任的影响因素,或者信任对消费者购买意愿的影响作用。在当前食品安全信任危机日益凸显之时,我们应立足于整个社会网络,以定性和定量相结合的分析方法,研究从社会网络各个节点如何恢复消费者对食品安全的信任。这样不仅能够从根本上改善食品安全所带来的社会福利,还能更好地促进我国和谐社会的发展进程。

第二节 消费者对食品安全的信任度及信任传递机制的定量模型分析

食品既是人类赖以生存和发展的基本条件,也是国家安定、社会发展的根本要素,在任何一个国家,食品安全都是全社会共同关注的一个永恒主题。而近年来频发的食品安全事件使食品安全问题成为我国关注的焦点。2005 年 3 月中国商务部关于《我国流通领域食品安全状况的调查报告》就已经显示:我国消费者对任何一类食品安全性的信任度均低于 50%。而近年来,从奶制品行业的"三聚氰胺"事件及其复发、肉制品行业的"瘦肉精"事件再到"地沟油"事件等无不重创着消费者对食品安全的信任,并由消费者对某类食品安全信任的逐渐缺失致使其对整个食品行业信任危机的爆发。

以双汇"瘦肉精"事件为例。2011 年 3 月 15 日中央电视台报道了含有"瘦肉精"的猪肉流入了全国最大的肉品企业河南双汇集团的济源分公司。"瘦肉精"事件对双汇集团产生了巨大的负面影响。由于品牌的连带性,双汇位于其他地方的工厂同样受到了严重影响,多个地方的产品尽管出示了检验合格证明,但消费者仍然不敢相信,拒不买账。在央视曝光"瘦肉精"事件半个月之后,双汇集团旗下系列产品在全国市场面临滞销,每天损失的销售额达到 1 亿元,代价惨痛。不仅如此,这一事件使得其他肉类制品的销售额也受到了极大的打击,雨润、金锣等品牌的类似产品的销量也急剧下滑,因为消费者很难再信任其他肉制品企业的产品是安全可靠的。可见消费者对食品安全的信任对整个食品行业都是至关重要的。

现有文献(金玉芳等,2006;仇焕广等,2007;王耀忠,2005)多从影响消费者对食品安全信任的因素研究入手,通过设计调查问卷,利用统计分析方法或结构方程模型,从某些角度研究影响因素,或是定性分析如何改善消费者对食品安全信任的措施。这些研究往往由于选定调查对象和范围的不同,以及调查内容设计的差别,而结果不相一致,同时具有较大的主观性。仅有少数学者(李想,2011)通过博弈论、信息经济学的分析方法,研究品牌信任危机的演化机制或食品安全信号传递机制。而鲜有文献研究消费者对食品安全信任度及其信任传递机制的定量模型,本节拟参考计算机网络技术中对信任模型的研究,并结合信任传递机制,建立消费者对食品安全信任度的决定模型以及信任传递机制,为改善消费者对食品安全信任提供以数理模型为主的定量依据。

一、消费者对食品安全的信任度及其传递机制分析

(一) 食品安全的信任品特征

Darby 与 Karni(1973)在 Nelson(1970)的基础上,根据买卖双方在质量信息上的不对称程度,将商品的质量特性划分为三类:搜索质量、体验质量与信任质量。买方在购买前就能确知的质量特性称为搜索质量,例如衣服的样式和尺寸;买方在购买前无法确知但在购买后就能确知的质量特性称为体验质量,例如食品的口感和味道;信任质量则是那些即使在购买后也难以被买方确知的质量特性,例如汽车维修、医疗等专家型服务的质量。将具有上述三类质量特性之一的商品分别称为搜索品、体验品与信任品。以食品为例,其色泽与外形等属性具有搜索品特征,其口感与味道等属性具有体验品特征。然而,该食品是否安全或是否会对人体健康产生负面影响,消费者往往在食用后也无法得出结论,即使之后出现健康问题也难以将病因明确归结于该食品;要想确定该食品的安全程度,除非其安全缺陷在之前被可信地揭露,或者消费者要么需要清楚该食品的生产、加工、流通等各环节是否符合必要的规范标准,要么需要对该食品的样品进行专业检测和推断,而这些信息的获取或专业技能的掌握往往都要付出高昂的代价。因此,食品安全具有明显的信任品特征。而

消费者对食品安全的信任,首先是对情境和信任客体的心理评估,并且这种心理状态由个体一系列心理体验构成,因此具有过程性。Flores 和 Solomon(1998)认为信任不是静态的,而是动态的、连续变化的变量。但在某个时间点的具体情境选择中,信任是基于心理认知的行为决策。随着互动关系的持续,个体信任决策会基于不断更新的信息而适时调整。下面依据上述已有对信任的研究,建立信任度的决定模型,并结合消费者对食品安全的信任问题进行分析,同时对较差和较好的两种信任环境下信任传递机制进行研究。

(二) 消费者个体信任度的决定模型

信任度一般表示施信人对受信人的诚实行为的信任程度(Agudo et al.,2009)。令 td 表示信任度,rd 表示可靠度,tm 表示信任状态的时间点,U 表示信任主体的全体集合(这里指相互之间有关系的个体全体)。信任度 $td \in [-1,1]$,若 $-1 \leqslant td < 0$ 表示不信任,$0 < td \leqslant 1$ 表示信任,$td = 0$ 表示施信人和受信人之间没有信任关系,即不存在信任的关联。信任程度依据信任度具体取值的大小而决定,信任度越大,表示信任程度越高或不信任程度越低。$rd \in [0,1]$ 表示个体对信任度可靠性程度的判断。

1. 不考虑时间因素,即某一时间点上个体信任度的决定

以个体 A 为例,在某一时间点 0 上,个体 A 对某个对象的信任度为 td_{A_0}

$$td_{A_0} = td_0 + \sum_{j \in U, j \neq A} \frac{rd_{Aj_0}}{\sum_{j \in U, j \neq A} rd_{Aj_0}} td_{j_0} \qquad (5.1)$$

在某一时间点 0 上,个体 A 对某个对象的信任度 td_{A_0} 由两部分构成,一是个体 A 对该对象的直接信任度 td_0(由个体 A 对该对象的直接熟悉度、了解情况,以及以往或当前信任关系的判断而决定);二是个体 A 通过其他个体 j 对该对象的信任度获得的间接信任度加权值 $\sum_{j \in U, j \neq A} \frac{rd_{Aj_0}}{\sum_{j \in U, j \neq A} rd_{Aj_0}} td_{j_0}$,其中 td_{j_0} 表示的是个体 j 对该对象的信任度,rd_{Aj_0} 是个体 A 对个体 j 给出信任度的可靠性判断即可靠度,它是与个体 A 和个体 j 的亲疏关系以及个体 j 的声誉等密切相关的,$\dfrac{rd_{Aj_0}}{\sum_{j \in U, j \neq A} rd_{Aj_0}}$ 表示 td_{j_0} 的权重。

根据式(5.1)可见,在某一时间点上,个体的信任度由两部分构成。一部分是其自身的直接信任度:以食品安全事件中的消费者为例,即消费者作为一个理性人,判断自身对事物信任程度的根本依据是事物的发展历史和现状以及即将实施的政策措施。食品安全领域的历史和现状是各相关主体共同作用的结果,即将实施的政策措施也是由各市场主体予以执行,消费者根据各主体以往表现判断自身对各主体的信任程度,并在此基础上判断自身对未来食品质量安全的信任程度。另一部分是由来自其他个体间接信任度以及个体 A 对其他个体的信任度可靠性判断所决定的间接信任度。Mei Fangchen(2008)从反思现代化理论和文化理论的角度,采用心理测验的方法,使用结构方程模型,分析了台湾消费者对食品安全的信任状况,研究结果显示:消费者对食品系统和食品供应链中的相关主体会担负起保障食品安全责任的信任程度越高,消费者对食品安全性的信任程度也就越高;消费者对政府的信任程度是对食品供应链各主体的信任中最高的,消费者对农户的信任程度一般,对制造商和餐饮企业的信任程度最低。可见,间接信任度对于消费者信任度的决定也有较大影响。那么这些间接个体对食品安全的信任度,以及其在消费者处的可靠度就决定了他们信任度在消费者间接信任度中的权重。

2. 考虑时间因素,个体信任度决定模型的修正

若函数 f 被定义为 $f(x) = d^{-x}$,其中 $d(d \geq 1)$ 是参数,显然 $f(x)$ 是时间变量 x(表示具有信任信息到信任传递时的时间间隔)的减函数,则信任的可靠度是时间的减函数,以时间点 0 与时间点 t 为例,则 $rd_t = rd_0 \cdot f(t-0) = rd_0 \cdot d^{-t}$。则式(5.1)修正为

$$td_{A_t} = rd_t td_0 + \sum_{j \in U, j \neq A} \frac{rd_{Aj_t}}{\sum_{j \in U, j \neq A} rd_{Aj_t}} td_{j_0} \tag{5.2}$$

其中 $rd_t = d^{-t}$,$rd_{Aj_t} = rd_{Aj_0} d^{-t}$。

式(5.2)表明随着时间的流逝,个体 A 不仅对其他个体的间接信任可靠度进行时间修正,同时对自身直接信任可靠度(时间点 0 时,个体 A 直接信任可靠度为 1)也进行时间修正,并且对该对象的信任可靠度都是进行递减的修正,同时由于个体所处环境的变化,个体全体集合 U 也随着时间在不断更新。

根据式(5.2)可见,个体 A 的信任度是具有动态性的,而这种动态性主要体现在时间对可靠度的修正上。因为随着时间的流逝,各种信息在不断更新,以及主体的信任认识也在改变。以"三聚氰胺"事件为例,2008 年 9 月"三聚氰胺"事件首次公开曝光。在事件初期,消费者对国产乳品企业的信任降至冰点,消费者拒绝购买任何国产乳制品,各大知名企业由巨额盈利转为巨额亏损,一度面临破产、被收购的威胁。但奇怪的是自 2009 年的第三季度开始,国产乳品行业竟然起死回生,多家企业出现了超过十亿元的净赢利,消费者重新恢复了对国产乳品企业的信任。消费者信任修复是外界诸多因素通过影响消费者心理而起作用的。从 2008 年 9 月到 2009 年 9 月,各相关利益主体都做出了反应,如政府和企业出台了一系列措施,以及媒体的大力宣传等,并且这些措施在时间的见证下发挥着一定的作用。这些因素都随着时间逐渐减少了消费者对原来某一时间点上信任度的可靠度,甚至当达到某一时间间隔,该可靠度减少至零。

(三) 消费者个体间间接信任传递

Strub 和 Priest(1976)就曾经指出获得信任的延伸模式,以第三方对另一方的信任定义作为另一方是否可信的基础。对消费者来说,第三方主要是指其周边的亲友或信息获得的来源渠道如新闻媒体等。当个体 A 对某一对象没有直接信任关系时,如消费者在消费某种食品前,对其相关的信任信息并没有直接联系。如"西瓜膨大剂"事件发生在江苏镇江,但大部分地区的消费者并没有机会购买和食用江苏镇江的西瓜,或者并不知晓"西瓜膨大剂"事件。通过媒体报道和其他知悉相关信息消费者的传递,那些原本对食用西瓜安全性没有不信任的消费者,就会产生不信任。我们称之为个体间间接信任传递的结果。具体可以利用信任传递机制来进行解释。

1. 较差信任环境下个体间间接信任传递

信任环境较差时,个体 A 若对某一对象 C 的信任信息未知,而通过个体 B 对这一对象 C 的信任信息关系进行传递,其基本传递机制如下式(5.3)—式(5.11)

$$+ \times + = + \tag{5.3}$$

$$+ \times 0 = 0 \tag{5.4}$$

$$+\times-=-\tag{5.5}$$

$$0\times+=0\tag{5.6}$$

$$0\times0=0\tag{5.7}$$

$$0\times-=-\tag{5.8}$$

$$-\times+=-\tag{5.9}$$

$$-\times0=-\tag{5.10}$$

$$-\times-=-\tag{5.11}$$

其中"+"、"0"、"−"分别表示个体对其他信任相关个体是"信任"、"没有信任关系""不信任"的三种信任状态。"×"表示两种信任状态的传递关系，"="表示信任传递后的结果。并且"×"前的信任状态表示的是个体 A 对个体 B 的信任状态，"×"后的信任状态表示的是个体 B 对对象 C 的信任状态，"="后表示的是经信任传递后，个体 A 对对象 C 的信任状态。

具体解释：上述式（5.3）—式（5.5）表明：在 A 信任 B 的条件下，若 B 信任 C，则 A 会信任 C；若 B 对 C 没有信任关系，则 A 对 C 也没有信任关系；若 B 不信任 C，则 A 也不信任 C。说明在 A 信任 B 的条件下，A 认可 B 对 C 的信任情况。式（5.6）—式（5.8）表明：在 A 对 B 没有信任关系的条件下，若 B 信任 C，则 A 对 C 没有信任关系；若 B 对 C 没有信任关系，则 A 对 C 也没有信任关系；若 B 不信任 C，则 A 也不信任 C。说明在 A 对 B 没有信任关系的条件下，A 采取谨慎的信任态度，将 B 对 C 的信任不纳入自身对 C 的信任情况参考条件下，而将 B 不信任 C 的情况作为自己参考的条件。式（5.9）—式（5.11）表明：在 A 不信任 B 的条件下，若 B 信任 C，则 A 仍旧不信任 C；若 B 对 C 没有信任关系，则 A 不信任 C；若 B 不信任 C，则 A 仍然不信任 C。说明在 A 不信任 B 的条件下，A 将 B 对 C 的信任情况一律以不信任（怀疑的态度应对），这在信任环境较差的条件下是符合实际的。可见，信任环境较差的传递机制原则是以较差的信任状态为传递结果，信任预期较为悲观。

面对当前我国食品安全事件频发，消费者对食品行业已经显现出信任危机，食品行业整体信任环境较差的情况下，差的信息即哪些食品存在安全隐患，哪些品牌不值得信赖等不信任、怀疑的信息是较易被消费者信任和接受的，即不信任、怀疑一旦出现，信任传递的结果必倾向于不信任和怀疑，即宁可

"信其有,不可信其无",并且由于食品是关系消费者身体健康的生活必需品,在食品安全问题上,消费者是严格的风险规避者。在这种环境下,我们设定信任基本传递机制如式(5.3)—式(5.11)是切合当前食品行业消费者信任状况实际的。

假设较差信任环境下,初始信任状态的比例分别为信任、没有信任关系、不信任的比例记为 α、β 和 γ,且 $\alpha+\beta+\gamma=1$(鄢章华等,2010)。那么初始信任状态向量为 $S_0=(\alpha,\beta,\gamma)$。则根据式(5.3)—式(5.11)其状态转移矩阵为

$$Z_b = \begin{pmatrix} \alpha & \beta & \gamma \\ 0 & (\alpha+\beta) & \gamma \\ 0 & 0 & 1 \end{pmatrix}$$

经计算归纳,n 次信任传递交互作用后,信任状态向量为 $S_{n_b}=S_0 Z_b^{\,n}=$
$\left(\alpha^{n+1}, \beta \sum_{i=0}^{n} \alpha^i (\alpha+\beta)^{n-i}, 1-(1-\gamma)^{n+1}\right) = \left(\alpha^{n+1}, (1-\gamma)^{n+1}-\alpha^{n+1}, 1-(1-\gamma)^{n+1}\right)$。
根据 S_{n_b} 可见,当 $n\to+\infty$,$S_{n_b}\to(0,0,1)$。

结论5.1 较差的信任环境将通过信任传递使得信任状态逐渐恶化,最终导致不信任比例趋近于1,信任和没有信任关系的比例趋近于零,整体信任环境越来越差。

2. 较好信任环境下个体间间接信任传递

信任环境较好时,个体 A 若对某一对象 C 的信任信息未知,而通过个体 B 对这一对象 C 的信任信息关系进行传递,其基本传递机制如下式(5.12)—式(5.20):

$$+\times+=+ \tag{5.12}$$

$$+\times 0 =+ \tag{5.13}$$

$$+\times-=+ \tag{5.14}$$

$$0\times+=+ \tag{5.15}$$

$$0\times 0 = 0 \tag{5.16}$$

$$0\times-=0 \tag{5.17}$$

$$-\times+=+ \tag{5.18}$$

$$-\times 0 = 0 \tag{5.19}$$

$$-x-=-\qquad\qquad(5.20)$$

具体解释与式(5.3)——式(5.11)类似,在此不再累述。但信任环境较好条件下信任传递机制的原则是以较好的信任状态为传递结果,信任预期较为乐观。

假设较好信任环境下,初始信任状态的比例分别为信任、没有信任关系、不信任的比例记为 α、β 和 γ,且 $\alpha+\beta+\gamma=1$。那么初始信任状态向量为 $S_0 = (\alpha,\beta,\gamma)$。则根据式(5.12)—式(5.20)其状态转移矩阵为

$$Z_g = \begin{pmatrix} 1 & 0 & 0 \\ \alpha & (\beta+\gamma) & 0 \\ \alpha & \beta & \gamma \end{pmatrix}$$

经计算归纳,n 次信任传递交互作用后,信任状态向量为 $S_{n_g} = S_0 Z_g^{\,n} = \left(1-(1-\alpha)^{n+1},\beta\sum_{i=0}^{n}\gamma^i(\beta+\gamma)^{n-i},\gamma^{n+1}\right) = \left(1-(1-\alpha)^{n+1},(1-\alpha)^{n+1}-\gamma^{n+1},\gamma^{n+1}\right)$。根据 S_{n_g} 可见,当 $n\to+\infty$,$S_{n_g}\to(1,0,0)$。

结论5.2 较好的信任环境将通过信任传递使得信任状态逐渐改善,最终导致信任比例趋近于1,不信任和没有信任关系的比例趋近于零,整体信任环境越来越好。

二、本节小结

本节通过对个体的信任度决定模型以及信任较差和较好两种不同环境氛围下的传递机制,结合消费者对食品安全的信任进行分析,得出了消费者对食品安全的信任度是由消费者对某类食品安全的直接信任度和来自其他个体的间接信任度所决定的,并考虑到信任度的可靠性,由可靠度作为权重对间接信任度进行修正。因为信任的动态性质,引入时间因素后,通过可靠度随时间递减的函数对动态信任度进行再次修正。通过对信任环境较差和较好两种情况下的信任传递机制分析,得出了较差的信任环境将通过信任传递使得信任状态逐渐恶化,最终导致不信任比例趋近于1,信任和没有信任关系的比例趋近于零;较好的信任环境将通过信任传递使得信任状态逐渐改善,最终导致信任比例趋近于1,不信任和没有信任关系的比例趋近于零。

要彻底改善和提高消费者对食品安全的信任,就要从影响个体信任度的因素入手,提高相关主体的信任度及其可靠性,增强信息的透明化、及时化,以便消费者对信任度进行及时更新调整。此外,整个社会的信任环境也是至关重要的。美国学者福山(1998)曾提出,高信任度的社会里整个社会、社团联系便利,商业交易成本降低,可以导致社会成本的长期降低。建立高信任度的社会从而降低社会的交易成本,也应当是一个社会追求的目标。而在食品安全问题上,消费者对任何一类食品安全性的较低信任度,将会产生辐射效应,对整个社会信任度的打击也是极大的。如此之低的社会信任度,将加大商业交易成本,不利于市场经济体制的良性与健康发展。因此,要解决我国食品安全问题,必须要建设良好的信任环境,加强整个社会的思想道德建设,使诚实、正直和合作行为成为社会成员的行为准则;提高食品生产企业的社会责任意识,加强政府的监管制度,使之公开化、公正化,增强消费者的食品安全认识和自我保护意识,各个相关主体本着诚信原则,促进相互交流、沟通,提升整个社会的诚信氛围,形成良好的信任环境。

第三节　不同食品安全信任环境下企业生产决策优化及其消费者效用

——基于不同产品质量安全水平

产品质量安全水平一般具有经验品和信任品的特征,导致供给产品的企业常出于自身利益考虑而选择生产低质量安全水平产品。即使是规模较大的品牌企业也不例外。此类问题在食品行业更为突出,例如2008年三鹿有毒奶粉事件、2011年双汇瘦肉精事件等。而2014年"315"央视刚刚曝光的国内十几家明胶企业使用被多种工业原料污染的垃圾皮料为原料,生产药用和食用明胶,再出售给包括知名大型企业、小型手工作坊的问题,其产品质量安全水平可想而知。无论是何种类型企业,都会由于利益驱使而面临生产高或者低质量安全水平产品的相关决策。此时,消费者对产品平均质量安全水平的预期也会直接影响该类产品的市场需求,进而影响企业的生产决策及利润。

针对这一问题进行研究,将为我国产品质量安全水平的提升提供有力的参考。

现有相关研究较为丰富。Alkerlof(1970)最早分析了信息不完全情况下,产品质量的逆向选择对市场均衡的影响。Nelson(1974)首次基于产品质量水平,将产品分为搜寻品、经验品和信任品。Motta(1993)研究了不同竞争方式中均衡质量的选择。Banker 等(1993)在产品需求是价格和质量水平的线性函数条件下,建立了产品价格和质量两因素的竞争模型。Lambertini 和 Tampieri(2012)建立了垂直差异企业的数量竞争模型。Griva 和 Vettas(2012)分析了与价格相关的消费者预期不同时,生产高低质量产品企业的市场占有率。平新乔和郝朝艳(2002)认为若产品价格还由质量以外的其他因素决定,那么高价格会导致假冒伪劣行为,假冒伪劣对市场需求有负面影响;企业垄断程度越高,假冒伪劣率越低。潘士远和史晋川(2004)在企业可以同时提供高低质量产品的假设下,分析了逆向选择问题。周波(2010)阐释了柠檬市场治理的信号显示、声誉、质保与第三方介入四种机制的适用条件和作用机理。林挺等(2014)分析了由于羊群效应引起的消费者跟风购买行为而导致的劣货驱逐良货现象的原因。张和群(2005)认为消费者做出购买决策的主要依据是价格,由于低质量产品的生产成本低、利润大,生产者为追求自身利益就会生产劣质产品,从而使整个市场上产品质量不断下降。李永飞等(2012)基于客户需求为质量敏感型和不敏感型,建立供应商与制造商的二级供应链博弈模型,分析了制造商的最优产品质量水平、利润等决策。

然而针对产品质量安全水平不同的企业生产决策及消费者行为的相关研究,缺乏在企业可以同时选择生产高、低质量安全水平产品,以及消费者对产品平均质量安全水平预期不同的情况下,对企业供给产品数量、利润的决策及消费者效用的相关研究,并且在完全垄断与完全竞争的两个典型市场类型中的上述内容分析,将对我国产品质量安全水平的提升具有重要的理论价值。基于此,本节分别分析了在完全垄断与完全竞争市场中,由于外部消费者食品安全信任环境好或者差,而导致消费者对产品质量安全水平预期一般与较低时,企业生产的产品数量、利润及相应的消费者效用。

一、问题描述及基本模型

设产品的市场需求函数(潘士远、史晋川,2004)为 $p = aE(q_0) - bQ$。其中 p 表示产品价格;Q 表示市场上该产品需求量。为便于分析,假设企业按照市场需求进行产品供给,则产品需求量与企业供给的产品数量是一致的。其中 p 和 Q 都是需求函数的变量。$E(q_0)$ 表示消费者预期的产品平均质量安全水平。a 表示消费者对产品平均质量安全水平的敏感度,简称为质量安全水平敏感度,若该敏感度越强,平均质量安全水平越高,消费者能够接受的产品价格越高。b 与该产品需求量对价格的敏感度成反比,b 越大表示该敏感度越小,并且上述参数取值均为正。

对于消费者而言,由于信息不对称以及产品质量安全水平具有体验品或者信任品的特征,所以他们只能通过长期购买经验的累积等对消费环境的了解,知道高、低质量安全水平产品所占比例的分布,进而推测出产品平均质量安全水平的预期值,即 $E(q_0)$。因此,令 $q_0 = \lambda h + (1-\lambda) l$。其中 h、l 分别表示产品的高、低质量安全水平,并且满足标准化的取值条件为 $0 < l < h < 1$,同时满足质量安全水平敏感度 a 至少大于高质量安全水平 h 的 2 倍,即 $a > 2h$[①]。λ 表示市场中企业生产高质量安全水平产品所占比例。由于消费者无法观察到 λ 的具体取值,只能根据 λ 的分布推测其期望值。假设 λ 服从 $U(0,1)$,即 0—1 的均匀分布。由此,消费者对产品质量安全水平的一般预期值为 $E(q_0) = l + (h-l) E(\lambda) = \frac{1}{2}(h+l)$。而当外部消费者食品安全信任环境较差时,即消费者在以往的购买经历中遇到过假冒伪劣产品问题,或者通过其他消费者经验传播等外界资讯途径获得低质产品信息占优于优质产品,即存在一定的食品安全信任危机,消费者对产品质量安全水平就会具有较低预期而认为 $\lambda < \frac{1}{2}$。此时,消费者对产品质量安全水平的预期为 $E\left(q_0 \mid \lambda < \frac{1}{2}\right) = l + (h-1) E(\lambda) P\left(\lambda < \frac{1}{2}\right) = \frac{1}{4}(h+3l) < E(q_0)$。例如,近年来我国食品安全事件频发,食品

---

① 根据当前消费者对产品质量安全水平的关注度,质量安全水平敏感度都会远大于标准化后的产品质量安全水平,所以该假设条件是成立的。

安全遭遇消费者的信任危机,消费者普遍认为市场上低质量安全水平食品所占比例较大,对食品质量安全水平的预期较低。

对于企业而言,他们可以依据自身利润最大化选择仅生产高质量安全水平或者仅生产低质量安全水平产品,也可以选择同时生产部分高质量安全水平和部分低质量安全水平产品。企业生产每单位高、低质量安全水平产品分别付出的成本为 $\frac{1}{2}h^2$ 、$\frac{1}{2}l^2$①。下面将分别分析在完全垄断与完全竞争两个市场类型中,消费者对产品质量安全水平具有一般预期与较低预期两种情况下,企业生产高、低质量安全水平产品数量的决策,以及相应的企业利润、消费者效用。

二、完全垄断市场的模型分析

在完全垄断市场,产品仅由一个企业生产供给。企业可能同时生产高质量安全水平与低质量安全水平产品,也可能仅生产其中一种质量安全水平产品。

（一）企业同时生产高质量安全水平与低质量安全水平产品条件下的分析

1. 消费者对产品质量安全水平具有一般预期

当消费者对产品质量安全水平具有一般预期时,即 $E(q_0) = \frac{1}{2}(h+l)$。假设企业同时生产高、低质量安全水平的产品,可得企业利润

$$E[\pi(Q_h, Q_l)] = \left[aE(q_0) - b(Q_h + Q_l) - \frac{1}{2}h^2\right]Q_h + \left[aE(q_0) - b(Q_h + Q_l) - \frac{1}{2}l^2\right]Q_l$$

$$(5.21)$$

其中 Q_h 、Q_l 分别表示企业供给高、低质量安全水平产品的数量。

根据一阶最优条件可得

---

① 该假设忽略了与质量安全水平无关的其他成本,并将单位成本系数简化为1,并不影响一般性的分析结论。

$$\frac{\partial E[\pi(Q_h, Q_l)]}{\partial Q_h} = \frac{1}{2}a(h+l) - 2b(Q_h + Q_l) - \frac{1}{2}h^2 = 0 \tag{5.22}$$

$$\frac{\partial E[\pi(Q_h, Q_l)]}{\partial Q_l} = \frac{1}{2}a(h+l) - 2b(Q_h + Q_l) - \frac{1}{2}l^2 = 0 \tag{5.23}$$

由 Hesse(海塞)矩阵负半定可知满足二阶最优条件。

将式(5.22)和式(5.23)相减可得 $h = l$，显然与已知条件不符。说明在完全垄断市场上企业不会同时生产高质量安全水平与低质量安全水平产品。

2. 消费者对产品质量安全水平具有较低预期

根据上述分析，当消费者对产品质量安全水平具有较低预期时，即 $E\left(q_0 \mid \lambda < \frac{1}{2}\right) = \frac{1}{4}(h+3l)$。其他分析与上述分析类似，在此不再累述。此时完全垄断市场上企业也不会同时生产高质量安全水平与低质量安全水平产品。

(二) 企业仅生产高质量安全水平产品条件下的分析

1. 消费者对产品质量安全水平具有一般预期

假设企业仅生产高质量安全水平产品，可得企业利润

$$E[\pi(Q_h)] = \left[\frac{a}{2}(h+l) - bQ_h - \frac{1}{2}h^2\right]Q_h \tag{5.24}$$

根据一阶最优条件可得

$$\frac{dE[\pi(Q_h)]}{dQ_h} = \frac{1}{2}a(h+l) - 2bQ_h - \frac{1}{2}h^2 = 0 \tag{5.25}$$

二阶最优条件显然满足。因此，由式(5.25)得企业仅生产高质量安全水平产品的最优数量为

$$Q_{h_1} = \frac{a(h+l) - h^2}{4b} \tag{5.26}$$

相应地，企业最优利润、消费者效用分别为

$$E(\pi_{h_1}) = \frac{[a(h+l) - h^2]^2}{16b} \tag{5.27}$$

$$U_{h_1} = \frac{1}{2}bQ_{h_1}^2 = \frac{[a(h+l) - h^2]^2}{32b} \tag{5.28}$$

易见 $U_{h_1} = \frac{1}{2}E(\pi_{h_1})$。

2. 消费者对产品质量安全水平具有较低预期

假设企业仅生产高质量安全水平的产品,可得企业利润

$$E[\pi(Q_h)] = \left[\frac{a}{4}(h+3l) - bQ_h - \frac{1}{2}h^2\right]Q_h \tag{5.29}$$

与消费者对产品质量安全水平具有一般预期类似,可得企业供给产品的最优数量、企业利润、消费者效用分别为

$$Q_{h_2} = \frac{a(h+3l) - 2h^2}{8b} \tag{5.30}$$

$$E(\pi_{h_2}) = \frac{[a(h+3l) - 2h^2]^2}{64b} \tag{5.31}$$

$$U_{h_2} = \frac{1}{2}bQ_{h_2}^2 = \frac{[a(h+3l) - 2h^2]^2}{128b} = \frac{1}{2}E(\pi_{h_2}) \tag{5.32}$$

易见 $U_{h_2} = \frac{1}{2}E(\pi_{h_2})$。

3. 两种情况下的比较分析

(1)产品数量、企业利润和消费者效用的比较

由式(5.26)和式(5.30)可得 $Q_{h_1} > Q_{h_2}$。由式(5.27)和(5.31)可得 $E(\pi_{h_1}) > E(\pi_{h_2})$。由此,$U_{h_1} > U_{h_2}$。

可得如下结论:

结论5.3　若企业仅生产高质量安全水平产品,相比于消费者对产品质量安全水平具有一般预期,消费者对产品质量安全水平具有较低预期会导致产品数量、企业利润、消费者效用都减少。

(2)产品数量、企业利润和消费者效用的影响因素及其影响效应

首先,根据式(5.26)可得: $\frac{\partial Q_{h_1}}{\partial a} > 0$, $\frac{\partial Q_{h_1}}{\partial b} < 0$, $\frac{\partial Q_{h_1}}{\partial l} > 0$, $\frac{\partial Q_{h_1}}{\partial h} > 0$。根据式(5.30)可得: $\frac{\partial Q_{h_2}}{\partial a} > 0$, $\frac{\partial Q_{h_2}}{\partial b} < 0$, $\frac{\partial Q_{h_2}}{\partial l} > 0$。 $\frac{\partial Q_{h_2}}{\partial h} = \frac{a-4h}{8b}$, 当 $a > 4h$ 时, $\frac{\partial Q_{h_2}}{\partial h} > 0$; 当 $a < 4h$ 时, $\frac{\partial Q_{h_2}}{\partial h} < 0$。由此可知: $\frac{\partial Q_{h_1}}{\partial a} > \frac{\partial Q_{h_2}}{\partial a}$, $\frac{\partial Q_{h_1}}{\partial b} < \frac{\partial Q_{h_2}}{\partial b}$, $\frac{\partial Q_{h_1}}{\partial l} < \frac{\partial Q_{h_2}}{\partial l}$; 当 $a > 4h$ 时, $\frac{\partial Q_{h_1}}{\partial h}$

$> \dfrac{\partial Q_{h_2}}{\partial h}$。

其次,根据式(5.27)可得:$\dfrac{\partial E(\pi_{h_1})}{\partial a}>0$,$\dfrac{\partial E(\pi_{h_1})}{\partial b}<0$,$\dfrac{\partial E(\pi_{h_1})}{\partial h}>0$,$\dfrac{\partial E(\pi_{h_1})}{\partial l}>$

0。根据式(5.31)可得:$\dfrac{\partial E(\pi_{h_2})}{\partial a}>0$,$\dfrac{\partial E(\pi_{h_2})}{\partial b}<0$,$\dfrac{\partial E(\pi_{h_2})}{\partial l}>0$,$\dfrac{\partial E(\pi_{h_2})}{\partial h}=$

$\dfrac{(a-4h)[a(h+3l)-2h^2]}{32b}$。若 $a>4h$ 则 $\dfrac{\partial E(\pi_{h_2})}{\partial h}>0$;若 $a<4h$ 则 $\dfrac{\partial E(\pi_{h_2})}{\partial h}<0$。由

此可知:$\dfrac{\partial E(\pi_{h_1})}{\partial a}>\dfrac{\partial E(\pi_{h_2})}{\partial a}$,$\dfrac{\partial E(\pi_{h_1})}{\partial b}<\dfrac{\partial E(\pi_{h_2})}{\partial b}$;若 $a>4h$ 则 $\dfrac{\partial E(\pi_{h_1})}{\partial h}>\dfrac{\partial E(\pi_{h_2})}{\partial h}$。

而 $\dfrac{\dfrac{\partial E(\pi_{h_1})}{\partial l}}{\dfrac{\partial E(\pi_{h_2})}{\partial l}}=\dfrac{4[a(h+l)-h^2]}{3[a(h+3l)-2h^2]}$,由于 $l<h<\dfrac{a}{2}$,所以当 $a<5l$ 时,$\dfrac{\partial E(\pi_{h_1})}{\partial l}<$

$\dfrac{\partial E(\pi_{h_2})}{\partial l}$,否则两者大小不确定。

由于 U_{h_1}、U_{h_2} 分别与 $E(\pi_{h_1})$、$E(\pi_{h_2})$ 具有对应的比例关系,所以它们的影响因素及影响效应分别与 $E(\pi_{h_1})$、$E(\pi_{h_2})$ 的相同,在此不再累述。由此可得如下结论:

结论5.4　企业仅生产高质量安全水平产品:

(1)无论消费者对产品质量安全水平预期如何,质量安全水平敏感度对产品数量、企业利润、消费者效用的影响均为正,需求价格敏感度对产品数量、企业利润、消费者效用的影响均为正,低质量安全水平对产品数量、企业利润、消费者效用的影响均为正。

(2)对于产品数量而言,相比于消费者对产品质量安全水平具有一般预期时,消费者对产品质量安全水平有较低预期时的质量安全水平敏感度正效应更弱,需求价格敏感度正效应更弱,低质量安全水平正效应更弱。当消费者对产品质量安全水平具有一般预期时,高质量安全水平影响效应为正;当质量安全水平敏感度大于高质量安全水平4倍,那么高质量安全水平影响效应为

正,否则影响为负。而相比于消费者对产品质量安全水平具有一般预期时的正效应,具有低预期时的正效应更弱。

(3)对于企业利润、消费者效用而言,相比于消费者对产品质量安全水平具有一般预期时,消费者对产品质量安全水平有较低预期时的质量安全水平敏感度正效应更弱,需求价格敏感度正效应更弱。当消费者对产品质量安全水平具有一般预期时,高质量安全水平影响效应为正;当质量安全水平敏感度大于高质量安全水平 4 倍,那么高质量安全水平影响效应为正,否则影响效应为负,而相比于消费者对产品质量安全水平具有一般预期时的正效应,具有低预期时的正效应更弱。当质量安全水平敏感度小于低质量安全水平 5 倍,那么具有低预期时的低质量安全水平正效应更弱。

（三）企业仅生产低质量安全水平产品条件下的分析

1. 消费者对产品质量安全水平具有一般预期

假设企业仅生产低质量安全水平的产品,可得企业利润

$$E[\pi(Q_l)] = \left[\frac{a}{2}(h+l) - bQ_l - \frac{1}{2}l^2\right]Q_l \tag{5.33}$$

根据一阶最优条件可得

$$\frac{dE[\pi(Q_l)]}{dQ_l} = \frac{1}{2}a(h+l) - 2bQ_1 - \frac{1}{2}l^2 = 0 \tag{5.34}$$

二阶最优条件显然满足。由式(5.34)解得企业仅生产低质量安全水平产品的最优数量、企业利润、消费者效用分别为

$$Q_{l_1} = \frac{a(h+l) - l^2}{4b} \tag{5.35}$$

$$E(\pi_{l_1}) = \frac{[a(h+l) - l^2]^2}{16b} \tag{5.36}$$

$$U_{l_1} = \frac{1}{2}bQ_{l_1}^2 = \frac{[a(h+l) - l^2]^2}{32b} \tag{5.37}$$

显然 $U_{l_1} = \frac{1}{2}E(\pi_{l_1})$。

2. 消费者对产品质量安全水平具有较低预期

假设企业仅生产低质量安全水平的产品,类似可解得

$$Q_{l_2} = \frac{a(h+3l)-2l^2}{8b} \tag{5.38}$$

$$E(\pi_{l_2}) = \frac{[a(h+3l)-2l^2]^2}{64b} \tag{5.39}$$

$$U_{l_2} = \frac{1}{2}bQ_{l_2}^2 = \frac{[a(h+3l)-2l^2]^2}{128b} \tag{5.40}$$

显然 $U_{l_2} = \frac{1}{2}E(\pi l_2)$。

3. 两种情况下的比较分析

（1）产品数量、企业利润和消费者效用的比较

由式（5.35）和式（5.38）可得 $Q_{l_1} > Q_{l_2}$。类似地有 $E(\pi_{l_1}) > E(\pi_{l_2})$，$U_{l_1} > U_{l_2}$。由此可得如下结论：

结论5.5　企业仅生产低质量安全水平产品，相比于消费者对产品质量安全水平具有一般预期，消费者对产品质量安全水平有较低预期会导致低质量安全水平产品数量、企业利润和消费者效用都减少。这与企业仅生产高质量安全水平产品时的结论5.3一致。

（2）产品数量、企业利润和消费者效用的影响因素及其影响效应比较

首先，根据式（5.35）可得：$\frac{\partial Q_{l_1}}{\partial a} > 0$，$\frac{\partial Q_{l_1}}{\partial b} < 0$，$\frac{\partial Q_{l_1}}{\partial h} > 0$，$\frac{\partial Q_{l_1}}{\partial l} > 0$。根据式（5.38）可得：$\frac{\partial Q_{l_2}}{\partial a} > 0$，$\frac{\partial Q_{l_2}}{\partial b} < 0$，$\frac{\partial Q_{l_2}}{\partial h} > 0$，$\frac{\partial Q_{l_2}}{\partial l} > 0$，并且易见：$\frac{\partial Q_{l_1}}{\partial a} > \frac{\partial Q_{l_2}}{\partial a}$，$\frac{\partial Q_{l_1}}{\partial b} < \frac{\partial Q_{l_2}}{\partial b}$，$\frac{\partial Q_{l_1}}{\partial h} > \frac{\partial Q_{l_2}}{\partial h}$，$\frac{\partial Q_{l_1}}{\partial l} < \frac{\partial Q_{l_2}}{\partial l}$。

其次，根据式（5.36）可得：$\frac{\partial E(\pi_{l_1})}{\partial h} > 0$，$\frac{\partial E(\pi_{l_1})}{\partial l} > 0$。根据式（5.19）可得：$\frac{\partial E(\pi_{l_2})}{\partial h} > 0$，$\frac{\partial E(\pi_{l_2})}{\partial l} > 0$。由此可知：因为 $\frac{\frac{\partial E(\pi_{l_1})}{\partial h}}{\frac{\partial E(\pi_{l_2})}{\partial h}} = \frac{a(4h+4l)-4l^2}{a(h+3l)-2l^2}$，所以

$$\frac{\partial E(\pi_{l_1})}{\partial h}>\frac{\partial E(\pi_{l_2})}{\partial h}；因为\frac{\dfrac{\partial E(\pi_{l_1})}{\partial l}}{\dfrac{\partial E(\pi_{l_2})}{\partial l}}=\frac{(2a-4l)\,[\,a(2h+2l)-2l^2\,]}{(3a-4l)\,[\,a(h+3l)-2l^2\,]}，由分子与分母的$$

差可得若 $a>4l$，则有 $h>\dfrac{(5a-6l)\,l}{a-4l}$ 时 $\dfrac{\partial E(\pi_{l_1})}{\partial l}>\dfrac{\partial E(\pi_{l_2})}{\partial l}$；若 $a<4l$，则有 $\dfrac{\partial E(\pi_{l_1})}{\partial l}$ 与

$\dfrac{\partial E(\pi_{l_2})}{\partial l}$ 的比较无意义。a、b 对企业利润的影响效应与企业仅生产高质量安全水平产品相似。U_{l_1}、U_{l_2} 分别与 $E(\pi_{l_1})$、$E(\pi_{l_2})$ 的影响因素及其影响效应类似，在此不再累述。由此可得如下结论：

结论 5.6　企业仅生产低质量安全水平产品：

（1）无论消费者对产品质量安全水平预期如何，质量安全水平敏感度对产品数量、企业利润、消费者效用的影响均为正，需求价格敏感度对产品数量、企业利润、消费者效用的影响均为正；高、低质量安全水平对产品数量、企业利润、消费者效用的影响均为正。

（2）对于产品数量而言，相比于消费者对产品质量安全水平具有一般预期时，消费者对产品质量安全水平有较低预期时的质量安全水平敏感度正效应更弱，需求价格敏感度正效应更弱，高质量安全水平正效应更强，低质量安全水平正效应更弱。

（3）对于企业利润、消费者效用而言，相比于消费者对产品质量安全水平具有一般预期时，消费者对产品质量安全水平有较低预期时的质量安全水平敏感度正效应更弱，需求价格敏感度正效应更弱，高质量安全水平正效应更弱。当质量安全水平敏感度大于低质量安全水平 4 倍，并且高质量安全水平大于低质量安全水平一定倍数（即 $h>\dfrac{(5a-6l)\,l}{a-4l}$），那么消费者对质量安全水平具有低预期时的低质量安全水平正效应更弱，否则两种情况下的影响效应强弱无法比较。

（四）消费者对平均质量安全水平预期相同时的比较分析

比较高质量安全水平与低质量安全水平产品之间的企业利润与消费者效

用易见：当消费者对产品质量安全水平具有一般预期时，$Q_{h_1} < Q_{l_1}$，$E(\pi_{h_1}) < E(\pi_{l_1})$，$U_{h_1} < U_{l_1}$；当消费者对产品质量安全水平具有较低预期时，$Q_{h_2} < Q_{l_2}$，$E(\pi_{h_2}) < E(\pi_{l_2})$，$U_{h_2} < U_{l_2}$。

由此可得如下结论：

结论 5.7　无论消费者对平均质量安全水平具有一般预期还是较低预期时，企业仅生产高质量安全水平产品数量、利润和消费者效用均分别低于企业仅生产低质量安全水平产品情况下的相应结果。

三、完全竞争市场的模型分析

在完全竞争市场，假设有 N 个企业提供同类产品。为便于分析且不失一般性，假设企业是对称的。此时，需求函数具体形式为 $p = aE(q_0) - b\sum_{i=1}^{N} Q_i$。下面分别分析消费者对产品质量安全水平具有一般预期与较低预期时，企业生产供给产品数量的决策以及相应的企业利润、消费者效用。

（一）企业同时生产高质量安全水平与低质量安全水平产品条件下的分析

1. 消费者对产品质量安全水平具有一般预期

当企业 $i(i = 1, \cdots, N)$ 同时生产高质量安全水平与低质量安全水平产品时，其利润如下：

$$E(\pi(Q_{ih}, Q_{il})) = \left[aE(q_0) - b\sum_{i=1}^{N} Q_i - \frac{1}{2}h^2 \right] Q_{ih} + \left[aE(q_0) - b\sum_{i=1}^{N} Q_i - \frac{1}{2}l^2 \right] Q_{il}$$

$$(5.41)$$

其中 $Q_i = Q_{ih} + Q_{il}$，Q_i、Q_{ih}、Q_{il} 分别表示企业 i 生产的产品数量总和、高质量安全水平和低质量安全水平的产品数量，并且 $E(q_0) = \dfrac{h+l}{2}$。

根据一阶最优条件可得

$$\frac{\partial E[\pi(Q_{ih}, Q_{il})]}{\partial Q_{ih}} = \frac{a(h+l)}{2} - b\sum_{j \neq i}^{N} Q_j - \frac{1}{2}h^2 - 2b(Q_{ih} + Q_{il}) = 0 \quad (5.42)$$

$$\frac{\partial E[\pi(Q_{ih}, Q_{il})]}{\partial Q_{il}} = \frac{a(h+l)}{2} - b\sum_{j \neq i}^{N} Q_j - \frac{1}{2}l^2 - 2b(Q_{ih} + Q_{il}) = 0 \quad (5.43)$$

式(5.42)与式(5.43)相减可得 $\frac{1}{2}(h^2-l^2)=0$，显然与已知条件矛盾。所以此时企业不会同时生产高、低质量安全水平产品。

2. 消费者对产品质量安全水平具有较低预期

根据上述分析，当消费者对产品质量安全水平具有较低预期时，与具有一般预期的分析类似，显然此时完全竞争市场上的企业也不会同时生产高质量安全水平与低质量安全水平产品。

（二）企业仅生产高质量安全水平产品条件下的分析

1. 消费者对产品质量安全水平具有一般预期

假设企业仅生产高质量安全水平产品，可得企业 $i(i=1,\cdots,N)$ 的利润为

$$E(\pi(Q_{ih}))=\left[\frac{a}{2}(h+l)-b\sum_{i=1}^{N}Q_{ih}-\frac{1}{2}h^2\right]Q_{ih} \tag{5.44}$$

根据一阶最优条件可得

$$\frac{dE(\pi(Q_{ih}))}{dQ_{ih}}=\frac{a}{2}(h+l)-\frac{1}{2}h^2-2bQ_{ih}-b\sum_{j\neq i}^{N}Q_{jh}=0 \tag{5.45}$$

二阶最优条件显然满足。

由 N 个企业的对称性，解得企业 i 生产高质量安全水平产品数量、企业利润为

$$Q_{ih_1}=\frac{a(h+l)-h^2}{2b(N+1)} \tag{5.46}$$

$$E(\pi_{ih_1})=\frac{[a(h+l)-h^2]^2}{4b(N+1)^2} \tag{5.47}$$

相应地，N 个企业生产高质量安全水平产品的数量总和为 $\sum_{i=1}^{N}Q_{ih_1}=(1-\frac{1}{N+1})\frac{[a(h+l)-h^2]}{2b}$，企业利润总和为 $\sum_{i=1}^{N}E(\pi_{ih_1})=\frac{N[a(h+l)-h^2]^2}{4b(N+1)^2}$，消费者获得的总效用为 $U_{Nh_1}=\frac{1}{2}b(\sum_{i=1}^{N}Q_{ih})^2=\frac{N^2[a(h+l)-h^2]^2}{8b(N+1)^2}$。

通过比较可知 $Q_{h_1}<\sum_{i=1}^{N}Q_{ih_1}$，$E(\pi_{h_1})>\sum_{i=1}^{N}E(\pi_{ih_1})$，$U_{h_1}<U_{Nh_1}$。与消费者对产品质量安全水平具有一般预期，企业仅生产高质量安全水平产品的完全

垄断市场相比,完全竞争市场产品数量更多,企业利润总和更低,但消费者总效用更高。而 $\dfrac{\partial \sum_{i=1}^{N} Q_{ih}}{\partial N}>0$, $\dfrac{\partial E(\pi_{ih_1})}{\partial N}<0$, $\dfrac{\partial \sum_{i=1}^{N} E(\pi_{ih_1})}{\partial N}<0$, $\dfrac{\partial U_{Nh_1}}{\partial N}>0$。不同的是在完全竞争市场中,企业生产的产品数量、消费者总效用受到企业数量的正向影响;企业利润、企业利润总和受到企业数量的负向影响。

2. 消费者对产品质量安全水平具有较低预期

企业 $i(i=1,\cdots,N)$ 的利润为

$$E\left[\pi(Q_{ih})\right]=\left[\frac{a}{4}(h+3l)-b\sum_{i=1}^{N} Q_{ih}-\frac{1}{2}h^2\right]Q_{ih} \tag{5.48}$$

类似解得企业 i 生产产品数量、企业利润为

$$Q_{ih_2}=\frac{a(h+3l)-2h^2}{4b(N+1)} \tag{5.49}$$

$$E(\pi_{ih_2})=\frac{\left[a(h+3l)-2h^2\right]^2}{16b(N+1)^2} \tag{5.50}$$

相应地,N 个企业生产高质量安全水平产品数量总和为 $\sum_{i=1}^{N} Q_{ih_2}=(1-\frac{1}{N+1})\dfrac{\left[a(h+3l)-2h^2\right]}{4b}$,企业利润总和为 $\sum_{i=1}^{N} E(\pi_{ih_2})=\dfrac{N\left[a(h+3l)-2h^2\right]^2}{16b(N+1)^2}$,消费者总效用为 $U_{Nh_2}=\dfrac{1}{2}b\left(\sum_{i=1}^{N} Q_{ih_2}\right)^2=\dfrac{N^2\left[a(h+3l)-2h^2\right]^2}{32b(N+1)^2}$。

消费者对产品质量安全水平具有较低预期时在完全竞争市场中的结论与完全垄断市场结论的比较分析,与消费者对产品质量安全水平具有一般预期时的比较分析类似,在此不再累述。

(三) 企业仅生产低质量安全水平产品条件下的分析

1. 消费者对产品质量安全水平具有一般预期

假设企业仅生产低质量安全水平产品,可得企业 $i(i=1,\cdots,N)$ 的利润为

$$E\left[\pi(Q_{il})\right]=\left[aE(q_0)-b\sum_{i=1}^{N} Q_{il}-\frac{1}{2}h^2\right]Q_{il} \tag{5.51}$$

根据最优性条件解得企业 i 生产产品数量、企业利润为

$$Q_{il_1} = \frac{a(h+l)-l^2}{2b(N+1)} \tag{5.52}$$

$$E(\pi_{il_1}) = \frac{[a(h+l)-l^2]^2}{4b(N+1)^2} \tag{5.53}$$

相应地,产品数量总和为 $\sum_{i=1}^{N} Q_{il_1} = (1-\frac{1}{N+1})\frac{[a(h+l)-l^2]}{2b}$,企业利润总和

为 $\sum_{i=1}^{N} E(\pi_{il_1}) = \frac{N[a(h+l)-l^2]^2}{4b(N+1)^2}$,消费者总效用为 $U_{Nl_1} = \frac{1}{2}b(\sum_{i=1}^{N} Q_{il_1})^2$

$= \frac{N^2[a(h+l)-l^2]^2}{8b(N+1)^2}$。

2. 消费者对产品质量安全水平具有较低预期

企业 i 生产产品数量、企业利润为

$$Q_{il_2} = \frac{a(h+3l)-2l^2}{4b(N+1)} \tag{5.54}$$

$$E(\pi_{il_2}) = \frac{[a(h+3l)-2l^2]^2}{16b(N+1)^2} \tag{5.55}$$

相应地,N 个企业生产低质量安全水平产品的数量总和为 $\sum_{i=1}^{N} Q_{il_2} =$

$(1-\frac{1}{N+1})\frac{[a(h+3l)-2l^2]}{4b}$,企业利润总和为 $\sum_{i=1}^{N} E(\pi_{il_2}) = \frac{N[a(h+3l)-2l^2]^2}{16b(N+1)^2}$,

消费者总效用为 $U_{Nl_2} = \frac{1}{2}b(\sum_{i=1}^{N} Q_{il_2})^2 = \frac{N^2[a(h+3l)-2l^2]^2}{32b(N+1)^2}$。

在完全竞争市场中,当消费者对产品质量安全水平预期相同时,比较企业仅生产高质量安全水平产品与仅生产低质量安全水平产品的企业总利润、消费者总效用,可得 $\sum_{i=1}^{N} E(\pi_{ih_1}) < \sum_{i=1}^{N} E(\pi_{il_1})$,$U_{Nh_1} < U_{Nl_1}$;$\sum_{i=1}^{N} E(\pi_{ih_2}) < \sum_{i=1}^{N} E(\pi_{il_2})$,$U_{Nh_2} < U_{Nl_2}$。说明无论消费者对产品质量安全水平预期如何,相比于企业仅生产高质量安全水平产品,企业仅生产低质量安全水平产品时的企业利润总和更高、消费者总效用更大。这与完全垄断市场中的结论类似。

此外,a、b、h、l 对产品数量、企业利润与消费者效用的影响因素及其影响效应与完全垄断情况下也类似,在此不再累述。

（四）企业生产各占一定比例的高、低质量安全水平产品条件下的分析

在完全竞争市场中，若有 λ 比例的企业生产高质量安全水平产品，$(1-\lambda)$ 比例的企业生产低质量安全水平产品，则需求函数具体形式为 $p = aq_0 - b[\lambda NQ_h + (1-\lambda)NQ_l]$。消费者仍然不能观察到 λ 的具体取值，只知道其分布①。

1. 消费者对产品质量安全水平具有一般预期

生产高、低质量安全水平企业的利润分别为

$$E[\pi(Q_h)] = \left[\frac{a}{2}(h+l) - \lambda bNQ_h - (1-\lambda)bNQ_l - \frac{1}{2}h^2\right]Q_h \tag{5.56}$$

$$E[\pi(Q_l)] = \left[\frac{a}{2}(h+l) - \lambda bNQ_h - (1-\lambda)bNQ_l - \frac{1}{2}l^2\right]Q_l \tag{5.57}$$

由一阶最优条件可得

$$\frac{dE[\pi(Q_h)]}{dQ_h} = \frac{a}{2}(h+l) - 2\lambda bNQ_h - (1-\lambda)bNQ_l - \frac{1}{2}h^2 = 0 \tag{5.58}$$

$$\frac{dE[\pi(Q_l)]}{dQ_l} = \frac{a}{2}(h+l) - \lambda bNQ_h - 2(1-\lambda)bNQ_l - \frac{1}{2}l^2 = 0 \tag{5.59}$$

由此解得生产高、低质量安全水平产品企业的产品数量分别为

$$Q_{h_1} = \frac{a(h+l) - 2h^2 + l^2}{6\lambda bN} \tag{5.60}$$

$$Q_{l_1} = \frac{a(h+l) + h^2 - 2l^2}{6(1-\lambda)bN} \tag{5.61}$$

相应地，企业利润为

$$E[\pi(Q_{h_1})] = \frac{[a(h+l) - 2h^2 + l^2]^2}{36\lambda bN} \tag{5.62}$$

$$E[\pi(Q_{l_1})] = \frac{[a(h+l) + h^2 - 2l^2]^2}{36(1-\lambda)bN} \tag{5.63}$$

消费者总效用为

---

① 生产高质量安全水平产品企业所占的比例 λ，在完全竞争市场中每个企业都供给相同数量产品时，该比例就决定了高质量安全水平产品在市场中所占比例，因此与完全垄断市场中的含义相似。

$$U_1 = \frac{[2a(h+l)-h^2-l^2]^2}{72b} \qquad (5.64)$$

企业生产产品数量总和为 $\lambda N Q_{h_1} + (1-\lambda) N Q_{l_1} = \frac{2a(h+l)-h^2-l^2}{6b}$，生产高质

量安全水平产品的企业利润总和为 $\lambda N E[\pi(Q_{h_1})] = \frac{[a(h+l)-2h^2+l^2]^2}{36b}$，生产

低质量安全水平产品的企业利润总和为 $(1-\lambda)NE[\pi(Q_{l_1})] =$

$\frac{[a(h+l)+h^2-2l^2]^2}{36b}$。根据上述分析可得：若 $\lambda < \frac{a(h+l)-2h^2+l^2}{2a(h+l)-h^2-l^2}$，则 $Q_{h_1} > Q_{l_1}$。

若 $\lambda < \frac{[a(h+l)+2h^2-l^2]^2}{5h^4+5l^4-8h^2l^2+2a^2(h+l)^2-2a(h+l)(h^2+l^2)}$，则 $E[\pi(Q_{h_1})] > E[\pi$

$(Q_{l_1})]$，否则 $E[\pi(Q_{h_1})] < E[\pi(Q_{l_1})]$。并且 $\lambda NE[\pi(Q_{h_1})] < (1-\lambda)NE[\pi$

$(Q_{l_1})]$。由此可得如下结论：

结论5.8　在完全竞争市场中，如果有部分企业生产高质量安全水平产品和部分企业生产低质量安全水平产品，并且消费者对产品质量安全水平具有一般预期时，当生产高质量安全水平产品的企业所占比例低于某值（即 $\lambda <$

$\frac{a(h+l)-2h^2+l^2}{2a(h+l)-h^2-l^2}$），则生产高质量安全水平产品企业的产量会大于生产低质量

安全水平产品企业的产量；当生产高质量安全水平产品的企业所占比例低于

某值（即 $\lambda < \frac{[a(h+l)+2h^2-l^2]^2}{5h^4+5l^4-8h^2l^2+2a^2(h+l)^2-2a(h+l)(h^2+l^2)}$），则生产高质量安全

水平产品企业的利润会大于生产低质量安全水平产品企业的利润，并且无论生产高质量安全水平产品企业所占比例如何，所有生产高质量安全水平产品的企业利润总和始终低于低质量安全水平产品的企业利润总和。

根据式（5.60）和式（5.61）易见：$\frac{\partial Q_{h_1}}{\partial a} > 0$，$\frac{\partial Q_{h_1}}{\partial b} < 0$，$\frac{\partial Q_{h_1}}{\partial N} < 0$，$\frac{\partial Q_{h_1}}{\partial \lambda} < 0$，$\frac{\partial Q_{h_1}}{\partial l} > 0$；

$\frac{\partial Q_{h_1}}{\partial h} = \frac{a-4h}{6\lambda bN}$，若 $a > 4h$ 则 $\frac{\partial Q_{h_1}}{\partial h} > 0$，若 $a < 4h$ 则 $\frac{\partial Q_{h_1}}{\partial h} < 0$；$\frac{\partial Q_{l_1}}{\partial N} < 0$，$\frac{\partial Q_{l_1}}{\partial \lambda} > 0$，$\frac{\partial Q_{l_1}}{\partial h} > 0$；

$\frac{\partial Q_{l_1}}{\partial l} = \frac{a-4l}{6(1-\lambda)bN}$，若 $a > 4l$ 则 $\frac{\partial Q_{l_1}}{\partial l} > 0$，若 $a < 4l$ 则 $\frac{\partial Q_{l_1}}{\partial l} < 0$。

根据式（5.62）和（5.63）易见：$\dfrac{\partial E[\pi(Q_{h_1})]}{\partial a}>0$，$\dfrac{\partial E[\pi(Q_{h_1})]}{\partial b}<0$，

$\dfrac{\partial E[\pi(Q_{h_1})]}{\partial \lambda}<0$，$\dfrac{\partial E[\pi(Q_{h_1})]}{\partial N}<0$，$\dfrac{\partial E[\pi(Q_{h_1})]}{\partial l}>0$。$\dfrac{\partial E[\pi(Q_{h_1})]}{\partial h}=$

$\dfrac{(a-4h)[a(h+l)-2h^2+l^2]}{18\lambda bN}$，若 $a>4h$ 则 $\dfrac{\partial E[\pi(Q_{h_1})]}{\partial h}>0$；若 $a<4h$ 则

$\dfrac{\partial E[\pi(Q_{h_1})]}{\partial h}<0$。$\dfrac{\partial E[\pi(Q_{l_1})]}{\partial a}>0$，$\dfrac{\partial E[\pi(Q_{l_1})]}{\partial b}<0$，$\dfrac{\partial E[\pi(Q_{l_1})]}{\partial \lambda}<0$，

$\dfrac{\partial E[\pi(Q_{l_1})]}{\partial N}<0$，$\dfrac{\partial E[\pi(Q_{l_1})]}{\partial h}>0$。$\dfrac{\partial E[\pi(Q_{l_1})]}{\partial l}=\dfrac{(a-4l)[a(h+l)+h^2-2l^2]}{18(1-\lambda)bN}$，若

$a>4l$ 则 $\dfrac{\partial E[\pi(Q_{l_1})]}{\partial l}>0$；若 $a<4l$ 则 $\dfrac{\partial E[\pi(Q_{l_1})]}{\partial l}<0$。

根据式（5.64）易得：$\dfrac{\partial U_1}{\partial a}>0$，$\dfrac{\partial U_1}{\partial b}<0$，$\dfrac{\partial U_1}{\partial h}>0$，$\dfrac{\partial U_1}{\partial l}>0$。

2. 消费者对产品质量安全水平具有较低预期

当消费者对产品质量安全水平具有较低预期时，生产高、低质量安全水平产品的企业利润分别如下：

$$E[\pi(Q_{h_2})]=\left[\frac{a}{4}(h+3l)-\lambda bNQ_{h_2}-(1-\lambda)bNQ_{l_2}-\frac{1}{2}h^2\right]Q_{h_2} \qquad (5.65)$$

$$E[\pi(Q_{l_2})]=\left[\frac{a}{4}(h+3l)-\lambda bNQ_{h_2}-(1-\lambda)bNQ_{l_2}-\frac{1}{2}l^2\right]Q_{l_2} \qquad (5.66)$$

由此解得生产高、低质量安全水平产品的企业产量、利润、消费者总效用分别如下：

$$Q_{h_2}=\frac{a(h+3l)-4h^2+2l^2}{12\lambda bN} \qquad (5.67)$$

$$Q_{l_2}=\frac{a(h+3l)+2h^2-4l^2}{12(1-\lambda)bN} \qquad (5.68)$$

$$E[\pi(Q_{h_2})]=\frac{[a(h+3l)-4h^2+2l^2]^2}{72\lambda bN} \qquad (5.69)$$

$$E[\pi(Q_{l_2})]=\frac{[a(h+3l)+2h^2-4l^2]^2}{72(1-\lambda)bN} \qquad (5.70)$$

$$U_2 = \frac{[a(h+3l)-h^2-l^2]^2}{72b} \tag{5.71}$$

企业生产的产品数量总和为 $\lambda N Q_{h_2} + (1-\lambda) N Q_{l_2} = \dfrac{a(h+3l)-h^2-l^2}{6b}$，生产高质量安全水平产品的企业利润总和为 $\lambda N E[\pi(Q_{h_2})] = \dfrac{[a(h+3l)-4h^2+2l^2]^2}{72b}$，生产低质量安全水平产品的企业利润总和为 $(1-\lambda) N E[\pi(Q_{l_2})]$ $= \dfrac{[a(h+3l)+2h^2-4l^2]^2}{72b}$。

根据上述分析易见：若 $a > \dfrac{4h^2-2l^2}{h+3l}$ 且 $\lambda < \dfrac{a(h+3l)-4h^2+2l^2}{2a(h+3l)-2h^2-2l^2}$ 时，则 $Q_{h_2} > Q_{l_2}$，若 $a < \dfrac{4h^2-2l^2}{h+3l}$ 时，则 $Q_{h_2} < Q_{l_2}$；若 $\lambda < \dfrac{[a(h+3l)-2(2h^2-l^2)]^2}{4(2h^2-l^2)^2+4(h^2-2l^2)^2+2a(h+3l)[a(h+3l)-2h^2-2l^2]}$ 时，则 $E[\pi(Q_{h_2})] > E[\pi(Q_{l_2})]$，否则 $E[\pi(Q_{h_2})] < E[\pi(Q_{l_2})]$，并且 $\lambda N E[\pi(Q_{h_2})] < (1-\lambda) N E[\pi(Q_{l_2})]$。由此可得如下结论：

结论5.9 在完全竞争市场中,如果有部分企业生产高质量安全水平产品和部分企业生产低质量安全水平产品,并且消费者对产品质量安全水平具有较低预期时,当质量安全水平敏感度大于某一数值（即 $a > \dfrac{4h^2-2l^2}{h+3l}$ ）,并且生产高质量安全水平产品的企业所占比例低于某值（即 $\lambda < \dfrac{a(h+3l)-4h^2+2l^2}{2a(h+3l)-2h^2-2l^2}$ ）,则生产高质量安全水平产品企业的产量会大于低质量安全水平产品企业的产量;当质量安全水平敏感度小于某一数值（即 $a < \dfrac{4h^2-2l^2}{h+3l}$ ）,则生产高质量安全水平产品企业的产量会小于低质量安全水平产品企业的产量;当生产高质量安全水平产品的企业所占比例低于某值（即 $\lambda < \dfrac{[a(h+3l)-2(2h^2-l^2)]^2}{4(2h^2-l^2)^2+4(h^2-2l^2)^2+2a(h+3l)[a(h+3l)-2h^2-2l^2]}$ ）时,则生产高质量安全水平产品企业的利润会大于低质量安全水平产品企业的利润,并

且无论生产高质量安全水平产品企业所占比例如何，所有生产高质量安全水平产品企业的利润总和会低于低质量安全水平产品企业的利润总和。

根据式（5.67）和式（5.68）易见：$\dfrac{\partial Q_{h_2}}{\partial a}>0$，$\dfrac{\partial Q_{h_2}}{\partial b}<0$，$\dfrac{\partial Q_{h_2}}{\partial \lambda}<0$，$\dfrac{\partial Q_{h_2}}{\partial l}>0$。$\dfrac{\partial Q_{h_2}}{\partial h}=$

$\dfrac{a-8h}{12\lambda bN}$，若 $a>8h$ 则有 $\dfrac{\partial Q_{h_2}}{\partial h}>0$；否则 $\dfrac{\partial Q_{h_2}}{\partial h}<0$。$\dfrac{\partial Q_{l_2}}{\partial a}>0$，$\dfrac{\partial Q_{l_2}}{\partial b}<0$，$\dfrac{\partial Q_{l_2}}{\partial \lambda}>0$，$\dfrac{\partial Q_{l_2}}{\partial h}>0$。

$\dfrac{\partial Q_{l_2}}{\partial l}=\dfrac{3a-8l}{12(1-\lambda)bN}$，若 $a>\dfrac{8}{3}l$ 则有 $\dfrac{\partial Q_{l_2}}{\partial l}>0$；否则 $\dfrac{\partial Q_{l_2}}{\partial l}<0$。

根据式（5.69）和式（5.70）易见：$\dfrac{\partial E\left[\pi(Q_{h_2})\right]}{\partial a}>0$，$\dfrac{\partial E\left[\pi(Q_{h_2})\right]}{\partial b}<0$，

$\dfrac{\partial E\left[\pi(Q_{h_2})\right]}{\partial N}<0$，$\dfrac{\partial E\left[\pi(Q_{h_2})\right]}{\partial \lambda}<0$。$\dfrac{\partial E\left[\pi(Q_{h_2})\right]}{\partial h}=\dfrac{(a-8h)\left[a(h+3l)-4h^2+2l^2\right]}{36\lambda bN}$，

若 $a>8h$ 则有 $\dfrac{\partial E\left[\pi(Q_{h_2})\right]}{\partial h}>0$；若 $a<8h$ 则有 $\dfrac{\partial E\left[\pi(Q_{h_2})\right]}{\partial h}<0$。$\dfrac{\partial E\left[\pi(Q_{l_2})\right]}{\partial a}>0$，

$\dfrac{\partial E\left[\pi(Q_{l_2})\right]}{\partial b}<0$，$\dfrac{\partial E\left[\pi(Q_{h_2})\right]}{\partial l}>0$，$\dfrac{\partial E\left[\pi(Q_{l_2})\right]}{\partial N}<0$，$\dfrac{\partial E\left[\pi(Q_{l_2})\right]}{\partial \lambda}>0$，

$\dfrac{\partial E\left[\pi(Q_{l_2})\right]}{\partial h}>0$。$\dfrac{\partial E\left[\pi(Q_{l_2})\right]}{\partial l}=\dfrac{(3a-8l)\left[a(h+3l)+2h^2-4l^2\right]}{36(1-\lambda)bN}$，若 $a>\dfrac{8}{3}l$ 则有

$\dfrac{\partial E\left[\pi(Q_{l_2})\right]}{\partial l}>0$；若 $a<\dfrac{8}{3}l$ 则有 $\dfrac{\partial E\left[\pi(Q_{l_2})\right]}{\partial l}<0$。根据式（5.71）可得：$\dfrac{\partial U_{l_2}}{\partial b}<0$，

$\dfrac{\partial U_{l_2}}{\partial a}>0$，$\dfrac{\partial U_{l_2}}{\partial h}>0$，$\dfrac{\partial U_{l_2}}{\partial l}>0$。

3. 两种情况下的比较分析

（1）产品数量、企业利润和消费者效用的比较

根据上述结论比较分析有：$Q_{h_1}>Q_{h_2}$，$Q_{l_1}>Q_{l_2}$，$U_1>U_2$。$\dfrac{E\left[\pi(Q_{h_1})\right]}{E\left[\pi(Q_{h_2})\right]}=$

$\dfrac{2\left[a(h+l)-2h^2+l^2\right]^2}{\left[a(h+3l)-4h^2+2l^2\right]^2}$，分子与分母两式相减可得：若 $h<(2\sqrt{2}+1)l$，并且 $a>$

$\dfrac{(2-\sqrt{2})h^2-(4-2\sqrt{2})l^2}{(\sqrt{2}-1)h-(3-\sqrt{2})l}$，则有 $E\left[\pi(Q_{h_1})\right]<E\left[\pi(Q_{h_2})\right]$；否则 $E\left[\pi(Q_{h_1})\right]>$

$E[\pi(Q_{h_2})]$。类似地，若 $h>(2\sqrt{2}+1)l$，并且 $a>\dfrac{(2-\sqrt{2})l^2-(4-2\sqrt{2})h^2}{(\sqrt{2}-1)h-(3-\sqrt{2})l}$ 有

$E[\pi(Q_{l_1})]>E[\pi(Q_{l_2})]$；若 $l<h<\sqrt{2}l$，并且 $a<\dfrac{(2-\sqrt{2})h^2-(4-2\sqrt{2})l^2}{(\sqrt{2}-1)h-(3-\sqrt{2})l}$ 有

$E[\pi(Q_{l_1})]>E[\pi(Q_{l_2})]$；若 $\sqrt{2}l<h<(2\sqrt{2}+1)l$ 有 $E[\pi(Q_{l_1})]<E[\pi(Q_{l_2})]$。
由此可得如下结论：

结论5.10　（1）在完全竞争市场中，如果有部分企业生产高质量安全水平产品和部分企业生产低质量安全水平产品，相比于消费者对产品质量安全水平具有一般预期，消费者对产品质量安全水平有较低预期会导致高、低质量安全水平产品数量都减少，消费者总效用减少。这与完全垄断市场中的结论相同。

（2）当质量安全水平敏感度大于某一数值（即 $a>\dfrac{(2-\sqrt{2})h^2-(4-2\sqrt{2})l^2}{(\sqrt{2}-1)h-(3-\sqrt{2})l}$），

①并且高质量安全水平小于一定倍数低质量安全水平（即 $h<(2\sqrt{2}+1)l$），则消费者对产品质量安全水平具有较低预期时的高质量安全水平产品企业的利润更高；否则企业利润更低。②并且高质量安全水平大于一定倍数低质量安全水平（即 $h>(2\sqrt{2}+1)l$），则消费者对产品质量安全水平具有较低预期时的低质量安全水平产品企业的利润更低。

（3）当质量安全水平敏感度小于某一数值（即 $a<\dfrac{(2-\sqrt{2})h^2-(4-2\sqrt{2})l^2}{(\sqrt{2}-1)h-(3-\sqrt{2})l}$），

并且高质量安全水平低于一定倍数的低质量安全水平（即 $l<h<\sqrt{2}l$），则消费者对产品质量安全水平具有较低预期时的低质量安全水平产品企业的利润更低。当高质量安全水平介于低质量安全水平一定倍数之间（即 $\sqrt{2}l<h<(2\sqrt{2}+1)l$）时，则消费者对产品质量安全水平有较低预期时的低质量安全水平产品企业的利润更高。

四、本节主要启示

根据本节分析，在完全垄断与完全竞争市场中得到的主要启示具体如下。

（一）在完全垄断市场中企业生产产品数量、利润及消费者效用的启示

1. 无论企业生产的产品质量安全水平高或低，消费者对产品平均质量安全水平越敏感、关注度越高，社会舆论、公众对产品质量安全水平的监督力度就会增强，相应地企业供给高质量安全水平产品数量会增加。这样不仅消费者自身受益，而且生产高质量安全水平产品的企业效益也会随之提高，并且产品的低质量安全水平提高对消费者、企业都是有利的。这说明即使企业仅生产高质量安全水平产品，但低质量安全水平的提高在消费者对产品质量安全水平的预期中发挥作用，因此会使产品需求量增加，消费者效用随之增加，企业利润随之增加。

2. 若企业仅生产高质量安全水平产品：

第一，当外部消费者食品安全信任环境较差，消费者普遍预期市场上平均质量安全水平较低时，消费者即使对质量安全水平敏感度提高，但较之于外部消费者食品安全信任环境良好时，消费者、企业效益的改善作用都要弱。主要是由于产品价格在消费者低质量安全水平预期时下降，企业供给产品数量降低，消费者效用也随之下降，企业利润也相应减少。此时，产品价格对消费者需求量的影响作用更弱，因为高价格或者低价格都不能改变消费者对产品质量安全水平的预期，对产品的需求更多取决于消费者是否自身需要。相比于产品自身的质量安全水平，只有消费者对质量安全水平更为敏感时，高质量安全水平的进一步提升才对消费者、企业是有利的；否则即使产品质量安全水平较高，消费者对此"不买账"，这种质量安全水平的提升甚至会对企业、消费者的利益产生副作用。

第二，当外部消费者食品安全信任环境较好时，消费者对产品平均质量安全水平有一般预期，那么高质量安全水平的提高一定会使消费者和企业都受益。说明改变外部消费者食品安全信任环境，引导消费者正确认识市场上产品质量安全水平是非常重要的。例如，食品安全事件频发导致消费者对食品质量安全水平普遍预期较低，那么即使企业做出更多努力、政府监管力度加强，产品质量安全水平得到提升，也难以得到消费者认可，企业效益仍然难有起色，消费者福利也没有得到真正改善。此时，低质量安全水平的提升对产品需求量的影响作用更弱。因为外部消费者食品安全信任环境

较差,消费者会由于信任危机,即使低质量安全水平提高,消费者受其影响较小。而当质量安全水平敏感度相比于低质量安全水平较低时,由于质量安全水平敏感度低,所以低质量安全水平的提升对企业利润、消费者效用的影响作用更弱。

3. 若企业仅生产低质量安全水平产品:

第一,不同于企业仅生产高质量安全水平产品的情况,此时无需满足其他条件,高质量安全水平对产品数量、企业利润、消费者效用的影响均为正。说明尽管企业仅生产低质量安全水平产品,但由于高质量安全水平存在于消费者对产品质量安全水平的预期中,因此高质量安全水平的提高能够使消费者效用增加,需求量增加,企业利润增加。

第二,产品的低质量安全水平提高对消费者、企业都是有利的。这说明市场上产品的质量安全都维持在较高水平是不切实际的,通过企业技术条件升级改造、中低端产品市场监管加强等措施,努力提高产品的低质量安全水平,更有利于中低收入群体福利的改善,对企业效益提高也有利。由于企业仅生产低质量安全水平产品,所以高质量安全水平直接在消费者对产品质量安全预期中发挥作用。无需满足其他条件,由于外部消费者食品安全信任环境较差,消费者对产品质量安全水平缺乏信任,此时高质量安全水平对企业利润和消费者效用的影响作用更弱。

第三,当消费者质量安全水平敏感度相比于低质量安全水平较低,并且高质量安全水平相比于低质量安全水平较高,在这种极低的质量敏感度下,同时外部消费者食品安全信任环境较差时低质量安全水平的影响作用更弱。若质量安全水平敏感度不低,低质量安全水平影响效应的强弱比较是不确定的。因为在消费者预期质量安全水平较低时,平均质量安全水平中低质量安全水平的比重更大。说明如果企业仅从其获利角度考虑,无论消费者对质量安全水平的预期如何,都不会影响企业对生产低质量安全水平产品的选择,并且如果消费者效用是用消费者购买产品价格、数量对应的货币值衡量的,并没有考虑质量安全水平高低对消费者健康等影响的效用值,那么消费者效用在企业仅生产低质量安全水平时是更高的。这是因为此时相比于企业仅生产高质量安全水平产品时的产品数量更多、价格更低。

（二）在完全竞争市场中企业生产产品数量、利润及消费者效用的启示

1. 除了质量安全水平敏感度、需求价格敏感度、高质量安全水平、低质量安全水平对产品数量、企业利润和消费者效用的影响，与完全垄断市场中的分析结论类似。不同的是，无论消费者对产品质量安全水平预期如何，在完全竞争市场中由企业数量所代表的市场规模对产品数量、产品数量总和、消费者总效用都有正的影响；对企业利润、企业利润总和都有负的影响。在完全竞争市场中，无论消费者对产品质量安全水平预期如何，企业利润总和都会低于同等条件下完全垄断市场中企业利润；产品数量总和、消费者总效用都会大于同等条件下的完全垄断市场中产品数量、消费者效用。这与完全竞争市场特征是相一致的，说明消费者对产品质量安全水平的预期并不影响这些基本特征。

2. 若生产高、低质量安全水平产品的企业各占一定比例：

第一，无论消费者对产品质量安全水平预期如何，生产高质量安全水平产品的企业总利润会低于低质量安全水平产品的企业总利润。产品价格受到消费者预期的平均质量安全水平的主要影响，而企业生产产品的单位成本是由高、低质量安全水平直接决定的，所以对于企业利润总和的比较而言，高、低质量安全水平发挥了决定的作用。

第二，当消费者对产品质量安全水平具有一般预期，生产高质量安全水平产品的企业所占比例较小时，生产高质量安全水平产品的单个企业的产品数量、利润都比低质量安全水平产品的企业高。这与现实中食品市场的情况类似，在同类食品的生产供给中，生产技术条件先进、供给高质量安全水平食品的企业所占比例相对较小，与低质量安全水平产品企业相比，他具有一定生产实力、竞争优势相对较强，供给的产品数量相对较多，获得的利润也相对较高。这点对于市场中竞争性企业来说，供给高质量安全水平产品更为有利可图，尤其是在当前高质量安全水平产品供给企业相对较少时。如果企业明确这个结论，将会对企业供给的产品质量安全水平提高产生极大的激励作用。

第三，当消费者对产品质量安全水平具有较低预期，生产高质量安全水平产品的企业所占比例较小时，生产高质量安全水平产品的单个企业利润会比低质量安全水平产品的企业高；与消费者具有一般预期时不同，若同时还满足消费者对产品质量安全水平较为敏感，生产高质量安全水平产品的单个企业

产品数量会比低质量安全水平产品的企业多。当消费者对产品质量安全水平不太敏感时,生产高质量安全水平产品的单个企业产品数量会比低质量安全水平产品的企业少。这是因为在外部消费者食品安全信任环境较差时,消费者对产品质量安全水平缺乏信任,若他们对产品质量安全水平不是特别敏感,那么高质量安全水平产品的市场需求量相对较少。

第四,只有当消费者对产品质量安全水平较为敏感时,同时高、低质量安全水平相比差距不是特别显著时,在外部消费者食品安全信任环境较差时,高质量安全水平产品的供给企业获利更高;而若高、低质量安全水平相比差距特别显著时,低质量安全水平产品的供给企业获利更高。主要是由于相比消费者较低的平均质量安全水平预期,即使消费者较为关注产品质量安全水平,但对于企业而言生产高、低质量水平产品的单位成本的影响作用更为突出。然而当消费者对产品质量安全水平不敏感,但高、低质量安全水平较为接近时,企业生产高质量安全水平产品更为获利,此时相比于质量安全水平,价格更为占优;若高、低质量安全水平有一定显著差距时,质量安全水平的单位成本占优,企业生产低质量安全水平产品更为获利。

第四节　信任危机下企业和消费者的最优食品安全努力水平分析

——基于不同食品安全措施关系

由于近年来食品安全事件频发,消费者对国内食品安全产生了极大的信任危机。对此,食品供给企业和消费者作为供需主体,他们在食品安全方面投入的努力水平,将对保障最终食品安全发挥至关重要的作用。如果他们的食品安全努力,由于其所采取的食品安全措施之间的关系不同,即互补和替代两类典型关系,将对他们食品安全努力相关决策产生直接影响。例如,即使企业严把食品质量安全关,但消费者若在购买、保存和储藏、食用产品过程中采取了不当的方式方法,也会引发食品安全问题。此时,企业和消费者的食品安全措施之间具有互补关系。而当企业在生产、销售过程中采取严格的质量监控和检验方法,同时消费者对食品安全具有合理的认知,采取正确的食品安全识别等方法时,上述两者的食品安全措施之间又具有一定的替代关系。

目前相关食品供给企业和消费者的研究主要如下。杜创(2009)针对体验品,分析了消费者与企业在产品质量方面存在信息不对称时,垄断、垄断竞争和寡头市场的企业信誉机制。刘焕明等(2011)根据食品生产企业和消费者的微观行为,分析认为对企业进行安全食品价格补贴和降低安全食品生产成本,对消费者实施食品安全相关培训和信息公开将有利于安全食品供给。赵翠萍等(2012)提出在保障食品安全方面,企业的自我规范和消费者对食品安全的认知至关重要,通过政府规制和信息供给,使企业和消费者能够"各司其职",才能有效保障食品安全。王冀宁和缪秋莲(2013)根据食品企业和消费者的利益分析认为,随着消费者对食品安全相关知识的学习,选择监督举报供给劣质食品企业的消费者数量会增加,而企业也将选择生产优质产品。龚强等(2013)认为以社会监督为核心的信息揭示是提高食品安全的有效途径。食品安全规制者提供各环节信息,企业的不良行为会被惩罚,消费者的支付意愿会增加。郭兰英等(2014)提出通过法律规范公众利用微博、微信、个人网站等为代表的自媒体进行食品安全监督的行为,将有利于食品安全水平的提高。汪普庆和李晓涛(2014)基于农户、食品企业和政府监管部门的主体建模方法,建立食品供应链的计算机仿真模型,探讨政府监管方式和措施对相关行为主体的影响及其监管效果,认为加强供应链组织结构的纵向协作化,有利于食品安全水平的提高。学者们研究认为:第三方检测能够提高食品供应链透明度,以保障食品安全水平(李腾飞、王志刚,2013;代文彬、慕静,2013;Lee等,2013)。Buckley(2015)分析了食品安全检测等规制措施对小规模食品加工者行为的影响。

现有研究为食品供给企业和消费者的相关食品安全行为提供了参考,然而考虑到消费者和企业的不同食品安全措施关系,如他们实施的食品安全行为可能具有互补或者替代关系,那么两者的食品安全努力水平决定将受到该关系的直接影响。现有文献较少地考虑到这一因素,因此对相关主体食品安全努力水平的研究缺乏一定的实际意义。本节正是在当前我国食品安全信任危机存在的环境背景下,基于食品供给企业和消费者的食品安全措施的互补和替代的两类典型关系,分别分析了企业和消费者各自具有主导优势时,相应食品安全努力水平的决定及其影响因素,为更好地监督与激励食品供给主体和消费者实现食品安全提供了参考。

一、模型假设及变量

考虑一个食品供给企业(包括生产或者经营食品的企业)和消费者构成的食品供需关系。假设在保障食品安全方面,消费者投入的努力水平为 e_c,食品供给企业投入的努力水平为 e_f。消费者通过付出相应的努力水平,采取一些食品安全措施,比如通过多渠道了解和学习食品安全常识,在购买和食用产品时适当辨别和预防食品安全隐患等,能够在一定程度上减弱甚至防止自身受到食品安全问题的侵害。企业通过付出相应的努力水平,采取相关食品安全措施,比如通过严格监管确保生产过程的食品安全,随机检测进一步确保食品质量安全等,这些行为也能在一定程度上防止食品安全问题发生。

令消费者努力能够确保食品安全的概率为 $F(e_c)$,仅食品供给企业努力能够确保食品安全的概率为 $G(e_f)$。因此,在他们各自努力下可能出现食品安全问题的概率分别为 $1-F(e_c)$ 和 $1-G(e_f)$。消费者和食品供给企业作为从"农田到餐桌"整个食品供应链中最直接的供需主体,他们在食品安全方面投入的努力水平都会对最终食品安全水平具有直接影响。一般而言,消费者和食品供给企业在食品安全方面投入的努力水平越高,他们能够保障食品安全的概率就越高,并且类似于边际收益递减规律,随着企业或者消费者努力水平的提高,努力水平所带来的边际概率会逐渐减小。上述结果即为努力水平的边际概率为正,同时具有努力水平的边际概率递减规律。对此,假设 $F(e_c)=1-e^{-ke_c}$,$F(e_f)=1-e^{-\delta e_f}$。其中 k 和 δ 分别表示消费者和企业努力水平的边际概率正系数,反映主体努力水平对保障食品安全的作用强度。

当消费者与企业的食品安全措施之间具有不同关系时,他们的努力水平相应于最终出现食品安全问题的概率函数是不同的。若消费者与食品供给企业都必须认真采取保障食品安全措施,才能确保最终的食品安全时,即两者的食品安全措施具有互补关系,则在消费者与企业共同努力下的食品安全问题发生的概率为

$$p = 1 - F(e_c)G(e_f) \tag{5.72}$$

若消费者与食品供给企业只要有一方认真采取保障食品安全的措施,就能确保最终的食品安全时,即两者的食品安全措施具有替代关系,则在消费者与企业共同努力下的食品安全问题发生的概率为

$$p = 1 - [F(e_c) + G(e_f) - F(e_c)G(e_f)] \tag{5.73}$$

为便于分析且不失一般性,将食品的单位价格标准化为 1,并且食品供给企业具有完全的产能供给能力,所以食品需求量 D 可以表示企业的销售收益。消费者效用是由食品需求量 D,消费者食品安全风险规避程度 λ、消费者努力水平 e_c,以及食品安全问题发生时企业遭受的惩罚额 P 和消费者身心健康受到的损害 X 共同决定的。根据当前我国食品安全现状以及消费者对食品安全的信任程度,本节将消费者的效用函数设定为绝对风险厌恶系数不变的效用函数形式,即 $U(x) = e^{-\lambda x}$,其中 x 表示消费者的净收益,λ 是消费者的绝对风险厌恶系数,反映消费者对食品安全的风险规避程度。由此可得消费者的预期效用最大化模型为

$$\max_{e_c} EU(e_c) = (1-p)\left[1 - e^{-\lambda(D-e_c)}\right] + p\left[1 - e^{-\lambda(P-e_c-X)}\right] \tag{5.74}$$

食品供给企业的目标是实现预期成本最小化,相应的模型为

$$\min_{e_f} EC(e_f) = e_f + pP \tag{5.75}$$

为便于分析且不失一般性,本节将消费者与企业对应努力水平的单位成本系数都标准化为 1。

(一) 消费者与企业的食品安全措施具有互补关系时的努力水平

根据我国日益严格的食品安全法规,企业被惩罚的额度(包括经济上的有形惩罚以及声誉损失等方面的无形惩罚等总和)应高于其销售所得及其对消费者造成的损害之和,即 $P>D+X$,并且通常消费者实际采取食品安全措施的方式保障食品安全的效果更为显著,所以消费者努力水平对保障食品安全的作用强度高于消费者的食品安全风险规避程度,即 $k>\lambda$。

如果消费者与食品供给企业的食品安全措施具有互补关系,消费者与企业都努力才可以实现保障食品安全的目标。在这种情况下,企业和消费者分别作为领导者的努力水平分析如下。

1. 企业作为领导者的斯坦科尔伯格博弈

当企业具有领导者优势,能够先观察到消费者的食品安全努力行为时,企业与消费者的食品安全努力水平决定,通过企业作为领导者的斯坦科尔伯格(Stackelberg)博弈模型进行分析。消费者根据自身预期效用最大化决定的食品安全努力水平被企业观察到后,企业再根据自身预期成本最小化决定其食品安全的努力水平。

将式(5.72)代入式(5.75)整理可得

$$\max_{e_c} EU(e_c) = 1 + e^{-\lambda D}\{-F(e_c)G(e_f)e^{\lambda e_c} - [1 - F(e_c)G(e_f)]e^{\lambda e_c - \lambda P + \lambda(D+X)}\}$$

$$(5.76)$$

由式(5.76)有

$$EU(e_c) \propto E\tilde{U}(e_c) = -F(e_c)G(e_f)e^{\lambda e_c} - [1 - F(e_c)G(e_f)]e^{\lambda e_c - \lambda P + \lambda(D+X)}$$

$$(5.77)$$

求解式(5.77)的 $E\tilde{U}(e_c)$ 最大值等价于消费者效用最大化。根据一阶最优条件 $\dfrac{dE\tilde{U}(e_c)}{de_c} = 0$,解得

$$e_c = \frac{1}{k}\{\ln[1 - e^{\lambda(D+X-P)}] + \ln(\frac{k}{\lambda} - 1) + \ln(1 - e^{-\delta e_f}) - \ln[1 + (e^{\lambda(D+X-P)} - 1)e^{-\delta e_f}]\}$$

$$(5.78)$$

由式(5.78)可见 $\dfrac{\partial e_c}{\partial e_f} = \dfrac{\delta}{k}\dfrac{1}{[1 + e^{-\lambda(D+X-P)}(e^{\delta e_f} - 1)]} > 0$。说明当消费者与企业的食品安全措施是互补关系时,在企业作为领导者的斯坦科尔伯格博弈中,消费者的食品安全努力水平会随着企业努力水平的提高而提高。

将式(5.78)代入式(5.75),并由一阶最优条件 $\dfrac{dEC(e_f)}{de_f} = 0$,可得此时企业的最优食品安全努力水平

$$e_{f_1}^* = \frac{1}{\delta}\ln(\frac{\delta P}{\frac{k}{\lambda} - 1}) \qquad (5.79)$$

根据式（5.79）可见，只有当 $P>\dfrac{1}{\delta}\left(\dfrac{k}{\lambda}-1\right)$ 时，才有 $e_{f_1}^*>0$。并且此时

$$\frac{\partial e_{f_1}^*}{\partial k}=-\frac{1}{\lambda\delta}\frac{1}{\left(\dfrac{k}{\lambda}-1\right)}<0;\quad \frac{\partial e_{f_1}^*}{\partial \lambda}=\frac{k}{\lambda\delta}\frac{1}{(k-\lambda)}>0;\quad \frac{\partial e_{f_1}^*}{\partial P}=\frac{1}{\delta P}>0。\quad \frac{\partial e_{f_1}^*}{\partial \delta}=\frac{1}{\delta^2}$$

$$\left[1-\ln\left(\frac{\delta P}{\dfrac{k}{\lambda}-1}\right)\right],\ 当\ P<\frac{\left(\dfrac{k}{\lambda}-1\right)e}{\delta}\ 时,\ \frac{\partial e_{f_1}^*}{\partial \delta}>0;\ 当\ P>\frac{\left(\dfrac{k}{\lambda}-1\right)e}{\delta}\ 时,\ \frac{\partial e_{f_1}^*}{\partial \delta}<0。说明当企$$

业受到的惩罚额高于由消费者和企业努力水平的边际概率、消费者的食品安全风险规避程度决定的某数值时，企业才会真正在食品安全方面付出努力，并且当其他条件保持不变时，企业的努力水平受到消费者努力水平的边际概率的负向影响，受到消费者的食品安全风险规避程度的正向影响，受到出现食品安全问题时其遭受的惩罚额的正向影响。当企业受到的惩罚额低于（或者高于）由消费者和企业努力水平的边际概率、消费者的食品安全风险规避程度决定的一定数值时，企业的努力水平受到其努力水平的边际概率的正向（或者负向）影响。

将式（5.79）代回式（5.78）整理可得消费者的食品安全最优努力水平

$$e_{c_1}^*=\frac{1}{k}\left\{\ln\left(\frac{k}{\lambda}-1\right)\left[1-\frac{e^{\lambda(D+X-P)}}{1-\dfrac{(1-e^{\lambda(D+X-P)})\left(\dfrac{k}{\lambda}-1\right)}{\delta P}}\right]\right\} \tag{5.80}$$

根据式（5.80）可见，只有当 $\delta<\dfrac{\dfrac{k}{\lambda}\left[1-e^{\lambda(D+X-P)}\right]}{P\left(\dfrac{k}{\lambda}-1\right)}$ 时，才有 $e_{c_1}^*>0$，并且此时，

$$\frac{\partial e_{c_1}^*}{\partial D}=\frac{\partial e_{c_1}^*}{\partial X}=-\frac{\lambda\left(1-\dfrac{\dfrac{k}{\lambda}-1}{\delta p}\right)e^{\lambda(P-D-X)}}{\left[e^{\lambda(P-D-X)}\left(1-\dfrac{\dfrac{k}{\lambda}-1}{\delta P}\right)+\dfrac{\dfrac{k}{\lambda}-1}{\delta P}\right]^2}\frac{1}{\left[1-e^{\lambda(D+X-P)}\left(\dfrac{\dfrac{k}{\lambda}-1}{\delta P}\right)^{-1}(1-e^{\lambda(D+X-P)})^{-1}\right]}<0,$$

$$\frac{\partial e_{c_1}^*}{\partial \delta} = \frac{e^{-\delta e_{f_1}^*}}{\delta k(1-e^{-\delta e_{f_1}^*})} \frac{e^{\lambda(D+X-P)}}{[1-(1-e^{\lambda(D+X-P)})e^{-\delta e_{f_1}^*}]} > 0。$$

$$\frac{\partial e_{c_1}^*}{\partial k} = -\frac{e_{c_1}^*}{k} + \frac{1}{k(k-\lambda)(1-e^{-\delta e_{f_1}^*})} \frac{[1-2e^{-\delta e_{f_1}^*}+(1-e^{\lambda(D+X-P)})e^{-2\delta e_{f_1}^*}]}{[1-(1-e^{\lambda(D+X-P)})e^{-\delta e_{f_1}^*}]}, \quad \frac{\partial e_{c_1}^*}{\partial \lambda} =$$

$$\frac{1}{[1-(1-e^{\lambda(D+X-P)})e^{-\delta e_{f_1}^*}]}\left\{\frac{1}{1-e^{\lambda(D+X-P)}}+\frac{[e^{-2\delta e_{f_1}^*}e^{\lambda(D+X-P)}-(1-e^{-\delta e_{f_1}^*})^2]}{\lambda(k-\lambda)(1-e^{-\delta e_{f_1}^*})}\right\}, 当 P \to D+X$$

时，有 $\dfrac{\partial e_{c_1}^*}{\partial k} \to +\infty$，$\dfrac{\partial e_{c_1}^*}{\partial \lambda} \to +\infty$，显然 $\dfrac{\partial e_{c_1}^*}{\partial k} > 0$，$\dfrac{\partial e_{c_1}^*}{\partial \lambda} > 0$，其他不确定。$\dfrac{\partial e_{c_1}^*}{\partial P} = \dfrac{1}{k}$

$$\left\{\frac{\lambda e^{\lambda(D+X-P)}}{1-e^{\lambda(D+X-P)}}+\frac{e^{-\delta e_{f_1}^*}}{(1-e^{-\delta e_{f_1}^*})P}+\frac{[(\lambda+\delta)e^{\lambda(D+X-P)}-\delta]e^{-\delta e_{f_1}^*}}{1-(1-e^{\lambda(D+X-P)})e^{-\delta e_{f_1}^*}}\right\}, 若 P<D+X+\frac{1}{\lambda}\ln(\frac{\lambda}{\delta}+1),$$

则 $\dfrac{\partial e_{c_1}^*}{\partial P}>0$，否则不确定。说明当企业努力水平的边际概率低于由企业受到的惩罚额、消费者努力水平的边际概率、消费者的食品安全风险规避程度以及食品销售收益、消费者身心健康受到的损害共同决定的某数值时，消费者才会真正在食品安全方面付出努力，并且当其他条件保持不变时，消费者的努力水平分别受到食品需求量和消费者损害的负向影响；受到企业努力水平的边际概率的正向影响。当企业受到的惩罚额接近其销售收益与消费者因食品安全问题受到的损害之和时，消费者的食品安全努力水平分别受到消费者努力水平的边际概率和消费者的食品安全风险规避程度的正向影响，并且该影响是趋近于正无穷大的。当企业受到的惩罚额低于其销售收益、消费者因食品安全问题受到的损害，以及由消费者的风险规避程度、企业努力水平的边际概率决定的某数值之和时，企业因食品安全问题受到的惩罚额对其努力水平的影响是正向的。

2. 消费者作为领导者的斯坦科尔伯格博弈

当消费者具有领导者优势，能够先观察到企业的食品安全努力行为时，企业与消费者的食品安全努力水平决定，通过消费者作为领导者的斯坦科尔伯格博弈模型进行分析。企业根据自身预期成本最小化决定的食品安全努力水平被消费者观察到后，消费者再根据自身预期效用最大化决定其食品安全的努力水平。

根据式(5.75)一阶最优条件 $\dfrac{dEC(e_f)}{de_f}=0$ 可得

$$e_f=\frac{1}{\delta}\ln\left[\delta P(1-e^{-ke_c})\right] \tag{5.81}$$

由式(5.81)可见 $\dfrac{\partial e_f}{\partial e_c}=\dfrac{ke^{-ke_c}}{\delta(1-e^{-ke_c})}>0$。说明当消费者与企业的食品安全措施是互补关系时,在消费者作为领导者的斯坦科尔伯格博弈中,企业的食品安全努力水平会随着消费者努力水平的提高而提高。

将式(5.81)代入式(5.77),并由一阶最优条件 $\dfrac{dE\tilde{U}(e_c)}{de_c}=0$ 可得

$$e_{c2}^*=\frac{1}{k}\ln\left\{\frac{(\frac{k}{\lambda}-1)\delta P\left[1-e^{\lambda(D+X-P)}\right]}{1-e^{\lambda(D+X-P)}-\delta P}\right\} \tag{5.82}$$

根据式(5.82)可见,只有当 $\delta<\dfrac{1-e^{\lambda(D+X-P)}}{P}$ 时,才有 $e_{c2}^*>0$,否则 $e_{c2}^*=0$。并且此时 $\dfrac{\partial e_{c2}^*}{\partial D}=\dfrac{\partial e_{c2}^*}{\partial X}=\dfrac{\lambda\delta Pe^{\lambda(D+X-P)}}{k\left[1-e^{\lambda(D+X-P)}-\delta P\right]}>0$; $\dfrac{\partial e_{c2}^*}{\partial\lambda}=-\dfrac{1}{k}\left\{\dfrac{k}{\lambda(k-\lambda)}+\dfrac{(P-D-X)\delta Pe^{\lambda(D+X-P)}}{\left[1-e^{\lambda(D+X-P)}\right]\left[1-e^{\lambda(D+X-P)}-\delta P\right]}\right\}<0$; $\dfrac{\partial e_{c2}^*}{\partial\delta}=\dfrac{1}{k}\left[\dfrac{1}{\delta}+\dfrac{P}{1-e^{\lambda(D+X-P)}-\delta P}\right]>0$。 $\dfrac{\partial e_{c2}^*}{\partial P}=\dfrac{1}{kP}\dfrac{\left\{1-e^{\lambda(D+X-P)}\left[2-e^{\lambda(D+X-P)}+\lambda\delta P^2\right]\right\}}{\left[1-e^{\lambda(D+X-P)}\right]\left[1-e^{\lambda(D+X-P)}-\delta P\right]}$, $\dfrac{\partial e_{c2}^*}{\partial k}=\dfrac{1}{k^2}\left\{\dfrac{k}{k-\lambda}-\ln\left[\dfrac{(\frac{k}{\lambda}-1)(1-e^{\lambda(D+X-P)})}{\frac{1-e^{\lambda(D+X-P)}}{\delta P}-1}\right]\right\}$,当 $P\to D+X$ 时,有 $\dfrac{\partial e_{c2}^*}{\partial P}\to+\infty$,$\dfrac{\partial e_{c2}^*}{\partial k}\to+\infty$。显然 $\dfrac{\partial e_{c2}^*}{\partial P}>0$,$\dfrac{\partial e_{c2}^*}{\partial k}>0$,其他不确定。说明当企业努力水平的边际概率低于由企业受到的惩罚额、食品销售收益、消费者遭受的损害和消费者的风险规避程度决定的某数值时,消费者才会真正在食品安全方面付出努力。并且当其他条件保持不变时,消费者的最优努力水平分别受到食品销售收益和消费者遭受的损害的

正向影响;受到消费者的风险规避程度的负向影响;受到企业努力水平的边际概率的正向影响。当企业受到的惩罚额接近其销售收益与消费者因食品安全问题受到的损害之和时,消费者的食品安全努力水平分别受到企业遭受的惩罚额和消费者努力水平的边际概率的正向影响,并且该影响是趋近于正无穷大的。

将式(5.82)代入式(5.81)可得

$$e_{f_2}^* = \frac{1}{\delta}\ln\left\{\delta P + \frac{\delta P - \left[1 - e^{\lambda(D+X-P)}\right]}{\left(\frac{k}{\lambda}-1\right)\left[1 - e^{\lambda(D+X-P)}\right]}\right\} \tag{5.83}$$

根 据 式 （ 5. 83 ） 可 见 $\dfrac{\partial e_{f_2}^*}{\partial D} = \dfrac{\partial e_{f_2}^*}{\partial X} =$

$$\frac{\lambda P e^{\lambda(D+X-P)}}{\left(\frac{k}{\lambda}-1\right)\left[1-e^{\lambda(D+X-P)}\right]^2\left\{\delta P + \dfrac{\delta P - (1-e^{\lambda(D+X-P)})}{\left(\frac{k}{\lambda}-1\right)\left[1-e^{\lambda(D+X-P)}\right]}\right\}} > 0, \quad \frac{\partial e_{f_2}^*}{\partial \lambda} = -\frac{e^{-ke_{c_2}^*}}{\delta(1-e^{-ke_{c_2}^*})}$$

$$\left\{\frac{k}{\lambda(k-\lambda)} + \frac{(P-D-X)\delta P e^{\lambda(D+X-P)}}{\left[1-e^{\lambda(D+X-P)}\right]\left[1-e^{\lambda(D+X-P)}-\delta P\right]}\right\} < 0。\quad \frac{\partial e_{f_2}^*}{\partial \delta} = \frac{1}{\delta}$$

$$\left\{\frac{P\left[1+\dfrac{1}{\left(\frac{k}{\lambda}-1\right)(1-e^{\lambda(D+X-P)})}\right]}{\left[\delta P+\dfrac{\delta P}{\left(\frac{k}{\lambda}-1\right)\left[1-e^{\lambda(D+X-P)}\right]}-\dfrac{1}{\frac{k}{\lambda}-1}\right]} - e_{f_2}^*\right\}, \quad \frac{\partial e_{f_2}^*}{\partial k} = -\frac{1}{\lambda\delta\left(\frac{k}{\lambda}-1\right)^2}$$

$$\left\{\frac{1}{1-\dfrac{1-e^{\lambda(D+X-P)}}{\left[\dfrac{1-e^{\lambda(D+X-P)}}{\delta P}-1\right]}}\right\},\text{当}P\to D+X\text{ 时},\text{有}\frac{\partial e_{f_2}^*}{\partial \delta}\to-\infty,\frac{\partial e_{f_2}^*}{\partial k}\to-\frac{1}{\lambda\delta\left(\frac{k}{\lambda}-1\right)^2},\text{显然}$$

$\dfrac{\partial e_{f_2}^*}{\partial \delta} < 0,\quad \dfrac{\partial e_{f_2}^*}{\partial k} < 0,$ 其 他 不 确 定。$\dfrac{\partial e_{f_2}^*}{\partial P} = \dfrac{1}{\delta P}\left\{1 + \dfrac{e^{-ke_{c_2}^*}}{(1-e^{-ke_{c_2}^*})}\right.$

$\left.\dfrac{\left[1-e^{\lambda(D+X-P)}(2-e^{\lambda(D+X-P)}+\lambda\delta P^2)\right]}{\left[1-e^{\lambda(D+X-P)}\right]\left[1-e^{\lambda(D+X-P)}-\delta P\right]}\right\}$,若$\delta<\dfrac{e^{\lambda(D+X-P)}+e^{-\lambda(D+X-P)}-2}{\lambda P^2}$,则$\dfrac{\partial e_{f_2}^*}{\partial P}>0$,否则

不确定。说明企业的最优努力水平分别受到食品销售收益和消费者遭受的损

失的正向影响;受到消费者风险规避程度的负向影响。当企业受到的惩罚额接近其销售收益与消费者因食品安全问题受到的损害之和时,企业的食品安全努力水平分别受到其努力水平的边际概率的负向影响,并且该影响是趋近于负无穷大的;企业的食品安全努力水平分别受到消费者努力水平的边际概率的负向影响。当企业努力水平的边际概率低于由食品销售收益、消费者受到的损失、企业遭受的惩罚额和消费者风险规避程度所决定的某数值时,企业的食品安全努力水平受到企业遭受惩罚额的正向影响。

(二) 消费者与企业的食品安全措施具有替代关系时的努力水平

如果消费者与食品供给企业的食品安全措施具有替代关系,消费者与企业至少有一个主体努力可以实现保障食品安全的目标。在这种情况下,企业和消费者分别作为领导者的努力水平分析如下。

1. 企业作为领导者的斯坦科尔伯格博弈

将式(5.73)代入式(5.74)可得消费者的预期效用最大化模型为

$$\max_{e_c} EU(e_c) = 1 - e^{-\lambda D + \lambda e_c} \left[1 - e^{-ke_c - \delta e_f} + e^{-ke_c - \delta e_f - \lambda P + \lambda(D+X)} \right] \qquad (5.84)$$

由式(5.84)整理可得

$$EU(e_c) \propto E\hat{U}(e_c) = -e^{\lambda e_c} \left[1 - e^{-ke_c - \delta e_f} + e^{-ke_c - \delta e_f - \lambda P + \lambda(D+X)} \right] \qquad (5.85)$$

求解式(5.85)的 $E\hat{U}(e_c)$ 最大值等价于消费者预期效用最大化。根据一阶最优条件 $\dfrac{dE\hat{U}(e_c)}{de_c} = 0$,解得

$$e_c = -\frac{\delta}{k} e_f + \frac{1}{k} \ln \left\{ \left(1 - \frac{k}{\lambda} \right) \left[1 - e^{\lambda(D+X-P)} \right] \right\} \qquad (5.86)$$

由式(5.86)可见 $\dfrac{\partial e_c}{\partial e_f} = -\dfrac{\delta}{k} < 0$。说明当消费者与企业的食品安全措施是替代关系时,在企业作为领导者的斯坦科尔伯格博弈中,消费者的食品安全努力水平会随着企业努力水平的提高而下降。

将式(5.86)代入式(5.75),并由一阶条件 $\dfrac{dEC(e_f)}{de_f} = 1 > 0$,可见 $e_{f1}^{**} = 0$。相应地,$e_{c1}^{**} = \dfrac{1}{k} \ln \left[\left(1 - \dfrac{k}{\lambda} \right) \left(1 - e^{\lambda(D+X-P)} \right) \right]$。当 $\left(1 - \dfrac{k}{\lambda} \right) \left(1 - e^{\lambda(D+X-P)} \right) > 0$ 时,即(1)

$k<\lambda$ 且 $D+X<P$，或者（5.73）$k>\lambda$ 且 $D+X>P$ 有意义。说明当消费者与企业的食品安全措施具有替代关系，并且企业作为斯坦科尔伯格领导者时，企业的最优努力水平为零；当消费者努力水平的边际概率低于（或者高于）消费者的风险规避程度，并且食品销售收益与消费者受到的损失之和低于（或者高于）企业遭受的惩罚额时，消费者才会真正实施努力行为。

$$此时\frac{\partial e_{c1}^{**}}{\partial D}=\frac{\partial e_{c1}^{**}}{\partial X}=-\frac{1}{k}\frac{\lambda e^{\lambda(D+X-P)}}{[1-e^{\lambda(D+X-P)}]};\frac{\partial e_{c1}^{**}}{\partial P}=\frac{1}{k}\frac{\lambda e^{\lambda(D+X-P)}}{[1-e^{\lambda(D+X-P)}]};\frac{\partial e_{c1}^{**}}{\partial k}=-\frac{1}{k}$$

$$(e_{c1}^{**}+\frac{1}{\lambda-k});\frac{\partial e_{c1}^{**}}{\partial\lambda}=\frac{1}{k}\{\frac{\frac{k}{\lambda}}{\lambda-k}+\frac{(P-D-X)\lambda e^{\lambda(D+X-P)}}{[1-e^{\lambda(D+X-P)}]}\}。当 k<\lambda 且 D+X<P 时，$$

$$\frac{\partial e_{c1}^{**}}{\partial D}=\frac{\partial e_{c1}^{**}}{\partial X}<0;\frac{\partial e_{c1}^{**}}{\partial P}>0;\frac{\partial e_{c1}^{**}}{\partial k}<0;\frac{\partial e_{c1}^{**}}{\partial\lambda}>0。$$

当 $k>\lambda$ 且 $D+X>P$ 时，$\frac{\partial e_{c1}^{**}}{\partial D}=\frac{\partial e_{c1}^{**}}{\partial X}>0;\frac{\partial e_{c1}^{**}}{\partial P}<0$；当 $P\rightarrow D+X$ 时，有 $\frac{\partial e_{c1}^{**}}{\partial k}$

$\rightarrow+\infty$，$\frac{\partial e_{c1}^{**}}{\partial\lambda}\rightarrow\frac{1}{\lambda}$，显然 $\frac{\partial e_{c1}^{**}}{\partial k}>0$，$\frac{\partial e_{c1}^{**}}{\partial\lambda}>0$，其他不确定。说明当消费者努力水平的边际概率低于消费者的风险规避程度，并且食品销售收益与消费者遭受的损失之和低于企业受到的惩罚额时，消费者的最优努力水平分别受到食品需求量和消费者遭受损失的负向影响；受到企业遭受的惩罚额的正向影响，受到消费者努力水平的边际概率的负向影响；受到消费者风险规避程度的正向影响。当消费者努力水平的边际概率高于消费者的风险规避程度，并且食品销售收益与消费者遭受的损失之和高于企业受到的惩罚额时，消费者的最优努力水平分别受到食品需求量和消费者遭受损失的正向影响；受到企业遭受的惩罚额的负向影响。并且当企业遭受的惩罚额趋近于食品销售收益与消费者遭受的损失之和时，消费者的最优努力水平受到其努力水平的边际概率的正向影响（该影响程度近似于正无穷大），受到消费者风险规避程度的正向影响。

2. 消费者作为领导者的斯坦科尔伯格博弈

根据式（5.75）企业预期成本最小化模型的一阶最优条件 $\frac{dEC(e_f)}{de_f}=0$

可得

$$e_f = \frac{1}{\delta}\ln(\delta P) - \frac{k}{\delta}e_c \qquad (5.87)$$

由式(5.87)可见$\frac{\partial e_f}{\partial e_c} = -\frac{k}{\delta} < 0$。说明当消费者与企业的食品安全措施是替代关系时,在消费者作为领导者的斯坦科尔伯格博弈中,企业的食品安全努力水平会随着消费者努力水平的提高而下降。

将式(5.87)代入式(5.85),并由一阶条件可得

$$\frac{dE\hat{U}e_c}{de_c} = -\lambda e^{\lambda e_c}\left\{1 - \frac{\left[1 - e^{\lambda(D+X-P)}\right]}{\delta P}\left(1 - \frac{k}{\lambda}\right)\right\} \qquad (5.88)$$

若$\delta < \dfrac{\left[1 - e^{\lambda(D+X-P)}\right]\left(1 - \dfrac{k}{\lambda}\right)}{P}$,则$\dfrac{dE\hat{U}(e_c)}{de_c} > 0$。$e_{c2}^{**} \to +\infty$,$e_{f2}^{**} \to -\infty$。说明当企业努力水平的边际概率低于由消费者风险规避程度、食品销售收益、企业遭受的惩罚额与消费者努力水平的边际概率共同决定的某数值时,消费者将付出近乎于无穷大的努力水平,企业不会在食品安全方面付出努力。

若$\delta > \dfrac{\left[1 - e^{\lambda(D+X-P)}\right]\left(1 - \dfrac{k}{\lambda}\right)}{P}$,则$\dfrac{dE\hat{U}(e_c)}{de_c} < 0$。所以有$e_{c2}^{**} = 0$,$e_{f2}^{**} = \dfrac{1}{\delta}\ln$

(δP)。此时,$\dfrac{\partial e_{f2}^{**}}{\partial P} = \dfrac{1}{\delta P} > 0$。$\dfrac{\partial e_{f2}^{**}}{\partial \delta} = \dfrac{1}{\delta^2}\left[1 - \ln(\delta P)\right]$,若$P < \dfrac{e}{\delta}$,则$\dfrac{\partial e_{f2}^{**}}{\partial \delta} > 0$;若$P >$

$\dfrac{e}{\delta}$,则$\dfrac{\partial e_{f2}^{**}}{\partial \delta} < 0$。然而当企业努力水平的边际概率高于由消费者风险规避程度、食品销售收益、企业遭受的惩罚额与消费者努力水平的边际概率共同决定的某数值时,消费者几乎不会付出食品安全努力,企业会付出一定的食品安全努力。该努力水平是由企业遭受的惩罚额和其努力水平边际概率所共同决定的。企业的最优食品安全努力水平会受到其遭受的惩罚额的正向影响;当企业努力水平的边际概率高于(或者低于)自然数倍的企业遭受惩罚额的倒数时,企业的最优努力水平受到其努力的边际概率的负向(或者正向)影响。

二、本节主要结论及启示

本节考虑到食品供给企业和消费者的食品安全措施具有替代和互补不同关系,分别构建了以企业和消费者作为领导者的斯坦科尔伯格博弈模型,分析了他们各自的最优努力水平及其影响因素,得到以下主要结论及启示。

(一) 互补食品安全措施的主要结论及启示

当企业和消费者必须共同努力采取食品安全措施才能确保最终的食品安全时,无论是企业还是消费者具有主导优势,两者的最优努力水平都具有相互正效应。

1. 企业具有主导优势的结论及启示

当企业具有主导优势,只有企业因其产品出现食品安全问题遭受的惩罚额较高时,他才会在供给食品时真正付出努力采取食品安全措施。此时他所决定的自身最优努力水平不仅受到其自身可能遭受的惩罚额及其努力对食品安全的保障作用影响,而且还受到消费者风险规避程度和消费者努力对食品安全的影响。更为严格的惩罚或者消费者对食品安全具有较强的关注度,都将激励企业付出更多努力采取保障食品安全的措施。当消费者努力所带来的食品安全保障效果更为显著时,会使企业放松自身的努力行为。当企业面临相对较高的食品安全惩罚额时,其自身努力所带来的食品安全保障效果增强会减弱其降低努力水平的消极性;当企业面临相对较低的食品安全惩罚额时,其自身努力所带来的食品安全保障效果增强,会使其更有动力提高努力水平。

只有当企业努力所带来的食品安全保障效果相对较差时,消费者才会真正努力实施保障食品安全行为。食品销售收益增加或者消费者遭受的损失增加,会促使消费者降低其努力水平,这主要是由于食品安全的"信任品"特征以及通常生活必需品类的食品一般较难引发消费者的关注。企业努力所带来的食品安全保障效果越显著,消费者努力水平也会相应提高。如果企业遭受的惩罚额与其所得到的销售收益以及给消费者造成的损失之和近似相等时,企业努力所带来的食品安全保障效果或者消费者风险规避程度增强,都将刺激消费者"无限"地努力保障食品安全。如果企业遭受的惩罚额低于其所得到的销售收益、给消费者造成的损失以及消费者风险规避与企业努力所带来的食品安全保障效果决定的某数值之和时,企业遭受的惩罚额越高,消费者努力水平也会随之提高。

2. 消费者具有主导优势的结论及启示

当消费者具有主导优势，只有企业因其产品出现食品安全问题遭受的惩罚额较高时，他才会在供给食品时真正付出努力采取食品安全措施。此时如果企业努力所带来的食品安全效果相对较差，消费者才会在食品安全方面积极努力。此时，即使具有一般销售量的食品，其质量安全也会引发消费者对其质量安全的关注并采取措施，激励企业提高其努力水平；可能对消费者身心健康造成严重损害的食品安全问题，更会使消费者与企业都提高食品安全努力水平。消费者风险规避程度增强，消费者与企业的努力水平反而都将降低，这主要是由于企业与消费者努力之间的互补性。企业努力所带来的食品安全保障效果增强，也会激励消费者提高其努力水平。如果企业遭受的惩罚额与其所得到的销售收益以及给消费者造成的损失之和近似相等时，消费者努力所带来的食品安全保障效果增强或者企业遭受的惩罚额增加，都将刺激消费者"无限"地努力保障食品安全；企业努力所带来的食品安全保障效果增强却会使企业因"无利可图"从而"无限"降低其自身努力水平；消费者努力所带来的食品安全保障效果增强也会使企业降低努力水平，但降低的程度是有限的。如果企业努力所带来的食品安全保障效果相对较弱，则企业可能遭受的惩罚额将对其自身产生威慑作用，促使企业提高努力水平。

（二）替代食品安全措施的主要结论及启示

当企业和消费者至少有一方努力采取食品安全保障措施才能确保最终的食品安全，无论是企业还是消费者具有主导优势，两者的最优努力水平都具有相互负效应。

1. 企业具有主导优势的结论及启示

当企业具有主导优势，他不会真正努力实施食品安全行为。此时，如果消费者努力所带来的食品安全保障效果弱于（或者强于）其风险规避程度，并且企业可能遭受的惩罚额相对销售收益和造成的损失较高（或者较低）时，消费者会真正努力实施食品安全行为。企业所决定的努力水平受到其努力所带来的食品安全保障效果、消费者风险规避程度和可能遭受的损失，以及企业的食品销售收益和可能遭受的惩罚额的共同影响。当消费者努力所带来的食品安全保障效果弱于其风险规避程度,并且企业受到的惩罚额高于其销售收益与消费者因食品安全问题受到的损失之和时,即使食品销售收益或者可能带给消费者的损失减少,由于企业努力的不作为,消费者也将提高其自身的食品安全努力水平。企业可能遭受的食品安全惩罚额更高,会刺激消费者更努力地保障自身食品安全。消费者努力所带来的食品安全保障效果增强会使消费者降低努力水平。消费者风险规避程度增强会使其进一步加强自身在食品安全方面的努力。当消费者努力所带来的食品安全保障效果强于其风险规避程度,并且企业受到的惩罚额低于其销售收益与消费者因食品安全问题受到的损失之和时,即使食品销售收益或者可能带给消费者的损失增加,消费者也将相应提高其自身的食品安全努力水平。企业可能遭受的食品安全惩罚额更高,会降低消费者的努力水平。企业受到的惩罚额趋近于其销售收益与消费者因食品安全问题受到的损害之和时,消费者努力所带来的食品安全保障效果增强会使消费者更有动力"无限"地努力;消费者风险规避程度增强会使消费者更谨慎更关注食品安全,努力提高自身的食品安全水平。

2. 消费者具有主导优势的结论及启示

当消费者具有主导优势,如果企业努力所带来的食品安全保障效果相对较差,企业不会真正努力实施食品安全行为,而消费者则会为确保自身食品安全积极努力;如果企业努力所带来的食品安全保障效果相对较强,企业会真正努力实施食品安全行为,而消费者会因其努力行为的替代关系而"不实施"食品安全行为。此时,企业可能遭受的惩罚额增加会威慑其更加努力地保障食品安全。如果企业可能遭受的惩罚额相对较低(或者较高)时,企业努力所带来的食品安全保障效果越显著,企业会更加努力提高(或者降低)食品安全水平。

第六章 食品安全供需视角下信誉与质量安全水平研究

第一节 我国品牌企业的食品安全控制及其政府监管

根据国家统计局 2015 年前三季度食品工业数据整理可见（表 6-1），我国食品工业主营业务收入及利润总额均呈现增长态势，其中利润总额上涨更快。从地区的食品工业发展来看，东部地区保持了平稳增长态势，中部和西部地区的食品工业发展势头凸显，而东北地区显示出小幅下降。在食品企业数量方面，东北地区较为落后，东部和中部地区具有明显优势。

表 6-1 2015 年前三季度我国食品工业发展状况

	企业数量（个）	主营业务收入（亿元）	主营业务收入同比增长（%）	利润总额（亿元）	利润总额同比增长（%）
食品工业总计	39319	81869.61	4.95	5611.09	9.16
东部地区	15429	34983.88	5.00	2468.78	10.53
中部地区	11200	22325.21	8.47	1435.26	7.29
西部地区	8141	15579.23	6.32	1343.32	13.91
东北地区	4549	8981.3	-4.99	363.73	-6.63

中国食品工业协会总结的食品工业 2015 年及"十二五"期间行业发展状况显示：2015 年全国规模以上食品工业增加值增速在 6.5% 左右，实现主营业

务收入 11.6 万亿元,同比增长 6.5%;实现利润总额 8000 亿元,同比增长 5.5%;上交税金 9700 亿元,同比增长 4.9%;固定资产投资额 2 万亿元,同比增长 7.3%。预计 2015 年我国食品工业总产值占全国工业总产值的比重将比 2010 年的 8.8% 提高 3.2 个百分点,食品工业在国民经济中的支柱产业地位将进一步得到提升。目前我国超过百亿元的食品工业企业已经达到 54 家,超额完成了"十二五"规划中提出的百亿元食品工业企业超过 50 家的发展目标。在即将到来的"十三五"期间,"工业 4.0"与"互联网+"的全球化历史机遇将对我国食品工业发展提出新的要求与挑战。广大消费者对食品的消费将由生存性消费向健康性、享受型消费转变,由吃饱、吃好向保障食品安全,满足食品消费多样化转变;发挥食品出口对经济增长的促进作用,培育以技术、标准、品牌、质量、服务为核心的出口新优势;实现我国食品工业健康、良性和高速发展的全面目标。

对此,作为我国食品工业发展主力军的品牌企业,其产品的质量安全将直接关系到消费者对我国食品安全的信任,并且将影响我国食品的出口态势,对我国食品工业的发展起到举足轻重的作用。2008 年三鹿"三聚氰胺"事件后,国产奶粉的市场份额呈现不断缩小的趋势,而我国奶粉进口量激增。据有关资料显示,国产婴幼儿奶粉的四大国产品牌——伊利、圣元、贝因美、雅士利,仅占我国奶粉市场总份额的 23.8%。而我国一二线城市的高端婴幼儿奶粉市场,几乎都被进口品牌奶粉所占据,并且这种现象持续至今。尽管继 2008 年三鹿"三聚氰胺"事件、2011 年双汇"瘦肉精"事件已经严重损伤了消费者对品牌企业食品安全的信心后,我国实行了全面加强企业社会责任,废止对品牌企业产品实行质量免检制度等健全食品安全监管体系的一系列改革措施,使食品安全现状得到了较大改善。然而 2014 年麦当劳上游供应商上海"福喜"公司被曝出严重的产品质量安全问题,从而危及各大知名品牌企业。同时,涉及台湾顶新集团、统一企业等多家知名品牌企业的"黑心油"、"馊水油"事件又再次发酵,使消费者对这些在食品业界具有长期良好信誉的品牌企业自身的食品安全控制有效性产生质疑。因此,挖掘品牌企业基于自身信誉做出与食品安全紧密相关的生产检测等控制决策,以及探讨与此相关的政府监管机制,将对我国食品工业的发展及食品安全保障至关重要。

一、品牌企业食品安全的相关研究现状

近年来品牌企业食品安全事件频发,从信誉机制发挥作用的环境、条件等角度的研究认为:信誉效应与企业行为之间的关系表现为一方面信誉效应对具有机会主义行为的企业施以惩罚,另一方面它也会对依法经营的企业予以经济回报(Carriquiry 和 Babcock,2007)。因此,信誉机制是政府规制的有效补充。国外学者对企业信誉机制的相关研究较早。Grossman(1981)认为在长期交易中企业不会自毁信誉,市场自身就能解决食品安全问题,但对于信任品,生产者很难建立质量信誉。Shapiro(1983)研究了在无限重复博弈下企业的信誉形成机制,认为较高的未来收益使企业通常不会采取以次充好的行为。Kreps 等(1982)研究表明:信誉机制是抑制个人或团队机会主义行为的重要方式。Klein 和 Leffler(1981)认为信誉机制能够给生产者与销售者提供适当激励,使其承诺或者保证产品质量。Alexander(1999)认为只有当受害方是直接利益相关方而非第三方时,问题企业才会受到严厉的信誉惩罚。在此基础上,国内学者逐渐开展了相关研究。王秀清等(2002)认为信息不对称程度会影响企业信誉机制的建立。谭洁(2013)认为食品安全标准化监管有利于提高食品企业的商品信誉。当前我国在食品安全标准化监管主体、依据以及检验环节中存在诸多问题亟待解决。王丽娜(2013)提出当企业在利益最大化下不愿主动承担社会责任时,建立公众参与机制监督企业,强调食品安全的企业内部规制将发挥作用。一旦发生食品安全问题,信誉机制能够对企业产生惩罚作用,影响企业核心利益,尤其是知名品牌企业。周小梅(2014)认为信誉机制将激励企业提供安全食品。信誉激励是企业为获取长期利益而牺牲短期利益的行为。若食品企业注重未来利益,为获得良好信誉,会主动向消费者提供食品安全的信息。随着食品市场不断成熟以及大企业增多,信誉机制对食品企业的激励作用将会发挥越来越重要的作用(陶善信、周应恒、吴元元,2012)。周孝和冯中越(2014)对信誉效应与食品安全水平之间的关系进行实证检验表明:信誉效应在保障食品安全水平上发挥了重要作用。

相关食品企业的食品安全控制行为与政府监管研究较为丰富。华瑛和张治河(2014)利用博弈模型,从企业社会责任角度分析了我国食品企业依赖自身解决食品安全问题存在的困境,认为政府监管的完善是促进企业履行社会

责任的重要动因。王可山和苏昕(2013)针对食品信息有效传递问题,分析了食品生产经营企业行为与政府制度环境之间的制约和激励缺失因素。刘晓红(2015)建立演化博弈模型分析了食品生产企业自我监管治理缺乏动力与选择违法生产行为的诱因。产品质量安全检测是食品企业进行食品安全控制的重要手段之一。国内学者张永建等(2005)提出食品安全检测是生产加工、销售等环节内部自我监控和外部监督检查的重要手段。张煜和汪寿阳(2010)结合食品供应链的特点,提出了包含检测性、追溯性等要素在内的质量安全管理模式。国外学者利用成本与收益的比较分析,研究了企业采取检测、追溯等食品安全管控行为的决策,认为政府的财政补贴、奖惩措施以及供应链整合程度是企业采取食品安全控制行为的重要影响因素(Brian,2003;Caswell,1998)。

现有研究为品牌企业的食品安全控制提供了借鉴,然而针对近年来我国多家具有信誉的知名品牌企业被曝光的严重食品安全事件,其中多数是因其上游产品质量安全出现问题,企业的产品质量安全检测等食品安全控制行为不当甚至缺失而引致终端食品安全事件的发生。对此,本节考虑到信誉机制在品牌企业生产经营中发挥的重要作用,分别分析了企业对自身未来经营出现食品安全问题具有乐观预期或者持有谨慎态度的不同情况下,对上游产品质量安全检测等食品安全控制决策,并且基于政府监管及规制理论,从供给推动与需求拉动两个方面提出相应的政府监管机制。

二、品牌企业食品安全控制决策

一个具有品牌信誉的食品企业,会对其上游供应商提供的食品或食品原材料(以下统称为产品)进行质量安全控制,例如实施质量安全检测。若食品企业对食品安全控制不严甚至缺位,会直接导致供应商提供低质量安全水平产品,使得终端食品安全难以保障。对此,食品企业会利用合同条款约束与监督上游供应商提供的产品质量安全水平,通过对产品进行质量安全检测等控制方式保障其经销的食品质量安全。下面以食品企业对上游供应商供给的产品进行质量安全检测控制为例,建立优化模型分析企业的食品安全控制决策。

若企业对上游产品的质量安全检测水平为 s,它是由企业根据自身预期利润最大化决定的。并且检测水平满足 $0<s<1$，它可以表示企业检测出产品质量安全问题的概率，还能够反映出企业对自身品牌信誉的重视程度。企业进行检测的成本 bs，其中 b 表示单位检测成本，反映实施检测的边际成本大小。由于企业对产品质量安全的检测水平，能够间接体现出它的品牌信誉影响力。若消费者对食品安全水平更为重视，则企业会因质量安全检测而累积更高的品牌信誉价值。令 m 表示消费者对食品安全水平的重视程度，可以反映企业实施食品安全控制的边际收益。w 表示供应商提供的产品质量安全水平，并且 $0<w<1$，它能够反映产品本身质量安全的概率。企业对产品质量安全水平的检测通过率为 $\lambda=\lambda(s)=(1-s)(1-w)+w$。因为供应商提供产品的质量安全水平越高，相应的生产成本就更高，反之亦然，所以供应商提供的产品质量安全水平与企业支付给其的产品单价成正比。用 k 表示企业支付给供应商的产品单价。企业销售食品获得的单位销售净收益 p_0，它是由食品的销售单价减去企业经销食品的单位成本所得。因为具有品牌信誉的企业一般会获得正利润，所以 p_0 满足 $p_0>k>kw$。由于一般类食品已经成为人们日常生活必需品，因此企业供给的食品数量 Q_0 相对较为稳定，变化不大。具有品牌信誉的企业在行业竞争中具有显著优势，并且通常具备长期的经营"生命力"。因此，利用多期博弈模型框架分析他们的控制行为决策更为切合实际。若该品牌企业预期它未来不会被曝光食品安全问题，则会"乐观"地认为可以进行"无限期"食品安全控制决策；而若企业"谨慎"地预计到未来它可能发生食品安全问题，就会进行"有限期"食品安全控制决策。在上述两种不同预期下，企业会分别根据自身无限期和有限期的预期总利润决定它对上游供应商的产品质量安全检测水平。因此，令 α 表示不同时期的企业预期利润贴现因子，显然 $0<\alpha<1$。下面将分别分析上述两种预期下的企业检测水平的食品安全控制决策。

（一）"无限期"经营预期的食品企业检测控制决策

如果企业预期其一直不会发生食品安全问题，它的无限期预期总利润为

$$E(\pi_t)=\sum_{t=1}^{+\infty}\alpha^t\lambda^t\pi=\frac{\alpha\lambda(p_0+ms-bs-kw)Q_0}{1-\alpha\lambda}$$。根据企业预期总利润最大化可得

企业的最优质量安全检测水平 $s^* = \dfrac{-(1-\alpha)+\sqrt{1-\alpha-\dfrac{\alpha(1-w)(p_0-kw)}{m-b}}}{\alpha(1-w)}$。只有 $m>b$ 时,才有 $0<s^*<1$。具体分析企业的最优质量安全检测水平可得以下几点结论:

首先,当企业预期自身未来不会发生食品安全问题,能够"无限期"经营时,企业根据自身预期总利润最大决定对供应商产品质量安全的最优检测水平,并且当消费者对食品安全水平的重视程度较强,企业实施检测等食品安全控制行为的收益较之于成本更高时,企业会选择实施使自身预期利润最大的最优检测水平的控制行为。该最优检测水平会随着消费者对食品安全水平重视程度的增强而提高;随着单位检测成本的增加而下降;随着单位销售净收益的提高而下降;随着企业支付给供应商的产品单价的上涨而提高;随着供应商产品质量安全水平的提高而提高;随着预期利润贴现因子的增大而下降。

其次,对于预期自身"无限期"经营的企业,当供应商提供的产品质量安全水平相对较高时,只有消费者对食品安全水平的重视程度在较高范围内;或者当供应商提供的产品质量安全水平相对较低时,只有消费者对食品安全水平的重视程度高于某一定值,企业依据自身预期总利润最大决定的最优检测水平才具有实际意义,并且当消费者对食品安全水平的重视程度满足上述条件时,企业实施检测等食品安全控制行为的单位收益会随着单位检测成本的提高而增加;随着产品质量安全水平的提高而减少;随着单位销售净收益的提高而增加;随着企业支付的产品单价的提高而减少;随着企业预期利润贴现因子的增大而增加。当产品的质量安全水平相对较高时,企业都会采取严格检测等食品安全控制行为;当产品的质量安全水平相对较低时,企业实施检测等食品安全控制行为的收益相比于检测成本较低时,企业也会选择严格检测等食品安全控制行为。若企业实施检测等食品安全控制行为的收益相比于检测成本较高时,企业会选择较低检测水平的食品安全控制行为,甚至极端情况下选择轻视或者忽视食品安全控制的不负责行为。

(二)"有限期"经营预期的食品企业检测控制决策

如果企业预期其未来可能发生食品安全问题,他会根据"有限期"经营的自身预期总利润最大化决定检测水平等食品安全控制行为。假设企业在第 T 期发生食品安全问题，则他的预期总利润为 $E_T(\pi_t) = \sum_{t=1}^{T} \alpha^t \lambda^{t-1}(1-\lambda)\pi = \dfrac{\alpha(1-\lambda)(p_0+ms-bs-kw)Q_0}{1-\alpha\lambda}$。根据企业预期总利润最大化可得此时企业的最优质量安全检测水平 $s_T^* = \dfrac{-(1-\alpha)+\sqrt{(1-\alpha)^2-\dfrac{\alpha(1-\alpha)(1-w)(p_0-kw)}{m-b}}}{\alpha(1-w)}$。类似地，只有 $m>b$ 时，才有 $0<s_T^*<1$。具体分析企业的最优质量安全检测水平可得以下几点结论：

首先，当企业预期它可能会在未来发生食品安全问题，它的品牌信誉将严重受损，只能按照经营到有限时期进行食品安全控制决策。因此，企业会根据有限期的自身预期总利润最大决定对产品质量安全的最优检测水平。当检测成本相比于企业实施检测等食品安全控制行为的收益更高时，企业决定的最优检测水平才有实际意义。该最优检测水平会随着消费者对食品安全水平重视程度的增强而提高；随着单位检测成本的增加而下降；随着单位销售净收益的提高而提高；随着企业支付给供应商的产品单价上涨而下降；随着企业预期利润贴现因子的增大而下降。当预期利润贴现因子相对较大，并且消费者对食品安全水平重视程度处于较低范围时，最优检测水平随着产品质量安全水平的提高而提高。而当预期利润贴现因子相对较大，并且消费者对食品安全水平重视程度低于某一定值时，或者当预期利润贴现因子相对较小，并且消费者对食品安全水平重视程度也相对较低时，最优检测水平都会随着产品质量安全水平的提高而下降。

其次，此时企业实施检测等食品安全控制行为的单位收益会随着单位检测成本的增加而增加；随着单位销售净收益的提高而减少；随着企业支付的产品单价上涨而增加；随着预期利润贴现因子的增大而增加。当单位销售净收益相比于产品单价较高时，企业实施检测等食品安全控制行为的单位收益随着企业支付给供应商的产品单价上涨而减少；当单位销售净收益相比于产品单价较低时，企业实施检测等食品安全控制行为的单位收益随着企业支付的产品单价上涨而增加。而当企业实施检测等食品安全控制行为的收益相比于检测成本较低时,企业会严格地实施检测等食品安全控制行为。当企业实施检测等食品安全控制行为的收益相比于检测成本较高时,企业会实施较低检测水平的食品安全控制行为,甚至极端情况下选择轻视或者忽视食品安全控制的不负责行为。

(三)"无限期"与"有限期"经营的食品企业食品安全控制决策比较

通过比较无限期和有限期食品企业的检测水平等食品安全控制行为有如下几点结论:

对于"无限期"经营的食品企业可以看作是对自身未来经营具有"乐观"预期,而忽视或轻视食品安全问题发生的企业;而对于"有限期"经营的食品企业可以看作是对未来经营具有谨慎态度,认为食品安全问题可能在未来某一时期发生的企业。总体而言,对于未来经营预期具有谨慎态度的企业,即使在消费者对食品安全水平认识不足的现状下,也会严把内部的产品质量安全控制关卡。相比之下,凭借自身品牌信誉价值,长期保持"乐观"经营态度的企业更易受到外界多种因素的影响,一旦它放松对食品安全问题的警惕性,不仅会诱发消费者对品牌企业的食品安全信任危机,而且还将最终危害品牌企业自身的经营状况。一方面,对自身未来经营具有"乐观"预期,易于忽视或轻视食品安全问题发生的企业,消费者的食品安全意识提高,将对企业食品安全控制水平的提高具有正向激励与约束作用;企业检测成本增加会削弱其加强食品安全控制的动力;较高的食品销售价格会对企业食品安全控制水平的提高具有负面影响;更为低廉、劣质的产品,会使企业降低内部食品安全控制的标准;企业未来预期利润的现值越高,它会更注重眼前利益从而降低当前的食品安全控制水平。另一方面,对于未来经营预期具有谨慎态度的企业,它在"有限期"经营的自我预期威慑下,会因食品销售价格的提高更加维护其品牌信誉价值,更加严格地实行食品安全控制行为,并且在其上游供应商提供廉价产品的同时,为避免食品安全问题发生,即使消费者对食品安全的重视程度相对较低,该类企业仍会提高其食品安全控制水平。

三、食品企业的政府监管机制

对此,如何针对品牌食品企业加强政府监管,解决由此加剧的我国食品安全信任危机,保障我国食品安全水平,成为摆在我们面前的难题。基于品牌企业食品安全控制决策,本节认为应从供给推动与需求拉动两个侧面共同建立针对食品企业的政府监管机制,进一步完善我国食品安全的政府监管体系。由图6-1,政府部门在供给推动方面,应主要从企业信誉机制、供给方价格机制与市场竞争机制;在需求拉动方面,应主要从消费者信任机制、需求方价格机制与信息机制,共同建立与完善相关监管机制。

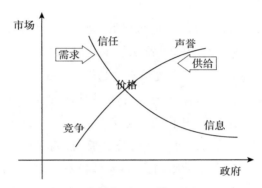

图6-1　食品企业的政府监管机制

（一）供给推动的政府监管机制

食品安全供给应主要从以下三个方面建立政府监管机制,以推动食品企业有效供给质量安全食品。

首先,政府部门应从价格与质量安全、企业利润的关系,结合企业特征、市场结构与行业规模角度,适当监督企业或行业形成符合投入产出比的基本价格机制。具体而言,各地区对于同类食品生产经营所需的原材料及初级产品单价要有基本标准规范。通过对企业食品安全控制的不定期抽查、委托第三方监督等方式,明确食品企业的产品质量安全常态水平,从而规范食品企业质价合一的定价标准,以防企业仅靠自身信誉或供求失衡制定价格引发的价格剧烈波动,从而诱发相关主体的机会主义行为。政府部门通过多种渠道补贴与扶持措施,降低企业食品安全控制成本。例如,为企业提供义务检测技术培训、给予检测设备采购的税收减免和补贴;鼓励第三方独立检测机构的建立,由政府有关部门直接监管,通过资金扶持培育其逐步市场化运作,并且政府有关部门应该不定期对食品企业产品开展不定期抽检,从企业外部进一步加强监督,防止企业实施食品安全控制的道德风险行为。最终,激励与约束企业提供满足各类食品市场需求的优质优价食品。

其次,政府部门要依据信誉机制发挥作用的前提——市场利益的显著增加与企业累积信誉所投入的适当成本,从食品的不同质量安全等级对应合理价格的监督、不同类型企业的信誉与所在行业信誉的评估与公开、相应的市场外部环境建设角度,确立政府监管的企业信誉机制。具体而言,建设与完善企业信用体系,通过信用评分与定期更新公开化信用等级,进一步约束与激励具有品牌信誉的企业严格实施食品安全控制行为,并且由政府部门主导管理,通过网络、电话等多种途径鼓励社会各界对违规、违法的食品企业实施举报,定期发布企业的信用信息。通过此类与企业利益直接挂钩的信用公开方式,督促企业严格按照法规和标准实施食品安全控制,维护自身品牌信誉。

最后,政府部门要从企业规模、分布与组织模式、区域市场布局角度,通过对同类食品企业实施统一的市场准入与退出、奖惩措施等,加强行业规范,确立公平有效的市场竞争机制。具体而言,在培育良好、有效的食品市场竞争环境时,不能仅强调食品高价格对企业经营决策的激励作用,要依据企业经营定位等特征分类对待。借由企业信用体系发布信息等外部市场环境监督方式,间接对企业销售的食品价格产生影响,使得缺乏长期警示意识的品牌企业能够在外部监管环境下,始终严把食品安全控制关,同时使具有严要求高标准的企业获得应有的品牌信誉溢价,并且通过法律严格规定企业实施食品安全控制的责任以及问责惩罚细则(包括经济惩罚、行政处罚等),从而直接降低企业轻视或者忽视食品安全控制行为后的预期收益。尤其针对品牌食品企业,更应将食品安全控制作为其企业社会责任的重要组成部分,更应予以规范化与重责化。

(二)需求拉动的政府监管机制

食品安全需求应主要从以下三个方面建立政府监管机制,以拉动市场有效需求质量安全食品。

首先,政府部门要从食品的质量安全等级细分、不同消费者群体的收入及其购买意愿等需求影响因素入手,引导需求主体形成优质优价的价格机制。

具体而言,在各类食品市场明确"三品一标"等食品类别、品质、等级的常识与标准,使相应的消费群体能够依据自身收入、食品需求偏好、身体健康所需等特征正确选择与合理消费相应品类的食品。从而使需求主体能够在符合自身购买支付意愿的情况下,按需接受或促成优质优价、保障基本食品安全的低质廉价的价格机制。

其次,政府部门要依据信息机制发挥作用的前提——消费者理性推测与有效甄别,从食品安全知识传播、信息发送形式与披露时间、虚假信息排查与立法规制、信息发布机构及再监督机构的角度,确立政府监管的信息机制。具体而言,针对不同类型的食品企业,通过食品行业协会或者品牌企业的引领与主导作用,建立健全各类食品的企业产品质量安全信息公开化体系,依托现有行业协会与品牌企业平台,通过政府部门的规范,使其信息平台的信息发布及时化、全面化与易查询化。联合消费者协会等消费群体组织,不定期选派消费者自愿参与到信息甄别与获取的工作进程中,提高信息可信度。

最后,政府部门为重建消费者信任机制,应从质量安全保证承诺规范化法制化、第三方(质量安全认证与检测等机构)监督和失责的惩罚与退出、政府监管绩效的公众可信性角度,建立政府监管的信任机制。具体而言,不断提高消费者对食品安全的正确认识是非常必要的,以免食品安全事件曝光造成消费者减少购买国产食品和盲目消费高价进口食品的后果。通过政府部门等正规公开平台(包括官方网站、微博、微信公众号、热线咨询电话等),为消费者提供了解和学习食品安全知识、辨别食品安全有效方法以及维护自身权益的便捷途径。

总之,针对我国食品企业的食品安全控制及政府监管问题,应从约束与激励企业有效供给、培育消费者有效需求以及协调食品安全供求方面建立相应的政府监管机制,丰富立足于市场的我国食品安全政府监管机制理论,为处理好企业与市场、政府与市场的关系,加强我国食品安全政府监管体制和机制改革创新,提供重要的理论补充。在当前政府监管体制改革无法立即显现作用的情况下,要结合食品企业特征,从如何提高企业的食品安全有效供给与如何满足消费者食品安全有效需求的角度,进一步细化政府监管机制,发挥政府监管的协同优势,进一步加强企业自身的食品安全控制。

第二节　具有品牌信誉零售商视角下食品安全的 政府监管与零售商检验的联动机制

2014 年相继曝光的上海福喜、台湾地沟油事件都是由上游供应商的质量安全问题而致下游知名品牌零售商的食品安全危机。例如,麦当劳在中国销售额直线下滑、台湾味全食品全面下架等,甚至波及整个同类食品行业。具有品牌信誉的食品零售商本应履行对其供应商的产品质量安全严格检验与监督的职责,然而零售商通常以成本控制为主而形成的"程序化"检验监督缺乏实效,加之政府部门食品安全监管乏力,最终使具有质量安全问题的食品流向市场,危害消费者身心健康。因此,明确政府部门食品安全监管与零售商质量安全检验之间的联动机制,将对整个食品供应链的质量安全保障至关重要。

现有政府食品安全监管的研究多是基于规制理论,利用博弈论等方法分析我国食品安全的政府监管模式和监管体系,认为食品安全的市场失灵需要政府监管,以维护市场公正、提供相关信息等(Kuei et al,2011;肖峰、王怡,2015),但同时地方保护主义、政府"规制失灵"加剧了转型时期我国食品安全问题的严重性(王志刚等,2013;袁文艺和胡凯,2014;曾文革、林婧,2015)。对食品质量安全检验的相关研究分析了企业采取检测、追溯等质量安全管控行为的决策(廖卫东等,2011;Carriquiry、Babcock,2007;Tirole,1996;周小梅,2014),以及基于质量管理的供应商选择与供应链主体相关产品质量安全的行为(于荣,2014;周应恒、王二朋,2013;张永建,2005)。这些研究表明了食品质量安全检测的重要性以及监管环境、企业利益等因素对产品质量安全的显著影响,而已有研究对政府监管与企业质量安全检验的关联性研究较为缺乏。因此,本节以具有品牌信誉的零售商对上游供应商的质量安全检验与政府食品安全监管水平的联动机制为研究对象,分析了在零售商主导与零供一体化两种典型模式中的上述机制及其影响因素,为提高我国食品安全的政府监管绩效,维护我国食品企业品牌信誉价值,保障我国食品安全提供了参考依据。

一、政府部门监管与零售商质量安全检验的基本问题

本节研究一个供应商供给单位食品或食品原材料给一个具有品牌信誉的食品零售商。零售商根据市场需求从供应商处采购产品,将其进行简单加工后即可销售到市场,例如快餐食品。并且供应商的产能完全能够满足零售商的需求。这里的单位食品可以表示批量食品,即经标准化后的食品"单位"。假设因利益驱使,供应商会供给劣质不安全食品。例如上海"福喜"公司将过期食品重新作为原料进行再加工。供应商和零售商的决策顺序如下。首先,供应商生产供给食品给零售商。其次,零售商依据市场需求从供应商处采购食品并且检验食品的质量安全水平,一旦发现问题,供应商要向零售商支付一定的赔偿额;若未发现问题,零售商将食品供给到市场上进行销售。最后,为保障食品安全,政府部门对市场上食品的质量安全水平进行监管,一旦发现问题,除了食品滞销,零售商的品牌信誉也将遭受严重损失。

消费者购买食品的效用函数为 $U=\theta q-p$。其中食品的市场销售价格为 p;食品的质量安全水平为 q;消费者对食品质量安全的偏好为 θ,它服从 0—1 的均匀分布。由于信息不对称及食品安全的"信任品"特征,消费者通常会根据品牌、自身所了解的信息估计食品的质量安全水平。本节所研究的是具有一定品牌信誉零售商经销的食品,因此消费者会更多地凭借其品牌信誉估计该食品的质量安全水平。若将零售商的品牌信誉价值记为 R,则在有限信息下,消费者对食品质量安全的估计值近似为 $\hat{q}=R$。由此,消费者购买该单位食品的效用为 $U=\theta R-p$。若 $U\geq 0$,消费者就会购买该食品。根据 θ 分布可得消费者对该食品的需求函数为 $Q=1-\dfrac{p}{R}$。其中 Q 表示食品需求量。供应商向零售商供给食品的批发价为 w,它表示剔除供应商单位生产成本后的净价。若零售商检验出供应商提供的食品具有质量安全问题,供应商需要支付给零售商赔偿额为 s,它是由零供双方在达成合作关系时已经签订的固定赔偿额。零售商对供应商实行食品质量安全检验的精确度为 λ,并且 $0\leq\lambda\leq 1$,它是由零售商依据自身利益考虑决定的。零售商实行检验的成本为 $\dfrac{1}{2}f\lambda^2$,f 是检验的边际成本系数。政府部门对市场上销售的食品进行质量安全检验、监督,反映

了他的食品安全监管水平 r，并且 $0 \leqslant r \leqslant 1$，它是由政府部门决定的。当零售商未检验出供应商的食品质量安全问题时，若由政府部门检查出市场中的食品具有质量安全问题，零售商不仅会损失进货成本，而且其品牌信誉也会严重受损。本节将此时零售商的品牌信誉受损额量化为 R^2，反映出企业的品牌信誉损失会长期持续，即边际损失递增。例如食品安全事件一旦发生，引致消费者的信任危机，使得该类食品经销商的整体销售额会持续下滑，甚至产品滞销。当零售商检验出供应商的食品质量安全问题时，他能够获得供应商支付的赔偿额。

由此，供应商的预期净收益为

$$\pi_s = M_s + (1-\lambda)\left(1-\frac{p}{R}\right)w - \lambda s \tag{6.1}$$

式（6.1）表明：当零售商未检验出食品质量安全问题时，供应商的预期收益为 $(1-\lambda)\left(1-\frac{p}{R}\right)w$；当零售商检验出食品质量安全问题时，供应商的预期损失为 λs。M_s 表示供应商日常经营的基本收益（与其供应的食品质量安全无关）。

零售商的预期利润为

$$\pi_R = (1-\lambda)\left\{\left(1-\frac{p}{R}\right)(p-w)(1-r) - \left[\left(1-\frac{p}{R}\right)rw + rR^2\right]\right\} + \lambda s - \frac{1}{2}f\lambda^2 \tag{6.2}$$

式（6.2）表明：当零售商未检验出食品质量安全问题时，并且政府部门未检查出市场上该食品具有质量安全问题，其预期净收益为 $\left(1-\frac{p}{R}\right)(p-w)$ $(1-r)$，若政府部门检查出食品具有质量安全问题其预期损失为 $\left(1-\frac{p}{R}\right)rw + rR^2$（企业的品牌信誉损失不受产品需求量影响）；当零售商检验出食品质量安全问题时，他将获得供应商的预期赔偿额为 λs。其中价格 p 是供应商批发价 w 与零售商的边际加价 m 的总和，即 $p = m + w$。

为保障消费者等社会大众福利，各政府部门根据消费者剩余最大化决定食品安全监管水平。因此，消费者针对此类食品的预期消费者剩余为[①]

①　本节主要关注食品质量安全问题，所以消费者对其他产品的消费剩余没有在该式计算时体现。

$$E(CS) = \frac{r(R-p)^2}{2R} \qquad (6.3)$$

二、典型模式中的食品安全监管水平与检验精确度

（一）零售商主导模式中的食品安全监管水平与检验精确度

由于零售商具有品牌、规模等优势，因而通常具有主导地位。下面分析在零售商主导模式中零售商检验精确度和政府部门监管水平的决定。此时供应商与零售商的博弈时序为：供应商根据零售商的产品定价（即 m）决定其批发价 w；零售商根据供应商的批发价决定其检验精确度 λ。采取逆向归纳法。首先供应商根据自身预期净收益最大化决定其批发价格，然后零售商基于自身预期利润最大化决定其价格和检验精确度。根据式（6.1），由一阶最优条件 $\dfrac{d\pi_s}{dw} = 0$ 可得 $w = \dfrac{R-m}{2}$。相应的二阶最优条件 $\dfrac{d^2\pi_s}{dw^2} = -\dfrac{2(1-\lambda)}{R} <$

0 仍满足。将其代入式（6.2），零售商的一阶最优条件 $\dfrac{\partial \pi_R}{\partial m} = 0, \dfrac{\partial \pi_R}{\partial \lambda} = 0$ 解得

最优的零售商边际加价 $m^* = \dfrac{R}{2-r}$，零售商的最优食品质量安全检验精确度

$\lambda^* = \dfrac{1}{f}\left[rR^2 - \dfrac{R(1-r^2)}{4(2-r)} + s \right]$。相应的海塞矩阵（Hesse 矩阵）为 $H =$

$\begin{pmatrix} -\dfrac{(1-\lambda)(2-r)}{2R} & 0 \\ 0 & -f \end{pmatrix}$，其各阶顺序主子式分别为 $H_1 = -\dfrac{(1-\lambda)(2-r)}{2R} < 0, H_2 =$

$\dfrac{(1-\lambda)(2-r)f}{2R} > 0$。因此，二阶最优条件仍满足。据此可知，供应商的最优批发

价格为 $w^* = \dfrac{R(1-r)}{2(2-r)}$。

若 $\dfrac{R(1-r)^2}{4(2-r)} - rR^2 < s < f + \dfrac{R(1-r)^2}{4(2-r)} - rR^2$ 时，有 $0 < \lambda^* < 1$。$\dfrac{\partial \lambda^*}{\partial f} = -\dfrac{1}{f^2}\left[rR^2 - \right.$

$\left. \dfrac{R(1-r)^2}{4(2-r)} + s \right] < 0$；$\dfrac{\partial \lambda^*}{\partial s} = \dfrac{1}{f} > 0$；$\dfrac{\partial \lambda^*}{\partial r} = \dfrac{1}{f}\left[R^2 + \dfrac{R(1-r)(3-r)}{4(2-r)^2} \right] > 0$；$\dfrac{\partial \lambda^*}{\partial R} = \dfrac{1}{f}$

$\left[2rR-\dfrac{(1-r)^2}{4(2-r)}\right]$，当 $R>\dfrac{(1-r)^2}{8r(2-r)}$ 时 $\dfrac{\partial\lambda^*}{\partial R}>0$，当 $R<\dfrac{(1-r)^2}{8r(2-r)}$ 时 $\dfrac{\partial\lambda^*}{\partial R}<0$。否则若 $s\leqslant$

$\dfrac{R(1-r)^2}{4(2-r)}-rR^2$ 时，$\lambda^*=0$；若 $s\geqslant f+\dfrac{R(1-r)^2}{4(2-r)}-rR^2$ 时，$\lambda^*=1$。然而这两个情况

在实际中缺乏可能性，由此可得如下结论：

结论 6.1　在零售商主导模式中，零售商决定的检验精确度有如下结果：

（1）若供应商支付的赔偿额适当（在两数额之间）时，零售商将以一定的精确度检验食品质量安全水平，并且该精确度会随着零售商检验的边际成本增加而降低；随着供应商支付的赔偿额增加而上升；随着政府部门食品安全监管水平提高而上升。而只有零售商的品牌信誉价值相对较高时，检验精确度会随着零售商品牌信誉价值的提高而上升；当零售商的品牌信誉价值相对较低时，检验精确度会随着品牌信誉价值的提高而下降。

（2）当供应商支付的赔偿额较低（不高于某一数额）时，零售商甚至不对食品进行质量安全检验。当供应商支付的赔偿额较高（不低于某一数额）时，零售商会对食品进行全面严格的质量安全检验，检验精确度甚至为极端情形的百分之百。

据此，政府部门会以消费者预期剩余最大化为目标决定食品安全监管水平。因此有

$$\max_{r}E(CS)=\frac{rR(1-r)^2}{8(2-r)^2} \tag{6.4}$$

根据一阶最优条件 $\dfrac{dE(CS)}{dr}=0$，解得 $r^*=1$ 或者 $r^*=\dfrac{5-\sqrt{17}}{2}$。相应的二

阶最优条件，当 $r^*=1$ 时 $\dfrac{d^2E(CS)}{dr^2}=2>0$；当 $r^*=\dfrac{5-\sqrt{17}}{2}$ 时 $\dfrac{d^2E(CS)}{dr^2}=-(5-$

$\sqrt{17})\sqrt{17}<0$。所以政府部门的最优食品安全监管水平 $r^*=\dfrac{5-\sqrt{17}}{2}$（$r^*<$

$\dfrac{1}{2}$）。由此可得如下结论：

结论 6.2　在零售商主导模式中，为确保消费者预期剩余最大化，政府部

门决定的食品安全监管水平相对较低[①]。

此时的消费者预期剩余、零售商边际加价、供应商的批发价格、食品零售价格以及零售商检验精确度分别为：$E(CS)^* = \dfrac{R(71-17\sqrt{17})}{128}$，$m^* = \dfrac{(\sqrt{17}+1)}{8}R$，$w^* = \dfrac{(7-\sqrt{17})}{16}R$，$p^* = \dfrac{(9+\sqrt{17})R}{16}$，$\lambda^* = \dfrac{1}{f}\left\{\dfrac{(5-\sqrt{17})}{2}R^2 - \dfrac{1}{128}(71\sqrt{17}-25)R+s\right\}$。

（二）零供一体化模式中的食品安全监管水平与检验精确度

当零售商与供应商是利益共同体时，他们会根据预期总利润最大化决定产品最终价格以及质量安全检验精确度。下面分析在零供一体化模式中零售商检验精确度和政府部门监管水平的决定。此时供应商与零售商的博弈时序为：零供双方根据预期总利润最大化决定产品价格 p 与食品质量安全的检验精确度 λ。因此，预期总利润为

$$\pi_T = \pi_S + \pi_R = M_s + (1-\lambda)\left(1-\frac{p}{R}\right)(1-r)p - (1-\lambda)rR^2 - \frac{1}{2}f\lambda^2 \qquad (6.5)$$

由最优条件 $\dfrac{\partial \pi_T}{\partial p}=0$，$\dfrac{\partial \pi_T}{\partial \lambda}=0$，解得最优的食品零售价格 $p_1^* = \dfrac{R}{2}$，零售商的最优食品质量安全检验精确度 $\lambda_1^* = \dfrac{1}{f}\left[r\left(R^2+\dfrac{R}{4}\right)-\dfrac{R}{4}\right]$。其中 $\dfrac{1}{4R+1}<r<\dfrac{4f+R}{4R^2+R}$。相应的 Hesse 矩阵 $H = \begin{pmatrix} -(1-\lambda)(1-r)\dfrac{2}{R} & 0 \\ 0 & -f \end{pmatrix}$。其各阶顺序主子式分别为 $H_1 = -(1-\lambda)(1-r)\dfrac{2}{R}<0$，$H_2 = (1-\lambda)(1-r)\dfrac{2f}{R}>0$。因此，二阶最优条件仍满足。

据此，分析零售商对食品质量安全的检验精确度的影响因素。$\dfrac{\partial \lambda_1^*}{\partial f} = -\dfrac{1}{f^2}$

[①] 因为 $r^* = \dfrac{5-\sqrt{17}}{2}<\dfrac{1}{2}$，说明政府的食品安全监管水平低于50%。

$\left[r\left(R^2+\dfrac{R}{4}\right)-\dfrac{R}{4}\right]<0$；$\dfrac{\partial \lambda_1^*}{\partial r}=\dfrac{R^2+\dfrac{R}{4}}{f}>0$；$\dfrac{\partial \lambda_1^*}{\partial R}=\dfrac{1}{f}\left[r\left(2R+\dfrac{1}{4}\right)-\dfrac{1}{4}\right]$，当 $r>\dfrac{1}{8R+1}$ 时

$\dfrac{\partial \lambda_1^*}{\partial R}>0$，当 $r<\dfrac{1}{8R+1}$ 时 $\dfrac{\partial \lambda_1^*}{\partial R}<0$。否则若 $r\leqslant\dfrac{1}{4R+1}$，则 $\lambda_1^*=0$；若 $r\geqslant\dfrac{4f+R}{4R^2+R}$，则

$\lambda_1^*=1$。然而这两个情况在实际中缺乏可能性，由此可得如下结论：

结论 6.3　在零供一体化模式中，零售商决定的检验精确度会有如下结果：

（1）当政府部门食品安全监管水平适当，即既不过高又不过低（在某两数值之间）时，零售商将以一定的精确度检验食品质量安全，并且该精确度会随着零售商检验的边际成本增加而降低；随着政府部门监管水平提高而上升。而只有当政府部门监管水平相对较高时，检验精确度会随着零售商品牌信誉价值的提高而上升；若政府部门监管水平相对较低时，检验精确度会随着零售商品牌信誉价值的提高而下降。

（2）当政府部门食品安全监管水平较低（不高于某一数值）时，零售商甚至不对食品质量安全进行检验。当政府部门监管水平较高（不低于某一数值）时，零售商会对食品进行全面严格的质量安全检验，甚至极端情形为百分之百的精确检验。

将 $p_1^*=\dfrac{R}{2}$ 代入式（6.3），政府部门仍根据消费者预期剩余最大化决定监管水平，则有

$$\max_r E(CS)=\frac{rR}{8} \qquad (6.6)$$

由式（6.6）可见政府监管水平越高，消费者预期剩余越大，所以政府部门的最优食品安全监管水平 $r_1^*=1$。

结论 6.4　在零供一体化模式中，为确保消费者预期剩余最大化，政府部门会对市场上食品质量安全进行极为严厉的监管，甚至是理想状态下的无缝监管，监管水平达到百分之百。

此时的消费者预期剩余和零售商检验精确度具体为：$E(CS)_1^*=\dfrac{R}{8}$，

$$\lambda_1^* = \frac{R^2}{f}。$$

（三）两种模式中的食品安全监管水平与检验精确度比较分析

通过比较零售商主导与零供一体化模式中的零售商检验精确度、政府部门监管水平以及食品零售价格、消费者预期剩余，上述决策变量的结果具体如下表所示。

表6-2　两种典型模式中各决策变量的结果比较

变量	λ	r	p	$E(CS)$
零售商主导模式	$\frac{1}{f}\left\{\frac{(5-\sqrt{17})}{2}R^2 - \frac{1}{128}(71\sqrt{17}-25)R+s\right\}$	$\frac{5-\sqrt{17}}{2}$	$\frac{(9+\sqrt{17})R}{16}$	$\frac{R(71-17\sqrt{17})}{128}$
零供一体化模式	$\frac{R^2}{f}$	1	$\frac{R}{2}$	$\frac{R}{8}$

由表6-2可见：$r^* < r_1^*$，$p^* > p_1^*$，$E(CS)^* < E(CS)_1^*$。当 $0 < R <$

$$\frac{-\frac{(71\sqrt{17}-25)}{128}+\sqrt{\frac{(71\sqrt{17}-25)^2}{128^2}+2(\sqrt{17}-3)s}}{\sqrt{17}-3}$$

时，有 $\lambda^* > \lambda_1^*$；当 $R \geqslant$

$$\frac{-\frac{(71\sqrt{17}-25)}{128}+\sqrt{\frac{(71\sqrt{17}-25)^2}{128^2}+2(\sqrt{17}-3)s}}{\sqrt{17}-3}$$

时，有 $\lambda^* \leqslant \lambda_1^*$。

因此，可得如下结论：

结论6.5　通过比较零售商主导模式与零供一体化主导模式中的各决策变量有：零售商主导模式中的政府食品安全监管水平和消费者预期剩余分别要比零供一体化模式中的低。零售商主导模式中的食品零售价格要比零供一体化模式中的高。当零售商的品牌信誉价值相对较低时，零售商主导模式中的零售商检验精确度要比零供一体化模式中的高。当零售商的品牌信誉价值相对较高(不低于某一数值)时，零售商主导模式中的零售商检验精确度不高于零供一体化模式中的检验精确度。

三、政府部门监管与零售商检验联动的政策启示

根据本节分析的零售商主导与零供一体化的两种典型模式中,政府部门食品安全监管水平与零售商质量安全检验精确度的决定,可以提出以下政策启示。

（一）零售商主导模式中的政府监管与零售商检验联动

首先,需要立法规范供应商对质量安全问题应该承担的适当赔偿额度,并设置供应商对质量安全问题应支付的最低赔偿额度。避免因供应商赔偿额度过高或者过低而导致的零售商质量安全检验过度或不作为以及政府部门食品安全监管的缺位或过度。其次,政府部门可以通过法律规范、给予补贴、提供免费或者廉价质检服务等多种途径,降低零售商的检验成本;并且进一步加强与完善监管体制,提高食品安全监管水平,约束与激励零售商实行食品质量安全常规与非定期的检验方式,提高对供应商的质量安全检验精确度。

（二）零供一体化模式中的政府监管与零售商检验联动

首先,在我国《食品安全法》的基本规范以及国家食品药品监督管理总局负食品安全监管总责的条件下,各地各级政府部门对食品安全的具体监管措施应依据当地存在的食品安全问题特点和食品行业特征,符合各地区的食品安全现状,保持适当的食品安全监管水平。此时,零售商质量安全检验成本的降低或者政府部门对食品安全监管的加强,都会激励零售商进一步提高检验精确度。对于具有品牌信誉价值的企业,政府部门食品安全监管水平的高低更会直接影响其检验精确度。若政府部门对食品安全监管较为严格,品牌信誉价值越高的零售商为保持自身优势,避免质量安全问题的发生,会更加积极地提高对供应商产品质量安全检验的精确度。而若政府部门对食品安全的监管不严格,存在监管漏洞、监管缺位等问题时,品牌信誉价值越高的零售商会依赖其固有的品牌优势,从而缺乏进行严格质量安全检验的积极性,使检验精确度极大降低。近年来我国就曾多次发生品牌企业的食品安全事件,如"三聚氰胺"、"瘦肉精"事件以及上海"福喜"事件。以往我国食品安全监管体系不健全、监管力度较弱就是这些食品安全事件发生的主要诱因。其次,政府部门的食品安全监管水平过低或者过高都易造成零售商质量安全检验不作为或

者过度的极端结果。因此,政府部门应依据不同地区食品供给企业特征和食品市场状况,具体实施食品安全监管,既不能"放纵"知名企业质量安全控制松懈的行为,同时也不能"矫枉过正",尤其是在某些食品安全事件发生后,针对消费者对同类食品供给企业采取不理性的抵触产品以及质疑所有产品质量安全性等行为,政府部门应通过官方渠道,快速调查清楚并公布导致事件的本质原因,为消费者提供食品质量安全的确切信息,帮助消费者树立正确的食品安全意识。

(三) 两种模式中的政府监管与零售商检验联动

相比于零售商主导模式,零供一体化模式更有利于食品安全监管,对保障消费者的福利更有优势。然而在食品质量安全检验方面,尽管一般研究表明零供一体化模式中的食品质量安全检验等相关措施更为有效,更有利于提高食品安全水平,但本节分析认为只有当零售商品牌信誉价值较高时,零供一体化模式中的食品质量安全检验相比于零售商主导模式中更为严格;而零售商品牌信誉价值较低时,零售商主导模式中的食品质量安全检验更为严格。因此,无论是何种模式,政府部门都应保持适度的监管水平,不能因企业的品牌信誉价值高或者企业一体化模式而放松对其的监管。政府部门应通过提供免费质检服务或者鼓励发展第三方机构提供质检和监督的市场化服务等方式加强食品安全监管,并且监督与激励零售商通过严把质量安全关,维护自身的品牌信誉。

当前我国对食品安全问题责任主体的惩处力度相对较轻,而政府部门尤其是地方政府部门对于某些规模较大、口碑较好、品牌信誉价值较高的企业缺乏严格的监管或者更易忽视对其的监管,间接造成这些企业采取趋利的、损害消费者身心健康的违规行为。这也是我国品牌企业频发食品安全事件的主要原因之一。零售商的检验成本较高或者品牌信誉价值较高,同等条件下都会使政府部门有放松对其监管的倾向,降低食品安全的监管水平。因此,依据政府部门的食品安全监管与零售商对上游供应商的产品质量安全检验之间的联动机制,通过限定供应商的适当赔偿额度、调控对零售商品牌信誉价值的管理与监督等主要途径,充分发挥政府监管与零售商质量安全检验控制的作用,对保障不同模式的食品安全都是必要的。

第三节　国内企业信誉较低背景下国内外食品 企业生产决策及其影响因素分析

——食品质量安全水平缺口视角

近年来我国食品安全事件不断发生,根据国务院食品安全办协调指导司统计,仅 2012 年全国就受理食品安全举报案 14 万 1037 起,涉案金额 8.6 亿元。我国当前的食品安全现状引发国内消费者对国产食品严重的信任危机,国内食品企业信誉较低,消费者对同类的国外食品需求量激增。以乳制品为例,2008 年"三聚氰胺"事件以及 2010 年问题奶粉再次回流事件后,国内消费者对国产乳品的信心严重受挫,转而消费进口乳品。据中国海关统计数据显示:2012 年 1—11 月我国进口干乳制品 95.03 万吨,同比增长 23.42%,其中奶粉进口量为 51.85 万吨,同比增长 25.54%,液态奶进口量为 8.78 万吨,同比增长 157.48%;2013 年我国干乳制品进口突破百万吨大关,奶粉进口将直逼 60 万吨大关(李胜利等,2013)。当前国内外乳制品企业对国内奶粉市场的竞争最为激烈。"三聚氰胺"事件前,我国品牌奶粉的市场占有率为 60% 左右,而目前高端婴幼儿配方奶粉洋品牌已经占据了我国 85% 左右的市场份额。乳制品贸易规模不断扩大,一定程度上有助于提高我国乳业的整体水平,但同时随着我国乳制品进口量不断攀升,将会对国内乳业发展产生不利的影响(王胜雄,2012)。2013 年 3 月 1 日香港奶粉限购令的颁布实施,再次体现了国内消费者对国产奶粉的不信任,对国外奶粉的需求旺盛。对此,我们不得不承认食品安全事件造成国内消费者对国产食品安全的极度不信任,同时这也导致了国内外同类食品存在实质质量安全水平缺口的进一步扩大,或者加深了国内外同类食品在国内消费者心理上存在质量安全水平缺口的印象。在这个条件下,国内外食品企业的生产决策如何? 他们的决策受到哪些关键因素的影响,影响效应如何? 回答这些问题将对保障我国食品安全,为国内食品企业进行安全生产,政府有关部门实施有效管理提供参考依据。

近年来与国内外食品质量安全水平相关的研究多集中于乳制品行业。Valeeva 等(2007)通过建立整数线性规划模型,估计了奶牛场基于食品安全策略的成本有效性,提出扩大规模、提高产业链食品安全水平的建议。刘鸿雁和龚晶(2008)利用空间均衡模型研究了降低关税对我国全脂奶粉产业供给、需求以及均衡价格的影响。Xiu 和 Klein(2010)分析了"三聚氰胺"事件给中国乳业带来的影响,提出政府应对此采取的政策措施。李艳君(2011)分析认为影响我国乳制品进口贸易的主要因素为国内频发的乳制品安全事件、消费者对进口乳制品的依赖性等。王胜雄(2012)认为我国当前乳品贸易逆差增大,婴幼儿奶粉进口增加趋势短时不会逆转,并针对我国乳品质量安全问题,从管理理念、体制机制和方法手段等方面提出改进建议。李婷和刘武兵(2012)针对我国乳制品尤其是奶粉进口量的大幅攀升,深入分析了乳制品国际贸易给我国乳业带来的影响,对乳业的健康发展提出了建议。此外,国内学者刘艳秋(2009)、王彩霞(2011)等对"三聚氰胺"事件进行案例分析和实证研究,分析了事件发生的利益失衡等主要原因、给公众带来的影响以及政府部门应采取的措施。对于进出口食品质量安全问题,Trienekens 和 Zuurbier(2008)、Wanich(2009)研究了国际食品安全标准对发展中国家食品生产企业的影响,认为发展中国家应提升质量安全标准,提高食品生产技术条件。Ortega 等(2011)分析了我国食品安全典型事件以及由此产生的消费者信任危机,通过实证研究认为政府加大对安全食品的有效认证,才能提高我国消费者对食品安全的信任水平。沈进昌等(2012)根据我国进出口食品安全监管的特点,基于模糊评价理论方法,建立了进出口食品风险综合评价模型。

已有研究对乳制品等食品进出口的相关决策进行了深入分析,重点关注关税、补贴等贸易政策对食品进出口的影响,对国内企业和国外企业存在食品质量安全水平缺口的食品生产决策研究相对较少。尤其是针对我国食品安全现状(如香港奶粉限购等政策,极大地提高了国外奶粉价格等),缺乏对诸如国外食品价格加价率等因素对国内外食品企业相关决策的影响分析,难以为企业提供有效的管理建议。因此,本节以食品企业生产决策这一微观视角入手,通过建立国内外食品企业的生产利润最大化模型,主要研究生产某类存在食品质量安全水平缺口食品的国内外食品企业生产决策(包括质量安全水平、价格)及其关键影响因素(包括国外食品价格加价率、国内企业相对于国外企业的生产低效性),并分析关键因素对国内外企业利润、国内消费者福利的影响效应等,通过数值分析检验研究结论,最后根据研究结论为国内食品企业和政府有关部门提供安全生产和管理启示。

一、问题描述及变量符号设定

假设一种食品由国内外企业生产,并且本节指的食品所在行业是具有一定产业集中度的。因为本节重点考察国内外企业食品之间的质量安全差异,所以忽略汇率等贸易因素不计。国内企业生产的食品价格记为 p_l ,相应质量安全水平为 q_l ;国外企业生产的食品价格为 p_h ,相应质量安全水平为 q_h 。假设国内外企业生产的食品存在一定质量安全缺口,这主要是由于生产技术标准等条件,以及食品安全信任危机导致消费者对国内外企业食品的质量安全认知不同所致。因此,假设该类食品的国内企业食品质量安全水平低于国外企业,即 $q_l < q_h$ 。令 $u = \dfrac{q_h}{q_l}$ 表示国外企业与国内企业食品的质量安全水平之比,反映国内外企业生产的食品质量安全差距。国外企业对其生产的食品价格进行加价销售,$s(s>0)$ 表示国外企业食品价格加价率,反映国外食品较之于国内食品有更高销售价值。

消费者效用函数用通常的半线性形式表示(沈进昌,2012),即 $U = \theta q - p$ 。其中 p 表示食品单位价格,q 表示食品质量安全水平,θ 表示消费者对食品质量安全水平的偏好参数,并且假设 θ 服从在 0 与 $\bar{\theta}$ 之间的均匀分布,即 $\theta \sim U(0, \bar{\theta})$ 。当消费者购买国内外企业食品无差异时,即消费者购买单位国内外食品效用相同,则有 $\theta = \hat{\theta} = \dfrac{p_h - p_l}{q_h - q_l}$;当消费者购买国内企业食品与不购买食品时效用相同,则有 $\theta = \breve{\theta} = \dfrac{p_l}{q_l}$ 。因此,当 $\theta \in [\hat{\theta}, \bar{\theta}]$ 时,消费者购买国外企业食品;当 $\theta \in [\breve{\theta}, \hat{\theta}]$ 时,消费者购买国内企业食品。由此可得国内企业食品需求函数 $D_l(p_l)$ 和国外企业食品需求函数 $D_h(p_h)$ 分别如下:

$$D_l(p_l) = \frac{p_h - p_l}{\bar{\theta}(q_h - q_l)} - \frac{p_l}{\bar{\theta} q_l} \tag{6.7}$$

$$D_h(p_h) = 1 - \frac{p_h - p_l}{\bar{\theta}(q_h - q_l)} \tag{6.8}$$

为便于比较分析,假设国内外企业生产食品的基本成本函数相同,记为 $C(q)$,它是食品质量安全水平的齐次函数,并且阶数为 $n(n \geqslant 2)$。该函数符合边际生产成本为正以及边际收益递减规律,即一阶导数为正 $C'(q) > 0$,二阶导数为正 $C''(q) > 0$。由于生产技术条件以及食品质量安全检测标准等因素限制,导致国外企业比国内企业生产更有效。本节主要通过企业生产成本不同说明这一特征。令 $k(k>1)$ 表示国内企业生产成本加价率,反映国内企业相对于国外企业的生产低效性,相对国外企业生产成本更高。将其与国内企业基本成本函数相乘,k 越大表示国内企业生产成本相对越高,生产效率越低。

国内外企业的生产决策顺序为:首先,国内外企业各自选择他们的质量安全水平;其次,国内外企业依据消费者对食品的需求函数进而确定他们各自的企业利润,并依据自身利润最大化确定他们各自的食品价格。根据上述决策顺序,本节利用逆推归纳法进行分析,首先国内外企业依据自身利润函数确定各自食品价格,然后将价格代入利润函数,最终国内外企业决定各自生产的食品质量安全水平。

二、生产决策及影响因素分析

(一) 质量安全水平决策及影响因素

根据问题描述和符号设定,国内外企业利润分别为

$$\pi_l(p_l) = p_l D_l - kC(q_l) \tag{6.9}$$

$$\pi_h(p_h) = (1+s) p_h D_h - C(q_h) \tag{6.10}$$

将需求函数代入式(6.9)和多(6.10)整理可得国内外企业利润函数具体如下

$$\pi_l(p_l) = p_l \left[\frac{p_h - p_l}{\bar{\theta}(q_h - q_l)} - \frac{p_l}{\bar{\theta} q_l} \right] - kC(q_l) \tag{6.11}$$

$$\pi_h(p_h) = (1+s) p_h \left[1 - \frac{p_h - p_l}{\bar{\theta}(q_h - q_l)} \right] - C(q_h) \tag{6.12}$$

根据利润最大化的一阶最优条件 $\dfrac{d\pi_l(p_l)}{dp_l}=0$ 和 $\dfrac{d\pi_h(p_h)}{dp_h}=0$ 可得

$$p_l=\frac{\bar{\theta}q_l(q_h-q_l)}{4q_h-q_l}=\frac{\bar{\theta}q_l(u-1)}{4u-1} \tag{6.13}$$

$$p_h=\frac{2\bar{\theta}q_h(q_h-q_l)}{4q_h-q_l}=\frac{2\bar{\theta}q_h(u-1)}{4u-1} \tag{6.14}$$

将式(6.13)和(6.14)代入式(6.7)和(6.8)可得

$$D_l=\frac{u}{4u-1} \tag{6.15}$$

$$D_h=\frac{2u}{4u-1} \tag{6.16}$$

将式(6.13)和(6.14)代入式(6.11)和(6.12)可得

$$\pi_l^*=\frac{\bar{\theta}q_h(u-1)}{(4u-1)^2}-kC(q_l) \tag{6.17}$$

$$\pi_h^*=\frac{4(1+s)\bar{\theta}q_hu(u-1)}{(4u-1)^2}-C(q_h) \tag{6.18}$$

根据式(6.17),由 $\dfrac{d\pi_l^*}{dq_l}=0$ 可得

$$\frac{\bar{\theta}u^2(4u-7)}{(4u-1)^3}=kC'(q_l) \tag{6.19}$$

对式(6.19)两边 q_h 求导整理可得

$$\frac{dq_l}{dq_h}=\frac{2\bar{\theta}u(8u+7)}{(4u-1)^4q_lkC''(q_l)+2\bar{\theta}u^2(8u+7)} \tag{6.20}$$

由式(6.20)易见 $\dfrac{dq_l}{dq_h}>0$。

根据式(6.18),由 $\dfrac{d\pi_h^*}{dq_h}=0$ 可得

$$\frac{4(1+s)\bar{\theta}u(4u^2-3u+2)}{(4u-1)^3}=C'(q_h) \tag{6.21}$$

对式(6.21)两边 q_l 求导整理可得

$$\frac{dq_h}{dq_l}=\frac{8\bar{\theta}u(1+s)(5u+1)}{(4u-1)^4q_lC''(q_h)+8(1+s)\bar{\theta}(5u+1)} \tag{6.22}$$

由式(6.22)易见 $\dfrac{dq_h}{dq_l}>0$。

式(6.19)和式(6.21)相除可得

$$\frac{kC'(q_l)}{C'(q_h)}=\frac{u(4u-7)}{4(1+s)(4u^2-3u+2)} \tag{6.23}$$

因为基本成本函数为质量安全水平的 n 阶齐次生产函数,所以 $\dfrac{kC'(q_l)}{C'(q_h)}=\dfrac{k}{u^{n-1}}$,式(6.23)等价于

$$k(1+s)=\frac{u^n(4u-7)}{4(4u^2-3u+2)} \tag{6.24}$$

令式(6.24)右端为 $G(u)=u^{n-1}\dfrac{u(4u-7)}{4(4u^2-3u+2)}$。一方面,由式(6.24)左端为正,其右端也应为正,因为分母 $4(4u^2-3u+2)$ 恒大于 0,所以分子应为正,即 $4u-7>0$,说明 $u>\dfrac{7}{4}$;另一方面,因为 u^{n-1} 是 u 的增函数,$\dfrac{u(4u-7)}{4(4u^2-3u+2)}$ 是 u 的增函数,所以根据式(6.24)有 $u=u(k,s)$,并且 u 是 k 和 s 的增函数,即 $\dfrac{\partial u}{\partial s}>0$,$\dfrac{\partial u}{\partial k}>0$。由此可得如下结论:

结论六 在其他条件不变的情况下,国内(外)企业食品质量安全水平随着国外(内)企业食品质量安全水平的提高而提高,国内外企业食品质量安全水平的差距会随着国外企业食品价格加价率的提高而增大;随着国内企业相对于国外企业生产越低效而增大。

对式(6.19)两边 s 求导,整理可得

$$\frac{\partial q_l}{\partial s}=\frac{2\bar{\theta}u(8u+7)}{kC''(q_l)(4u-1)^4}\frac{\partial u}{\partial s} \tag{6.25}$$

根据基本成本函数满足边际收益递减规律以及$\frac{\partial u}{\partial s}>0$，可知$\frac{\partial q_l}{\partial s}>0$，并且

$q_h=uq_l$，因此

$$\frac{\partial q_h}{\partial s}=\frac{\partial u}{\partial s}q_l+u\frac{\partial q_l}{\partial s} \tag{6.26}$$

由式（6.26）易见$\frac{\partial q_h}{\partial s}>0$。

对式（6.21）两边k求导，整理可得

$$\frac{\partial q_h}{\partial k}=\frac{-8(1+s)\bar{\theta}(5u+1)}{C''(q_h)(4u-1)^4}\frac{\partial u}{\partial k} \tag{6.27}$$

根据基本成本函数满足边际收益递减以及$\frac{\partial u}{\partial s}>0$，可知$\frac{\partial q_h}{\partial k}<0$，并且$q_l=\frac{q_h}{u}$，

因此

$$\frac{\partial q_l}{\partial k}=\frac{1}{u}\frac{\partial q_h}{\partial k}-\frac{1}{u^2}\frac{\partial u}{\partial k}q_h \tag{6.28}$$

由式（6.28）易见$\frac{\partial q_l}{\partial k}<0$。

综上可得如下结论：

结论6.8　在其他条件不变的情况下，国内外企业食品质量安全水平会随着国外企业食品价格加价率的提高而提高；随着国内企业相对于国外企业生产越低效而下降。

（二）食品价格、需求量及影响因素

由式（6.15）对s求导可得

$$\frac{\partial D_l}{\partial s}=\frac{-1}{(4u-1)^2}\frac{\partial u}{\partial s}<0 \tag{6.29}$$

由式（6.15）和式（6.16）可知$D_h=2D_l$，则$\frac{\partial D_h}{\partial s}=2\frac{\partial D_l}{\partial s}<0$。类似地，有$\frac{\partial D_l}{\partial k}<$

$0,\frac{\partial D_h}{\partial k}<0$。

令 $F(u) = \dfrac{u-1}{4u-1}$，则 $F'(u) = \dfrac{3}{(4u-1)^2} > 0$。由式（6.13）有 $p_l = \overline{\theta}q_l F(u)$，因此

$$\frac{\partial p_l}{\partial s} = \overline{\theta}q_l F'(u)\frac{\partial u}{\partial s} + \overline{\theta}F(u)\frac{\partial q_l}{\partial s} \qquad (6.30)$$

根据式（6.30）可知 $\dfrac{\partial p_l}{\partial s} > 0$。类似地，有

$$\frac{\partial p_l}{\partial k} = \overline{\theta}q_l F'(u)\frac{\partial u}{\partial k} + \overline{\theta}F(u)\frac{\partial q_l}{\partial k} \qquad (6.31)$$

由 $F(u) = F'(u)\dfrac{(4u-1)(u-1)}{3}$，代入式（6.31）整理可得

$$\frac{\partial p_l}{\partial k} = \overline{\theta}F'(u)\left[\frac{1}{3}(4u^2-8u+1)\frac{\partial q_l}{\partial k} + \frac{\partial q_h}{\partial k}\right] \qquad (6.32)$$

当 $4u^2-8u+1 > 0$ 时，国内外企业食品质量安全水平之比满足 $u > 1+\dfrac{\sqrt{3}}{2}$

（$1+\dfrac{\sqrt{3}}{2} > \dfrac{7}{4}$），$\dfrac{\partial p_l}{\partial k} < 0$；否则 $1+\dfrac{\sqrt{3}}{2} \geq u > \dfrac{7}{4}$，$\dfrac{\partial p_l}{\partial k}$ 的正负不确定。

类似地有

$$\frac{\partial p_h}{\partial s} = 2\overline{\theta}q_h F'(u)\frac{\partial u}{\partial s} + 2\overline{\theta}F(u)\frac{\partial q_h}{\partial s} \qquad (6.33)$$

根据式（6.33）可知 $\dfrac{\partial p_h}{\partial s} > 0$。

根据式（6.14）对 k 求导可得

$$\frac{\partial p_h}{\partial k} = 2\overline{\theta}q_h F'(u)\frac{\partial u}{\partial k} + 2\overline{\theta}F(u)\frac{\partial q_h}{\partial k} \qquad (6.34)$$

将 $F(u)$ 和 $F'(u)$ 代入式（6.34）整理可得

$$\frac{\partial p_h}{\partial k} = 2\overline{\theta}u F'(u)\left[\frac{1}{3u}(4u^2-2u+1)\frac{\partial q_h}{\partial k} - u\frac{\partial q_l}{\partial k}\right] \qquad (6.35)$$

因为 $u > \dfrac{7}{4}$，所以 $4u^2-2u+1 > 0$。因此 $\dfrac{\partial p_h}{\partial k}$ 的正负不确定，与 $\left\{\dfrac{1}{3u}(4u^2-\right.$

$2u+1)\dfrac{\partial q_h}{\partial k}-u\dfrac{\partial q_l}{\partial k}\}$ 的正负一致。

综上可得如下结论:

结论6.8　在其他条件不变的情况下,国内外企业食品需求量都会随着国外企业食品价格加价率的提高而减少;随着国内企业相对于国外企业的生产越低效而减少;国内外企业食品价格随着国外企业食品价格加价率的提高而上涨。此外,当国内外企业食品质量差距较大时$\left(u>1+\dfrac{\sqrt{3}}{2}\right)$,国内企业食品价格随着国内企业相对于国外企业生产的越低效而下跌。同时,消费者对国外企业食品需求量高于对国内企业食品需求量。

三、国内外企业利润及影响因素分析

令 $H(u)=\dfrac{u(u-1)}{(4u-1)^2}$, $H^{'}(u)=\dfrac{2u+1}{(4u-1)^3}>0$,则由式(6.17)可知

$$\pi_l^*=\overline{\theta}q_lH(u)-kC(q_l) \tag{6.36}$$

根据式(6.36)对 s 求导整理可得

$$\frac{\partial\pi_l^*}{\partial s}=\overline{\theta}H^{'}(u)\frac{\partial q_h}{\partial s} \tag{6.37}$$

由式(6.37)可知 $\dfrac{\partial\pi_l^*}{\partial s}>0$。

根据式(6.36)对 k 求导,并且 $\overline{\theta}uH^{'}(u)=\overline{\theta}H(u)-kC^{'}(q_l)$ 可得

$$\frac{\partial\pi_l^*}{\partial k}=\overline{\theta}H^{'}(u)\frac{\partial q_h}{\partial k}-C(q_l) \tag{6.38}$$

由式(6.39)可知 $\dfrac{\partial\pi_l^*}{\partial k}<0$。

由式(6.18)可知

$$\pi_h^*=4(1+s)\overline{\theta}q_hH(u)-C(q_h) \tag{6.39}$$

根据式(6.39)对 s 求导整理可得

$$\frac{\partial \pi_h^*}{\partial s} = 4\bar{\theta} \left[q_h H(u) - \frac{(1+s)}{u^2} H'(u) \frac{\partial q_l}{\partial s} \right] \tag{6.40}$$

由式(6.40)只有当 $q_h H(u) - \dfrac{(1+s)}{u^2} H'(u) \dfrac{\partial q_l}{\partial s} > 0$，即 $s < \bar{s}$ 时，$\dfrac{\partial \pi_h^*}{\partial s} > 0$；否则 $s >$

$\bar{s}$ 时，$\dfrac{\partial \pi_h^*}{\partial s} < 0$。其中 $\bar{s} = \dfrac{q_h u^2 H(u)}{H'(u) \dfrac{\partial q_l}{\partial s}} - 1$。

根据式(6.39)对 k 求导整理可得

$$\frac{\partial \pi_h^*}{\partial k} = -4\bar{\theta}(1+s) u^2 H'(u) \frac{\partial q_l}{\partial k} \tag{6.41}$$

由式(6.41)可知 $\dfrac{\partial \pi_h^*}{\partial k} > 0$。

综上可得如下结论：

结论6.9　在其他条件不变的情况下，国内企业利润会随着国外企业食品价格加价率的提高而增加；随着国内企业相对于国外企业的生产越低效而减少；国外企业利润会随着国内企业相对于国外企业的生产越低效而增加。只有当国外企业食品价格加价率较小时($s < \bar{s}$)，国外企业利润会随着国外企业食品价格加价率的提高而增加；否则只有当国外企业食品价格加价率较大时($s > \bar{s}$)，国外企业利润会随着国外企业食品价格加价率的提高而减少。

四、国内消费者剩余及影响因素分析

将国内消费者剩余记为 CS，则有

$$CS = \int_{\theta}^{\bar{\theta}} (x q_h - p_h) dx + \int_{\underline{\theta}}^{\bar{\theta}} (x q_l - p_l) dx = \frac{\bar{\theta}^2 u^2 (4u+5) q_l}{2(4u-1)^2} \tag{6.42}$$

根据式(6.42)对 s 求导可得

$$\frac{\partial CS}{\partial s} = \frac{\bar{\theta}^2 u (8u^2 - 6u - 5) q_l}{(4u-1)^3} \frac{\partial u}{\partial s} + \frac{\bar{\theta}^2 u^2 (4u+5)}{2(4u-1)^2} \frac{\partial q_l}{\partial s} \tag{6.43}$$

因为 $u > \dfrac{7}{4}$，所以 $8u^2 - 6u - 5 > 0$。根据式(6.43)可知 $\dfrac{\partial CS}{\partial s} > 0$。

由式(6.42)对 k 求导可得

$$\frac{\partial CS}{\partial k}=\frac{\bar{\theta}^2 u}{(4u-1)^2}\Big[\,(2u+\frac{5}{2})\frac{\partial q_h}{\partial k}-\frac{(28u+5)q_l}{2(4u-1)}\frac{\partial u}{\partial k}\,\Big] \tag{6.44}$$

根据式(6.44)可知 $\dfrac{\partial CS}{\partial k}<0$。由此可得如下结论：

结论6.10　在其他条件不变的情况下,国内消费者剩余会随着国外企业食品价格加价率的提高而增加;随着国内企业相对于国外企业的生产越低效而减少。

五、数值分析

根据前述分析,国外企业食品价格加价率与国内企业生产低效性这两个因素对企业利润、消费者剩余等影响效应不确定。因此,将模型中的参数按照第二节的假设条件具体设定进行数值分析,验证上述分析的结论,同时考察不确定的影响效应。令 $\bar{\theta}=1$,基本成本函数表达式为 $C(q)=\dfrac{1}{2}q^2$。下面分别分析国外企业食品价格加价率 s 以及国内企业相对于国外企业的生产低效性参数 k 对主要决策变量的影响。

（一）国外企业食品价格加价率的影响效应

当国内企业相对于国外企业的生产低效性不是较大时,若令 $k=1.1$,并且国外企业食品价格加价率 s 从0.1逐渐增加到1.1,相应的决策变量取值具体如下表6-3所示：

表6-3　$k=1.1$ 时国外企业食品价格加价率的影响效应

s	k	u	q_l	q_h	D_l	D_h	p_l	p_h	π_l^*	π_h^*	CS
0.1	1.1	6.0566	0.0458	0.2777	0.2608	0.5215	0.0100	0.1209	0.0014	0.0308	0.0456
0.2	1.1	6.4819	0.0467	0.3025	0.26008	0.5201	0.0103	0.1331	0.00147	0.0373	0.0488
0.3	1.1	6.9090	0.0474	0.3274	0.2594	0.5188	0.0105	0.1453	0.00149	0.0444	0.0520
0.4	1.1	7.3376	0.0480	0.3523	0.2588	0.51768	0.0107	0.1575	0.0015	0.0521	0.0552
0.5	1.1	7.7674	0.0486	0.3772	0.2583	0.51668	0.0109	0.1698	0.00153	0.0604	0.0584
0.6	1.1	8.1983	0.0490	0.4021	0.2579	0.51578	0.0111	0.1821	0.00154	0.0694	0.0616
0.7	1.1	8.6302	0.0495	0.4270	0.2575	0.51498	0.0113	0.1944	0.00155	0.079	0.0648

s	k	u	q_l	q_h	D_l	D_h	p_l	p_h	π_l^*	π_h^*	CS
0.8	1.1	9.0628	0.0499	0.4519	0.2571	0.5142	0.0114	0.2067	0.00157	0.0892	0.0680
0.9	1.1	9.4961	0.0502	0.4768	0.2568	0.5135	0.0115	0.2191	0.00158	0.1001	0.0711
1	1.1	9.9300	0.0505	0.5017	0.2565	0.5129	0.0117	0.2314	0.001584	0.1115	0.0743
1.1	1.1	10.3644	0.0508	0.5267	0.2562	0.5124	0.0118	0.2438	0.00159	0.1236	0.0775

当国内企业相对于国外企业的生产低效性较大时,若令 $k=2$,并且国外企业食品价格加价率 s 从0.1逐渐增加到1.1,相应的决策变量取值具体如下表6-4所示:

表6-4　$k=2$ 时国外企业食品价格加价率的影响效应

s	k	u	q_l	q_h	D_l	D_h	p_l	p_h	π_l^*	π_h^*	CS
0.1	2	9.9300	0.0278	0.2759	0.2565	0.5129	0.0064	0.1273	0.00087	0.0337	0.0409
0.2	2	10.7201	0.0281	0.3009	0.2560	0.5119	0.0065	0.1397	0.00088	0.0405	0.0440
0.3	2	11.5117	0.0283	0.3258	0.2555	0.5111	0.0066	0.1521	0.00089	0.0480	0.0472
0.4	2	12.3043	0.0285	0.3508	0.2552	0.51037	0.0067	0.1645	0.000893	0.0560	0.0503
0.5	2	13.0978	0.0287	0.3757	0.2549	0.5097	0.00675	0.1769	0.000898	0.06467	0.0535
0.6	2	13.8921	0.0288	0.4007	0.2546	0.50916	0.0068	0.1893	0.000903	0.0740	0.0566
0.7	2	14.6870	0.0290	0.4257	0.2543	0.5087	0.0069	0.2018	0.000907	0.0839	0.0598
0.8	2	15.4825	0.0291	0.4506	0.2541	0.5082	0.00692	0.2142	0.000911	0.0944	0.0629
0.9	2	16.2784	0.0292	0.4756	0.2539	0.5078	0.00696	0.2267	0.000914	0.1056	0.0660
1	2	17.0746	0.0293	0.5006	0.2537	0.5074	0.0070	0.2391	0.000917	0.1174	0.0692
1.1	2	17.8713	0.0294	0.5255	0.2535	0.5071	0.007047	0.2516	0.000920	0.1298	0.0723

由表6-3和表6-4可见:给定国内企业相对于国外企业的生产低效性时,随着国外企业食品价格加价率的提高,国外企业与国内企业食品的质量安全水平之比增大;国内外企业食品的质量安全水平都逐渐提高;国内外企业的食品需求量都逐渐减少;国内外企业食品价格都逐渐上涨;国内企业利润逐渐增加;国内消费者剩余逐渐提高。这与上述分析的结论一致。

并且根据分析,国外企业食品价格加价率 s 对国外企业利润 π_h^* 的影响取决于 s 的大小,根据表6-3和表6-4的数值计算可得 $\bar{s}$ 的值具体如下表 6-5：

表 6-5 表 6-3 和表 6-4 中 $\bar{s}$ 对应的数值计算

1	244679	418836	691307	1105129	1717422	2602646	3856307	5599191	7982099	11191189	15453895
2	11191189	19915833	33950971	55768328	88689456	137089310	206629957	304526807	439849362	623858579	870383021

表 6-5 中数值都远远大于 s，即 $s < \bar{s}$，因此 $\dfrac{\partial \pi_h^*}{\partial s} > 0$。表 6-3 和表 6-4 中显然随着国外企业食品价格加价率的提高，国外企业利润逐渐增加。

（二）国内企业生产低效性的影响效应

当国外企业食品价格加价率较小时，若令 $s = 0.1$，并且国内企业相对于国外企业的生产低效性参数 k 从 1.1 逐渐增加到 2.1，相应的决策变量取值具体如下表 6-6 所示：

表 6-6 $s = 0.1$ 时国内企业生产低效性的影响效应

k	s	u	q_l	q_h	D_l	D_h	p_l	p_h	π_l^*	π_h^*	CS
1.1	0.1	6.0566	0.04585	0.2777	0.2608	0.5215	0.0100	0.1209	0.0014	0.0308	0.0456
1.2	0.1	6.4819	0.04278	0.2773	0.2600	0.5201	0.0094	0.1220	0.0013	0.0313	0.0447
1.3	0.1	6.9090	0.0401	0.2770	0.2594	0.5188	0.0089	0.1229	0.0013	0.0318	0.0440
1.4	0.1	7.3376	0.0377	0.2768	0.2588	0.5176	0.0084	0.1237	0.0012	0.0322	0.0434
1.5	0.1	7.7674	0.0356	0.2766	0.2583	0.5166	0.0080	0.1245	0.0011	0.0325	0.0429
1.6	0.1	8.1983	0.0337	0.2764	0.2579	0.5157	0.0076	0.1252	0.0011	0.0328	0.0424
1.7	0.1	8.6302	0.0320	0.2763	0.2575	0.5149	0.0073	0.1258	0.0010	0.0331	0.0419
1.8	0.1	9.0628	0.0305	0.2761	0.2571	0.5142	0.0070	0.1263	0.0010	0.0333	0.0415
1.9	0.1	9.4961	0.0291	0.2760	0.2568	0.5135	0.0067	0.1268	0.0009	0.0335	0.0412
2	0.1	9.9300	0.0278	0.2759	0.2565	0.5129	0.0064	0.1273	0.0009	0.0337	0.0409
2.1	0.1	10.3644	0.0266	0.2759	0.2562	0.5124	0.0062	0.1277	0.0008	0.0339	0.0406

当国外企业食品价格加价率较大时，若令 $s = 2$，并且国内企业相对于国外企业的生产低效性参数 k 从 1.1 逐渐增加到 2.1，相应的决策变量取值具体如下表 6-7 所示：

表 6-7 $s=2$ 时国内企业生产低效性的影响效应

k	s	u	q_l	q_h	D_l	D_h	p_l	p_h	π_l^*	π_h^*	CS
1.1	2	14.2895	0.0526	0.7512	0.2545	0.5089	0.0124	0.3555	0.0016	0.2606	0.1058
1.2	2	15.4825	0.0485	0.7510	0.2541	0.5082	0.0115	0.3570	0.0015	0.2623	0.1048
1.3	2	16.6765	0.0450	0.7509	0.2538	0.5076	0.0107	0.3583	0.0014	0.2637	0.1040
1.4	2	17.8713	0.0420	0.7508	0.2535	0.5071	0.0101	0.3594	0.0013	0.2649	0.1033
1.5	2	19.0667	0.0394	0.7507	0.2533	0.5066	0.0095	0.3604	0.00123	0.2660	0.1027
1.6	2	20.2627	0.0370	0.7506	0.2531	0.5062	0.0089	0.3612	0.00116	0.2669	0.1021
1.7	2	21.4592	0.0350	0.7505	0.2529	0.5059	0.0084	0.3620	0.0011	0.2677	0.1016
1.8	2	22.656	0.0331	0.7505	0.2528	0.5056	0.0080	0.3627	0.00104	0.2685	0.1012
1.9	2	23.8532	0.0315	0.7504	0.2526	0.5053	0.0076	0.3633	0.00098	0.2691	0.1008
2	2	25.0506	0.0300	0.75039	0.2525	0.5050	0.0073	0.3638	0.00094	0.2697	0.1005
2.1	2	26.2482	0.0286	0.75035	0.2524	0.5048	0.0069	0.3644	0.000894	0.2703	0.1002

由表 6-6 和表 6-7 可见:给定国外企业食品价格加价率时,随着国内企业相对于国外企业的生产越低效,国外企业与国内企业食品的质量安全水平之比增大;国内外企业食品的质量安全水平都逐渐降低;国内外企业的食品需求量都逐渐减少;国内企业利润逐渐下降;国外企业利润逐渐增加;国内消费者剩余逐渐减小。这与第三小节分析的结论一致。

并且根据第三小节分析,国内企业相对于国外企业的生产低效性参数 k 对国内企业食品价格 p_l 的影响取决于国外企业与国内企业食品的质量安全水平之比 u 的大小,根据表 6-6 和表 6-7 的数值计算可知 $u>1+\dfrac{\sqrt{3}}{2}$,因此 $\dfrac{\partial p_l}{\partial k}<0$。表 6-6 和表 6-7 中显然随着国内企业相对于国外企业的生产越低效,国内企业食品价格逐渐下跌。

同时根据表 6-6 和表 6-7 的数值计算可知 $\left\{\dfrac{1}{3u}(4u^2-2u+1)\dfrac{\partial q_h}{\partial k}-u\dfrac{\partial q_l}{\partial k}\right\}$ 的数值计算如下表 6-8:

表 6-8 表 6-6 和表 6-7 中 $\dfrac{\partial p_h}{\partial k}$ 正负对应的数值计算

| 表 6-6 | 0.1686 | 0.1596 | 0.1514 | 0.1439 | 0.1371 | 0.1309 | 0.1252 | 0.1200 | 0.1151 | 0.1107 | 0.1065 |
| 表 6-7 | 0.5906 | 0.5480 | 0.5111 | 0.4788 | 0.4503 | 0.4250 | 0.4023 | 0.3820 | 0.3636 | 0.3468 | 0.3316 |

表 6-8 中数值均大于 0,因此 $\dfrac{\partial p_h}{\partial k}>0$。表 6-4 和表 6-5 中显然随着国内企业相对于国外企业的生产越低效,国外企业食品价格逐渐下跌。

六、本节主要结论及启示

由于生产技术条件、食品安全标准等方面的差异,对生产某类存在质量安全水平缺口食品的国内外企业生产决策及其影响进行分析,可以得出如下主要结论及相应启示,以提高国内企业生产的食品质量安全水平,缩小国内外企业质量安全水平差距,增加国内消费者福利。

第一,结论 6.6 和 6.7 表明国内外企业食品质量安全水平具有相互促进的作用;国外食品加价越多,国内外企业食品质量安全水平都会提高,但两者之间的差距会增大;国内企业相对于国外企业的生产效率越低,国内外企业食品质量安全水平都会下降,但两者之间的差距也会增大。根据这一结论,进口高质量安全水平的国外食品有利于激励国内食品生产企业通过多种途径提高自身食品的质量安全水平,以增强国产食品的竞争力,同时在合理范围内对进口食品适当加价,不仅能够刺激国外企业进一步提高其食品的质量安全水平,而且能够激励国内企业提高其生产食品的质量安全水平。然而应适当控制国外企业食品在国内的销售价格,不能任其肆意加价,否则不仅会影响国内消费者福利,而且较大的价格差距还会削弱国内食品生产企业改善其产品质量安全水平的积极性。政府有关部门应通过适当的财政补贴、严格的法律法规制约,并将这些措施有效落实,以加强对国内食品生产企业的技术扶持,改善食品质量安全相关检测检验条件,提高国内食品企业的安全生产效率。这样在提高国内外企业食品质量安全水平的同时,还能缩小国内外食品质量安全水平差距,提高消费者对国内食品的需求量。

第二，结论 6.8 表明在存在质量安全缺口的条件下，消费者对国外食品的需求量高于国内生产的同类食品；国外食品加价越多，国内外企业食品价格都会上涨，相应地国内外食品需求量都会减少；若国内外食品质量安全水平差距较大时，国内企业相对于国外企业生产效率越低，国内企业食品价格也就越低。根据这一结论，缩小国内外食品质量安全差距，提高消费者对国内食品信任度，才能有效提高国内食品需求量，同时适当控制进口食品加价，才能在一定程度上控制进口和国产食品价格上涨，有效提升该类食品的需求量。国内食品生产企业只有提高其产品的质量安全水平，增强其有效生产效率，才能提高他所生产的食品价格。

第三，结论 6.9 和 6.10 表明国外食品加价越多，能够增加国内食品生产企业的利润；只有国外食品加价在较少范围内变化时，国外食品加价的提高才能给国外企业带来更多利润，否则加价幅度加大时，国外食品加价的提高会减少国外企业利润；而国内企业相对于国外企业生产效率越低，会减少国内食品生产企业的利润，提高国外食品生产企业的利润；国内消费者福利会随着国外食品加价的提高或者国内企业相对于国外企业生产效率提高而增加。根据这一结论，国外食品在合理范围内加价对于国内外企业以及国内消费者都有正向影响，不仅提高了国内外企业利润，而且通过激励国内外企业极大程度地提高食品质量安全水平而增加了国内消费者福利。而若国外食品较大幅度加价，随着加价提高会减少国外企业利润，但国内企业利润和消费者福利仍会随之提高，所以对进口食品大幅度加价不利于国外企业。同时国内企业相对于国外企业生产效率的提高对于国内企业和消费者都有正向影响，不仅提高了国内企业相对于国外企业的竞争力，增加了国内企业利润而减小了国外企业利润，而且使国内消费者通过享受高质量安全水平食品而受益。这再次说明提高国内企业的有效生产效率，是我国食品生产企业管理者和政府有关部门最应关注和及时实现的有利目标。

第七章　食品安全供需视角下竞争与质量安全水平研究

第一节　典型市场类型下消费质量预期变化的企业质量安全供给决策

继 2008 年"三聚氰胺"事件后,近年来我国频发各类食品安全事件,加之网络渠道的多元化、信息更新的即时化、问题导向的非规范化,从而使消费预期同类食品或相关类别食品质量安全水平急剧下滑,影响企业正常的产品销售和生产运营。对此,本节考虑到食品安全事件发生后消费预期同类食品或相关类别食品质量安全水平变化对企业质量安全水平和食品供给数量决策的直接影响,建立了无限期的极端情况下①(在此假设下研究的是企业长期的质量安全供给决策的极限化)典型市场类型——完全垄断、寡头垄断、完全竞争以及社会福利最大化下企业供给食品的质量安全水平和食品数量的决策,并且分析了食品质量安全受事件诱发消费预期质量安全水平下降时期长短对供给决策的影响。由此,为政府部门提供了对企业和消费者的政策启示。

一、基本问题及条件描述

消费者基本效用函数 $U = \theta t - p$,只有 $U \geq 0$ 时消费者才会购买。θ 表示消费者对食品的质量安全预期,通常由市场上食品的平均质量所决定;t 表示消费者对质量安全的偏好,假设它服从均匀分布 $[0, \bar{t}]$,则相应的需求函数为 $p =$

---

① 在此假设下研究的是企业长期的质量安全供给决策的极限化。

$\theta(a-bQ)$。其中 p 和 Q 分别是该食品的市场价格和需求量；$a=\bar{t}$，表示除食品质量安全以外的食品基本价格（不受需求量因素影响）；b 是由每一点处权重所决定的，本节假设其是相同的，即除食品质量安全以外因素确定的需求量的价格敏感性相同，并且企业供给食品数量与需求量是等价的关系。企业在食品质量安全方面的边际成本（即单位成本）为 $C=c(\theta)$，并且满足 $c'(\theta)>0,c''(\theta)>0,c''(\theta)>0$，说明食品质量安全供给符合边际成本递增，并且随着质量安全水平的更高要求，其边际成本增长率越高（尤其对于我国食品生产供给过程中质量安全体系尚未健全，质量安全标准的规范化、产业化不成熟，该质量安全成本特征更为突出）。如果在第 T 期发生食品安全问题，消费者对食品质量安全预期会下降至较低的 $\underline{\theta}$。每期的折现率均为 $\delta(0<\delta<1)$。本节假定企业均不退出市场，在该假定下分析企业的长期决策。

二、完全垄断下食品供给企业的决策

假设极端的完全垄断下，只有一个企业供给食品，并且企业不退出市场。消费者预期的平均质量安全即为通常情况下该企业的食品质量安全，即 $\theta=\theta_M$。如果在第 T 期发生食品安全问题，消费者对食品质量安全预期会下降至较低的 $\underline{\theta}$。无限期下企业预期利润如下：

$$\pi(Q,\theta)=(1+\delta+\cdots+\delta^{T-1})[p(\theta,Q)-c(\theta)]Q+(\delta^T+\delta^{T+1}+\cdots)[p(\underline{\theta},Q)-c(\theta)]Q$$

$$=(\frac{1-\delta^T}{1-\delta})[\theta(a-bQ)-c(\theta)]Q+(\frac{\delta^T}{1-\delta})[\underline{\theta}(a-bQ)-c(\theta)]Q \qquad (7.1)$$

由一阶条件可得

$$\frac{\partial\pi(Q,\theta)}{\partial\theta}=(\frac{1-\delta^T}{1-\delta})[a-bQ-c'(\theta)]Q-(\frac{\delta^T}{1-\delta})c'(\theta)Q=0 \qquad (7.2)$$

$$\frac{\partial\pi(Q,\theta)}{\partial Q}=\frac{[(1-\delta^T)\theta+\delta^T\underline{\theta}](a-2bQ)}{1-\delta}-\frac{c(\theta)}{1-\delta}=0 \qquad (7.3)$$

根据式（7.2）和式（7.3）解得

$$\frac{1}{1-\delta}c'(\theta_M)=(\frac{1-\delta^T}{1-\delta})(a-bQ_M) \qquad (7.4)$$

$$c(\theta_M)=[(1-\delta^T)\theta_M+\delta^T\underline{\theta}](a-2bQ_M) \qquad (7.5)$$

由此可得如下结论：

结论 7.1 在完全垄断企业的无限期决策中关于质量安全水平和成本满足如下条件：

（1）无限期的质量安全边际成本变化率总和等于与食品质量安全无关的事件发生时期以前的基本价格总和。

（2）垄断企业的质量安全边际成本等于事件发生前后预期加权质量安全水平乘数倍的边际收益。其中事件发生前后预期加权质量安全水平是指事件发生前垄断企业供给食品质量安全和事件发生后消费者预期低质量安全水平的加权质量安全水平。

分析完全垄断下食品质量安全受事件诱发预期时期的影响有，整理上述式（7.4）和式（7.5），并针对两端式中 θ 对 T 求偏导数可得

$$\{2A^2 c''(\theta) - (1-\delta^T)[c'(\theta)A - c(\theta)(1-\delta^T)]\}\frac{\partial \theta}{\partial T} = -\delta^T \ln\delta[aA^2 + \theta c(\theta)]$$

$$(7.6)$$

显然该式（7.6）右端为正，设左端式偏导数乘子为 $F(\theta) = 2A^2 c'(\theta) - (1-\delta^T)[c'(\theta)A - c(\theta)(1-\delta^T)]$，其一阶导数为 $F'(\theta) = 3A(1-\delta^T)c''(\theta) + 2A^2 c'''(\theta) > 0$，并且 $F(\theta=0) = 0$，所以有 $F(\theta) > 0$。

因此，由式（7.6）有 $\frac{\partial \theta}{\partial T} > 0$。

结论 7.2 在完全垄断下随着食品安全事件发生后消费者预期食品质量安全时期 T 的滞后，企业供给食品质量安全水平会提高，即消费者对食品安全事件的消极反应越迟缓，则企业对食品质量安全的供给积极性越高。

三、寡头垄断下高低质量食品供给企业的决策

假设寡头垄断下，有两个企业供给高低质量安全水平的同类食品，并且企业不退出市场。消费者预期的平均质量安全为 $\theta = \dfrac{\sum\limits_{i \in \{H,L\}} \theta_i q_i}{\sum\limits_{i \in \{H,L\}} q_i}$。企业 $i(i = H, L)$ 的预期利润为

$$\pi_i(\theta_i, q_i) = (\frac{1-\delta^T}{1-\delta})[p(\theta, Q) - c(\theta_i)]q_i + (\frac{\delta^T}{1-\delta})[p(\theta_L, Q) - c(\theta_i)]q_i \quad (i = H, L)$$

$$\tag{7.7}$$

由式(7.7)的一阶条件$\dfrac{\partial \pi_i(\theta_i, q_i)}{\partial \theta_i} = 0$可得

$$\frac{1}{1-\delta}c'(\theta_H) = (\frac{1-\delta^T}{1-\delta})(a - bQ)\frac{q_H}{Q} \tag{7.8}$$

$$\frac{1}{1-\delta}[(a - bQ) - c'(\theta_L)] = (\frac{1-\delta^T}{1-\delta})(a - bQ)\frac{q_H}{Q} \tag{7.9}$$

由于$\theta_H > \theta_L$,所以$c'(\theta_H) > c'(\theta_L)$,$\dfrac{q_H - q_L}{Q} > \dfrac{\delta^T}{1-\delta^T} > 0$,因而$q_H > q_L$。

由式(7.7)的一阶条件$\dfrac{\partial \pi_i(\theta_i, q_i)}{\partial q_i} = 0$可得

$$c(\theta_i) = [(1-\delta^T)\theta + \delta^T\theta_L](a - bQ) + (1-\delta^T)(\theta_i - \theta)(a - bQ)\frac{q_i}{Q} -$$
$$[(1-\delta^T)\theta + \delta^T\theta_L]bq_i \tag{7.10}$$

由此可得如下结论:

结论7.3 在寡头垄断企业的无限期决策中关于质量安全水平和成本满足如下条件:

(1)无限期的高质量安全边际成本变化率总和等于与食品质量安全无关的事件发生时期以前的基本价格总和乘以高质量食品所占市场份额。无限期的基本价格与低质量安全边际成本变化率差额的总和等于食品质量安全无关的事件发生时期以前的基本价格总和乘以高质量食品所占市场份额。无限期的高、低质量安全边际成本之和等于基本价格。

(2)寡头垄断下企业的质量安全边际成本等于事件发生前后预期加权质量安全水平乘数倍的基本价格,加上企业所占市场份额对应的高质量安全水平溢价(或者低质量安全水平贬值)的折现值,再减去该企业供给食品数量对应的加权质量安全水平的价格贬值。

对于寡头垄断条件下的食品质量安全受事件诱发预期时期的影响分析取决于寡头企业之间博弈的具体结果,在此无法求得其解。

四、完全竞争下食品供给企业的决策

假设极端的完全竞争下,有 n 个企业供给同质食品($n \to +\infty$),近似完全竞争市场结构。以企业 i 为例,其利润为

$$\pi_i(\theta_i, q_i) = (\frac{1-\delta^T}{1-\delta})[\theta(a-bQ)-c(\theta_i)]q_i + (\frac{\delta^T}{1-\delta})[\theta(a-bQ)-c(\theta_i)]q_i$$

$$(7.11)$$

其中消费者预期的平均质量安全即为 n 个企业的通常情况下的平均食品

质量安全,即 $\theta = \dfrac{\sum\limits_{i=1}^{n} \theta_i q_i}{\sum\limits_{i=1}^{n} q_i}$。食品数量为 $Q = \sum\limits_{i=1}^{n} q_i$。

由式(7.11)可得企业 i 利润的一阶条件 $\dfrac{\partial \pi_i(\theta_i, q_i)}{\partial \theta_i} \propto \{(1-\delta^T)\dfrac{q_i}{Q}(a-$

$bQ)-c'(\theta_i)\}$,$\dfrac{\partial \pi_i(\theta_i, q_i)}{\partial q_i} \propto \{[(1-\delta^T)\theta+\delta^T\underline{\theta}][(a-bQ)-bq_i] + \dfrac{(\theta_i-\theta)}{Q}(1-\delta^T)$

$(a-bQ)q_i-c(\theta_i)\}$。

由 $\dfrac{\partial \pi_i(\theta_i, q_i)}{\partial \theta_i} = 0$,$\dfrac{\partial \pi_i(\theta_i, q_i)}{\partial q_i} = 0$,并且 n 个企业近似完全竞争市场结构,

其中 $\theta_1 = \theta_2 = \cdots = \theta_n$,$q_1 = q_2 = \cdots = q_n = \dfrac{Q_n}{n}$。因此,有下式成立

$$\frac{1}{1-\delta}c'(\theta_n) = \frac{1}{n}(\frac{1-\delta^T}{1-\delta})(a-bQ_n)$$

$$(7.12)$$

$$c(\theta_n) = [(1-\delta^T)\theta_n+\delta^T\underline{\theta}](a-bQ_n-b\frac{Q_n}{n})$$

$$(7.13)$$

由此可得如下结论:

结论 7.4 在完全竞争下企业的无限期决策中关于质量安全水平和成本满足如下条件:

(1)无限期的质量安全边际成本变化率总和等于与食品质量安全无关的事件发生时期以前的基本价格总和平摊到每个企业的均值。

(2)完全竞争下每个企业的质量安全边际成本等于事件发生前后预期加

权质量安全水平乘数倍的边际收益。其中事件发生前后预期加权质量安全水平是指事件发生前完全竞争企业供给食品质量安全和事件发生后消费者预期低质量安全水平的加权质量安全水平。

分析完全竞争下食品质量安全受事件诱发预期时期的影响有：整理上述式（7.12）和式（7.13），并针对两端式中 θ 对 T 求偏导数可得

$$n\left\{(n+1)A^2c^{''}(\theta)+(1-\delta^T)\left[c(\theta)-Ac^{'}(\theta)\right]\right\}\frac{\partial\theta}{\partial T}=-\delta^T\ln\delta\left\{aA^2+\right.$$

$$\left.\left[(1+\delta^T)\underline{\theta}-\delta^T\theta\right]nc(\theta)\right\} \tag{7.14}$$

因为 $n\to+\infty$，所以式（7.10）右端为正。而式（7.10）左端，若 $\theta<(1+\delta^{-T})\underline{\theta}$，则 $\frac{\partial\theta}{\partial T}>0$；否则若 $\theta>(1+\delta^{-T})\underline{\theta}$，则 $\frac{\partial\theta}{\partial T}<0$。

结论7.5　在完全竞争下，如果市场平均质量安全水平低于一定倍数的消费者预期最低质量安全水平时，随着食品安全事件发生后消费者预期食品质量安全时期 T 的提前，企业供给食品质量安全水平会降低，即消费者对食品安全事件的反应越快速，则企业对食品质量安全的供给越消极。

五、社会福利最大化下食品供给企业的决策

根据消费者剩余与生产者剩余总和确定的社会福利如下

$$W_T(Q,\theta)=\left(\frac{1-\delta^T}{1-\delta}\right)\left[\int_0^Q\theta(a-bQ)dQ-c(\theta)Q\right]+\left(\frac{\delta^T}{1-\delta}\right)$$

$$\left[\int_0^Q\underline{\theta}(a-bQ)dQ-c(\theta)Q\right] \tag{7.15}$$

由一阶条件

$$\frac{\partial W_T(\theta,Q)}{\partial\theta}\propto\left\{\frac{(1-\delta^T)}{1-\delta}\left(aQ-\frac{1}{2}bQ^2\right)-\frac{1}{1-\delta}c^{'}(\theta)Q\right\}=0 \tag{7.16}$$

$$\frac{\partial W_T(\theta,Q)}{\partial Q}\propto\left\{\frac{\left[(1-\delta^T)\theta+\delta^T\underline{\theta}\right]}{1-\delta}(a-bQ)-\frac{1}{1-\delta}c(\theta)\right\}=0 \tag{7.17}$$

由此解得

$$\frac{1}{1-\delta}c^{'}(\theta^*)=\left(\frac{1-\delta^T}{1-\delta}\right)\left(a-\frac{1}{2}bQ^*\right) \tag{7.18}$$

$$c(\theta^*) = [(1-\delta^T)\theta^* + \delta^T\underline{\theta}](a-bQ^*) \tag{7.19}$$

由此可得如下结论：

结论 7.6　在无限期决策中以社会福利最大化为目标的质量安全水平和成本满足如下条件：

（1）无限期的质量安全边际成本变化率总和低于与食品质量安全无关的事件发生时期以前的基本价格总和。

（2）社会福利最大化时，质量安全边际成本等于事件发生前后预期加权质量安全水平对应的单位价格。其中事件发生前后预期加权质量安全水平是指事件发生前企业供给食品质量安全和事件发生后消费者预期低质量安全水平的加权质量安全水平。

分析在社会福利最大化下食品质量安全受事件诱发预期时期的影响有：整理上述式（7.18）和式（7.19），并针对两端式中 θ 对 T 求偏导数可得

$$[2A^2c''(\theta) + (1-\delta^T)c(\theta) - Ac'(\theta)]\frac{\partial\theta}{\partial T} = -\delta^T\ln\delta[aA^2 + Ac(\theta) + (\theta-\underline{\theta})c(\theta)] \tag{7.20}$$

式（7.18）右端为正。而式（7.18）左端，若 $T > \dfrac{\ln\dfrac{3}{4}}{\ln\delta}$ 时为正，则 $\dfrac{\partial\theta}{\partial T} > 0$。

结论 7.7　在社会福利最大化下，如果食品安全事件发生后消费者预期食品质量安全时期 T 较长，高于一定时间周期（即 $\dfrac{\ln\dfrac{3}{4}}{\ln\delta}$）时，随着食品安全事件发生后消费者预期食品质量安全时期 T 的滞后，企业供给食品质量安全水平会提高，即消费者对食品安全事件的反应越滞后，则企业对食品质量安全的供给越积极。

六、食品质量安全和食品数量的比较分析

根据式（7.16）可得社会福利对质量安全水平的二阶条件有

$$\frac{\partial^2 W_r(\theta,Q)}{\partial\theta^2} \propto -\left\{\left[\frac{1}{2}(1-\delta^T)a + c'(\theta)\right]\left[\frac{c'(\theta)}{A} - \frac{c(\theta)}{A^2}(1-\delta^T)\right] + \frac{c'(\theta)c(\theta)}{A}\right\} < 0 \tag{7.21}$$

其中 $A = (1-\delta^T)\theta + \delta^T\underline{\theta}$（全文以下同）。

再将完全竞争下企业的质量安全水平代入式（7.16）可得

$$\frac{\partial W_T(\theta_n, Q(\theta_n))}{\partial \theta} \propto \left\{ \left[\left(n+\frac{1}{2}\right)^2 - 2\frac{1}{4} \right]a + n(n-1)\frac{c(\theta)}{A} \right\} > 0 = \frac{\partial W_T(\theta^*, Q(\theta^*))}{\partial \theta}$$

（7.22）

因此，有 $\theta_n < \theta^*$。

同理，由于 $\frac{\partial^2 W_T(\theta, Q)}{\partial Q^2} \propto -b\left[(1-\delta^T)\theta + \delta^T\underline{\theta}\right] < 0$。将完全竞争下企业的食品数量代入社会福利最大化条件可得

$$\frac{\partial W_T(\theta(Q_n), Q_n)}{\partial Q} \propto \left\{ \left[(1-\delta^T)\theta^* + \delta^T\underline{\theta}\right](a - bQ_n) - \left[(1-\delta^T)\theta^* + \delta^T\underline{\theta}\right]\left[a - (1+\frac{1}{n})bQ_n\right] \right\}$$

$$> \left[(1-\delta^T)\theta_n + \delta^T\underline{\theta}\right]\frac{1}{n}bQ_n > 0 = \frac{\partial W_T(\theta(Q^*), Q^*)}{\partial Q}$$

（7.23）

因此，有 $Q_n < Q^*$。

比较完全垄断企业决定的食品质量安全水平与社会福利最大化的食品质量安全水平满足的最优性条件，显然有 $\theta_M < \theta^*$。

由式（7.2）的二阶条件恒为负，即 $\frac{\partial^2 \pi(Q, \theta)}{\partial \theta^2} \propto -c''(\theta)Q < 0$，并且 $\frac{\partial \pi(Q(\theta_n), \theta_n)}{\partial \theta} \propto (n-1)c'(\theta_n) > 0 = \frac{\partial \pi(Q(\theta_M), \theta_M)}{\partial \theta}$，所以有 $\theta_n < \theta_M$。

由式（7.3）的二阶条件恒为负，即 $\frac{\partial^2 \pi(Q, \theta)}{\partial Q^2} \propto -2b\left[(1-\delta^T)\theta + \delta^T\underline{\theta}\right] < 0$，所以有 $\frac{\partial \pi(Q_n, \theta(Q_n))}{\partial Q} \propto -\left[(1-\delta^T)\theta + \delta^T\underline{\theta}\right]\left(1-\frac{1}{n}\right)bQ_n < 0 = \frac{\partial \pi(Q_M, \theta(Q_M))}{\partial Q}$，所以 $Q_n > Q_M$。

综上可见，$\theta_n < \theta_M < \theta^*$，$Q_M < Q_n < Q^*$。

由此可得如下结论：

结论 7.8　比较无限期下的食品质量安全水平和食品数量决策有

（1）食品质量安全水平从高至低依次为社会福利最大化、完全垄断与完全竞争下的情况。

（2）食品数量从高至低依次为社会福利最大化、完全竞争与完全垄断下的情况。

七、本节主要结论及启示

本节对典型市场类型的企业质量安全供给决策分析得到以下主要结论及启示：

（一）无限期决策中关于质量安全水平和成本的关系

考虑到消费质量预期的无限期决策中不同市场类型企业的质量安全水平与成本关系有：

1. 完全垄断和完全竞争下的企业质量安全边际成本等于事件发生前后预期加权质量安全水平乘数倍的边际收益。表明对应完全垄断和完全竞争两类极端的市场类型，企业的质量安全水平最优决策条件与一般的生产决策条件一样，即边际成本等于相应的边际收益。

2. 在分别供给高低质量安全水平食品的双寡头垄断企业背景下，供给高低质量安全水平不同食品企业产品的质量安全边际收益由市场对高质量安全水平增值或低质量安全水平贬值的折现值，以及事件前后质量安全水平预期的加权值对应的价格及食品供给数量对价格的抵消值共同确定，食品质量安全水平的边际成本与之相等。

3. 以社会福利最大化为目标，事件发生前后质量安全水平预期的加权值对应的价格作为质量安全水平的边际收益等于相应的边际成本。与通常的社会福利最大化为目标的价格与成本对应相等的结论相似。

4. 完全垄断或者完全竞争下每个企业对应的无限期质量安全边际成本变化率总和等于与食品质量安全无关的事件发生时期以前的基本价格总和对应的单位企业值。表明企业供给食品的质量安全边际成本累积变化率对等的市场食品的基本价格的单位企业值，该值不受食品质量安全及其事件的影响。

5. 在双寡头垄断下，高质量安全食品供给企业的边际成本累积变化率对等其产品所占市场份额的食品基本价格累积和，该值也不受食品质量安全及其事件的影响,并且低质量安全食品供给企业的边际成本与高质量安全食品供给的边际成本之和等于与食品质量安全无关的食品基本价格。

6. 在社会福利最大化下,无限期的企业质量安全边际成本累积变化率低于与食品质量安全无关的食品基本价格,表明社会福利最大化时食品质量安全水平具有成本收益的比较优势。

(二) 食品质量安全水平受事件诱发预期时期的影响

1. 在完全垄断下消费者受到食品安全事件影响,对市场上同类或相近类别食品质量安全预期急剧降低。由于完全垄断企业通常是行业龙头企业亦或知名的品牌企业,为应对食品安全事件的负面影响,通常会采取更为积极和严格的食品质量安全内部控制措施,加强企业自身食品的安全品质,使之与问题食品具有"天壤之别",以维护食品声誉价值,维持企业的品牌形象。因此,当波及到完全垄断企业的这种负面影响较为滞后时,垄断企业就更能够发挥其在这方面的努力优势,使其供给的食品质量安全水平得到进一步提升。

2. 在寡头垄断下食品质量安全受事件诱发预期时期的影响取决于寡头企业之间博弈的具体情况。

3. 当完全竞争市场中实际的平均质量安全水平相对较低时,消费者受到食品安全事件影响对相关食品质量安全水平预期降低,随着该效应产生的时间滞后,为应对因事件导致的食品销量下滑,经营状况受损,政府部门及社会各界对食品安全监管的投入加大,原本食品质量安全水平较低的企业通常会利用这段时间加强自身食品质量安全控制,并且随着时间的延长,平均质量安全水平会进一步提升。然而,当平均质量安全水平相对较高时,企业随着时间负面效应产生的时间滞后期越短,企业会抓紧短暂的恢复期,尽可能地提高食品质量安全水平,以免效应发生时原本较低的平均质量安全水平加剧市场的负面效应,使企业经济状况进一步恶化。

4. 在社会福利最大化下,当食品安全事件发生后,消费者预期同类食品或相近类别食品质量安全水平降低的发生时间较长时,食品质量安全水平会随时滞性的增强而提高。这是由于一方面消费者对事件负面影响反映时滞增大,消费者对食品安全事件本身的认识会有更深入的了解,而不是盲目、片面地认知,社会各界对食品安全事件的态度也会得到一定端正;另一方面在逐步完善的外部环境下,企业可以利用较长的时滞进行食品质量安全水平的提升,随着调整时间越长,市场上企业对食品平均质量安全水平的提升越高。

（三）不同市场类型下食品质量安全水平和数量的比较分析

比较不同市场类型下的食品质量安全水平和数量,与通常结论相一致的是食品的质量安全水平和数量都是在社会福利最大化下最大;完全竞争下的食品供给量高于完全垄断下的情况,不同的是食品质量安全水平在完全竞争下却低于完全垄断下的质量安全水平。说明在无限期情况下,考虑到消费者受到食品安全事件的负面影响,导致他们对市场上食品的质量安全水平有较低预期,完全竞争市场的无数多企业与完全垄断企业相比,完全垄断企业更具声誉责任以及危机应对感更强,因此在这种情况下其质量安全水平更高。在两个高低质量安全水平食品供给企业的寡头垄断假设下,高质量安全水平食品供给企业的供给数量高于低质量安全水平食品供给企业的供给数量。

综上可见,不同市场类型下无限期的企业供给食品的质量安全水平和数量满足的条件通常不同,并且食品质量安全水平高低和供给食品数量多少都不尽相同,食品质量安全水平受食品安全事件诱发消费质量预期时期的不同影响。因此,政府部门对不同市场类型的监管规制应有的放矢,一方面,通过设定同类食品的最低质量安全标准,规范市场中企业供给食品的整体质量安全水平;另一方面,通过构建完善的食品安全信息沟通平台,帮助消费者确立食品安全信心,使之对食品安全事件的发生持正确的态度,引导其形成对市场上同类食品质量安全的良好预期,而不是采取盲目跟风行为,导致事件诱发传染效应或者不良的竞争效应。

第二节　典型市场类型中食品企业 质量安全投资力度分析

近年来我国食品安全事件频发,消费者、企业等社会各界对食品安全的重视程度日益提高。消费者的食品安全意识显著增强,监督与维权等行为力度加强。企业为增强产品竞争力,提高产品品质,在食品安全等方面投资力度日益增强,如质量追溯、质量安全检验检测等体系建设。这些质量安全投资行为将直接影响食品在市场上的需求,同时也会影响企业的生产供给,导致食品价格变化。例如,近年来山东等地被多次曝光有毒多宝鱼事件,在养殖多宝鱼过程中非法添加兽药等违禁药品,导致销售的多宝鱼存在致癌可能,致使各地多宝鱼销售受阻,价格急剧下降。对此,多宝鱼养殖经销企业为保障自身经销的多宝鱼的安全品质,挽回消费者对多宝鱼的食品安全信任危机,在质量安全方面进行投资。以"兴城多宝鱼"为例,它是由兴城市佳盈伟业商贸有限公司经销的,具有区域品牌特征的产品。公司通过联合第三方监管机构——深圳民声科技有限公司自主研发了具有防伪功能的二维码溯源系统,给每条养殖成熟的"兴城多宝鱼"带上一个一次性水产夹(鱼标签),通过扫描该二维码能够直接溯源每条多宝鱼的养殖地、质检等身份信息,确保每条鱼的品质,实现了对多宝鱼的养殖与销售的源头控制与过程监管。通过具有身份识别功能、可区分的二维码技术等质量安全保障,以及对加盟公司的养殖户实行进入的门槛资质审查和统一的饲料采购、防疫和质检等措施,确保鱼类的品质,使其区别于山东、河北等地的多宝鱼,形成独具安全品质保证的多宝鱼品牌。尽管企业在质量安全投资方面耗费了大量的人力和物力,但与此同时其经销的多宝鱼价格高于市场上同类多宝鱼价格 5—10 元,却依然供不应求。该实例说明同等条件下企业在质量安全方面的投资能够形成比较优势,促进产品的需求。

相关产品质量安全投资等决策研究较为广泛。陈雨生等(2008)针对食品生产实体的质量投资决策行为建立模型,分析了影响质量投资决策的主要因素,包括价格、质量投资量等,并为我国食品质量追溯体系建设等提出了相应的建议。陈秉恒和钟涨宝(2013)认为加大基于物联网技术的相关建设投入,有利于提高农产品供应链信息流通,增强食品质量安全监管。吴林海等(2014)通过对企业的问卷调查,实证分析了企业参加质量追溯体系建设投资意愿的主要影响因素,认为企业规模、管理者年龄和质量认证体系实施等是影响企业追溯体系建设意愿的重要因素。何坪华(2012)从质量安全管理的角度分析了食品生产商和零售商的努力水平。Motta(1993)研究了不同成本不同竞争方式中均衡质量的选择。Lambertini 和 Tampieri(2012)证明了当两个企业是竞争关系时,低质量企业作为领导者有子博弈完美均衡存在。余建宇等(2015)利用博弈论,分析了不同市场环境下行业集中度的提高对食品安全的影响,认为高质量食品在高溢价的市场环境下相近规模的企业更能相互合作提高食品安全,否则低质企业更易搭便车。陈瑞义等(2015)针对品牌零售商在产品质量成本投入上的策略不同,比较分析了产品最优质量、最优成员利润及总利润。Baiman等(2000)、Starbid(2001)分析了能够进行合同约束的产品质量、质量成本和信息问题,证明了供应商质量预防决策和买方质量检测决策的最优条件。涂建明(2015)在利益相关者治理理论基础上,提出建立由食品受众积极参与的公共董事制度,研究认为从社会角度看由于公共董事的背后是食品消费者等社会公众,因此可以避免消极的"以脚投票"行为,更有效地保护社会公众的食品安全利益。陈梅和茅宁(2015)以乳制品企业为例,分析了影响质量安全的交易方机会主义行为不确定性与客观环境不确定性两类因素对食品加工企业战略性原料投资治理模式选择的综合影响,认为紧密型关系治理模式是较优的治理模式选择。余吉安和杨斌(2016)认为食品企业应通过质量伦理战略进行创新,以承担企业社会责任,加强企业市场竞争力,满足消费者的期待。刘增金等(2016)从品牌企业质量安全追溯建设投入对消费者行为影响角度分析并提出鼓励企业品牌化建设,加强食品安全监管。

已有研究对食品企业在质量安全方面的投资等相关决策进行了分析,为本节研究提供了参考。但对质量安全投资与价格决策在典型市场中的研究与比较分析相对较为缺乏。因此,本节针对完全垄断和寡头垄断两种典型市场类型中食品企业在质量安全方面进行投资的投资力度与价格决策进行分析,同时考虑了消费者参与质量安全投资进行成本分担时的情况,并研究了这些决策变量的主要影响因素,为提高我国食品安全水平,促进社会各界参与和监督食品质量安全投资提供一定的启示建议。

一、完全垄断时市场均衡的社会福利模型分析

假设某类食品由一个企业生产供给①,相应的某类食品需求函数和供给函数为一般线性函数分别如下:

---

① 现实中可以将这种情况看作某类品牌食品的供给与需求。

$$Q_D = \alpha - \beta p + \gamma I \tag{7.24}$$

$$Q_S = -\varphi + \lambda p - \theta I \tag{7.25}$$

其中 p 表示食品价格，I 表示企业或者消费者在质量安全方面的投资力度。α 表示该类食品的基本市场需求量，φ 表示除价格和质量安全投资力度以外的其他因素对供给量的负向影响。β、λ 分别表示价格对需求量、供给量的影响程度，分别简称为需求价格效应和供给价格效应，并且 α 相对于 β、λ 都是较大的，同时根据线性供求函数的均衡数量和价格存在性的条件有 $\dfrac{\alpha}{\beta}>$ $\dfrac{\varphi}{\lambda}$。γ 表示质量安全的投资力度对需求量的正向影响程度，简称为需求投资效应。θ 表示质量安全的投资力度对供给量的负向影响程度，简称为供给投资效应。食品质量安全方面的投资通常会直接提高最终食品的质量安全水平，例如抽检、加强投入原材料的安全检测，增强食品安全监管措施，同等条件下消费者对该类食品需求会受到其正向激励。同时企业要严格遵守质量安全生产供给规范，产出投入比在短时期内会下降，影响企业供给食品的积极性。并且满足 $\dfrac{\lambda}{\theta}>\dfrac{\beta}{\gamma}$，即食品供给的价格与质量安全投资的比较影响效应强于食品需求的比较影响效应，因为与消费者相比，企业的经济利润敏感性更强，其受到产出与投入之比的影响效应更显著。上述所有参数取值均为正。

根据市场均衡条件 $Q_D = Q_S = Q$，当该类食品达到供求均衡时，食品的均衡数量和价格分别为

$$Q = \frac{\alpha\lambda - \beta\varphi + (\lambda\gamma - \beta\theta)I}{\beta + \lambda} \tag{7.26}$$

$$p = \frac{\alpha + \varphi + (\gamma + \theta)I}{\beta + \lambda} \tag{7.27}$$

为明确进行质量安全投资的社会福利变化效应，计算进行投资与不进行投资的生产者剩余变化 ΔPS 与消费者剩余变化 ΔCS 有

$$\Delta PS = \frac{(\gamma\lambda - \beta\theta)I}{2\lambda(\beta + \lambda)^2}\big[(\gamma\lambda - \beta\theta)I + 2(\alpha\lambda - \beta\varphi)\big] \tag{7.28}$$

$$\Delta CS = \frac{(\gamma\lambda - \beta\theta)I}{2\beta(\beta + \lambda)^2}\big[(\gamma\lambda - \beta\theta)I + 2(\alpha\lambda - \beta\varphi)\big] \tag{7.29}$$

二、质量安全投资成本由企业和消费者共同承担的情况分析

如果食品质量安全投资是由食品企业和消费者共同实施进行(例如企业在生产经销等供给食品过程中人力和物力的实际投资,消费者付出实际的食品质量安全监督行动、维权等成本投入等),那么其投资成本将由企业和消费者共同承担。

以社会福利改善效应最大化为目标,分析由企业和消费者即社会大众①进行质量安全投资时的优化模型为

$$\max_{I,z} \Delta W = \left[\Delta CS - zC(I) \right]^{\eta} \left[\Delta PS - (1-z)C(I) \right]^{1-\eta} \tag{7.30}$$

其中 $\eta(0<\eta<1)$ 表示消费者与企业在质量安全投资成本分担中具有的相对势力。根据边际成本递增规律,假设投资成本为 $C(I) = \frac{1}{2}kI^2$,k 是边际成本系数;z 表示消费者承担投资成本的比例,$1-z$ 则表示企业承担投资成本的比例。根据社会福利改善效应最大化分析质量安全投资力度和消费者承担的投资成本比例的最优决策。

由式(7.30)以及一阶条件 $\frac{\partial \Delta W}{\partial I} = 0, \frac{\partial \Delta W}{\partial z} = 0$ 可得

$$\frac{\partial \Delta CS}{\partial I} + \frac{\partial \Delta PS}{\partial I} = C'(I) \tag{7.31}$$

$$\frac{\eta}{1-\eta} = \frac{\Delta CS - zC(I)}{\Delta PS - (1-z)C(I)} \tag{7.32}$$

相应的二阶最优条件为 $k > \frac{(\lambda\gamma - \beta\theta)^2}{\beta\lambda(\beta+\lambda)}$。由此可得如下结论:

结论7.9　完全垄断下为使社会福利最大化,质量安全投资成本如果由消费者与企业共同分担确定质量安全投资力度和投资成本分担比例时,投资的边际消费者剩余效应与边际生产者剩余效应之和等于投资的边际成本;投资的消费者剩余净效应与生产者剩余净效应之比等于两者的相对势力之比。

根据式(7.31)和式(7.32)解得社会福利最大化下的投资力度和消费者投

---

①　社会大众是以企业或消费者的个体形式存在的,所以将企业和消费者总体视为社会大众。

资成本分担比例为

$$I_1^* = \frac{(\lambda\gamma-\beta\theta)(\alpha\lambda-\beta\varphi)}{k\beta\lambda(\beta+\lambda)-(\lambda\gamma-\beta\theta)^2} \tag{7.33}$$

$$z^* = \left[\frac{(\gamma\lambda-\beta\theta)^2}{k\beta\lambda(\lambda+\beta)}-1\right]\eta+\left[\frac{2\lambda}{\beta+\lambda}-\frac{(\lambda\gamma-\beta\theta)^2}{k\beta(\beta+\lambda)^2}\right] \tag{7.34}$$

根据式（7.33）和式（7.34）有 $\dfrac{\partial I_1^*}{\partial \alpha} = \dfrac{\lambda(\lambda\gamma-\beta\theta)}{k\beta\lambda(\beta+\lambda)-(\lambda\gamma-\beta\theta)^2} > 0$，$\dfrac{\partial I_1^*}{\partial \gamma} \propto$

$\left\{\dfrac{k\beta\lambda(\beta+\lambda)}{(\lambda\gamma-\beta\theta)^2}+1\right\} > 0$；$\dfrac{\partial I_1^*}{\partial \theta} \propto \left\{\dfrac{k\beta\lambda(\beta+\lambda)}{(\lambda\gamma-\beta\theta)^2}+1\right\} < 0$；$\dfrac{\partial I_1^*}{\partial \varphi} = -\dfrac{\beta(\lambda\gamma-\beta\theta)}{k\beta\lambda(\beta+\lambda)-(\lambda\gamma-\beta\theta)^2} <$

0；$\dfrac{\partial I_1^*}{\partial k} = -\dfrac{\beta\lambda(\beta+\lambda)(\lambda\gamma-\beta\theta)(\alpha\lambda-\beta\varphi)}{\left[k\beta\lambda(\beta+\lambda)-(\lambda\gamma-\beta\theta)^2\right]^2} < 0$。$\dfrac{\partial z^*}{\partial \eta} = \dfrac{(\lambda\gamma-\beta\theta)^2}{k\beta\lambda(\beta+\lambda)}-1 < 0$。$\dfrac{\partial z^*}{\partial \gamma} =$

$\dfrac{2\lambda(\lambda\gamma-\beta\theta)\left[\eta(\beta+\lambda)-\lambda\right]}{k\beta\lambda(\beta+\lambda)^2}$，$\dfrac{\partial z^*}{\partial \theta} = -\dfrac{2\beta(\lambda\gamma-\beta\theta)\left[\eta(\beta+\lambda)-\lambda\right]}{k\beta\lambda(\beta+\lambda)^2}$，若 $\eta > 1-\dfrac{\beta}{\beta+\lambda}$，则

有 $\dfrac{\partial z^*}{\partial \gamma} > 0$，$\dfrac{\partial z^*}{\partial \theta} < 0$；若 $\eta \leqslant 1-\dfrac{\beta}{\beta+\lambda}$，则有 $\dfrac{\partial z^*}{\partial \gamma} \leqslant 0$，$\dfrac{\partial z^*}{\partial \theta} \geqslant 0$。$\dfrac{\partial z^*}{\partial k} =$

$\dfrac{(\lambda\gamma-\beta\theta)^2\left[(1-\eta)\lambda-\beta\right]}{k^2\beta\lambda(\beta+\lambda)^2}$，若 $\eta > 1-\dfrac{\beta}{\lambda}$，则有 $\dfrac{\partial z^*}{\partial k} < 0$；若 $\eta \leqslant 1-\dfrac{\beta}{\lambda}$，则有 $\dfrac{\partial z^*}{\partial k} \geqslant 0$。

结论7.10　完全垄断下社会福利最大化的质量安全投资力度随着该类食品基本需求量的增加而增强，随着需求投资效应增强而增强，随着供给投资效应增强而减弱，随着除价格和质量安全投资力度以外其他因素对供给量的负向影响增强而减弱，随着投资边际成本系数增加而减弱。企业的投资成本承担比例随着消费者相对势力增强而增大；当消费者势力相对较高时，随着需求投资效应增强而减小，随着供给投资效应增强而增大，反之亦然；当消费者势力相对较低时，随着投资边际成本系数增加而减小，反之亦然。

三、质量安全投资成本完全由企业承担的情况分析

当质量安全投资成本完全由企业承担，那么企业根据生产者剩余净效应最大化决定其投资力度的优化模型为

$$\max_I \Delta W_{PS} = \{\Delta PS-C(I)\} \tag{7.35}$$

由一阶最优条件 $\dfrac{\partial \Delta W_{PS}}{\partial I} = 0$ 解得投资力度为

$$I_2^* = \frac{(\lambda\gamma - \beta\theta)(\alpha\lambda - \beta\varphi)}{k\lambda\,(\beta+\lambda)^2 - (\lambda\gamma - \beta\theta)^2} \tag{7.36}$$

相应的二阶条件为 $k > \dfrac{(\lambda\gamma - \beta\theta)^2}{\lambda\,(\beta+\lambda)^2}$。根据二阶最优条件的比较可见,若消费者和企业共同承担质量安全投资成本时投资力度具有最优值,那么企业完全承担质量安全投资成本时投资力度仍具有最优值。

根据式(7.36)有 $\dfrac{\partial I_2^*}{\partial \alpha} = \dfrac{\lambda(\lambda\gamma - \beta\theta)}{k\lambda\,(\beta+\lambda)^2 - (\lambda\gamma - \beta\theta)^2} > 0$；$\dfrac{\partial I_2^*}{\partial \gamma} \propto \left\{ \dfrac{k\lambda\,(\beta+\lambda)^2}{(\lambda\gamma - \beta\theta)^2} + 1 \right\} > 0$；$\dfrac{\partial I_2^*}{\partial \theta} \propto -\left\{ \dfrac{k\lambda\,(\beta+\lambda)^2}{(\lambda\gamma - \beta\theta)^2} + 1 \right\} < 0$；$\dfrac{\partial I_2^*}{\partial \varphi} = -\dfrac{\beta(\lambda\gamma - \beta\theta)}{k\lambda\,(\beta+\lambda)^2 - (\lambda\gamma - \beta\theta)^2} < 0$；$\dfrac{\partial I_2^*}{\partial k} = -\dfrac{\lambda^2(\lambda\gamma - \beta\theta)(\beta+\lambda)^2}{[k\lambda\,(\beta+\lambda)^2 - (\lambda\gamma - \beta\theta)^2]^2} < 0$。

结论7.11　完全垄断下企业承担全部投资成本时,企业在质量安全方面的投资力度随着该类食品基本需求量的增加而增强,随着需求投资效应增强而增强,随着供给投资效应增强而减弱,随着除价格和质量安全投资力度以外其他因素对供给量的负向影响增强而减弱,随着投资边际成本系数增加而减弱。

上述影响效应与消费者和企业共同承担投资成本的影响效应相同。同时,比较消费者和企业共同承担投资成本时的投资力度 I_1^* 与企业完全承担投资成本时的投资力度 I_2^*,有 $I_1^* > I_2^*$。说明企业与消费者合作共同努力维护食品质量安全,实施质量安全投资的力度相比于企业单一承担质量安全投资的力度要更强。

四、寡头垄断时高低质量食品供给企业的模型分析

如果市场上存在供给高低质量安全水平食品的两类不同企业,那么企业在质量安全方面的投资力度决策又将如何,下面通过建立寡头垄断时的优化模型进行分析。

（一）寡头垄断时高低质量食品供给企业的需求函数

由于食品质量安全具有信任品特征,消费者在购买前甚至购买后都无法确认真正的食品质量安全信息,因此消费者通常会依据食品价格判断其质量安全水平。假设市场上有生产供给相对质量安全水平高和低食品的两类企业[①],他们供给食品的价格分别为 p_H、p_L,质量安全水平分别为 q_H、q_L。假设提供高质量安全水平食品企业公开的产品价格与质量安全水平均为真实信息。市场上两类企业的定价遵循优质优价的原则,并且两类企业生产供给食品的质量安全水平与其生产成本成正比,即 $\dfrac{p_H}{p_L}=\dfrac{1}{b}$,$\dfrac{q_H}{q_L}=\dfrac{c}{dc}=\dfrac{1}{d}$。其中 $c(c>0)$ 为高质量安全水平食品的单位生产成本,b 和 d 分别表示低质量安全水平食品与高质量安全水平食品的价格、质量安全水平的比率。并且满足 $0<d\leqslant b<1$,该假设条件说明生产供给低质量安全水平食品的企业具有提供虚假价格信号的可能。假设消费者的价格质量安全认知为 v,其服从 $[0,1]$ 之间的均匀分布,当 $v>p$ 时消费者会选择购买食品。借鉴周雄伟等(2016)的研究,由此可得两类企业的食品市场基本需求量分别为 $Q_{H_{D0}}=v-\dfrac{p_H}{1-b}+\dfrac{p_L}{1-b}$ 和 $Q_{L_{D0}}=\dfrac{p_H}{1-b}-\dfrac{p_L}{1-b}$。为抢占更多的市场份额,供给高低质量安全水平食品的两类企业在质量安全方面的投资力度分别为 I_H 和 I_L,投资额相对越高将对此类食品的最终市场需求量产生直接正向影响[②]。假设 $\gamma(\gamma>0)$ 为两类企业在质量安全方面投资力度差对食品需求量的影响程度。因此,高低质量安全食品的最终市场需求量分别为

$$Q_{H_D}=v-\frac{p_H}{1-b}-\frac{p_L}{1-b}+\gamma(I_H-I_L) \qquad (7.37)$$

$$Q_{L_D}=\frac{p_H}{1-b}-\frac{p_L}{1-b}+\gamma(I_L-I_H) \qquad (7.38)$$

根据边际成本递增规律,假设相应高低质量安全水平的投资总成本分别为 $\dfrac{1}{2}kI_H^2$ 和 $\dfrac{1}{2}kI_L^2$,其中 $k(k>0)$ 是投资的边际成本系数。

---

① 本节将生产供给相对高和低质量安全水平的食品企业分别归为两大类企业,将两大类企业之间视为寡头垄断关系,不考虑两大类企业内部的竞争。

② 因为质量安全投资将给企业产品带来声誉溢价,使消费者对产品的信任度提升。

（二）高低质量食品供给企业的质量安全投资力度与价格决策

由此,生产供给高低质量安全水平食品的企业利润分别如下:

$$\pi_H = (p_H - c) Q_{H_D} - \frac{1}{2} k I_H^2 \tag{7.39}$$

$$\pi_L = (p_L - dc) Q_{L_D} - \frac{1}{2} k I_L^2 \tag{7.40}$$

相比于高质量安全水平食品的供给企业,低质量安全水平食品的供给企业通常采取跟随决策的行为。现实中供给高质量安全水平食品的企业通常是具有品牌声誉价值的企业或者行业中的龙头企业,因此他们的决策行为具有相对的公开性,相关信息的透明度也较高。低质量安全水平食品的供给企业能够观察到高质量安全水平食品供给企业的相关决策,他们根据高质企业的定价和投资力度决策再制定自身价格和投资力度的决策。

首先,根据高质量安全水平食品供给企业的利润最大化决策,即 $\max\limits_{p_H, I_H} \pi_H$

可得 p_H 和 I_H。由式（7.39）以及一阶条件 $\frac{\partial \pi_H}{\partial p_H} = 0, \frac{\partial \pi_H}{\partial I_H} = 0$ 可得

$$p_H = c + \frac{k}{2k - \gamma^2(1-b)} [p_L - \gamma(1-b) I_L - c + v(1-b)] \tag{7.41}$$

$$I_H = \frac{\gamma}{2k - \gamma^2(1-b)} [p_L - \gamma(1-b) I_L - c + v(1-b)] \tag{7.42}$$

相应的二阶海塞矩阵（Hesse Matrix）为 $H = \begin{pmatrix} -\dfrac{2}{1-b} & \gamma \\ \gamma & -k \end{pmatrix}$ 应为负定矩阵,其

各阶顺序主子式依次为 $H_1 = -\dfrac{2}{1-b} < 0, H_2 = \dfrac{2k}{1-b} - \gamma^2 > 0$。由此,边际投资成本系

数 k 需满足 $k > \dfrac{\gamma^2(1-b)}{2}$。

将式（7.41）和式（7.42）代入式（7.40）π_L 表达式,并且根据低质量安全水平食品供给企业的自身利润最大化决定其价格 p_L 和投资力度 I_L。由 $\pi_L(p_L,$

$I_L, p_H(p_L, I_L), I_H(p_L, I_L))$ 的一阶条件 $\dfrac{\partial \pi_L}{\partial p_L} = 0, \dfrac{\partial \pi_L}{\partial I_L} = 0$ 解得

$$p_L = dc + \frac{k[A(1-b)v-c]}{2Ak+A^2\gamma^2(1-b)} \tag{7.43}$$

$$I_L = \frac{\gamma c - A(1-b)v}{2k+A\gamma^2(1-b)} \tag{7.44}$$

相应的二阶条件海塞矩阵为 $H = \begin{pmatrix} \dfrac{2A}{1-b} & -A\gamma \\ -A\gamma & -k \end{pmatrix}$ 应为负定，其各阶顺序主子

式依次为 $H_1 = \dfrac{2A}{1-b} < 0, H_2 = -\dfrac{2Ak}{1-b} - A^2\gamma^2 > 0$。其中 $A = 1 - \dfrac{k}{2k-\gamma^2(1-b)}$。由此，边

际投资成本系数 k 需满足 $k < \gamma^2(1-b)$。

综上，根据最优性条件可知投资的边际成本系数 k 应满足 $\dfrac{1}{2}\gamma^2(1-b) < k <$

$\gamma^2(1-b)$，并且根据式（7.43）和（7.44），在此条件下易见 $p_L > 0, I_L > 0$。

将式（7.43）和式（7.44）代入式（7.41）和式（7.42）有

$$p_H = \left\{ (1-d)A + d - \frac{(1-A)[k+A\gamma^2(1-b)]}{2Ak+A^2\gamma^2(1-b)} \right\} c + \frac{(1-A)(1-b)[3k+2A\gamma^2(1-b)]}{2k+A\gamma^2(1-b)} v \tag{7.45}$$

$$I_H = \frac{\gamma}{k}(1-A)\left[d - 1 - \frac{(1-A)[k+A\gamma^2(1-b)]}{2Ak+A^2\gamma^2(1-b)} \right] c + \frac{\gamma}{k} \frac{(1-A)(1-b)[3k+2A\gamma^2(1-b)]}{[2k+A\gamma^2(1-b)]} v \tag{7.46}$$

根据式（7.43）和式（7.45）可得高低质量安全水平食品的价格差为

$$\Delta p = p_H - p_L = -\left[-(1-d)A + \frac{-k+(1-A)\gamma^2(1-b)}{2k+A\gamma^2(1-b)} \right] c + \frac{k(1-b)[k+(2A+1)\gamma^2(1-b)]}{[2k+A\gamma^2(1-b)][2k-\gamma^2(1-b)]} v \tag{7.47}$$

根据现实情况应有高质量安全水平食品价格高于低质量安全水平食品价

格，即 $p_H > p_L$，所以根据式（7.47）可见相应的参数表达式一定满足 $k+(2A+1)$

$\gamma^2(1-b) > 0$，即 $k > \dfrac{1}{4}(\sqrt{33}-3)\gamma^2(1-b)(\approx 0.69\gamma^2(1-b))$。综合最优性条件，

投资边际成本系数 k 应满足 $\dfrac{1}{4}(\sqrt{33}-3)\gamma^2(1-b) < k < \gamma^2(1-b)$，即投资的边际

成本系数低于需求投资效应平方与需求价格效应的比值，但同时高于该比值

的一定系数值,质优价高的价格决策才会有实际意义。

在 上 述 参 数 条 件 下 , 根 据 式 (7.47) 可 知 当 $\dfrac{v}{c}>$

$\dfrac{[2k-\gamma^2(1-b)]\{-(1-d)A[2k+A\gamma^2(1-b)]+(1-A)\gamma^2(1-b)-k\}}{k(1-b)[k+(2A+1)\gamma^2(1-b)]}$ 时,有 $p_H>p_L$,并

且考虑切合实际的情况即 $\Delta p>0$ 以及式(7.47)有 $\dfrac{\partial\Delta p}{\partial v}>0$,$\dfrac{\partial\Delta p}{\partial c}<0$,$\dfrac{\partial\Delta p}{\partial d}>0$。

结论7.12　寡头垄断时当与价格等其他因素无关的基本需求量与高质量安全水平食品单位生产成本的比值相对较高时,高低质量安全水平食品的价格会有显著的差异,并且高低质量安全水平食品的价差随着不受其他因素影响的基本需求量增加而增大,随着高质量安全水平食品单位生产成本增加而减小,随着低质量安全水平食品单位生产成本增加而增大。

根据式(7.44)和(7.46)可得高低质量食品供给企业的投资力度差为

$$\Delta I=I_H-I_L=\{\dfrac{-(1-d)(1-A)}{k}+\dfrac{-A(1-A)\gamma^2(1-b)-k}{kA[2k+A\gamma^2(1-b)]}\}\gamma c+$$

$$[3-4A+\dfrac{2(1-A)A\gamma^2(1-b)}{k}][\dfrac{1-b}{2k+A\gamma^2(1-b)}]\gamma v \quad (7.48)$$

在 上 述 参 数 条 件 下 , 根 据 式 (7.48) 可 知 当 $\dfrac{v}{c}>$

$\dfrac{-(1-b)A[2(1-A)A\gamma^2(1-b)+k(3-4A)]}{[A(A-1)\gamma^2(1-b)-k]+(d-1)A(1-A)[2k+A\gamma^2(1-b)]}$ 时 有 $I_H>I_L$;否则

$I_H\leqslant I_L$。

根据式(7.48)有 $\dfrac{\partial\Delta I}{\partial v}>0$,$\dfrac{\partial\Delta I}{\partial d}>0$。因为 $0<d<1<1+\dfrac{A\gamma^2(1-b)-k}{A[2k+A\gamma^2(1-b)]}$,所以

$\dfrac{\partial\Delta I}{\partial c}<0$。

结论7.13　当与价格等其他因素无关的基本需求量与高质量安全水平食品单位生产成本的比值相对较高时,高质量安全水平食品供给企业的投资力度将比低质量安全水平食品供给企业的投资力度高。高低质量安全水平食品供给企业的投资力度差随着与其他因素无关的基本需求量增加而增大,随着

低质量安全水平食品生产成本的增加而增大,随着高质量安全水平食品生产成本增加而减小。

五、算例分析

由于上述分析决策变量结论的复杂性,部分参数对其影响利用下列算例进行分析。

（一）完全垄断时需求价格效应和供给价格效应对决策变量的影响

当模型设定的参数满足一定条件下,相应的参数取值设定为 $\alpha=1, \varphi=2,$ $\theta=0.5, \gamma=0.8, \eta=0.2$。需求价格效应 β、供给价格效应 λ 对社会福利最大化下投资力度 I_1^* 和消费者投资成本分担比例 z^*,以及企业自身承担质量安全投资成本的投资力度 I_2^* 的影响。由图 7-1—图 7-3 可见,在社会福利最大化条件下消费者质量安全投资成本分担比例 z^* 随着需求价格效应 β 和供给价格效应 λ 的增加而增大,社会的质量安全投资力度、企业自身承担质量安全投资力度都随着需求价格效应 β 和供给价格效应 λ 的增加而先增大后减小,并且由图 7-2 和图 7-3 可见,社会的质量安全投资力度显著强于企业自身承担质量安全投资时的投资力度。

具体如下图所示:

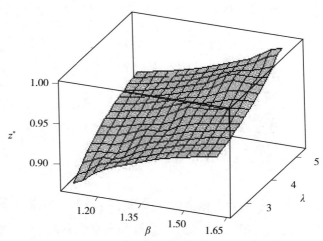

图 7-1　社会福利最大化下消费者质量安全投资成本
分担比例 z^* 随着 β 和 λ 的变化

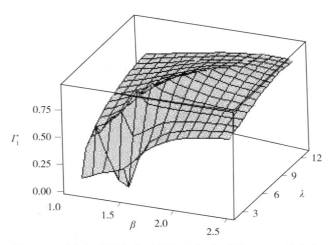

图 7-2 社会福利最大化下投资力度 I_1^* 随着 β 和 λ 的变化

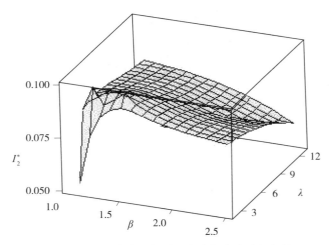

图 7-3 企业自身承担质量安全投资成本的投资
力度 I_2^* 随着 β 和 λ 的变化

（二）寡头垄断时高低质量食品供给企业的需求投资力度差和投资边际成本对决策变量的影响

当模型设定的参数满足一定条件下,相应的参数取值设定为 $v=1,d=0.3,b=0.5,c=0.5$。两类企业在质量安全方面的投资力度差对食品需求量的影响程度 γ、投资的边际成本系数 k 对价格 p_H、p_L 和投资力度 I_H、I_L 的影响。由图 7-4、图 7-5 和图 7-6 可见,高、低质量安全水平食品供给企业决定的价

格 p_H、p_L 分别随着两类企业在质量安全方面投资力度差对食品需求量的影响程度 γ、投资的边际成本系数 k 的增加而呈现先减弱再增强的周期性波动变化且变化幅度开始较大而后减小，并且 p_H 和 p_L 的变化趋势相似。高低质量安全水平食品的价格差 Δp 随着两类企业在质量安全方面的投资力度差对食品需求量的影响程度 γ、投资的边际成本系数 k 的增加而呈现先减弱再增强的周期性波动变化且变化幅度开始较小而后减大。

具体如下图所示：

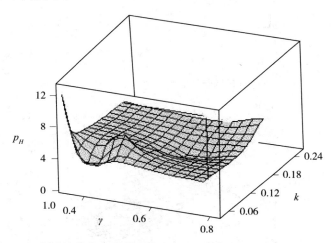

图 7-4　高质量安全水平食品供给企业的价格 p_H 随着 γ 和 k 的变化

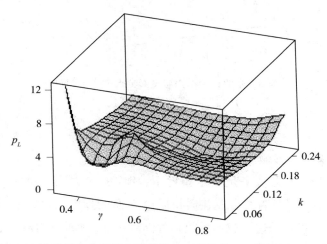

图 7-5　低质量安全水平食品供给企业的价格 p_L 随着 γ 和 k 的变化

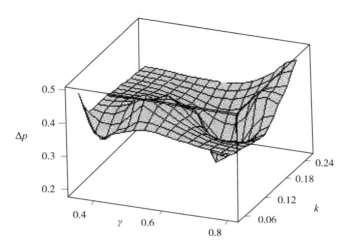

图 7-6　高低质量安全水平食品的价格差 Δp 随着 γ 和 k 的变化

由图 7-7、图 7-8 和图 7-9 可见,高质量安全水平食品供给企业决定的投资力度随着两类企业在质量安全方面投资力度差对食品需求量的影响程度 γ、投资的边际成本系数 k 的增加亦呈现先减弱再增强的周期性波动变化,与价格的变化趋势相似。低质量安全水平食品供给企业决定的投资力度却随着两类企业在质量安全方面投资力度差对食品需求量的影响程度 γ、投资的边

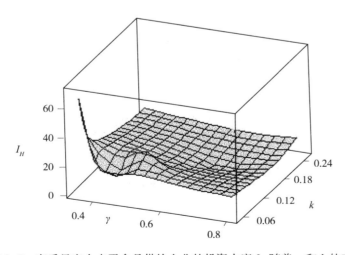

图 7-7　高质量安全水平食品供给企业的投资力度 I_H 随着 γ 和 k 的变化

际成本系数 k 的增加先呈现增强再减弱的周期性波动变化,与高质量安全水平的企业投资力度变化趋势刚好相反。高低质量食品供给企业的投资力度差 ΔI 随着两类企业在质量安全方面投资力度差对食品需求量的影响程度 γ、投资的边际成本系数 k 的增加而呈现先减弱再增强的周期性波动变化且变化幅度开始较大而后减小。

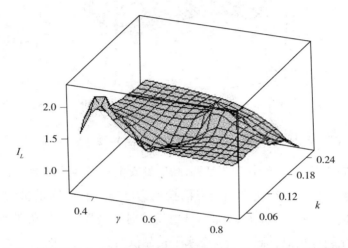

图 7-8 低质量安全水平食品供给企业的投资力度 I_L 随着 γ 和 k 的变化

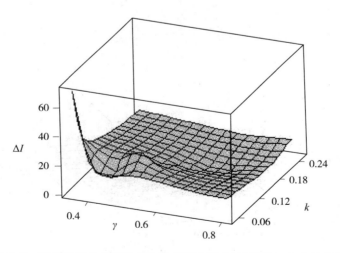

图 7-9 高低质量食品供给企业的投资力度差 ΔI 随着 γ 和 k 的变化

六、本节主要结论及启示

本节构建了完全垄断与寡头垄断两类典型市场类型下社会大众或者企业在食品质量安全投资方面的投资力度与价格决策,根据分析结论得到以下启示。

（一）完全垄断时的主要结论及启示

首先,企业与消费者共同承担质量安全投资成本时,同等条件下消费者的话语权越强,例如消费者质量安全权益受到法律保护,消协等社会组织积极维护消费者权益,食品安全受到社会各界共同监督,企业会加大在食品质量安全方面的投资,所以企业承担投资成本比例就会随之提高。在消费者具有较强的话语权时,即食品安全的社会关注度相对较高,消费者的食品安全权利保护较强,各种法律、法规等保护措施都得到有效实施,此时消费者需求对质量安全投资越敏感,说明消费者对食品安全关注度增强,会更自觉加强其自身对食品安全的监督和维权等行为,因而其承担投资成本比例会增加,同等条件下企业承担的投资成本比例会减小。与此同时,作为供给者的企业对质量安全方面投资的负效应感知越强,将激励其维护产品质量安全口碑、保持供给收益,从而增强投资成本投入的积极性,其承担的投资成本比例增加,而消费者承担的投资成本比例就会减小;质量安全投资的边际成本增加时,由于消费者通常比企业的成本敏感性弱,因此企业的成本分担比例增加更显著。在消费者具有较弱的话语权,即食品安全的社会关注度相对较低时,上述结论刚好相悖。

其次,无论是企业和消费者共同承担质量安全投资成本还是企业单独承担投资成本,质量安全方面的投资力度受到相关因素的影响效应相同。同等条件下,基本需求量大的食品,其质量安全方面的投资激励性更强;食品需求的质量安全投资效应越强,会对质量安全方面投资提供者产生约束与激励作用,从而促使其加强质量安全投资;供给者对质量安全方面投资的负效应感知越强,就会削弱投资提供者的积极性,从而削弱质量安全投资力度;除价格和质量安全投资力度以外其他因素对供给量的负向影响增强会进一步减少食品供给量,而此时投资力度的削弱可以在一定程度上补偿减少的供给量;质量安全方面投资的边际成本增加致使投资成本负担加重,这将使投资供给者减弱投资力度。

最后,从质量安全投资力度角度考虑,由消费者与企业共同承担食品质量安全投资的情形更有利于提高食品的质量安全水平。这是由于质量安全投资成本由消费者与企业共同承担能够更有效增强社会大众对食品安全的关注度,在全社会形成良好的食品安全氛围,对约束与激励消费者和企业的食品安全投资行为具有双重的积极作用。

（二）寡头垄断时的主要结论及启示

首先,当市场上存在两类企业分别供给高、低质量安全水平的同类食品时,基本需求量较大且生产成本较小的食品,以质定价的现象更为显著,并且在以下三种条件下,当市场上此类食品需求旺盛,将刺激各类企业供给食品,争抢市场份额;高质量安全水平食品生产供给更为严格,投入生产要素等报酬越高;低质量安全水平食品生产供给过程相对不严格,投入生产要素等报酬越低,市场上两类企业提供的食品价格差异会显著增大。

其次,当市场上存在两类企业分别供给高、低质量安全水平的同类食品时,基本需求量较大且生产成本较小的食品,两类企业在质量安全方面的投资力度差距更为显著。市场上此类食品需求旺盛,将刺激各类企业供给食品,为增加其食品的市场销售额,抢占更大的市场份额,企业会加大投资力度,相比于高质量安全水平食品供给企业,低质量安全水平食品缺乏竞争力,两类企业的投资力度差距会加大;低质量安全水平食品的单位生产成本越高,其质量安全投资力度会减小以抵消因成本增加而挤占的利润空间,从而投资力度差距加大;高质量安全水平食品的单位生产成本越高,同样也会使得其降低投资力度,从而投资力度差距减小。

第三节　竞争性同质食品企业的食品安全水平相关决策

——考虑食品安全水平与产量交叉效应的视角

2015 年 3 月 15 日国家食品药品监督管理总局正式公布了我国《食品召回管理办法》,并将于 2015 年 9 月 1 日起正式实施。这意味着我国食品生产经营企业一旦因为其涉及的相关食品出现某些食品安全问题,将必须遵循该办法规定,严格实施对问题食品的召回及处理工作,并承担相应的责任或连带责任。因此,食品生产经营企业在对自身生产经营做出正确决策的同时,还必须严把食品质量安全关,才能实现企业综合利润最大的目标。关于食品质量安全水平的相关生产决策,学者们从存在的问题、管理模式、关键控制点以及食品安全保障机制等角度进行了研究(夏英、宋伯生,2011;Trienekens et al.,2012),分析了食品企业供给不安全食品等违法行为的代价,企业质量安全相关行为与生产决策之间的关系(张彦楠等,2015)。现有相关研究尽管考虑到了企业生产决策中质量安全水平的重要影响,但对作为生产决策主体的企业的性质类型以及包含质量安全水平的生产决策的分析相对较少,尤其针对关系人民身心健康的食品相关研究更为缺乏。因此,本节分析了多个同质企业生产供给同类生活必需类食品时,一方面要投入相应的生产成本,另一方面为保障食品安全水平也要投入相应的成本,并且食品生产与食品安全水平之间具有相互作用关系。考虑到这一因素,本节构建关于产量和食品安全水平的成本函数,通过优化模型分析了最优产量和食品安全水平及其影响因素。

一、模型变量及假设

假设 n 个企业可以同时生产供给某类食品,并且该类食品属于人们日常生活的必需品。因此,它所在的市场近似完全竞争。第 i 个企业的生产成本函数如下所示:

$$C(q_i,s_i)=\alpha_0+\alpha_1 q_i+\frac{1}{2}\alpha_2 q_i^2+q_i\left[c_0 s_i+c_1(1-s_i)\right]+\frac{1}{2}\beta s_i^2 \qquad (7.49)$$

其中 q_i 表示企业 i 的产量;s_i 表示企业 i 供给产品的食品安全水平(可以将其视为食品是安全的概率),它们是企业 i 的决策变量。由于近似完全竞争市场,企业规模、生产条件等方面都具有相似性,因此本节将各企业的相关条件参数设定为相同的。α_0 表示固定生产成本;α_1 是边际生产成本中的常数项,表示与产量无关的边际成本项;α_2 是边际生产成本中的斜率项,表示随着产量递增的边际成本系数。β 表示企业在食品安全方面投入的边际成本,通常食品安全水平越高,企业为之付出的食品安全成本越高。c_0 表示企业食品安全水平的单位成本;c_1表示出现食品安全问题后企业支付的单位召回成本。$\dfrac{\partial^2 C(q_i,s_i)}{\partial q_i \partial s_i}=c_0-c_1$,说明企业的产量与食品安全水平具有直接相关性。

对于每个企业,该类食品价格为$p=p_0+\theta\dfrac{1}{n}\sum\limits_{i=1}^{n}s_i$。其中$p_0$表示与其他因素无关,仅由市场供需决定的基本价格。$\theta$表示消费者对食品安全水平的敏感度。因为该类食品是生活必需品,所以该类食品价格主要是由市场决定的。然而日趋严重的食品安全问题使得消费者对食品安全更加关注,所以该食品价格不仅由基本价格决定,还由消费者对食品安全的敏感度以及供给该类食品所有企业决定食品安全水平的平均值所共同决定。

二、企业的最优决策及其影响因素分析

根据上述模型变量及假设,下面建立企业利润最大化模型分析企业的最优产量和食品安全水平以及相应的影响因素。

(一)企业的最优食品安全水平和产量

企业i的利润为

$$\pi_i(q_i,s_i)=pq_i-C(q_i,s_i) \tag{7.50}$$

根据一阶最优条件$\dfrac{\partial \pi_i}{\partial q_i}=0$,$\dfrac{\partial \pi_i}{\partial s_i}=0$解得

$$s_i=\frac{p_0-\alpha_1-c_1}{c_0-c_1-\theta-\dfrac{\alpha_2\beta}{c_0-c_1}} \tag{7.51}$$

$$q_i=\frac{\beta(p_0-\alpha_1-c_1)}{\alpha_2\beta-(c_0-c_1-\theta)(c_0-c_1)} \tag{7.52}$$

由式(7.51)和式(7.52)可见最优食品安全水平和产量有如下结果:

(1)当$p_0>\alpha_1+c_1$时:①若$c_0>c_1$,s_i、q_i有且只有一个取值为正。此时,当$c_0>c_1+\dfrac{\theta+\sqrt{\theta^2+4\alpha_2\beta}}{2}$时,有$s_i>0$,$q_i=0$;当$c_1<c_0<c_1+\dfrac{\theta+\sqrt{\theta^2+4\alpha_2\beta}}{2}$时,有$s_i=0$,$q_i>0$。

②若 $c_0 < c_1$，则只有 $c_0 < c_1 < c_0 + \dfrac{\sqrt{\theta^2 + 4\alpha_2\beta} - \theta}{2}$ 时，$s_i > 0$，$q_i > 0$。否则 s_i、q_i 取值都为零。

（2）当 $p_0 < \alpha_1 + c_1$ 时：①若 $c_0 > c_1$，s_i、q_i 有且只有一个取值为正。此时，当 $c_1 < c_0 < c_1 + \dfrac{\theta + \sqrt{\theta^2 + 4\alpha_2\beta}}{2}$ 时，有 $s_i > 0$，$q_i = 0$；当 $c_0 > c_1 + \dfrac{\theta + \sqrt{\theta^2 + 4\alpha_2\beta}}{2}$ 时，有 $s_i = 0$，$q_i > 0$。

②若 $c_0 < c_1$，则只有 $c_1 > c_0 + \dfrac{\sqrt{\theta^2 + 4\alpha_2\beta} - \theta}{2}$ 时，$s_i > 0$，$q_i > 0$。否则 s_i、q_i 取值都为零。

综上可得如下结论：

结论 7.14　在多家企业生产供给某必需类食品的情况下，单个企业决定的最优食品安全水平和产量：（1）当食品的基本价格高于固定边际生产成本与单位召回成本时，若食品安全水平的单位成本高于单位召回成本，企业根据自身利润最大化原则所决定的食品安全水平和产量值只有一个具有实际意义。此时若食品安全水平的单位成本相对较高，企业要保持一定的食品安全水平，将退出该市场（即产量为零）；而若食品安全水平的单位成本相对较低，企业要在市场中生存，只能降低食品安全水平甚至不顾食品安全水平。若食品安全水平的单位成本低于单位召回成本，但同时召回成本又不能过高时，企业根据自身利润最大化原则所决定的食品安全水平和产量值都具有实际意义，也就是既向市场提供一定量的产品，又保持产品具有一定的食品安全水平。（2）当食品的基本价格低于固定边际生产成本与单位召回成本时，若食品安全水平的单位成本高于单位召回成本，企业根据自身利润最大化原则所决定的食品安全水平和产量值只有一个具有实际意义。此时若食品安全水平的单位成本相对较低，企业要保持食品安全水平，将退出该市场（即产量为零）；而若食品安全水平的单位成本相对较高，企业要在市场中生存，只能降低食品安全水平甚至不顾食品安全水平。若食品安全水平的单位成本低于单位召回成本，但同时召回成本又不能过低时，企业根据自身利润最大化原则所决定的食品安全水平和产量值都具有实际意义，也就是既向市场提供一定量的产品,又保持产品具有一定的食品安全水平。

(二) 最优食品安全水平和产量的影响因素

针对上述分析得到的企业最优决策,相应的最优食品安全水平和产量影响因素分析如下。

1. 食品安全水平的影响因素分析

(1) 当 $p_0 > \alpha_1 + c_1$ 时: $\dfrac{\partial s_i}{\partial \theta} > 0$; $\dfrac{\partial s_i}{\partial \alpha_1} < 0$; $\dfrac{\partial s_i}{\partial c_0} < 0$。 若 $s_i > \dfrac{1}{1 + \dfrac{\alpha_2 \beta}{(c_0 - c_1)^2}}$,有 $\dfrac{\partial s_i}{\partial c_1} > 0$,否

则 $\dfrac{\partial s_i}{\partial c_1} < 0$。 若 $c_0 > c_1 + \dfrac{\theta + \sqrt{\theta^2 + 4\alpha_2 \beta}}{2}$,有 $\dfrac{\partial s_i}{\partial p_0} > 0$; $\dfrac{\partial s_i}{\partial \alpha_2} > 0$; $\dfrac{\partial s_i}{\partial \beta} > 0$。 若 $c_1 > c_0 +$

$\dfrac{\sqrt{\theta^2 + 4\alpha_2 \beta} - \theta}{2}$,有 $\dfrac{\partial s_i}{\partial p_0} < 0$; $\dfrac{\partial s_i}{\partial \alpha_2} < 0$; $\dfrac{\partial s_i}{\partial \beta} < 0$。

(2) 当 $p_0 < \alpha_1 + c_1$ 时: $\dfrac{\partial s_i}{\partial \theta} < 0$; $\dfrac{\partial s_i}{\partial \alpha_1} > 0$; $\dfrac{\partial s_i}{\partial c_0} > 0$; $\dfrac{\partial s_i}{\partial c_1} < 0$。 若 $c_1 < c_0 < c_1 +$

$\dfrac{\theta + \sqrt{\theta^2 + 4\alpha_2 \beta}}{2}$,有 $\dfrac{\partial s_i}{\partial p_0} > 0$; $\dfrac{\partial s_i}{\partial \alpha_2} < 0$; $\dfrac{\partial s_i}{\partial \beta} < 0$。 若 $c_1 > c_0 + \dfrac{\sqrt{\theta^2 + 4\alpha_2 \beta} - \theta}{2}$,有 $\dfrac{\partial s_i}{\partial p_0} < 0$; $\dfrac{\partial s_i}{\partial \alpha_2} >$

0; $\dfrac{\partial s_i}{\partial \beta} > 0$。

综上可得如下结论:

结论 7.15 在多家企业生产供给某必需类食品的情况下,单个企业决定的最优食品安全水平影响因素:(1)当食品的基本价格高于固定边际生产成本与单位召回成本时,若其他因素不变:最优食品安全水平随着消费者对食品安全水平敏感度的增强而提高;随着产量递增边际成本系数的增加而下降;随着食品安全水平的单位成本增加而下降。若食品安全水平高于一定值时,最优食品安全水平随着单位召回成本的增加而提高,否则将下降。若食品安全水平的单位成本相对较高,且高于单位召回成本与消费者对食品安全水平的敏感度之和时,最优食品安全水平随着基本价格水平的上涨、产量递增边际成本系数的增加,或者食品安全水平的边际成本增加而提高。若单位召回成本相对较高,且高于食品安全水平的单位成本时,最优食品安全水平随着基本价

格水平的上涨、产量递增边际成本系数的增加,或者食品安全水平的边际成本增加而提高。(2)当食品的基本价格低于固定边际生产成本与单位召回成本时,若其他因素不变:最优食品安全水平随着消费者对食品安全水平敏感度的增强而下降;随着产量递增边际成本系数的增加而提高;随着食品安全水平的单位成本增加而提高。若单位召回成本大于食品安全水平的单位成本,并且低于单位召回成本与消费者对食品安全敏感度之和时,最优食品安全水平随着基本价格的上涨而提高,随着产量递增边际成本系数的增加而下降,随着食品安全水平的边际成本增加而下降。若单位召回成本大于食品安全水平的单位成本时,最优食品安全水平随着基本价格的上涨而下降,随着产量递增边际成本系数的增加而提高,随着食品安全水平的边际成本增加而提高。

2. 产量的影响因素分析

（1）当 $p_0 > \alpha_1 + c_1$ 时：$\dfrac{\partial q_i}{\partial p_0} > 0$；$\dfrac{\partial q_i}{\partial \alpha_1} > 0$；$\dfrac{\partial q_i}{\partial \alpha_2} < 0$。若 $c_1 < c_0 < c_1 + \dfrac{\theta + \sqrt{\theta^2 + 4\alpha_2\beta}}{2}$，有

$\dfrac{\partial q_i}{\partial \theta} > 0$；$\dfrac{\partial q_i}{\partial \beta} > 0$；同时 $c_0 < c_1 + \dfrac{\theta}{2}$，有 $\dfrac{\partial q_i}{\partial c_0} < 0$。若 $c_0 < c_1 < c_0 + \dfrac{\sqrt{\theta^2 + 4\alpha_2\beta} - \theta}{2}$，有 $\dfrac{\partial q_i}{\partial \theta} < 0$；

$\dfrac{\partial q_i}{\partial \beta} < 0$；同时 $c_0 > c_1 + \dfrac{\theta}{2}$，有 $\dfrac{\partial q_i}{\partial c_0} > 0$。此时,对于 $\dfrac{\partial q_i}{\partial c_1}$ 的正负,如果 $p_0 > \alpha_1 + c_1 + \dfrac{\alpha_2\beta}{\theta}$，且

若 $c_0 > c_1 + \dfrac{\theta + 2(p_0 - \alpha_1 - c_1) + \sqrt{\theta^2 + 4(p_0 - \alpha_1 - c_1)^2 + 4\alpha_2\beta}}{2}$ 或者 $c_1 < c_0 < c_1 +$

$\dfrac{\theta + 2(p_0 - \alpha_1 - c_1) - \sqrt{\theta^2 + 4(p_0 - \alpha_1 - c_1)^2 + 4\alpha_2\beta}}{2}$，或者若 $c_0 < c_1$，都有 $\dfrac{\partial q_i}{\partial c_1} > 0$；若

$c_1 + \dfrac{\theta + 2(p_0 - \alpha_1 - c_1) - \sqrt{\theta^2 + 4(p_0 - \alpha_1 - c_1)^2 + 4\alpha_2\beta}}{2} < c_0 < c_1 +$

$\dfrac{\theta + 2(p_0 - \alpha_1 - c_1) + \sqrt{\theta^2 + 4(p_0 - \alpha_1 - c_1)^2 + 4\alpha_2\beta}}{2}$，有 $\dfrac{\partial q_i}{\partial c_1} < 0$。当 $p_0 < \alpha_1 + c_1 + \dfrac{\alpha_2\beta}{\theta}$ 时,若

$c_0 > c_1 + \dfrac{\theta + 2(p_0 - \alpha_1 - c_1) + \sqrt{\theta^2 + 4(p_0 - \alpha_1 - c_1)^2 + 4\alpha_2\beta}}{2}$，或者 $c_0 < c_1 +$

$\dfrac{\theta + 2(p_0 - \alpha_1 - c_1) - \sqrt{\theta^2 + 4(p_0 - \alpha_1 - c_1)^2 + 4\alpha_2\beta}}{2}$，有 $\dfrac{\partial q_i}{\partial c_1} > 0$；若 $c_1 < c_0 < c_1 +$

$$\frac{\theta+2(p_0-\alpha_1-c_1)+\sqrt{\theta^2+4(p_0-\alpha_1-c_1)^2+4\alpha_2\beta}}{2}, \quad 或 \quad 者 \quad c_1 \quad +$$

$$\frac{\theta+2(p_0-\alpha_1-c_1)-\sqrt{\theta^2+4(p_0-\alpha_1-c_1)^2+4\alpha_2\beta}}{2}<c_0<c_1, 有\frac{\partial q_i}{\partial c_1}<0。$$

（2）当 $p_0<\alpha_1+c_1$ 时：$\frac{\partial q_i}{\partial \alpha_2}>0$。若 $c_0>c_1+\frac{\theta+\sqrt{\theta^2+4\alpha_2\beta}}{2}$，有$\frac{\partial q_i}{\partial p_0}<0$；$\frac{\partial q_i}{\partial \theta}<0$；$\frac{\partial q_i}{\partial \alpha_1}<$

0；$\frac{\partial q_i}{\partial \beta}>0$；$\frac{\partial q_i}{\partial c_0}<0$。此 时，对 于 $\frac{\partial q_i}{\partial c_1}$ 的 正 负，如 果 $c_0>c_1+$

$$\frac{\theta+2(p_0-\alpha_1-c_1)+\sqrt{\theta^2+4(p_0-\alpha_1-c_1)^2+4\alpha_2\beta}}{2}, \quad 或 \quad 者 \quad c_0 \quad < \quad c_1+$$

$$\frac{\theta+2(p_0-\alpha_1-c_1)-\sqrt{\theta^2+4(p_0-\alpha_1-c_1)^2+4\alpha_2\beta}}{2}, 有 \frac{\partial q_i}{\partial c_1}>0。若 c_1<c_0<c_1+$$

$$\frac{\theta+2(p_0-\alpha_1-c_1)+\sqrt{\theta^2+4(p_0-\alpha_1-c_1)^2+4\alpha_2\beta}}{2}, \quad 或 \quad 者 \quad c_1 \quad -$$

$$\frac{\sqrt{\theta^2+4(p_0-\alpha_1-c_1)^2+4\alpha_2\beta}-\theta-2(p_0-\alpha_1-c_1)}{2}<c_0<c_1, 有\frac{\partial q_i}{\partial c_1}<0。$$

综上可得如下结论：

结论 7.16 在多家企业生产供给某必需类食品的情况下，单个企业决定的最优产量影响因素：

（1）当食品的基本价格高于固定边际生产成本与单位召回成本之和时，若其他因素不变，最优产量随着基本价格上涨而增加；随着固定边际生产成本增加而增加，随着产量递增边际成本系数增加而减少。若单位召回成本高于食品安全水平的单位成本，并且低于单位召回成本与消费者对食品安全敏感度之和时，最优产量随着消费者对食品安全敏感度的增强而增加，随着食品安全水平的边际成本增加而增加。同时食品安全水平的单位成本满足低于单位召回成本与消费者对食品安全敏感度的一半之和时，最优产量随着食品安全水平的单位成本增加而减少，若单位召回成本高于食品安全水平的单位成本，并且低于食品安全水平的单位成本与相对较小数值之和时，最优产量随着消费者对食品安全敏感度增强而减少;随着食品安全水平的边际成本增加而减少。同时,食品安全水平的单位成本满足高于单位召回成本与消费者对食品安全敏感度的一半之和时,最优产量随着食品安全水平的单位成本增加而增加。若食品的基本价格高于固定边际生产成本、单位召回成本与产量递增边际成本系数确定的一定值之和时,同时食品安全水平的单位成本满足高于单位召回成本与消费者对食品安全敏感度确定的一定值之和时,或者食品安全水平的单位成本高于单位召回成本且低于单位召回成本与其他条件参数确定的一定值之和时,或者食品安全水平的单位成本低于单位召回成本时,都有最优产量随着单位召回成本的增加而增加;而若食品安全水平的单位成本既高于单位召回成本与其他条件参数确定的一定值之和,又低于单位召回成本与其他条件参数确定的较高数值之和时,最优产量随着单位召回成本增加而减少。若食品的基本价格低于固定边际生产成本、单位召回成本与产量递增边际成本系数确定的一定值之和时,同时食品安全水平的单位成本满足高于单位召回成本与消费者对食品安全敏感度确定的一定值之和时,或者食品安全水平的单位成本低于单位召回成本与其他条件参数确定的一定值之和时,都有最优产量随着单位召回成本的增加而增加;而若食品安全水平的单位成本既高于单位召回成本,又低于单位召回成本与其他条件参数确定的较高数值之和时,或者食品安全水平的单位成本既高于单位召回成本与其他条件参数确定的一定值之差,又低于单位召回成本时,最优产量随着单位召回成本增加而减少。

(2)当食品的基本价格低于固定边际生产成本与单位召回成本之和时,若其他因素不变,最优产量随着产量递增边际成本系数增加而增加。当食品安全水平的单位成本高于单位召回成本与消费者对食品安全敏感度之和一定值时,最优产量随着基本价格上涨而减少;随着消费者对食品安全敏感度增强而减少;随着固定边际生产成本的增加而减少;随着食品安全水平的边际成本增加而增加;随着食品安全水平的单位成本增加而减少。若食品安全水平的单位成本高于单位召回成本与消费者的食品安全敏感度等确定的一定值时,或者食品安全水平的单位成本低于单位召回成本与消费者的食品安全敏感度等确定的较小值之和时,最优产量随着单位召回成本增加而增加。若食品安全水平的单位成本既高于单位召回成本,又低于单位召回成本与消费者对食品安全敏感度等其他参数条件确定的较大值之和时,或者食品安全水平的单位成本既高于单位召回成本与消费者对食品安全敏感度等其他参数条件确定的一定值之差,又低于单位召回成本时,最优产量随着单位召回成本的增加而减少。

(三) 政府约束食品安全水平下的企业最优产量

当政府部门通过政府规制与监管,使得各食品生产企业必须严格按照国家规定的最低食品安全水平 s_r 进行食品的生产供给,即 $s_i \geqslant s_r$。提高食品安全水平需要支付较高成本,所以企业通常会以政府监管部门规定的最低食品安全水平进行生产决策。企业 i 利润为

$$\pi_i(q_i|s_r) = pq_i - C(q_i, s_r) \tag{7.53}$$

根据一阶最优条件 $\dfrac{d\pi_i(q_i|s_r)}{dq_i} = 0$,求解可得企业 i 的最优产量为

$$q_i = \frac{p_0 - \alpha_1 - c_1 + (\theta - c_0 + c_1)s_r}{\alpha_2} \tag{7.54}$$

由式(7.54)可见,当 $p_0 + \theta s_r > \alpha_1 + (1-s_r)c_1 + c_0 s_r$ 时有 $q_i > 0$。此时,最优产量的影响因素分析如下:$\dfrac{\partial q_i}{\partial \alpha_1} < 0$;$\dfrac{\partial q_i}{\partial p_0} > 0$;$\dfrac{\partial q_i}{\partial c_0} < 0$;$\dfrac{\partial q_i}{\partial \theta} > 0$;$\dfrac{\partial q_i}{\partial c_1} = -\dfrac{(1-s_r)}{\alpha_2} < 0$;$\dfrac{\partial q_i}{\partial \alpha_2} = -\dfrac{q_i}{\alpha_2} < 0$。$\dfrac{\partial q_i}{\partial s_r} = \dfrac{\theta - c_0 + c_1}{\alpha_2}$,当 $\theta + c_1 > c_0$ 时,$\dfrac{\partial q_i}{\partial s_r} > 0$;当 $\theta + c_1 < c_0$ 时,$\dfrac{\partial q_i}{\partial s_r} < 0$。

因此,可得如下结论:

结论 7.17 政府约束企业食品安全水平下的企业最优产量,当食品的基本价格与消费者对食品安全水平敏感度之和,高于固定边际成本、召回总成本、食品安全水平的总成本之和时,企业决定的最优产量为正,即向市场上生产并供给符合政府约束标准的食品安全水平的产品。若其他因素不变,企业决定的最优产量影响因素:最优产量随着固定边际成本增加而减少;随着基本价格上涨而增加;随着食品安全水平的单位成本增加而减少;随着消费者对食品安全水平敏感度增强而增加;随着单位召回成本的增加而减少;随着产量递增边际成本系数增加而减少。若消费者对食品安全敏感度与单位召回成本之

和高于食品安全水平的单位成本时,最优产量随着食品安全水平提高而增加;若消费者对食品安全敏感度与单位召回成本之和低于食品安全水平的单位成本时,最优产量随着食品安全水平提高而减少。

三、本节主要政策建议

本节分析了多个同质的竞争性企业生产供给生活必需类食品时,企业关于产量和食品安全水平的最优决策。据此,为政府有关部门提供以下保障食品安全的政策建议。

1. 促成食品价格与成本的合理对应。一方面通过政府部门质量安全检测等监管体系的健全,保障食品市场的"优质优价"、"低质劣质无市"的良好交易环境;另一方面政府部门通过多种渠道的补贴与扶持措施,降低企业食品安全控制成本。例如,为企业提供义务检测技术培训、给予食品安全检测设备采购的税收减免和补贴;鼓励第三方独立检测机构的建立,由政府有关部门直接监管,通过资金扶持培育其逐步市场化运作,从而保持食品价格与供给安全食品的成本、供给不安全食品的机会成本之间的合理关系,激励与约束企业选择供给安全食品的生产行为。

2. 加强对消费者的食品安全知识教育,不断提高消费者对食品安全的正确认识是非常必要的。通过政府部门等正规公开平台(包括官方网站、微博、微信公众号、热线咨询电话等),为消费者提供了解和学习食品安全知识、辨别食品安全有效方法以及维护自身权益的便捷途径。通过消费者食品安全意识的提高,在全社会形成全民参与监督食品安全的良好氛围,迫使企业选择生产供给安全食品。

3. 健全问题食品召回与严肃惩罚机制。目前我国食品安全法已经针对食品安全的违法违规行为予以重责。但在实际实施过程中,由于食品安全问题过程监管的不健全、脱节,导致不能及时问责和严惩责任主体。对此,以食品企业为主体,政府为主导,建立健全我国食品快速召回响应机制并规范其中的严惩细则是当务之急。通过对问题食品的快速召回与追责,不仅能够将问题后果降低到最小,而且能够对食品企业造成威慑,发挥事前预警的作用。

第四节　企业网络中竞争性企业食品安全努力水平的博弈分析

与发达国家产业化经营、一体化生产为主的模式不同,我国大型食品生产加工企业数量少,而小型生产加工企业数量众多。许多小型生产加工企业已通过 QS 等相关质量认证的商标下,以加工分厂等名义进行生产,甚至不顾及质量卫生抽查等相关检测,只需低廉的生产成本就可以进行食品生产加工,由此导致的我国食品安全监管困境、政府与市场双重失灵的食品安全问题更为突出。由于目前我国食品生产加工行业仍然以众多小型企业为主,而生产某类食品的企业间具有紧密的联系,尤其是在同一区域,因此构成了生产加工某类食品的企业网络。在企业网络中作为节点的单个企业,因自身条件以及经济理性的特征,会从个体经济利益出发,选择其在食品质量安全方面投入的努力水平,同时其他邻居节点企业的努力水平,会通过网络而对该企业的经济利益产生正外部性作用。Mancur Olson(1965)认为由于食品质量投入的正外部性,给食品供应链的行为主体采取搭便车行为提供了较强的动机,因此政府要对节点企业进行质量投入采取干预措施。许民利等(2012)通过建立供应商与制造商在食品质量投入方面的演化博弈模型,分析了食品供应链质量投入的外部正效应问题。结果表明:若供应商或制造商采取搭便车行为能够从另一方处获益,那么他们实行质量投入的积极性会极大降低。因此,在与现实更为接近的企业网络背景下,分析食品生产企业在质量安全方面的努力水平选择以及企业与网络中邻居节点企业之间的努力水平选择的博弈关系,能够更好地揭示出当前我国食品生产环节引发食品质量安全问题的本质原因,从而据此提出解决问题的对策。

近年来,我国食品质量安全问题日益突出,引起了学者们的广泛关注。博弈论是研究行为主体在博弈过程中决策选择的理论,为分析现实中各利益相关方的行为选择提供依据。基于此,学者们研究认为应从食品供给各环节进行质量安全管理,才能从根本上保障食品安全,以形成食品供应链良性经营机制（Christien et al.，2006；Hirschauer 和 Musshoff，2007）；基于供应链成员间利益的相互依存和制约关系，利用博弈论分析了食品安全的信任品特征导致的道德风险、逆向选择问题、食品质量安全与治理结构的关系问题（黎继子等，2004；刘任重，2011）；利用合作契约、奖惩机制设计、交易成本等理论分析并提出追溯激励、关系治理等解决途径（Valeeva et al.，2007；王洁，2010；赵良杰等，2011）。而从网络视角进行食品质量安全的相关研究，主要是关于网络治理方面。Koppenjan Joop 和 Klijn Erik-Hans（2004）将食品安全问题本身所具有的认知差异、目标冲突与相互依赖等特性视为"恶劣问题"的属性，认为网络途径将是解决该问题的可行选择。鄞益奋（2007）、孙柏瑛等（2008）将政策网络理论与治理理论相结合，倡导网络治理作为一种新的治理模式，有利于实现主体间良性互动和互利互补的合作。定明捷等（2009）提出通过网络治理途径重新审视食品安全供给制度，认为我国食品安全供给网络呈现出"碎片化"特征，并从政策网络主体内部关系不协调、主体有限性、不平衡性的角度阐释了我国食品安全存在的各种问题。詹承豫等（2011）认为分析食品安全的理论基础是政府失灵、市场失灵与合约失灵，提出应结合社会公众、行业协会、新闻媒体共同进行网络式治理。吴林海等（2012）利用模糊集理论，采用实验方法分析了企业使用食品添加剂行为的关键影响因素，认为政府对该行为的监管重点是中小型食品企业，并与市场机制结合采取综合治理的方式。Li Qiang 等（2011）、洪巍和吴林海等（2013）针对近年来我国食品安全事件频发的现状，从网络舆情的角度进行统计归纳分析，探讨舆情特征、分布等，为政府部门在食品安全网络舆情方面的监管提供了参考。已有研究为改善我国食品安全现状，提供了有意义的探索。但同时也存在一些不足，食品质量安全的博弈更多针对监管、供应链协调问题，而对质量安全方面利益主体内部的群体行为关系的研究还有待深入；网络治理视角的食品质量安全研究为我国食品安全监管提供了新方向，但缺乏针对微观个体的具体研究，并且更多以定性研究为主。

本节借鉴桑吉夫·戈伊尔关于网络经济学模型的思想（2010），利用博弈论分析了在某类食品生产企业网络中，每个竞争性企业作为网络节点，单个企业在食品质量安全方面的努力水平选择与整个企业网络最优努力水平之间的关系,以及单个企业在选择不同努力水平策略与邻居节点企业选择努力水平策略之间的博弈,基于此提出通过设立激励与监督惩罚机制,改善企业网络与消费者福利的对策。这些研究对企业网络视角下食品生产环节质量安全水平的提高具有重要意义。

一、企业网络中单个企业与邻居节点企业的博弈分析

(一) 食品生产企业的经济利益模型

无论是生产企业还是消费者个体都生存在复杂交错的网络中。在给定网络中,个体间存在着联系,他们的行为选择受到相互影响。而网络分析更能客观描述现实中个体的选择策略。以某类食品生产企业作为节点构成的企业网络为研究视角,分析企业在食品质量安全方面付出的努力水平选择行为。

假设在由 n 个规模相近的食品生产企业构成的网络中,某个企业 i 在食品质量安全方面投入的努力水平为 $s_i(s_i \in S)$。其中 S 是 R^+ 的一个紧而凸的努力水平集合。企业 i(其中 $i=1,\cdots,n$,且 $n \geqslant 2$)通过在食品质量安全方面投入努力所获得的经济利益[①]为

$$\pi_i(s_i) = f\left(s_i + \sum_{j \neq i}^{n} s_j\right) - cs_i \qquad (7.55)$$

其中 $c>0$ 表示努力的边际成本。因为生产加工同类食品且规模相近,他们在质量安全方面投入的努力水平对应的边际成本相近,所以为便于分析且不失一般性,假设在同一企业网络中每个企业努力的边际成本都是相同的。企业 i 处于网络中,其他企业在食品质量安全方面努力水平的提高会提升该类食品整体的质量安全水平,以及会增强该类食品在消费者群体中的声誉,相对而言网络中每个企业的利益都会提高。因此,令 $f(x)$ 是网络中 n 个企业总努力水平的收益函数。假设该收益函数具有二阶导数,并且满足 $f(0)=0$,$f'(x)>0$,$f''(x)<0$,即符合边际收益为正以及边际收益递减规律。说明 $f(x)$ 是 n 个企业总努力水平的连续函数,是总努力水平的凹函数。

根据式(7.55),企业 i 要决定他的努力水平 s_i 使自身利益最大的一阶最

---

① 本节所述利益均指经过转化后的经济利益,以下同。

优条件为

$$\pi_i'(s_i) = f'\left(s_i + \sum_{j \neq i}^{n} s_j\right) - c = 0 \tag{7.56}$$

由式（7.56），显然二阶最优条件满足，即$f''\left(s_i + \sum_{j \neq i}^{n} s_j\right) < 0$。记$\hat{s} \in R^+$表示对应企业$i$利益最大时$n$个企业的总努力水平，即$f'(\hat{s}) = c$，并且令$\bar{s}_i = \sum_{j \neq i}^{n} s_j$，表示其他邻居节点企业的总努力水平之和。由收益函数$f(x)$的凹性，可得如下结论：

1. 若$f'(\bar{s}_i) \leqslant f'(\hat{s}) = c$，则有$\bar{s}_i \geqslant \hat{s}$。说明若网络中所有邻居节点企业的总努力水平对应的边际收益不高于每个企业努力的边际成本，则总努力水平对企业i是缺乏效率的。此时若要改变这种状态为企业i的最优状态，企业i会选择不付出努力即"搭便车"行为，或者进行不利于质量安全水平的行为即假冒伪劣生产等，使得$s_i = 0$或者$s_i < 0$。若在企业网络中，邻居节点企业在食品质量安全方面付出努力的作用效果不显著，即食品安全的投入产出比小于1，这种消极的示范作用会促使企业i选择不作为甚至违背食品安全的行为。说明即使邻居节点企业的总努力水平超出相对单个企业的最优总努力水平，但若努力行为不当或者努力缺乏效率，将会对企业努力产生负面影响。

2. 若$f'(\bar{s}_i) > f'(\hat{s}) = c$，则有$\bar{s}_i < \hat{s}$。说明若网络中邻居节点企业的总努力水平对应的边际收益高于单个企业i努力的边际成本，则总努力水平的边际收益与每个企业努力的边际成本相比是相对有效的，但对单个企业而言仍不是最优的总努力水平。此时若要改变这种状态为对企业i的最优状态，企业i要付出的努力水平，即$s_i = \hat{s} - \bar{s}_i$。若在企业网络中，邻居节点企业在食品质量安全方面付出的努力具有显著的作用效果，即食品安全的投入产出比大于1，这种总努力水平的示范作用会激励企业i也付出积极的努力。说明即使邻居节点企业的总努力水平低于相对单个企业的最优总努力水平，但若努力行为积极有效，将会对企业努力产生正面影响。

该结论说明在企业网络中可能存在两种类型的企业，即一种类型为自己没有努力或实施"负努力"，但从网络中邻居节点企业的努力正外部性中获得超过对自身利益最优的总努力水平的企业；另一种类型为从网络中邻居节点企业的努力正外部性中获得低于对自身利益最优的总努力水平的企业,而通过自身的努力弥补不足的企业。这样的两个类型的企业努力行为选择说明,在企业网络中凭借自身努力与搭便车(甚至实施负面)企业共存的现象。

（二）单个企业与邻居节点企业的博弈均衡

根据上述分析可知企业 i 可能会选择两种类型的努力行为,主要取决于邻居节点企业的努力,下面利用博弈模型分析企业 i 与邻居节点企业的策略关系。两者的收益支付矩阵具体如下表 7-1 所示:

表 7-1　企业 i 与邻居节点企业的收益支付

邻居节点企业 企业 i	付出低努力水平 L （$\bar{s}_{il}<\hat{s}$）	付出高努力水平 H （$\bar{s}_{ih}>\hat{s}$）
付出努力 水平 $E(s_i>0)$	$f(\bar{s}_{il}+s_i)-cs_i$，$(n-1)f(\bar{s}_{il}+s_i)-\bar{c}\bar{s}_{il}$	$f(\bar{s}_{ih}+s_i)-cs_i$，$(n-1)f(\bar{s}_{ih}+s_i)-c\bar{s}_{ih}$
搭便车 $F(s_i=0)$	$f(\bar{s}_{il})$，$(n-1)f(\bar{s}_{il})-\bar{c}\bar{s}_{il}$	$f(\bar{s}_{ih})$，$(n-1)f(\bar{s}_{ih})-c\bar{s}_{ih}$

其中 s_i、$\hat{s}$ 的含义与前文相同,分别表示企业 i 的努力水平与对应企业 i 利益最大时 n 个企业的总努力水平。$\bar{s}_{il}$、$\bar{s}_{ih}$ 分别表示企业 i 的邻居节点企业付出的总努力水平与 $\hat{s}$ 相比较的,低努力水平之和与高努力水平之和。表 7-1 中对应企业 i 的策略分别有付出努力 $E(s_i>0)$ 与搭便车 $F(s_i<0)$,对应邻居节点企业的策略分别有付出低努力水平 $L(\bar{s}_{il}<\hat{s})$ 与付出高努力水平 $H(\bar{s}_{ih}>\hat{s})$。当企业 i 付出努力水平,邻居节点企业付出低努力水平时,企业 i 可以获得利益为 $f(\bar{s}_{il}+s_i)-cs_i$,邻居节点企业获得的利益总和为 $(n-1)f(\bar{s}_{il}+s_i)-\bar{c}\bar{s}_{il}$;当企业 i 付出努力水平,邻居节点企业付出高努力水平时,企业 i 可以获得利益为 $f(\bar{s}_{ih}+s_i)-cs_i$,邻居节点企业获得利益总和为 $(n-1)f(\bar{s}_{ih}+s_i)-c\bar{s}_{ih}$;当企业 i 搭便车,邻居节点企业付出低努力水平时,企业 i 可以获得利益为 $f(\bar{s}_{il})$,邻居节点企业获得利益总和为 $(n-1)f(\bar{s}_{il})-\bar{c}\bar{s}_{il}$;当企业 i 搭便车,邻居节点企业付出高努力水平时,企业 i 可以获得利益为 $f(\bar{s}_{ih})$,其他邻居节点企业获得利益总和为 $(n-1)f(\bar{s}_{ih})-c\bar{s}_{ih}$。

由表 7-1 分析可得:

一方面,若企业 i 选择付出努力策略 E,则有如下两种情况:情况一,当 $f'(\bar{s}_i+s_i)>\dfrac{c}{n-1}$ 时,邻居节点企业会选择高努力策略 H;情况二,当 $f'(\bar{s}_i+s_i)<\dfrac{c}{n+1}$ 时,邻居节点企业会选择低努力策略 L。若企业 i 选择搭便车策略 F,则有如下两种情况:情况一,当 $f'(\bar{s}_i)>\dfrac{c}{n-1}$ 时,邻居节点企业会选择高努力策略 H;情况二,当 $f'(\bar{s}_i)<\dfrac{c}{n-1}$ 时,邻居节点企业会选择低努力策略 L。由于 $f''(x)<0$,所以上述情况可简化为:若 $f'(\bar{s}_i+s_i)>\dfrac{c}{n-1}$,则无论企业 i 选择付出努力还是搭便车策略,邻居节点企业都会选择高努力策略 H;若 $f'(\bar{s}_i)<\dfrac{c}{n-1}$,则无论企业 i 选择付出努力还是搭便车策略,邻居节点企业都会选择低努力策略 L。

另一方面,若邻居节点企业选择低努力策略 L,则有如下两种情况:情况一,当 $f'(\bar{s}_i+s_i)<c$ 时,企业 i 会选择搭便车策略 F;情况二,当 $f'(\bar{s}_i+s_i)>c$ 时,则企业 i 会选择付出努力策略 E。若邻居节点企业选择高努力策略 H,由于 $f'(\bar{s}_{ih}+s_i)-c<f'(\hat{s})-c=0$,所以必然有 $f'(\bar{s}_{ih}+s_i)-cs_i<f(\bar{s}_{ih})$,企业 i 会选择搭便车策略 F。

综上,根据企业总努力水平的边际收益不同,可得如下两个博弈均衡:

(1)若 $f'(\bar{s}_i+s_i)>\dfrac{c}{n-1}$,则存在纳什均衡为 (F,H),即企业 i 选择搭便车,邻居节点企业选择付出高努力。这表明:邻居节点企业在总努力水平上的边际收益总和高于单个企业的边际成本时,则邻居节点企业会选择付出高努力策略,而此时企业 i 在不存在内外部监督机制时,会选择搭便车策略。

(2)若 $f'(\bar{s}_i)<\dfrac{c}{n-1}$,则存在纳什均衡为 (F,L),即企业 i 选择搭便车,邻居节点企业选择付出低努力。这表明:邻居节点企业在总努力水平上的边际收益总和低于单个企业的边际成本时,则邻居节点企业会选择低努力策略,而此时企业 i 仍然会选择搭便车策略。

由此可见,在企业网络中,若某类食品生产行业内部缺乏监督激励机制,并且行业外部监管缺位或错位,无论总努力水平或邻居节点企业的努力水平对应的边际收益满足什么条件,企业 i 在邻居节点企业的努力水平正外部性作用下都会选择搭便车。

二、博弈均衡下企业网络利益与消费者福利及其改善机制分析

(一) 企业网络利益与消费者福利

1. 企业网络的利益

在企业网络中,所有 n 个企业的利益之和为

$$W(S) = \sum_{i=1}^{n} \left[f(s_i + \bar{s}_i) - cs_i \right] \tag{7.57}$$

式(7.57)的一阶最优条件为

$$\frac{\partial W(S^*)}{\partial s_i} = \sum_{j \neq i}^{n} f'(s_j^* + \bar{s}_j^*) + f'(s_i^* + \bar{s}_i^*) - c = 0 \tag{7.58}$$

该条件表明:企业网络利益的最大化要求网络中所有企业总努力水平的边际收益等于边际成本。将单个企业 i 利益最大对应的最优总努力水平 $\hat{s}$ 代入企业网络利益最大化的一阶导数可得

$$\frac{\partial W(S)}{\partial s_i} = (n-1)f'(\hat{s}) > 0 \tag{7.59}$$

因此可以得到如下结论:

每个企业按照自身利益最大化,即努力的边际收益等于边际成本选择自身的努力水平。而企业网络利益会随着 s_i 的增加而提高。某个企业 i 的利益最大并不会使企业网络利益达到最大,这说明要进一步改善整个企业网络的利益,应该减少网络中企业的搭便车行为,迫使网络中每个企业付出自己应有的努力水平,进而提高整个网络的利益。相对于食品行业而言,所有食品生产加工企业的共同努力才会提升行业整体的经济利益水平。例如,一旦某个生产企业的食品出现质量安全问题,消费者不仅会对该类食品产生不信任,采取减少甚至拒绝购买该类食品的行为,而且还会对与该类食品相关的食品生产加工企业产生不信任的连带效应。这样不仅导致该类食品生产企业的利益受损,而且会使整个企业网络的利益水平下降。"三聚氰胺"事件就是一个典型的案例,受到该事件的影响,我国乳品行业整体销量急剧下滑,并且在较长一

段时间内国内乳品企业都难以挽回消费者对其的信任。

2. 消费者的福利

由于食品质量安全水平提高,能够直接增强消费者消费食品的安全性,并且保障消费者食用后的身心健康,所以消费者通过消费食品获得的福利就会随之提高。本节只考虑消费者在食品质量安全方面获得的福利,令他们的福利函数为 $G(\sum_{i=1}^{n} s_i)$,并且福利函数是该类食品企业网络中所有企业付出的总努力水平的增函数。因此,企业 i 与邻居节点企业在不同策略组合下对应的消费者福利具体如下表所示:

表 7-2　不同策略组合下的消费者福利

邻居节点企业 企业 i	付出低努力水平 L	付出高努力水平 H
付出努力 水平 E	$G(\bar{s}_{il}+s_i)$	$G(\bar{s}_{ih}+s_i)$
搭便车 F	$G(\bar{s}_{il})$	$G(\bar{s}_{ih})$

因为 $\bar{s}_{il}<\bar{s}_{il}+s_i<\hat{s}+s_i$,$\hat{s}<\bar{s}_{ih}<\bar{s}_{ih}+s_i$,所以 $G(\bar{s}_{il})<G(\bar{s}_{il}+s_i)$,$G(\bar{s}_{ih})<G(\bar{s}_{ih}+s_i)$。由此可知,企业 i 选择付出努力策略 E,对第三方消费者而言是占优策略。进一步,由努力水平之间的大小关系,显然 $G(\bar{s}_{il}+s_i)<G(\bar{s}_{ih}+s_i)$。综上可见,企业 i 与邻居节点企业对应的策略组合 (E,H) 是对消费者的最优策略组合。

(二) 改善企业网络利益与消费者福利的机制

1. 企业的激励机制

通过上述博弈分析以及相应企业网络和消费者福利分析可见,企业 i 选择付出努力水平策略 E 更有利于整个企业网络利益,同时邻居节点企业选择付出高努力策略 H 将更有利于消费者福利的提高。可以考虑通过实施激励机制尽可能实现企业 i 选择付出努力水平策略 E。

当邻居节点企业选择付出高努力水平 H 时(即 $f'(\bar{s}_{ih}+s_i)>\dfrac{c}{n-1}$),要满足条件 $f'(\bar{s}_{ih}+s_i)>c$,企业 i 才会选择付出努力水平策略 E。而 $\bar{s}_{ih}>\hat{s}$,所以

$f'(\bar{s}_{ih}+s_i)<c$。因此,要使企业 i 能够选择付出努力水平策略 E,可以考虑给予企业 i 一定的单位努力成本补偿或者奖励报酬。假设该单位补偿或奖励报酬为 $J(J<c)$,则此时企业 i 选择付出努力水平策略 E 的利益为 $f(\bar{s}_{ih}+s_i)-cs_i+Js_i$,因此需要满足 $f'(\bar{s}_{ih}+s_i)>c-J$ 条件才是可行的。相应地,邻居节点企业的利益总和为 $(n-1)f(\bar{s}_{ih})-c\bar{s}_{ih}+J\bar{s}_{ih}$。因此,无论企业 i 选择付出努力水平还是搭便车策略,只要满足 $f'(\bar{s}_{ih}+\bar{s}_i)>\dfrac{c-J}{n-1}$,邻居节点企业就会选择付出高努力水平。综上,当 $f'(\bar{s}_{ih}+\bar{s}_i)>c-J$ 时,即 $c-f'(\bar{s}_{ih}+\bar{s}_i)<J<c$,企业 i 与邻居节点企业会选择 (E,H) 的策略组合。

由此可见,确立好补偿或奖励报酬额度很重要。从政府部门角度考虑,单位补偿或奖励报酬既不宜过高也不能过低,可以选择适当额度,即介于努力的边际成本和邻居企业高努力边际收益差值 $(c-f'(\bar{s}_{ih}+s_i))$ 与努力的边际成本 c 之间,适当弥补企业 i 的努力付出,并且当该类食品邻居节点企业的总努力水平较高或者企业努力的边际成本较高时,对单个企业的单位补偿或奖励报酬可以适当提高,否则将不能发挥激励作用。

2. 企业的惩罚机制

下面考虑如何通过实施对企业的惩罚机制,使企业 i 与邻居节点企业选择 (E,H) 的策略组合。

当邻居节点企业选择付出高努力水平 H 时(即 $f'(\bar{s}_{ih}+s_i)>\dfrac{c}{n-1}$),要使企业 i 能够选择付出努力水平策略 E,可以考虑对搭便车的企业 i 实施一定的单位努力惩罚。假设该单位努力惩罚为 P,企业 i 选择搭便车策略 F 的利益则为 $f(\bar{s}_{ih})-Ps_i$,而企业 i 选择付出努力水平策略 E 的利益仍为 $f(\bar{s}_{ih}+s_i)-cs_i$。因此,由经济理性参与者的假设可知:若 $[f(\bar{s}_{ih}+s_i)-cs_i]-[f(\bar{s}_{ih})-Ps_i]>0$,企业 i 会选择策略 E。由此可得,满足 $f'(\bar{s}_{ih}+s_i)>c-P$ 条件是可行的。综上,对企业的惩罚机制可分如下两种情况:

(1)若 $c-P<\dfrac{c}{n-1}$,即 $P>(1-\dfrac{1}{n-1})c$ 时,则只要满足 $f'(\bar{s}_{ih}+s_i)>\dfrac{c}{n-1}$,就可以实现 (E,H) 的策略组合。因此,单位努力惩罚额度 P 要满足 $P>(1-\dfrac{1}{n-1})c>$

$c-f'(\bar{s}_{ih}+s_i)$ 的取值范围。

若企业网络中总努力水平的边际收益高于努力边际成本的 $n-1$ 之一时，单位惩罚额度应设定在高于边际成本一定比例（即 $(1-\dfrac{1}{n-1})c$）之上，但无上限限制。说明该类食品企业网络中企业数量增多时，单位努力的惩罚额度也应随之调整提高。例如我国当前肉类食品生产加工行业，由于某些地区大大小小生产加工作坊众多，即使该地区有一些大型生产加工企业在食品质量安全方面投入较多努力，但由于小企业缺乏高额且严厉的查处惩罚机制，常导致食品安全事件发生，因此必须加大对此类食品企业的单位惩处力度。

（2）若 $c-P>\dfrac{c}{n-1}$，则只要满足 $f'(\bar{s}_{ih}+s_i)>c-P$，就可以实现 (E,H) 的策略组合。因此，单位努力惩罚额度 P 要满足 $c-f'(\bar{s}_{ih}+s_i)<P<(1-\dfrac{1}{n-1})c$ 的取值范围。

单位努力惩罚额度高于努力的边际成本和邻居节点企业高努力边际收益差值（即 $c-f'(\bar{s}_{ih}+s_i)$），并且低于边际成本一定比例（即 $(1-\dfrac{1}{n-1})c$）时，会对企业 i 搭便车行为产生一定威慑力，能够促进 (E,H) 策略组合的实现。该类食品邻居节点企业的总努力水平较高时，单位努力的惩罚额度也应随之调整提高。该情况下，企业网络中企业数量增大，单位惩罚额度可以适当降低，但不能低于 $c-f'(\bar{s}_{ih}+s_i)$。

当然激励与惩罚机制并行实施仍然能够实现促进企业 i 与邻居节点企业选择 (E,H) 策略组合。由于和上述两种机制分别实施类似，在此不再累述。

三、本节主要结论与建议

（一）主要结论

本节基于我国食品生产行业以众多小型企业为主的现状，针对企业在食品质量安全方面的努力，通过建立优化模型以及博弈模型，分析了企业网络中食品生产企业的搭便车行为，以及在此基础上的企业与邻居节点企业之间的博弈，并利用激励惩罚机制设计，讨论了促使企业选择努力行为策略的对策，得到如下主要结论：一是在企业网络的背景下，邻居节点企业在食品质量安全方面的努力水平具有正外部性，通过构建单个企业利益最大化模型与企业网络利益最大化模型，比较分析说明单个企业以个体经济利益最大为目标决定的努力水平必然低于整个企业网络的最优努力水平；二是通过对企业网络中单个企业与邻居节点企业的博弈分析表明单个企业必然会选择搭便车策略，而根据努力的边际收益与边际成本的大小关系不同，邻居节点企业可能会选择付出高努力水平或者低努力水平的策略；三是在上述博弈均衡下，企业网络的利益与消费者福利都不是最优的，因此可以采取一定措施，如对企业的激励与惩罚机制，改善整体的福利。

（二）对策建议

根据博弈分析结论，政府部门可以通过对企业的激励与惩罚机制改善整个企业网络的利益与消费者的福利，据此给出如下建议：

首先，对于食品质量安全水平相对较高的行业，或者具有代表性龙头企业或核心企业的食品行业，针对企业在质量安全方面努力的补偿或奖励报酬额度应相对提高。其中，政府部门可以考虑通过鼓励龙头企业或者核心企业，采取行业内部合作的形式等隐性方式给予小企业在食品质量安全方面的补偿或奖励报酬。例如通过给予相对规模较小、缺乏资金技术实力的企业在食品质量安全方面的生产技术、设备、销售渠道保障等多途径扶持，带动整个行业努力水平提高。这样不仅在一定程度上能够缓解政府部门实施激励机制的财政压力，而且在整个企业网络内部之间能够形成有效的内部激励机制。

其次，通过对企业实施惩罚机制，也能够促使企业网络中高努力水平行为的选择实现，而对于单位努力的惩罚额度要依据具体情况适当设定。本节针对两种不同情况下惩罚机制设计表明：当某类食品企业努力的边际成本较高时，对单个企业的单位惩罚额度也要相应提高。这说明在某类食品生产行业，政府部门在规范食品质量安全标准，严控食品质量安全相关检测的同时，要建立与之相匹配的高额度惩罚机制，才能够使得严格的食品安全规范制度等发挥作用。不同的是第一种情况下企业努力的边际成本相对较小，即使是小型企业也具备实施努力的条件，因此在企业网络中企业数量提高也应该加大惩处力度。第二种情况下企业努力的边际成本相对较大，小型企业可能并不具备实施努力的条件,该情况下即使在企业网络中企业数量增加时增大对企业的惩处力度并不合理,这种情况下更适合实施奖励机制。因此,无论政府部门实施激励机制还是惩罚机制或者两者并用,都要依据不同行业的具体情况,适度而定。

第八章 食品安全供需协调与
质量安全水平研究

第一节 质量安全市场需求效应视角下合作社与
龙头企业的最优决策及协调策略

一、我国合作社与龙头企业发展现状

2013年我国拥有约2亿6千万的农户从事农产品的生产种植,依法登记注册的农民合作社达98.24万家,3万多企业从事农副食品加工和食品制造业①。由于目前我国农业、食品加工制造业仍具有以分散且小型个体从业者为主的特点,难以确保食品供应链整体的质量安全。近年来,随着消费者对食品安全需求的日益迫切,以及农业产业化发展的趋势所向,"农民专业合作社+龙头企业"这种农产品供应链模式得到了蓬勃发展。在这种供应链中,龙头企业对保障农产品质量安全具有独特的优势,拥有灵活选择采购渠道的能力和较强的谈判能力,如集中采购便于实施生产源头的质量控制;作为承接消费者与供应商的枢纽,具有契约的制定和实施能力。2014年中央一号文件提出鼓励发展农业产业化龙头企业,密切与农户、农民合作社的利益联结关系。合作社与龙头企业按照双方签订的契约界定权利与义务,合作社中的农户按

---

① 数据来源:农户与农民合作社数据整理自2014年2月13日农业部新闻办公室"促进农民合作社健康快速发展"报道内容 http://www.moa.gov.cn/zwllm/tpxw/201402/t20140213_3762438.htm;农副食品加工和食品制造企业数据整理自《中经网统计数据库行业月度库》。

照契约约定进行指定品种和数量的农产品生产,而龙头企业则按照契约约定专门从事农产品的收购、加工和销售,并为农户生产提供相应服务,有利于我国农业产业化发展。

农民专业合作社对接龙头企业一般由龙头企业牵头发起,农民专业合作社在龙头企业和农户之间发挥桥梁与纽带作用。现有观点普遍认为:在以龙头企业为代表的公司带领农民创办合作社的模式中,龙头企业与农户之间本质上是一种对立的买卖关系,存在着内在的根本利益冲突。然而龙头企业具有规模和声誉优势,在买方市场的条件下,龙头企业带领农民建立专业合作社,有利于帮助农民建立起稳定的农产品营销渠道,快速提升农产品质量,让农户在承担有限风险的情况下,有机会分享农产品加工、销售环节的利润,同时龙头企业通过与农民专业合作社合作,可以以较少的投入获得稳定的原料供应基地。苑鹏(2008)以北京圣泽林梨专业合作社为例,通过对龙头企业领办合作社的现实状况进行案例解剖,探讨了公司与农户结成利益共同体的可能性与基本条件。汪普庆等(2009)通过对多地农产品供应链组织模式的调研分析,认为合作社或者企业与农户之间形成的信任关系和稳定的交易关系有助于提高食品安全水平。浦徐进等(2012)考虑到龙头企业和合作社间的信息不对称,我国农户日益"原子化"的现状,认为完全依靠外部直接监督合作社农户生产行为的成本是极为高昂的,农户"搭便车"行为容易陷入合作社内部的集体行动困境,导致合作社农产品质量供给的低效率。于璐(2014)分析认为"农超对接"模式有利于保障农产品质量安全,优质优价、补贴与惩罚额度是超市对农户进行激励约束的关键因素。彭建仿(2013)研究认为在外部环境对农产品质量安全要求越来越高的选择下,龙头企业主导的农产品供应链质量管理活动,为龙头企业与共生体(农户及其他供应链成员)的共同进化提供了新的机遇。

现有研究对"农民专业合作社+龙头企业"供应链上下游主体相互博弈、利益协调策略等方面的分析较为深入,为本节的研究提供了丰富的参考资料。但由于以往研究对农产品需求函数的设定,较少考虑由合作社农户与龙头企业的努力水平所共同决定的质量安全水平对需求的直接影响,因而导致现有相关研究结论无法揭示。在当前我国消费者食品安全需求意识极大增强的情况下,合作社与龙头企业相互博弈的最优决策如何,以及他们在一体化模式与龙头企业为主导模式中的最优决策是否与未考虑质量安全对市场需求具有直接影响时的结论相一致。同时,考虑农产品质量安全对市场需求具有直接影响的现状下,通过何种协调策略能够使合作社与龙头企业获得较高的利润,并且更好地保障农产品质量安全,是具有重要意义的。在制造业供应链中,郭敏和王红卫(2002)分析了合作型供应链的协调与激励问题,提出了该问题的一般描述及一个基于线性静态机制设计的基本思想;叶飞等(2006)建立了由制造商与零售商组成的两级供应链模型,分析认为协调决策下整条供应链收益大于分散决策时的收益,但整条供应链收益增加并不能保证合作方的收益都增加,提出了基于收益共享的供应链协作激励机制以协调双方利益;Kunter(2012)建立了制造商与零售商的两阶段斯坦科尔伯格博弈模型,比较分析了制造商与零售商的营销努力成本对产品需求具有直接影响时的双方最优决策及利润,并且通过选择有效的奖励报酬、成本补贴等合同条款实现了分散决策下的利润改善;Ma 等(2013)分析了制造商主导的斯坦科尔伯格、零售商主导的斯坦科尔伯格及垂直纳什的三种供应链结构模式中的制造商与零售商关于营销努力水平、质量改善努力水平、质量等最优策略及其影响因素,比较分析了三种结构模式中制造商与零售商的利润,这为农产品供应链中上述问题的分析提供了有力的参考。

据此,本节正是在农产品质量安全具有市场需求效应的视角下,通过引入合作社农户与龙头企业在农产品质量安全方面投入的努力水平以及努力成本因素,基于博弈理论和优化模型,比较分析了合作社与龙头企业一体化模式和龙头企业为主导的分散模式中的最优决策、利润,并且重点针对在龙头企业主导的分散模式中,如何通过具体的协调策略实现合作社、龙头企业与消费者的多赢目标,保障农产品质量安全的问题,进行了深入探讨。

二、基本问题描述及最优决策

在由一个农民专业合作社与一个龙头企业构成农产品供应链中,农民专业合作社农户通过生产种植农产品,提供给龙头企业获得利润,龙头企业通过对农产品进行简单加工统一包装配送,提供给农产品终端需求市场获得利润。

农民专业合作社可以将规模小且分散的农户有效地组织起来,为下游主体提供符合一定质量安全标准的农产品。针对合作社农户的生产规模等特点,不失一般性地假设合作社中农户都是同质的(指生产规模、技术水平等客观条件)。农产品的质量安全在生产源头上受到合作社农户投入的努力水平的主要影响,以及在加工流通环节中受到龙头企业在质量安全检测、追溯等方面投入的努力水平的主要影响。因此,农户与龙头企业在农产品质量安全方面投入的努力水平高低,可以直接反映农产品质量安全水平的高低。近年来食品安全事件频发导致消费者对农产品质量安全水平较为敏感,因此农产品质量安全水平直接影响市场上农产品的需求量。

根据 Ma 等(2013)对上述问题背景描述,本节将农产品需求函数设定如下:

$$D(p,e,\theta)=\alpha-\beta p+re+\lambda\theta \tag{8.1}$$

其中 e 表示农民专业合作社农户在质量安全方面投入的努力水平,它是合作社的决策变量;θ 表示龙头企业在质量安全方面投入的努力水平,p 表示农产品零售价格,它们是龙头企业的决策变量。α 表示除其他因素以外,市场对该农产品的基本需求量;β 表示农产品价格对需求量的影响程度,即需求价格敏感度;r 表示农户努力水平对需求量的影响程度,即需求的农户努力敏感度;λ 表示龙头企业努力水平对需求量的影响程度,即需求的龙头企业努力敏感度,以上都是取值为正的参数。

农民专业合作社以批发价格 w 供应龙头企业农产品,而合作社农户在生产种植农产品过程中付出的单位成本为 c。其中 w 是由农民专业合作社农户依据合作社利润最大化决定的,而单位成本 c 是由合作社农户生产条件所确定的参数,并且在一般情况下一定有 $p>c$。因为农产品是人们日常生活的必需品,所以假设 $\alpha-\beta c>0$ 是合理的。而农户与龙头企业为农产品质量安全付出努力的成本分别为 $\frac{1}{2}\xi e^2$ 和 $\frac{1}{2}\eta\theta^2$,符合边际收益递减规律。其中 ξ 和 η 分别表示农户和龙头企业努力的边际成本系数,反映努力成本的大小。$\frac{r^2}{\xi}$ 表示市场对农产品质量安全的需求程度与农户投入相应的努力成本之比,反映农户在农产品质量安全方面的投入产出效益。类似地，$\dfrac{\lambda^2}{\eta}$ 反映龙头企业在农产品质量安全方面的投入产出效益。

根据上述分析可知该模式中农民专业合作社获得的利润如下：

$$\pi_C(w,e) = (w-c)D(p,e,\theta) - \frac{1}{2}\xi e^2 \tag{8.2}$$

龙头企业获得的利润如下[①]：

$$\pi_E(p,\theta) = (p-w)D(p,e,\theta) - \frac{1}{2}\eta\theta^2 \tag{8.3}$$

（一）合作社与龙头企业一体化模式中的最优决策

若农民专业合作社与龙头企业进行一体化合作，他们是以利润总和最大化对零售价格和各自努力水平做出决策。若两者利润之和记为 $\prod_T$，则 $\prod_T = \pi_C + \pi_E$。此时，利润最大化模型如下：

$$\max\prod_T(p,e,\theta) = (p-c)D(p,e,\theta) - \frac{1}{2}\xi e^2 - \frac{1}{2}\eta\theta^2 \tag{8.4}$$

由一阶最优条件 $\dfrac{\partial \prod_T}{\partial p} = 0$，$\dfrac{\partial \prod_T}{\partial e} = 0$，$\dfrac{\partial \prod_T}{\partial \theta} = 0$ 可得

$$\alpha - 2\beta p + re + \lambda\theta + \beta c = 0 \tag{8.5}$$

$$r(p-c) - \xi e = 0 \tag{8.6}$$

$$\lambda(p-c) - \eta\theta = 0 \tag{8.7}$$

假设相应的二阶最优条件满足，即海塞矩阵负定，所以有 $2\beta\xi - r^2 > 0$，$\lambda^2\xi - 2\beta\eta\xi + \eta r^2 < 0$，等价于 $2\beta > \dfrac{r^2}{\xi}$，$2\beta > \dfrac{r^2}{\xi} + \dfrac{\lambda^2}{\eta}$。

求解式（8.5）—式（8.7）可得该模式中的最优价格、努力水平如下：

$$p^* = \frac{\alpha + (\beta - \dfrac{r^2}{\xi} - \dfrac{\lambda^2}{\eta})c}{2\beta - \dfrac{r^2}{\xi} - \dfrac{\lambda^2}{\eta}} \tag{8.8}$$

---

① 由于龙头企业规模优势，其对农产品进行简单加工、包装、配送等成本相对于合作社农户生产成本和价格较小，而且并不影响本节的主要研究内容，因此为简化忽略不计。

$$e^* = \frac{r}{\xi}\left(\frac{\alpha-\beta c}{2\beta-\dfrac{r^2}{\xi}-\dfrac{\lambda^2}{\eta}}\right) \qquad (8.9)$$

$$\theta^* = \frac{\lambda}{\eta}\left(\frac{\alpha-\beta c}{2\beta-\dfrac{r^2}{\xi}-\dfrac{\lambda^2}{\eta}}\right) \qquad (8.10)$$

将式(8.8)—式(8.10)代入式(8.4),整理可得最优总利润为

$$\prod_T{}^* = \frac{(\alpha-\beta c)^2}{2\left(2\beta-\dfrac{r^2}{\xi}-\dfrac{\lambda^2}{\eta}\right)} \qquad (8.11)$$

(二) 龙头企业为主导模式中的最优决策

若龙头企业作为主导,与农民专业合作社进行合作时,龙头企业往往凭借自身规模、资金等优势,在与农民专业合作社的合作中处于领导者地位,具有主导权。因此,该模式中分析参与者的相关决策符合龙头企业作为领导者的斯坦科尔伯格博弈。具体博弈分析顺序为农民专业合作社依据自身利润最大化做出对农产品批发价格、农户在质量安全方面投入的努力水平决策;龙头企业根据农户决策的反应函数,结合自身利润最大化做出对农产品零售价格和他在质量安全方面投入的努力水平的决策;而农户决策的最终结果是由农户决策的反应函数与龙头企业的最优决策所确定的。

在龙头企业为主导模式中,龙头企业给出的零售价格是在合作社批发价格基础上,增加其决定的边际加价 m 而确定的。因此,令 $p=w+m$,则农民专业合作社的利润最大化模型如下:

$$\max\pi_C(w,e) = (w-c)(\alpha-\beta w-\beta m+re+\lambda\theta)-\frac{1}{2}\xi e^2 \qquad (8.12)$$

由一阶最优条件 $\dfrac{\partial\pi_C}{\partial w}=0$, $\dfrac{\partial\pi_C}{\partial e}=0$ 可得

$$\alpha-\beta m+\beta c+re+\lambda\theta-2\beta w = 0 \qquad (8.13)$$

$$r(w-c)-\xi e = 0 \qquad (8.14)$$

根据相应参数满足农民专业合作社与龙头企业一体化模式中的二阶最优条件可知,该模型的二阶最优条件仍成立。

求解式(8.13)和式(8.14)可得合作社农户的最优批发价格、努力水平的反应函数如下:

$$w = \frac{\alpha - \beta m + \lambda\theta + (\beta - \frac{r^2}{\xi})c}{2\beta - \frac{r^2}{\xi}} \qquad (8.15)$$

$$e = \frac{r}{\xi}\left(\frac{\alpha - \beta m + \lambda\theta - \beta c}{2\beta - \frac{r^2}{\xi}}\right) \qquad (8.16)$$

龙头企业的利润最大化模型如下:

$$\max \pi_E(m, \theta) = m(\alpha - \beta w - \beta m + re + \lambda\theta) - \frac{1}{2}\eta\theta^2 \qquad (8.17)$$

将式(8.15)和式(8.16)代入龙头企业的利润表达式 π_E,由一阶最优条件 $\frac{\partial \pi_E}{\partial m} = 0$,$\frac{\partial \pi_E}{\partial \theta} = 0$ 可得

$$\frac{\beta}{2\beta - \frac{r^2}{\xi}}(\alpha - \beta c - 2\beta m + \lambda\theta) = 0 \qquad (8.18)$$

$$\frac{\lambda\beta m}{2\beta - \frac{r^2}{\xi}} - \eta\theta = 0 \qquad (8.19)$$

根据相应参数满足的条件,该模型的二阶最优条件显然成立。求解式(8.18)和式(8.19)可得龙头企业的最优边际加价、努力水平为

$$m_E^* = \frac{(2\beta - \frac{r^2}{\xi})(\alpha - \beta c)}{\beta[2(2\beta - \frac{r^2}{\xi}) - \frac{\lambda^2}{\eta}]} \qquad (8.20)$$

$$\theta_E^* = \frac{\lambda}{\eta} \frac{(\alpha - \beta c)}{[2(2\beta - \frac{r^2}{\xi}) - \frac{\lambda^2}{\eta}]} \qquad (8.21)$$

将式(8.20)和式(8.21)代入式(8.15)和式(8.16)可得农民专业合作社的最优批发价格和农户的最优努力水平为

$$w_E^* = \frac{\alpha + (3\beta - \frac{2r^2}{\xi} - \frac{\lambda^2}{\eta})c}{[2(2\beta - \frac{r^2}{\xi}) - \frac{\lambda^2}{\eta}]} \tag{8.22}$$

$$e_E^* = \frac{r}{\xi} \frac{(\alpha - \beta c)}{[2(2\beta - \frac{r^2}{\xi}) - \frac{\lambda^2}{\eta}]} \tag{8.23}$$

由 $p=w+m$，式（8.20）和式（8.22）可得该模式中的农产品最优零售价格为

$$p_E^* = m_E^* + w_E^* = \frac{(3 - \frac{r^2}{\beta\xi})\alpha + (\beta - \frac{r^2}{\xi} - \frac{\lambda^2}{\eta})c}{[2(2\beta - \frac{r^2}{\xi}) - \frac{\lambda^2}{\eta}]} \tag{8.24}$$

综上可得农民专业合作社和龙头企业的最优利润分别为

$$\pi_{CE}^* = (B - \frac{r^2}{2\xi}) \frac{(\alpha - BC)^2}{[2(2B - \frac{r^2}{\xi}) - \frac{\lambda^2}{\eta}]^2} \tag{8.25}$$

$$\pi_{EE}^* = \frac{(\alpha - \beta c)^2}{2[2(2\beta - \frac{r^2}{\xi}) - \frac{\lambda^2}{\eta}]} \tag{8.26}$$

（三）两种模式中的最优决策比较

比较式（8.9）和式（8.23），式（8.10）和式（8.21），因为 $2\beta - \frac{r^2}{\xi} - \frac{\lambda^2}{\eta} < 2$ $(2\beta - \frac{r^2}{\xi}) - \frac{\lambda^2}{\eta}$，所以易见 $e^* > e_E^*$，$\theta^* > \theta_E^*$。

将龙头企业为主导模式中的农民专业合作社利润与龙头企业利润加总可得

$$\pi_{CE}^* + \pi_{EE}^* = (3\beta - \frac{3r^2}{2\xi} - \frac{\lambda^2}{2\eta}) \frac{(\alpha - \beta c)^2}{[2(2\beta - \frac{r^2}{\xi}) - \frac{\lambda^2}{\eta}]^2} \tag{8.27}$$

具体比较农民专业合作社与龙头企业一体化模式中总利润与上述利润之和的大小有

$$\frac{\pi_{CE}^* + \pi_{EE}^*}{\prod_T^*} = 1 - \frac{2\beta - \dfrac{r^2}{\xi}}{\left[2\left(2\beta - \dfrac{r^2}{\xi}\right) - \dfrac{\lambda^2}{\eta}\right]} - \frac{\left(\beta + \dfrac{r^2}{\xi}\right)\left(2\beta - \dfrac{r^2}{\xi} - \dfrac{\lambda^2}{\eta}\right)}{\left[2\left(2\beta - \dfrac{r^2}{\xi}\right) - \dfrac{\lambda^2}{\eta}\right]^2} \qquad (8.28)$$

根据式（8.28）可得 $\pi_{CE}^* + \pi_{EE}^* < \prod_T^*$。

将龙头企业为主导模式中的农民专业合作社的最优批发价格与龙头企业的最优边际加价之和对应的农产品零售价格,与一体化模式中的最优零售价格进行比较可得

$$(m_E^* + w_E^*) - p^* = \frac{\left(2\beta - \dfrac{r^2}{\xi}\right)\left(\beta - \dfrac{r^2}{\xi} - \dfrac{\lambda^2}{\eta}\right)(\alpha - \beta c)}{\beta\left[2\left(2\beta - \dfrac{r^2}{\xi}\right) - \dfrac{\lambda^2}{\eta}\right]\left(2\beta - \dfrac{r^2}{\xi} - \dfrac{\lambda^2}{\eta}\right)} \qquad (8.29)$$

根据式（8.29）可见,若 $\beta > \dfrac{r^2}{\xi} + \dfrac{\lambda^2}{\eta}$,则 $m_E^* + w_E^* > p^*$；若 $\beta < \dfrac{r^2}{\xi} + \dfrac{\lambda^2}{\eta}$,则有 $m_E^* + w_E^* < p^*$。

由此可得如下结论:

结论8.1　在农民专业合作社与龙头企业一体化模式中,农户或龙头企业的最优努力水平分别高于他们各自在龙头企业为主导模式中的最优努力水平。在农民专业合作社与龙头企业一体化模式中的总利润高于在龙头企业为主导模式中的农民专业合作社与龙头企业利润之和。当需求价格敏感度高于农户与龙头企业在农产品质量安全方面的投入产出效益之和时,在龙头企业为主导模式中的农产品零售价格高于一体化模式中的最优零售价格,反之亦然。

三、合作社与龙头企业的协调策略

根据结论8.1,在一体化模式中,农户与龙头企业的总利润,以及两者在农产品质量安全方面投入的努力水平,都分别高于龙头企业为主导模式中的利润、努力水平。因此,为保障农产品质量安全,增加合作社与龙头企业的共同利润,一体化模式更具有优势。但现实中要实现一体化模式还存在许多问题,要依据实际情况而定。而龙头企业凭借其明显的优势通常占据领导地位,龙

头企业为主导的模式更为普遍。本节设计了在龙头企业为主导模式中,实施如下协调策略,能够实现一体化模式中的最优努力水平、零售价格:龙头企业为提高农户在农产品质量安全方面投入的努力水平,对合作社农户的努力成本进行补贴,例如对合作社农户进行安全生产的技术指导、为农户提供质量安全检测等;为激励龙头企业提供优质安全农产品给市场,政府有关部门通过设立市场准入、质量等级的定价制度等方式,以提高优质安全农产品的零售价格。通过该协调策略,不仅能够实现龙头企业对农民专业合作社的直接监督与激励,而且还能够通过市场需求终端的价格机制引导龙头企业积极提高农产品质量安全水平。

（一）协调策略中补贴因子的确定

为明确该协调策略下的关键因子如何决定更有利于农民专业合作社与龙头企业的利润,保障农产品质量安全,下面利用模型进行分析。依据上述协调策略的描述,令 $\delta(0<\delta<1)$ 表示龙头企业对农户在质量安全方面投入的努力成本的补贴因子,$s(0<s<1)$ 表示通过市场机制引导确定的优质安全农产品的价格补贴因子。通过上述补贴因子的协调策略,使得在龙头企业为主导的模式中,农产品的最优零售价格、农户和龙头企业各自在农产品质量安全方面投入的最优努力水平与一体化模式中的相同。

经过协调策略后的农民专业合作社与龙头企业的利润分别如下:

$$\pi_C(w,e)=(w-c)D(p,e,\theta)-\frac{1}{2}(1-\delta)\xi e^2 \tag{8.30}$$

$$\pi_E(p,\theta)=\left[(1+s)p-w\right]D(p,e,\theta)-\frac{1}{2}\eta\theta^2-\frac{1}{2}\delta\xi e^2 \tag{8.31}$$

根据式(8.30),农民专业合作社依据自身利润最大化决定批发价格和努力水平。由一阶最优条件 $\frac{\partial \pi_C}{\partial w}=0$,$\frac{\partial \pi_C}{\partial e}=0$ 解得

$$w=\frac{\alpha-\beta m+\lambda\theta+\left[\beta-\dfrac{r^2}{(1-\delta)\xi}\right]c}{2\beta-\dfrac{r^2}{(1-\delta)\xi}} \tag{8.32}$$

$$e = \frac{r}{\delta\xi}\left[\frac{\alpha-\beta m+\lambda\theta-\beta c}{2\beta-\frac{r^2}{(1-\delta)\xi}}\right] \tag{8.33}$$

假设二阶最优条件满足,则有 $2\beta-\frac{r^2}{(1-\delta)\xi}>0$。

将式(8.32)和式(8.33)代入龙头企业的利润表达式。并且由协调策略可知:将一体化中的最优零售价格 p^*、努力水平 e^*、θ^* 代入龙头企业利润的一阶表达式,应有 $\frac{\partial\pi_E(p^*,e^*,\theta^*)}{\partial m}=0$,$\frac{\partial\pi_E(p^*,e^*,\theta^*)}{\partial\theta}=0$。由此可得

$$\left[2\beta-\frac{r^2}{(1-\delta)\zeta}\right]\left[1+s\frac{\beta-\frac{r^2}{(1-\delta)\xi}}{2\beta-\frac{r^2}{(1-\delta)\xi}}\right]\left(\frac{\alpha-\beta c}{2\beta-\frac{r^2}{\xi}-\frac{\lambda^2}{\eta}}\right)-\beta(sp^*+m^*)+\frac{\delta r}{1-\delta}e^*=0$$

$$\tag{8.34}$$

$$s\beta\left(\frac{\alpha-\beta c}{2\beta-\frac{r^2}{\xi}-\frac{\lambda^2}{\eta}}\right)+\beta(sp^*+m^*)-\frac{\delta r}{1-\delta}e^*-\frac{\eta\theta^*\left[2\beta-\frac{r^2}{(1-\delta)\xi}\right]}{\lambda}=0 \tag{8.35}$$

将式(8.34)和式(8.35)相加可得

$$(1+s)\left(\frac{\alpha-\beta c}{2\beta-\frac{r^2}{\xi}-\frac{\lambda^2}{\eta}}\right)=\frac{\alpha-\beta c}{2\beta-\frac{r^2}{\xi}-\frac{\lambda^2}{\eta}} \tag{8.36}$$

由此解得 $s=0$。

由于协调策略下根据式(8.9)和(8.33),应有 $e=\frac{r}{(1-\delta)\xi}(w-c)=e^*=\frac{r}{\xi}(p^*-c)$,所以有 $w=(1-\delta)p^*+\delta c$,$m=p^*-w=\delta(p^*-c)$。将 $s=0$ 和 $m=\delta(p^*-c)$ 代入式(8.34),整理可得 $\delta=2-\frac{r^2}{\beta\xi}$。根据二阶最优条件,因为 $2\beta>\frac{r^2}{\xi}$,所以 δ 满足 $\delta>0$。同时只有 $\beta<\frac{r^2}{\xi}$ 时,才能满足 $\delta<1$。因此,只有当 $\frac{r^2}{2\xi}<\beta<\frac{r^2}{\xi}$ 时,龙头企业可以采取对农民专业合作社农户努力成本进行补贴的方式,提高两者的努力水平。由此可得如下结论:

结论8.2　在协调策略下,政府有关部门通过市场定价机制引导决定的价格补贴为0。而龙头企业对农民专业合作社的努力成本进行补贴的因子应为$2-\dfrac{r^2}{\beta\xi}$,它是由需求价格敏感度,需求的农户努力敏感度,以及农户投入的努力成本所决定的,而且只有当需求价格敏感度介于农户在农产品质量安全方面的投入产出效益的一半与一倍之间时,该补贴策略才存在并有意义。此时通过该协调策略,在龙头企业为主导模式中,农产品的最优零售价格、农民专业合作社农户和龙头企业的最优努力水平与一体化模式中是一致的。并且若该协调策略存在,易见$\dfrac{\partial\delta}{\partial\beta}=\dfrac{r^2}{\beta^2\xi}>0$,$\dfrac{\partial\delta}{\partial r}=-\dfrac{2r}{\beta\xi}<0$,$\dfrac{\partial\delta}{\partial\xi}=\dfrac{r^2}{\beta\xi^2}>0$。说明当其他条件不变时,龙头企业给农民专业合作社农户提供的努力成本补贴因子会随着需求价格敏感度的增强而加大;随着需求的农户努力敏感度的增强而减小;随着农户努力成本的增加而加大。

（二）协调策略下的最优决策及其影响因素

由$m=p^*-w=\delta(p^*-c)$,将δ、p^*表达式代入,可得协调策略下的龙头企业边际加价为

$$m=\dfrac{\left(2-\dfrac{r^2}{\beta\xi}\right)(\alpha-\beta c)}{2\beta-\dfrac{r^2}{\xi}-\dfrac{\lambda^2}{\eta}}\qquad(8.37)$$

根据式（8.37）,分析相关参数对龙头企业边际加价的影响。$\dfrac{\partial m}{\partial\alpha}=$

$\dfrac{2-\dfrac{r^2}{\beta\xi}}{2\beta-\dfrac{r^2}{\xi}-\dfrac{\lambda^2}{\eta}}>0$,$\dfrac{\partial m}{\partial c}=\dfrac{-\beta\left(2-\dfrac{r^2}{\beta\xi}\right)}{2\beta-\dfrac{r^2}{\xi}-\dfrac{\lambda^2}{\eta}}<0$,$\dfrac{\partial m}{\partial\lambda}=\dfrac{2\lambda}{\eta}\dfrac{\left(2-\dfrac{r^2}{\beta\xi}\right)(\alpha-\beta c)}{\left(2\beta-\dfrac{r^2}{\xi}-\dfrac{\lambda^2}{\eta}\right)^2}>0$,$\dfrac{\partial m}{\partial\xi}=-\dfrac{1}{\beta}\dfrac{r^2}{\xi^2}\dfrac{\lambda^2}{\eta}$

$\dfrac{(\alpha-\beta c)}{\left(2\beta-\dfrac{r^2}{\xi}-\dfrac{\lambda^2}{\eta}\right)^2}<0$,$\dfrac{\partial m}{\partial\eta}=-\dfrac{\lambda^2}{\eta^2}\dfrac{\left(2-\dfrac{r^2}{\beta\xi}\right)(\alpha-\beta c)}{\left(2\beta-\dfrac{r^2}{\xi}-\dfrac{\lambda^2}{\eta}\right)^2}<0$,$\dfrac{\partial m}{\partial\beta}=$

$$\frac{-\alpha\left[\left(2-\frac{r^2}{\beta\xi}\right)^2+\frac{1}{\beta^2}\frac{r^2}{\xi}\frac{\lambda^2}{\eta}\right]+\frac{2\lambda^2}{\eta}c}{\left(2\beta-\frac{r^2}{\xi}-\frac{\lambda^2}{\eta}\right)^2}<\frac{-\beta c\left[\left(2-\frac{r^2}{\beta\xi}\right)^2+\frac{1}{\beta^2}\frac{r^2}{\xi}\frac{\lambda^2}{\eta}\right]+\frac{2\lambda^2}{\eta}c}{\left(2\beta-\frac{r^2}{\xi}-\frac{\lambda^2}{\eta}\right)^2}=$$

$$\frac{-\frac{c}{\beta}\left(2\beta-\frac{r^2}{\xi}\right)}{\left(2\beta-\frac{r^2}{\xi}-\frac{\lambda^2}{\eta}\right)}<0_{\circ}$$

$$\frac{\partial m}{\partial r}=\frac{2r}{\xi}\frac{\left[\frac{1}{\beta}\left(2\beta-\frac{r^2}{\xi}\right)-\left(2\beta-\frac{r^2}{\xi}-\frac{\lambda^2}{\eta}\right)\right](\alpha-\beta c)}{\left(2\beta-\frac{r^2}{\xi}-\frac{\lambda^2}{\eta}\right)^2}_{\circ}\ 若\ \delta>2\beta-\frac{r^2}{\xi}-\frac{\lambda^2}{\eta},\ 则\frac{\partial m}{\partial r}>0;$$

若 $\delta<2\beta-\frac{r^2}{\xi}-\frac{\lambda^2}{\eta}$,则$\frac{\partial m}{\partial r}<0_{\circ}$

将 δ 代入式(8.32)可得协调策略下的农民专业合作社的批发价格为

$$w=\frac{\left(\frac{r^2}{\beta\xi}-1\right)\alpha+\left(3\beta-\frac{2r^2}{\xi}-\frac{\lambda^2}{\eta}\right)c}{2\beta-\frac{r^2}{\xi}-\frac{\lambda^2}{\eta}} \tag{8.38}$$

根据式(8.38),分析相关参数对农民专业合作社批发价格的影响。$\frac{\partial w}{\partial\alpha}=$

$\frac{\left(\frac{r^2}{\beta\xi}-1\right)\alpha}{2\beta-\frac{r^2}{\xi}-\frac{\lambda^2}{\eta}}>0$, $\frac{\partial w}{\partial\lambda}=\frac{\frac{2\lambda}{\eta}\left(\frac{r^2}{\beta\xi}-1\right)(\alpha-\beta c)}{\left(2\beta-\frac{r^2}{\xi}-\frac{\lambda^2}{\eta}\right)^2}>0$, $\frac{\partial w}{\partial\eta}=\frac{-\frac{\lambda^2}{\eta}\left(\frac{r^2}{\beta\xi}-1\right)(\alpha-\beta c)}{\left(2\beta-\frac{r^2}{\xi}-\frac{\lambda^2}{\eta}\right)^2}<0$, 而$\frac{\partial w}{\partial\beta}=$

$\frac{-\left[2\left(\frac{r^2}{\beta\xi}-1\right)\alpha+\frac{r^2}{\beta\xi}\left(2\beta-\frac{r^2}{\xi}-\frac{\lambda^2}{\eta}\right)\right]\alpha+\left(\frac{r^2}{\xi}+\frac{\lambda^2}{\eta}\right)c}{\left(2\beta-\frac{r^2}{\xi}-\frac{\lambda^2}{\eta}\right)^2}_{\circ}$ 因为二阶最优条件满足 $2\beta>$

$\frac{r^2}{\xi}+\frac{\lambda^2}{\eta}$,并且协调策略存在时有 $\beta<\frac{r^2}{\xi}$,所以$\frac{r^2}{\xi}-\frac{\lambda^2}{\eta}>2\left(\frac{r^2}{\xi}-\beta\right)>0_{\circ}$因此,若 $\alpha>$

$$\dfrac{\left(\dfrac{r^2}{\xi}-\dfrac{\lambda^2}{\eta}\right)c}{2\left(\dfrac{r^2}{\xi}-1\right)\alpha+\dfrac{r^2}{\beta\xi}\left(2\beta-\dfrac{r^2}{\xi}-\dfrac{\lambda^2}{\eta}\right)},$$ 则有 $\dfrac{\partial w}{\partial\beta}<0$；反之亦然。而 $\dfrac{\partial w}{\partial c}=\dfrac{3\beta-\dfrac{2r^2}{\xi}-\dfrac{\lambda^2}{\eta}}{2\beta-\dfrac{r^2}{\xi}-\dfrac{\lambda^2}{\eta}}$，若 $\beta>$

$\dfrac{2r^2}{3\xi}+\dfrac{\lambda^2}{3\eta}$，则 $\dfrac{\partial w}{\partial c}>0$；反之亦然。$\dfrac{\partial w}{\partial r}=\dfrac{\dfrac{2r}{\beta\xi}\left(\beta-\dfrac{\lambda^2}{\eta}\right)(\alpha-\beta c)}{\left(2\beta-\dfrac{r^2}{\xi}-\dfrac{\lambda^2}{\eta}\right)^2}$，若 $\beta>\dfrac{\lambda^2}{\eta}$，则 $\dfrac{\partial w}{\partial r}>0$；反之亦

然。$\dfrac{\partial w}{\partial\xi}=\dfrac{\dfrac{-r^2}{\beta\xi^2}\left(\beta-\dfrac{\lambda^2}{\eta}\right)(\alpha-\beta c)}{\left(2\beta-\dfrac{r^2}{\xi}-\dfrac{\lambda^2}{\eta}\right)^2}$，若 $\beta>\dfrac{\lambda^2}{\eta}$，则 $\dfrac{\partial w}{\partial\xi}<0$；反之亦然。

由此可得如下结论：

结论8.3　在协调策略下，龙头企业边际加价和合作社的批发价格受到的影响如下：

（1）当其他条件不变时，龙头企业的边际加价随着市场基本需求量的增加而提高；随着农户单位生产成本的增加而降低，随着需求价格敏感度的增强而降低；随着需求的龙头企业努力敏感度的增强而提高；随着农户努力成本的增加而降低；随着龙头企业努力成本的增加而降低。并且当龙头企业对农民专业合作社农户的努力成本补贴因子较大时，即补贴因子高于需求价格敏感度的二倍与投入产出效益和的差，龙头企业的边际加价随着需求的农户努力敏感度的增强而提高，反之亦然。

（2）当其他条件不变时，农民专业合作社的批发价格随着市场基本需求量的增加而提高；随着需求的龙头企业努力敏感度的增强而提高；随着龙头企业努力成本的增加而降低。当需求价格敏感度高于农户与龙头企业在农产品质量安全方面的投入产出效益一定比例之和时，农民专业合作社的批发价格会随着农户单位生产成本的提高而提高。当市场基本需求量较大时（ $\alpha>$

$$\dfrac{\left(\dfrac{r^2}{\xi}-\dfrac{\lambda^2}{\eta}\right)c}{2\left(\dfrac{r^2}{\beta\xi}-1\right)\alpha+\dfrac{r^2}{\beta\xi}\left(2\beta-\dfrac{r^2}{\xi}-\dfrac{\lambda^2}{\eta}\right)}$$ ），农民专业合作社的批发价格会随着需求价格敏

感度的增强而下降,反之亦然。当需求价格敏感度高于龙头企业在农产品质量安全方面的投入产出效益时,农民专业合作社的批发价格会随着需求的农户努力敏感度的提高而提高;随着农户努力成本的增加而降低,反之亦然。

将协调策略下的补贴因子代入农民专业合作社的利润表达式可得

$$\pi_c = \left(\beta - \frac{r^2}{\xi}\right)\left(\frac{r^2}{\beta\xi} - 1\right)\frac{(\alpha - \beta c)^2}{\left(2\beta - \frac{r^2}{\xi} - \frac{\lambda^2}{\eta}\right)^2} \tag{8.39}$$

根据式(8.39),分析相关参数对农民专业合作社利润的影响。$\frac{\partial \pi_c}{\partial \alpha} =$

$\left(2\beta - \frac{r^2}{\xi}\right)\left(\frac{r^2}{\beta\xi} - 1\right)\frac{(\alpha - \beta c)^2}{\left(2\beta - \frac{r^2}{\xi} - \frac{\lambda^2}{\eta}\right)^2} > 0$, $\frac{\partial \pi_c}{\partial c} = -\beta\left(2\beta - \frac{r^2}{\xi}\right)\left(\frac{r^2}{\beta\xi} - 1\right)\frac{(\alpha - \beta c)}{\left(2\beta - \frac{r^2}{\xi} - \frac{\lambda^2}{\eta}\right)^2} < 0$,

$\frac{\partial \pi_c}{\partial \lambda} = \frac{4\lambda}{\eta}\left(2\beta - \frac{r^2}{\xi}\right)\left(\frac{r^2}{\beta\xi} - 1\right)\frac{(\alpha - \beta c)^2}{\left(2\beta - \frac{r^2}{\xi} - \frac{\lambda^2}{\eta}\right)^3} > 0$, $\frac{\partial \pi_c}{\partial \eta} = \frac{-2\lambda^2}{\eta^2}$

$\left(2\beta - \frac{r^2}{\xi}\right)\left(\frac{r^2}{\beta\xi} - 1\right)\frac{(\alpha - \beta c)^2}{\left(2\beta - \frac{r^2}{\xi} - \frac{\lambda^2}{\eta}\right)^3} < 0$。$\frac{\partial \pi_c}{\partial \beta} = \left\{\left(2\beta - \frac{r^2}{\xi} - \frac{\lambda^2}{\eta}\right)\left(\frac{r^4}{2\beta^2\xi^2} - 1\right)(\alpha - \beta c) - \right.$

$\left.\left(\frac{3r^2}{\xi} - \frac{r^4}{\beta\xi^2} - 2\beta\right)\left[2\alpha - \left(\frac{r^2}{\xi} + \frac{\lambda^2}{\eta}\right)\right]\right\}\frac{(\alpha - \beta c)}{\left(2\beta - \frac{r^2}{\xi} - \frac{\lambda^2}{\eta}\right)^3}$。根据二阶最优条件和协调策

略存在的条件,有$\frac{r^2}{2\xi} < \beta < \frac{r^2}{\xi}$,所以$\frac{3r^2}{\xi} - \frac{r^4}{\beta\xi^2} - 2\beta > 0$。因此,若$\frac{r^4}{2\beta^2\xi^2} - 1 < 0$,即$\beta >$

$\frac{r^2}{\sqrt{2}\xi}$,则有$\frac{\partial \pi_c}{\partial \beta} < 0$,否则不确定。

$$\frac{\partial \pi_c}{\partial r} = \frac{1}{\beta}\frac{r}{\xi}\left[\left(\beta - \frac{\lambda^2}{\eta}\right)\left(2\beta - \frac{r^2}{\xi}\right) + \frac{\lambda^2}{\eta}\left(\frac{r^2}{\xi} - \beta\right)\right]\frac{(\alpha - \beta c)^2}{\left(2\beta - \frac{r^2}{\xi} - \frac{\lambda^2}{\eta}\right)^3}$$。由二阶最优条

件以及协调策略存在的条件,有$\beta - \frac{\lambda^2}{\eta} > \frac{r^2}{\xi} - \beta > 0$,易见$\frac{\partial \pi_c}{\partial r} > 0$。

$$\frac{\partial \pi_c}{\partial \xi} = \frac{1}{\beta} \frac{r^2}{\xi^2} \left[\left(\frac{1}{2}\beta + \frac{\lambda^2}{\eta} \right) \left(2\beta - \frac{r^2}{\xi} \right) - \frac{1}{2} \frac{\beta\lambda^2}{\eta} \right] \frac{(\alpha-\beta c)^2}{\left(2\beta - \frac{r^2}{\xi} - \frac{\lambda^2}{\eta} \right)^3}$$ 。由二阶最优条件

有 $-\frac{\lambda^2}{\eta} > \frac{r^2}{\xi} - 2\beta$，因此 $\left(\frac{1}{2}\beta + \frac{\lambda^2}{\eta} \right)\left(2\beta - \frac{r^2}{\xi} \right) - \frac{1}{2}\frac{\beta\lambda^2}{\eta} > \frac{\lambda^2}{\eta}\left(2\beta - \frac{r^2}{\xi} \right) > 0, \frac{\partial \pi_c}{\partial \xi} > 0$。

经过协调策略后的龙头企业利润为

$$\pi_E = \left[\frac{1}{2\beta}\left(2\beta - \frac{r^2}{\xi} \right)^2 - \frac{\lambda^2}{2\eta} \right] \frac{(\alpha-\beta c)^2}{\left(2\beta - \frac{r^2}{\xi} - \frac{\lambda^2}{\eta} \right)^2} \tag{8.40}$$

根据式（8.40），分析相关参数对龙头企业利润的影响。$\frac{\partial \pi_E}{\partial r} = \frac{-2r}{\beta\xi}\frac{\lambda^2}{\eta}$

$\left(\frac{r^2}{\xi} - \beta \right)\frac{(\alpha-\beta c)^2}{\left(2\beta - \frac{r^2}{\xi} - \frac{\lambda^2}{\eta} \right)^3} < 0, \frac{\partial \pi_E}{\partial \xi} = \frac{r^2}{\beta\xi^2}\frac{\lambda^2}{\eta}\left(\frac{r^2}{\xi} - \beta \right)\frac{(\alpha-\beta c)^2}{\left(2\beta - \frac{r^2}{\xi} - \frac{\lambda^2}{\eta} \right)^3} > 0$。$\frac{\partial \pi_E}{\partial \alpha} =$

$\left[\frac{1}{\beta}\left(2\beta - \frac{r^2}{\xi} \right)^2 - \frac{\lambda^2}{\eta} \right]\frac{(\alpha-\beta c)}{\left(2\beta - \frac{r^2}{\xi} - \frac{\lambda^2}{\eta} \right)^2}, \frac{\partial \pi_E}{\partial c} = -\left[\left(2\beta - \frac{r^2}{\xi} \right)^2 - \frac{\beta\lambda^2}{\eta} \right]\frac{(\alpha-\beta c)}{\left(2\beta - \frac{r^2}{\xi} - \frac{\lambda^2}{\eta} \right)^2}$。若 δ

$> \sqrt{\frac{\lambda^2}{\beta\eta}}$，则 $\frac{\partial \pi_E}{\partial \alpha} > 0, \frac{\partial \pi_E}{\partial c} < 0$；若 $\delta < \sqrt{\frac{\lambda^2}{\beta\eta}}$ 则 $\frac{\partial \pi_E}{\partial \alpha} < 0, \frac{\partial \pi_E}{\partial c} > 0$。$\frac{\partial \pi_E}{\partial \lambda} = -\frac{\lambda}{\beta\eta}$

$\left[\left(2\beta - \frac{r^2}{\xi} \right)\left(\frac{2r^2}{\xi} - 3\beta \right) + \frac{\beta\lambda^2}{\eta} \right]\quad \frac{(\alpha-\beta c)^2}{\left(2\beta - \frac{r^2}{\xi} - \frac{\lambda^2}{\eta} \right)^3}, \qquad \frac{\partial \pi_E}{\partial \eta} \quad = \quad \frac{\lambda^2}{2\beta\eta^2}$

$\left[\left(2\beta - \frac{r^2}{\xi} \right)\left(\frac{2r^2}{\xi} - 3\beta \right) + \frac{\beta\lambda^2}{\eta} \right]\frac{(\alpha-\beta c)^2}{\left(2\beta - \frac{r^2}{\xi} - \frac{\lambda^2}{\eta} \right)^3}$。若 $\beta < \frac{2r^2}{3\xi}$，即 $\delta < \frac{1}{2}$ 时，则有 $\frac{\partial \pi_E}{\partial \lambda} < 0$，

$\frac{\partial \pi_E}{\partial \eta} > 0$；否则不确定。$\frac{\partial \pi_E}{\partial \beta} = \left\{ \frac{(\alpha-\beta c)}{2\beta^2\left(2\beta - \frac{r^2}{\xi} - \frac{\lambda^2}{\eta} \right)}\left[\frac{\lambda^2}{\eta}\frac{r^4}{\xi^2} - \left(2\beta - \frac{r^2}{\xi} \right)^3 \right] - \right.$

$\left. \left[\frac{\left(2\beta - \frac{r^2}{\xi} \right)^2}{\beta} - \frac{\lambda^2}{\eta} \right] c \right\}\frac{(\alpha-\beta c)}{\left(2\beta - \frac{r^2}{\xi} - \frac{\lambda^2}{\eta} \right)^2}$。若 $-\left(2\beta - \frac{r^2}{\xi} \right)^2 + \frac{\beta\lambda^2}{\eta} > 0$，且 $\frac{\lambda^2}{\eta}\frac{r^4}{\xi^2} - \left(2\beta - \frac{r^2}{\xi} \right)^3 <$

$0,即\frac{1}{\beta}\sqrt[3]{\frac{\lambda^2}{\eta}\frac{r^4}{\xi^2}}<\delta<\sqrt{\frac{\lambda^2}{\beta\eta}}$ 时,则有 $\frac{\partial\pi_E}{\partial\beta}<0$。反之亦然。

由此可得如下结论:

结论 8.4 在协调策略下,农民专业合作社与龙头企业的利润受到的影响如下:

(1)当其他条件不变时,农民专业合作社的利润随着市场基本需求量的增加而增加;随着农户单位生产成本的增加而减少;随着需求的农户或龙头企业努力敏感度的增强而增加;随着龙头企业努力成本的增加而减少;随着农户努力成本的增加而增加。当需求价格敏感度高于农民专业合作社的投入产出效益的一定比例(即 $\frac{1}{\sqrt{2}}$)时,若其他条件不变,农民专业合作社的利润随着需求价格敏感度的增强而减少。

(2)当其他条件不变时,龙头企业的利润随着需求的农户努力敏感度的增强而降低;随着农户努力成本的增加而增加。

(3)当龙头企业对农民专业合作社农户的努力成本补贴因子较大时($\delta>\sqrt{\frac{\lambda^2}{\beta\eta}}$),龙头企业的利润会随着市场基本需求量的增加而增加,随着农户单位生产成本的增加而减少,反之亦然。当龙头企业对农民专业合作社农户的努力成本补贴因子大于 0.5 时,即龙头企业为合作社农户承担一半以上的努力成本,龙头企业的利润会随着需求的龙头企业努力敏感度的增强而减少,随着龙头企业努力成本的增加而增加。

(4)当龙头企业对农民专业合作社农户的努力成本补贴因子在某一范围内取值时($\frac{1}{\beta}\sqrt[3]{\frac{\lambda^2}{\eta}\frac{r^4}{\xi^2}}<\delta<\sqrt{\frac{\lambda^2}{\beta\eta}}$),龙头企业的利润会随着需求价格敏感度的增强而减少,反之亦然。

(三)协调策略与一体化模式中的最优决策比较

比较式(8.20)和式(8.37),可得协调策略下的龙头企业边际加价与龙头企业主导模式中的边际加价的差有

$$m-m_E{}^* \propto \left\{ \frac{2\beta-\dfrac{r^2}{\xi}}{\left(2\beta-\dfrac{r^2}{\xi}-\dfrac{\lambda^2}{\eta}\right)\left[2\left(2\beta-\dfrac{r^2}{\xi}\right)-\dfrac{\lambda^2}{\eta}\right]} \right\} \qquad (8.41)$$

由式（8.41）易见 $m>m_E{}^*$。

比较式（8.22）和式（8.38），可得协调策略下的农民专业合作社批发价格与龙头企业主导模式中的批发价格的差有

$$w-w_E{}^* \propto \left\{ -\frac{1}{\beta}\left(3\beta-\frac{2r^2}{\xi}-\frac{\lambda^2}{\eta}\right)(\alpha-\beta c) \right\} \qquad (8.42)$$

由式（8.42）可见，若 $\delta>\dfrac{r^2}{\beta\xi}+\dfrac{\lambda^2}{\beta\eta}-1$，则有 $w<w_E{}^*$；若 $\delta<\dfrac{r^2}{\beta\xi}+\dfrac{\lambda^2}{\beta\eta}-1$，则有 $w<w_E{}^*$。

比较式（8.25）和协调策略下的农民专业合作社利润可得

$$\pi_c-\pi_{CE}{}^* \propto \left\{ \frac{1}{\beta}\left(\frac{r^2}{\xi}-\beta\right)\left[2\left(2\beta-\frac{r^2}{\xi}\right)-\frac{\lambda^2}{\eta}\right]^2-\left(2\beta-\frac{r^2}{\xi}-\frac{\lambda^2}{\eta}\right)^2 \right\} \qquad (8.43)$$

由式（8.43）可见，若 $\dfrac{1}{\beta}\left(\dfrac{r^2}{\xi}-\beta\right)\left[2\left(2\beta-\dfrac{r^2}{\xi}\right)-\dfrac{\lambda^2}{\eta}\right]^2-\left(2\beta-\dfrac{r^2}{\xi}-\dfrac{\lambda^2}{\eta}\right)^2>0$，即

$\dfrac{\lambda^2}{2\beta\eta}+\dfrac{3-\sqrt{9-\dfrac{8\lambda^2}{\beta\eta}}}{8}<\delta<\dfrac{\lambda^2}{2\beta\eta}+\dfrac{3+\sqrt{9-\dfrac{8\lambda^2}{\beta\eta}}}{8}$，则有 $\pi_c>\pi_{CE}{}^*$。

比较式（8.26）和协调策略下的龙头企业利润可得

$$\pi_E-\pi_{EE}{}^* \propto \left\{ \left(2\beta-\frac{r^2}{\xi}\right)\left[\left(2\beta-\frac{r^2}{\xi}-\frac{\lambda^2}{\eta}\right)+\left(2\beta-\frac{r^2}{\xi}\right)\right]\left[\left(2\beta-\frac{r^2}{\xi}-\frac{\lambda^2}{\eta}\right)+\left(\beta-\frac{r^2}{\xi}\right)\right] \right\} \qquad (8.44)$$

由式（8.44）可见，若 $\left(2\beta-\dfrac{r^2}{\xi}-\dfrac{\lambda^2}{\eta}\right)+\left(\beta-\dfrac{r^2}{\xi}\right)>0$，即 $\delta>\dfrac{\lambda^2}{2\beta\eta}+\dfrac{1}{2}$，则有 $\pi_E>\pi_{EE}{}^*$。

综上，当 $\dfrac{\lambda^2}{2\beta\eta}+\dfrac{1}{2}<\delta<\dfrac{\lambda^2}{2\beta\eta}+\dfrac{3+\sqrt{9-\dfrac{8\lambda^2}{\beta\eta}}}{8}$ 时，该协调策略既可以满足对农民专业合作社与龙头企业的质量安全努力水平的要求，又可以实现两者利润的

改善。

由此可得如下结论：

结论 8.5 该协调策略下的龙头企业边际加价高于在龙头企业为主导模式中的最优边际加价。而若龙头企业提供给合作社农户的补贴较高时，合作社的批发价格就会低于龙头企业为主导的分散模式中的最优批发价格；反之亦然，并且当龙头企业给予合作社的补贴在某一范围内时（$\frac{\lambda^2}{2\beta\eta} + \frac{1}{2} < \delta <$

$\frac{\lambda^2}{2\beta\eta} + \frac{3 + \sqrt{9 - \frac{8\lambda^2}{\beta\eta}}}{8}$），既可以提高龙头企业与农民合作社在以龙头企业为主导的分散模式中的各自利润，又能够实现最优的努力水平。

四、本节主要结论与启示

根据本节分析，对于农民专业合作社与龙头企业分别在一体化模式与以龙头企业为主导的分散模式中的最优决策以及协调策略，可以得到如下主要结论与启示：

（一）合作社与龙头企业一体化模式的优势

在农民专业合作社与龙头企业一体化模式中，农民专业合作社与龙头企业各自在农产品质量安全方面投入的努力水平和总利润，都高于在龙头企业主导模式中对应的值。这说明一体化模式不仅有利于总体利润的提高，而且能够更好地保障农产品质量安全，并且若消费者对农产品质量安全的需求意识弱于他们的需求价格敏感性时，龙头企业主导模式中的农产品零售价格就要高于一体化模式中的零售价格。目前我国农产品的终端需求市场，由于农产品质量安全的"信任品"特征，一般消费者受价格的影响程度普遍高于其对农产品质量安全的意识，所以龙头企业主导模式中的零售价格是相对较高的。因此，积极实现农民专业合作社与龙头企业一体化模式，对农户与龙头企业整体利益的提高以及消费者福利的改善都是有意义的。

（二）协调策略的具体实施途径

尽管一体化模式更有利，但现实中一体化模式的实现需要满足诸多方面的条件,例如合作社与龙头企业具备一定的客观条件以及当地政府的积极引导等。相比之下,龙头企业主导模式是更为普遍的。为使在龙头企业主导模式中的农户和龙头企业也能够付出与一体化模式中同样的努力水平,实现提高农产品质量安全水平的目标,使农产品零售价格能够保持一体化模式中的水平,同时能够分别提高合作社与龙头企业的利润,实现合作社农户、龙头企业与消费者的多赢,龙头企业可以通过为合作社农户在农产品质量安全方面投入的成本提供一定补贴,以激励合作社农户进行安全生产。在需求价格敏感度、需求的农户努力敏感度与农户投入的努力成本满足一定条件下,该补贴协调策略存在,并且上述三个因素共同决定了龙头企业的补贴因子。若农产品的需求价格敏感度增强,则龙头企业应该加大补贴力度;若市场需求的农户努力敏感度增强,则龙头企业应该减小补贴力度;若农户的努力成本增加,龙头企业应该加大补贴力度。实施该补贴协调策略后,龙头企业获得的边际加价高于未实施策略前的边际加价,并且若龙头企业为合作社农户提供较高的补贴,合作社提供给龙头企业的农产品批发价格也会降低。

（三）协调策略下的龙头企业决策

在协调策略下,若消费者对农产品的质量安全需求意识增强,龙头企业可以提高其边际加价;若农户在农产品质量安全方面投入的成本增加,龙头企业需要降低其边际加价,在一定程度上抵消部分由于批发价格提高导致的最终零售价格上涨;当龙头企业给予合作社农户较高补贴时,若消费者对农产品的质量安全需求意识增强,龙头企业可以适当提高其边际加价,在一定程度上弥补他付出的高额补贴。不同于一般性的结论是,当农产品质量安全水平直接影响农产品的市场需求量时,即使龙头企业在农产品质量安全方面投入的努力成本增加,他也不会随之提高边际加价。这主要是由于农产品质量安全对市场需求具有重要影响,龙头企业为获得长期的产品声誉效应,实现市场对其供给的农产品品质的认可,即使相关成本增加,他也不会轻易提高价格。

（四）协调策略下的合作社决策

在协调策略下,若消费者对农产品的质量安全需求意识增强,合作社可以提高其批发价格;若龙头企业在农产品质量安全方面投入的成本增加,合作社需要降低其批发价格,在一定程度上抵消部分由于边际加价提高造成的最终零售价格上涨;若农产品质量安全对市场需求的直接影响程度增强,合作社的批发价格也会随之上涨;当市场对农产品的基本需求量较大时,合作社的批发价格会随着需求价格敏感度的增强而降低。不同于一般性的结论是,当农产品质量安全水平直接影响农产品的市场需求量时,即使合作社农户在农产品质量安全方面投入的努力成本增加,他也不会随之提高批发价格。这主要是由于龙头企业对合作社农户实施补贴,不仅为合作社农户承担了部分成本,而且对合作社农户的安全生产行为产生了激励作用,因此合作社不会随之提高批发价格。

(五) 协调策略下的最优利润

在协调策略下,若农产品质量安全对市场需求的直接影响程度增强,合作社的利润会随之提高;若合作社农户在农产品质量安全方面投入的成本增加时,龙头企业对其的补贴也会随之增加,所以合作社的利润不减反增;然而龙头企业努力成本的增加,则会使合作社利润随之降低;若较高的市场需求价格敏感度增强,由于批发价格以及合作社在农产品质量安全方面的投入产出效益等多重作用,而导致合作社利润降低。合作社农户努力成本的增加会从生产源头提高农产品质量安全水平,增加市场对农产品的需求量,进而提高龙头企业的利润;若合作社农户在农产品质量安全方面投入的努力水平提高会极大地刺激市场需求时,龙头企业的利润不增反降,这主要是由于在这种条件下龙头企业需要给予合作社更多的补贴;若龙头企业为合作社农户补贴一半以上的努力成本,则龙头企业的利润会随着龙头企业努力对需求量影响程度的增强而减少,但会随着其努力成本的增加而增加,因为龙头企业努力水平的提高会极大地刺激市场需求;当龙头企业为合作社农户提供适当大小的补贴时,若农产品需求量受到价格影响程度增强,龙头企业的利润会减少。

第二节　风险规避零售商与"努力"制造商的质量安全相关决策及协调机制分析

产品质量安全水平直接关系消费者的身心健康。激励产品制造商提高质量安全水平,规范零售商向消费者支付合理的问题产品赔偿,对维护消费者利益,维持产品市场的良好秩序至关重要。尤其是当前,随着人们生活水平的日益提高,消费者对产品质量安全水平关注度逐渐增强。随着市场化发展,产品供给市场竞争日益激烈。无论是零售商还是制造商,其对产品质量安全、品牌声誉等重视程度也得到加强。因此,对供应链中分散、集中等不同模式下制造商与零售商关于产品质量安全相关决策的分析显得尤为重要。

近年来供应链质量控制与协调策略的相关研究得到了学者们的广泛关注。而引入供应链主体努力、风险偏好的相关研究主要如下。陈一凡和薛巍立(2014)研究了当存在产品追溯时,由一个供应商与一个制造商构成的供应链中供应商的生产决策及制造商的合同设计。浦徐进等(2014)研究了二层供应链中供应商和零售商双边努力直接决定产品需求量时,供应商的公平偏好对双边努力行为的影响因素。石岿然等(2014)研究了当零售商努力能够改变市场需求时,制造商与零售商的质量投资、销售努力、成本分摊和定价决策。Yoo(2014)研究了在供应商是风险规避的供应链中,制造商与供应商的产品质量与退货决策。在现有研究基础上,本节考虑到不同规模、不同信誉的零售商会具有不同的风险规避性,以及制造商在生产过程中投入的努力是产品质量安全水平的直接决定因素;并且在市场竞争日益激烈的情况下,制造商不仅关注自身经济利润,而且关注产品质量安全的品牌声誉。因此,针对由一个制造商和一个零售商构成的供应链,本节通过构建优化模型,分别分析了分散模式与集中模式下的制造商努力水平、零售商支付给消费者的单位赔偿等主要决策及其影响因素,这些研究对提高产品质量安全水平,协调不同模式下制造商与零售商最优决策具有重要意义。

一、模型假设及变量设定

本节分析在由一个制造商与一个零售商构成的供应链中,由于零售商处于供应链终端,因为零售商规模、知名度不同具有不同的风险规避性,所以假设零售商的风险规避度为 a。若 $a>0$ 表示零售商是风险规避的;若 $a=0$ 表示零售商是风险中性的。

令消费者效用函数为 $U=\alpha+\beta e+\gamma k-p$。其中 α 是与产品质量安全、赔偿额无关的消费者基本效用；β 是消费者效用对产品质量安全水平的敏感度①；γ 是消费者效用对零售商支付给其单位赔偿的敏感度。显然，α、β 和 γ 都是给定的、取值为正的参数。k 是零售商支付给消费者的问题产品单位赔偿额，并且若产品出现质量安全问题，由于制造商努力是产品质量安全的直接决定因素，所以零售商也会向制造商索赔，单位索赔额为 s。k 和 s 都是零售商的决策变量。p 表示产品的单位价格。本节研究的是食品之类的生活必需品，它的价格是由市场决定的，因此零售商不是价格的决定者只能是价格的接受者，p 是模型的外生变量。类似地，该产品的市场需求量为 Q，也是由市场决定的外生变量。为简化且不失一般性，设消费者的保留效用为 0。由此可得价格表达式为 $p = \alpha + \beta e + \gamma k$。

制造商按照批发市场决定的批发价 w，将产品提供给零售商，所以批发价 w 是模型的外生变量。λ 表示制造商的边际成本系数，它是取值为正的参数。e 表示制造商在生产过程中投入的与产品质量安全相关的努力水平，它是制造商的决策变量。假设产品的质量安全水平完全是由生产主体——制造商决定的。x 表示出现质量安全问题产品数量占最终被消费者索赔产品的比例。x 是随机变量，其均值为 μ，方差为 σ^2，并且结合实际，设 $\gamma > \dfrac{3}{2}\mu$。该假设的主要原因在于：一方面，随着我国消费者权益保护法等相关法律法规的完善，消费者对产品的质量安全意识得到了极大地提升，并且一旦发现问题产品，消费者会受到赔偿机制的激励；另一方面，我国对产品质量安全监管力度的增强以及社会各界的舆论效应，也使得产品供给企业增强了对质量安全的投入。所以相对而言，消费者效用对单位惩罚的敏感度大于问题产品比例的预期值。出现质量安全问题产品的比例一方面是受制造商生产过程中投入的与质量安全相关的努力水平影响；另一方面是受消费者自身对质量安全的关注度影响，例如消费者的食品安全意识越强，对质量安全关注度越高，其购买到问题产品后要求赔偿等采取维权措施的积极性越高。其中该关注度受到零售商提供单

---

① 由于制造商在生产过程中投入与质量安全相关的努力水平，决定了最终产品的质量安全水平，因此制造商的努力水平与产品质量安全水平成正比。为便于分析，令 β 是由质量安全水平与努力水平正比关系换算后的敏感度。

位赔偿额的直接影响,所以令消费者索赔的问题产品比例预期值为 $\mu = \mu(e,k)$ 。并且 $\mu_e' < 0$[①],说明随着制造商努力水平的提高,出现质量安全问题产品的比例会降低,进而消费者索赔的问题产品比例也会降低;$\mu_k' > 0$ 说明随着零售商支付的单位赔偿额的提高,由于赔偿额对消费者索赔具有激励作用,所以被索赔的问题产品比例会随之提高。假设问题产品比例 μ 受到制造商努力水平 e 和零售商支付给消费者单位赔偿额 k 的影响效应在二阶时较弱,为简化令 $\mu_{ee}'' = 0, \mu_{kk}'' = 0$。而零售商支付给消费者的赔偿额与制造商努力水平之间具有较为显著的相互抵消作用,即 $\mu_{ek}'' < 0$。说明若零售商支付给消费者更高的单位赔偿额,将使得制造商努力水平减少问题产品的效应相对增强;若制造商减少问题产品的努力水平更高,也将使得赔偿额增加索赔问题产品比例的效应相对减弱。这主要是由于零售商向消费者支付更高的赔偿额,同等条件下也会增加向制造商索要的惩罚额,加大对制造商的惩罚激励,进而使得制造商努力水平减弱问题产品比例的作用增强;而制造商努力水平的增强能够使得问题产品出现比例极大减小,即使零售商给予消费者更高的赔偿额也不会使得消费者索赔的问题产品比例增加的较大。

由此可得零售商的利润 π_R 和制造商的利润 π_M 分别为

$$\pi_R(s,k) = pQ - kxQ - wQ + sxQ \tag{8.45}$$

$$\pi_M(e) = wQ + sxQ - \frac{1}{2}\lambda e^2 Q \tag{8.46}$$

为简化,假设零售商的预期效用是受其风险规避性影响所决定的等价性货币收入,即 $E[U_R(s,k)] = E[\pi_R(s,k)] - \frac{a}{2}(s-k)^2 Q^2 \sigma^2$,所以零售商的预期效用表达式为

$$E[U_R(s,k)] = (\alpha + \beta e + \gamma k)Q + (s-k)\mu Q - wQ - \frac{a}{2}(s-k)^2 Q^2 \sigma^2 \tag{8.47}$$

制造商的预期效用由两部分构成:一部分是其货币收入表示的预期利润;另一部分是由消费者对产品质量安全的认可度所决定的产品销售的货币收

---

① μ_x' 表示 μ 对 x 的一阶偏导数,μ_{xy}'' 表示 μ 对 x 和 y 的二阶偏导数,以下同。

入。这两部分的权重分别为 δ 和 $1-\delta$，它们取决于制造商对自身经营策略布局。δ 表示制造商对自身经济利润的策略权重，而 $1-\delta$ 则表示制造商对消费者质量安全认可度的策略权重。显然 δ 是取值为正的参数。因此，$E[U_M(e)] = \delta E[\pi_M(e)] + (1-\delta)\beta eQ$，制造商的预期效用表达式为

$$E[U_M(e)] = \delta\left(wQ - s\mu Q - \frac{1}{2}\lambda e^2 Q\right) + (1-\delta)\beta eQ \tag{8.48}$$

二、不同模式下制造商与零售商的最优决策

制造商与零售商在供应链中主要有分散与集中两类不同典型模式，下面分别对分散与集中模式下的制造商与零售商最优决策进行分析。

（一）分散模式下制造商与零售商的最优决策

在分散模式下，制造商与零售商是以各自预期效用最大化作为目标。按照决策的先后顺序，首先上游制造商根据自身预期效用最大化决定其努力水平，然后下游零售商基于制造商的努力水平，依据自身预期效用最大化决定支付给消费者的单位赔偿额以及对制造商的单位索赔额。

因此，根据一阶最优条件 $\dfrac{dE[U_M(e)]}{de} = 0$，由式（8.48）可得制造商的最优努力水平 e^* 为

$$e^* = \frac{(1-\delta)\beta}{\lambda\delta} - \frac{s\mu_e'}{\lambda} \tag{8.49}$$

相应地，二阶最优条件 $\dfrac{\partial^2 E[U_M(e)]}{\partial e^2} = -\delta\lambda Q < 0$ 仍满足。

将式（8.49）代入式（8.47），零售商根据自身预期效用最大化决定对消费者的单位赔偿额和对制造商的单位索赔额。因此，由一阶最优条件 $\dfrac{\partial E[U_R(s,k)]}{\partial s} = 0$，$\dfrac{\partial E[U_R(s,k)]}{\partial k} = 0$ 可得

$$\mu Q - a(s-k)Q^2\sigma^2 - [\beta Q + (s-k)Q\mu_e']\frac{\mu_e'}{\lambda} = 0 \tag{8.50}$$

$$(\gamma - \mu)Q + a(s-k)Q^2\sigma^2 + (s-k)\mu_k' - [\beta Q + (s-k)Q\mu_e']\frac{s\mu_{ek}''}{\lambda} = 0 \tag{8.51}$$

假设二阶最优条件仍满足。

根据式(8.50)和式(8.51)解得

$$s^* = \frac{(\gamma-\mu)(\mu'_e)^2 + aQ\sigma^2(\gamma\lambda-\beta\mu'_e)}{(\mu\mu_e' + s^*\mu_{ek}')\mu_{ek}''} \tag{8.52}$$

$$k^* = s^* + \frac{\beta\mu_e' + \beta s^*\mu_{ek}'' - \gamma\lambda}{(\mu_e' + s^*\mu_{ek}'')\mu_e'} \tag{8.53}$$

根据式(8.52),显然有如下两种情况:

(1)当 $a > \dfrac{-\mu\mu_e'}{\beta Q\sigma^2}$ 时,$s^* = 0$,$k^* = 0$。将上述结果代入式(8.49)可得 e^*

$= \dfrac{(1-\delta)\beta}{\lambda\delta}$。

(2)当 $a < \dfrac{-\mu\mu_e'}{\beta Q\sigma^2}$ 时,则有 $s^* = \dfrac{(\gamma-\mu)(\mu_e')^2 + aQ\sigma^2(\gamma\lambda-\beta\mu_e')}{(\mu\mu_e' + \beta aQ\sigma^2)\mu_{ek}} > 0$,$k^* = s^* +$

$\dfrac{\beta\mu_e' + \beta s^*\mu_{ek}'' - \gamma\lambda}{(\mu_e' + s^*\mu_{ek}'')\mu_e'} < s^*$。相应地有 $e^* = \dfrac{(1-\delta)\beta}{\lambda\delta} - \dfrac{s^*\mu_e'(e^*,k^*)}{\lambda}$。

由此可得如下结论:

结论8.6　在分散模式的供应链中,制造商与零售商的最优决策有如下两种情况:

(1)若零售商的风险规避性较强(即 $a > \dfrac{-\mu\mu_e'}{\beta Q\sigma^2}$),则零售商不会向消费者支付单位赔偿,同时也不会向制造商索赔,并且此时制造商在产品质量安全方面的最优努力水平是由他自身对经济利润的策略权重、消费者对产品质量安全水平的敏感度以及制造商的边际成本系数所决定的(即 $e^* = \dfrac{(1-\delta)\beta}{\lambda\delta}$)。

(2)若零售商的风险规避性较弱(即 $a < \dfrac{-\mu\mu_e'}{\beta Q\sigma^2}$),则零售商将会给予消费者一定的单位赔偿(即 $k^* = s^* + \dfrac{\beta\mu_e' + \beta s^*\mu_{ek}'' - \gamma\lambda}{(\mu_e' + s^*\mu_{ek}'')\mu_e'}$),同时也会向制造商索赔(即

$$s^* = \frac{(\gamma-\mu)(\mu_e')^2 + aQ\sigma^2(\gamma\lambda-\beta\mu_e')}{(\mu\mu_e'+\beta aQ\sigma^2)\mu_{ek}''}$$

），而且零售商支付给消费者的单位赔偿额低于向制造商的单位索赔额（即 $k^* < s^*$）。此时制造商在产品质量安全方面的最优努力水平是由他自身对经济利润的策略权重、消费者对产品质量安全水平的敏感度、制造商的边际成本系数以及零售商向消费者支付的单位赔偿额、对制造商的单位索赔额所决定的（即 $e^* = \frac{(1-\delta)\beta}{\lambda\delta} - \frac{s^*\mu_e'(e^*, k^*)}{\lambda}$）。

结论 8.6 表明：通常情况下，大型零售企业[①]对产品质量安全更为重视，尤其是当出现产品质量安全问题时，会更为主动积极地为消费者提供赔偿；同时零售企业还会严格要求上游产品提供商——制造企业、供应商等提供高质量安全水平产品，并利用合同条款明确出现问题产品时上游提供商所要负担的责任，比如连带赔偿额、免费退换货等，并且即使是由于制造商的责任造成的产品质量安全问题，零售商也会承担一部分对消费者的赔偿，以突显零售商敢于承担责任的企业信誉。相比之下，小型零售企业对产品质量安全重视不足，对产品质量安全缺乏监督，所以他通常不会向上游产品提供商要求关于产品质量安全的惩罚赔偿，而是更关注于从哪个提供商处采购更便宜的产品，以获得更高的经济利益。即使出现问题产品，小型零售企业也不会积极主动地赔偿消费者损失。

在情况（1）中，根据制造商的最优努力水平有 $\frac{\partial e^*}{\partial\beta} = \frac{1-\delta}{\lambda\delta} > 0$；$\frac{\partial e^*}{\partial\lambda} = -\frac{(1-\delta)\beta}{\lambda^2\delta} < 0$；$\frac{\partial e^*}{\partial\delta} = -\frac{\beta}{\lambda\delta^2} < 0$。当其他条件不变时，制造商的最优努力水平随着消费者对产品质量安全水平敏感度的增强而提高；随着制造商边际成本的增加而下降；随着制造商对经济利润重视程度的增强而下降。这种情况下，由于零售商不会对制造商在产品质量安全方面做相应的监督与惩罚约束，所以制造商在产品质量安全方面投入的努力水平主要取决于与他自身紧密相关的三个因素——他对经济利润的策略权重、消费者对产品质量安全水平的敏感度以及制造商的边际成本系数。消费者对产品质量安全水平的感知直接决定了产

---

① 依据是 Mc Millan（1990）提出的企业风险规避度通常会随着企业规模的增大而减小。

品质量安全在市场中的口碑,所以为保证其产品质量安全在消费者中的认可度,制造商会提高其在生产过程中投入的质量安全努力水平。当制造商努力水平的边际成本增加时,根据其努力水平的投入产出比,同等条件下制造商会减少他的努力水平。若相比于产品质量安全水平在消费者中的口碑,制造商更重视其经济利润,同等条件下他就会减少其在产品质量安全方面投入的努力水平。

在情况(2)中,根据式(8.53)两边对 s^* 求偏导数可得

$$\frac{\partial k^*}{\partial s^*} = \frac{(\mu_e')^2 (\mu_e' + s^* \mu_{ek}'')^2 + \gamma\lambda\mu_e'\mu_{ek}''}{[(\mu_e')^2 + s^*\mu_{ek}''](\mu_e' + s^*\mu_{ek}'')^2 - \gamma\lambda\mu_{ek}''(\mu_e' + s^*\mu_{ek}'')} \quad (8.54)$$

将式(8.52)和式(8.53)代入式(8.49),分别对式(8.49)两边 k^*、s^* 求导可得

$$\frac{\partial e^*}{\partial s^*} = -\frac{\mu_e'}{\lambda} - \frac{s\mu_{ek}''}{\lambda} \frac{\partial k^*}{\partial s^*} \quad (8.55)$$

$$\frac{\partial e^*}{\partial k^*} = -\frac{\mu_e'}{\lambda} \frac{\partial k^*}{\partial s^*} - \frac{s\mu_{ek}''}{\lambda} \quad (8.56)$$

由式(8.54)右端可见其分子为正,所以根据分母的正负不同可得如下结论:

(1)当 $\beta > -\dfrac{(\mu_e')^2}{\mu_{ek}''}$ 时,有 $\dfrac{\partial k^*}{\partial s^*} < 0$。此时 $\dfrac{\partial e^*}{\partial s^*}$ 和 $\dfrac{\partial e^*}{\partial k^*}$ 的正负不确定。

(2)当 $0 < \beta < -\dfrac{(\mu_e')^2}{\mu_{ek}''} + \dfrac{\gamma\lambda}{\mu_e' + s^*\mu_{ek}''}$ 时,有 $\dfrac{\partial k^*}{\partial s^*} > 0$。此时相应的 $\dfrac{\partial e^*}{\partial s^*} > 0$,$\dfrac{\partial e^*}{\partial k^*} > 0$。

由此可得如下结论:

结论8.7　在分散模式的供应链中,制造商与零售商最优决策的相互影响有如下两种情况:

(1)当消费者对产品质量安全水平的敏感度相对较强时(即 $\beta > -\dfrac{(\mu_e')^2}{\mu_{ek}''}$),零售商支付给消费者的单位赔偿额与他向制造商的索赔额成反比。此时,零售商支付给消费者的单位赔偿额以及零售商向制造商的单位索赔额对制造商最优努力水平影响的正负效应不确定。

（2）当消费者对产品质量安全水平的敏感度相对较弱时（即 $0<\beta<-\frac{(\mu_e')^2}{\mu_{ek}''}+\frac{\gamma\lambda}{\mu_e'+s^*\mu_{ek}''}$），零售商支付给消费者的单位赔偿额与他向制造商的索赔额成正比。此时，零售商支付给消费者的单位赔偿额以及零售商向制造商的单位索赔额对制造商最优努力水平都为正向影响。

结论 8.7 表明：当消费者对产品质量安全意识相对较强时，零售商向消费者支付的赔偿额与向制造商的索赔额是反向变化的；而此时赔偿额或者索赔额的提高对制造商努力水平的影响都是不确定的。当消费者对产品质量安全意识相对较弱时，零售商向消费者支付的赔偿额与向制造商的索赔额是同向变化的；而此时赔偿额或者索赔额的提高，都会促使制造商提高努力水平。这与我们通常认为的结论有所不同，主要是由于消费者对产品质量安全意识除了通过零售商向制造商的索赔额间接影响制造商的努力水平外，还会通过对制造商预期效用的直接作用而影响制造商的努力水平。

类似地，将式（8.52）和式（8.53）代入式（8.49），分别对式（8.49）两边 δ、β 和 λ 求偏导可得 $\frac{\partial e^*}{\partial\delta}=-\frac{\beta}{\lambda\delta^2}$，$\frac{\partial e^*}{\partial\beta}=\frac{1-\delta}{\lambda\delta}-\frac{\partial s}{\partial\beta}\frac{\mu_e'}{\lambda}-\frac{s\mu_{ek}''}{\lambda}\left(\frac{\partial k}{\partial s}\frac{\partial s}{\partial\beta}\right)$，$\frac{\partial e^*}{\partial\lambda}=-\frac{e^*}{\lambda}-\frac{\partial s}{\partial\lambda}$ $\frac{\mu_e'}{\lambda}-\frac{s\mu_{ek}''}{\lambda}\left(\frac{\partial k}{\partial s}\frac{\partial s}{\partial\lambda}\right)$。显然 $\frac{\partial e^*}{\partial\delta}<0$。

根据式（8.52）和结论 8.7（2）可得：当 $a>\frac{-\mu(\gamma-\mu)\mu_e'}{\beta Q\sigma^2(2\gamma-3\mu)}$ 时，有 $\frac{\partial s^*}{\partial\beta}>0$，并且当 $0<\beta<-\frac{(\mu_e')^2}{\mu_{ek}''}+\frac{\gamma\lambda}{\mu_e'+s^*\mu_{ek}''}$ 时，有 $\frac{\partial k^*}{\partial s^*}>0$。因此，当同时满足 $a>\frac{-\mu(\gamma-\mu)\mu_e'}{\beta Q\sigma^2(2\gamma-3\mu)}$ 并且 $0<\beta<-\frac{(\mu_e')^2}{\mu_{ek}''}+\frac{\gamma\lambda}{\mu_e'+s^*\mu_{ek}''}$ 时，有 $\frac{\partial e^*}{\partial\beta}>0$。否则 $\frac{\partial e^*}{\partial\beta}$ 的正负不确定。当 $0<a<\frac{-\mu_e'\mu}{2\beta Q\sigma^2}$ 或者 $a>\frac{-\mu_e'\mu}{\beta Q\sigma^2}$ 时，有 $\frac{\partial s^*}{\partial\lambda}<0$，并且当 $0<\beta<-\frac{(\mu_e')^2}{\mu_{ek}''}+\frac{\gamma\lambda}{\mu_e'+s^*\mu_{ek}''}$ 时，有 $\frac{\partial k^*}{\partial s^*}>0$。因此，当同时满足 $0<a<\frac{-\mu_e'\mu}{2\beta Q\sigma^2}$ 并且 $0<\beta<-\frac{(\mu_e')^2}{\mu_{ek}''}+\frac{\gamma\lambda}{\mu_e'+s^*\mu_{ek}''}$ 时，或者同时满足 $a>\frac{-\mu_e'\mu}{\beta Q\sigma^2}$ 并且 $0<\beta<-\frac{(\mu_e')^2}{\mu_{ek}''}+\frac{\gamma\lambda}{\mu_e'+s^*\mu_{ek}''}$ 时，有 $\frac{\partial e^*}{\partial\lambda}<0$。否则 $\frac{\partial e^*}{\partial\lambda}$ 的正负不确

定。由此可得如下结论：

结论8.8 在分散模式的供应链中,制造商在产品质量安全方面投入的最优努力水平受到制造商对自身经济利益的策略权重及其自身努力的边际成本、消费者对产品质量安全水平敏感度的影响。当其他条件不变时,具体的影响效应如下：

（1）制造商的最优努力水平随着制造商对自身经济利润策略权重的增加而下降。

（2）当零售商的风险规避性相对较强（即 $a > \dfrac{\mu(\gamma - \mu)\mu_e'}{\beta Q \sigma^2 (2\gamma - 3\mu)}$）,并且消费者对产品质量安全水平敏感度相对较低（即 $0 < \beta < -\dfrac{(\mu_e')^2}{\mu_{ek}''} + \dfrac{\gamma \lambda}{\mu_e' + s^* \mu_{ek}''}$）时,制造商的最优努力水平随着消费者对产品质量安全水平敏感度的增强而上升。

（3）当零售商的风险规避性相对较弱（即 $0 < a < \dfrac{\mu_e'\mu}{2\beta Q \sigma^2}$）或者相对较强（即 $a > \dfrac{\mu_e'\mu}{2\beta Q \sigma^2}$）,并且消费者对产品质量安全水平敏感度相对较低（即 $0 < \beta < -\dfrac{(\mu_e')^2}{\mu_{ek}''} + \dfrac{\gamma \lambda}{\mu_e' + s^* \mu_{ek}''}$）时,制造商的最优努力水平随着制造商努力的边际成本增加而下降。

结论8.8表明:若制造商相对于产品质量安全在消费者处的口碑、声誉等,更侧重于自身的经济利益,那么他在质量安全方面投入的努力水平就会下降。此时,一方面,相对较小规模的零售商,他的风险规避性较强,所以零售商向制造商的索赔额随着消费者对产品质量安全敏感度的增强而增加;另一方面,当消费者的产品质量安全意识较弱时,零售商支付给消费者的单位赔偿额会随着他向制造商索赔额的增加而提高。因此,消费者对产品质量安全越重视,通过制造商对产品质量安全的策略权重作用于制造商的预期效用,会间接约束与激励制造商提高其努力水平。而为在一定程度上平衡制造商的投入产出比,无论零售商的风险规避性较强还是较弱,零售商向制造商的索赔额都会随着制造商边际成本的增加而下降①。并且即使当消费者的产品质量安全意识较弱时,由于连带责任作用,零售商支付给消费者的单位赔偿额也会随着他向制造商索赔额的增加而提高。因此,制造商的努力水平会随着他投入努力的边际成本的提高而下降。

(二) 集中模式下制造商与零售商的最优决策

在集中模式下制造商与零售商是利益共同体,他们根据总体预期效用最大化决定相关决策变量。因此,根据式(8.45)和式(8.46)可得总利润为

$$\pi_T(k,e) = \pi_R + \pi_M = pQ - kxQ - \frac{1}{2}\lambda e^2 Q \tag{8.57}$$

由式(8.57)可得预期总利润为

$$E[\pi_T(k,e)] = (\alpha + \beta e + \gamma k)Q - k\mu Q - \frac{1}{2}\lambda e^2 Q \tag{8.58}$$

利用等价性货币收入表示预期总效用有

$$E[U_T(k,e)] = \delta\left\{E[\pi_T(k,e)] - \frac{a}{2}k^2 Q^2 \sigma^2\right\} + (1-\delta)\beta e Q \tag{8.59}$$

式(8.59)中 δ 在集中模式下表示制造商与零售商整体对经济利润的策略权重,a 表示整体的风险规避性。

根据式(8.59)以及一阶最优条件 $\dfrac{\partial E[U_T(k,e)]}{\partial k} = 0, \dfrac{\partial E[U_T(k,e)]}{\partial e} = 0$

可得

$$\delta(\gamma Q - \mu Q - k\mu_k' Q - akQ^2\sigma^2) = 0 \tag{8.60}$$

$$\delta(\beta Q - k\mu_e' Q - \lambda e Q) + (1-\delta)\beta Q = 0 \tag{8.61}$$

假设二阶最优条件仍满足。由此解得

$$k^{**} = \frac{\gamma - \mu}{\mu_k' + aQ\sigma^2} \tag{8.62}$$

---

① 对于较小规模零售商,其对产品质量安全重视程度较弱,所以制造商努力的边际成本与其出现质量安全问题产品受到的惩罚符合一般权责明晰的关系;而较大规模零售商尽管重视产品质量安全,但也会理性地看待制造商在产品质量安全方面的投入产出比,制造商努力的边际成本越高,即使出现质量安全问题,相对而言也可以适当减轻对制造商的惩罚。

$$e^{**} = \frac{\beta}{\lambda\delta} - \frac{\mu_e{}'(\gamma-\mu)}{\lambda(\mu_k{}'+aQ\sigma^2)} \tag{8.63}$$

根据式（8.62）和式（8.63）易见 $k^{**}>0$，$e^{**}>0$。

对式（8.62）两边 x 求导可得

$$\frac{\partial k^{**}}{\partial x} = \frac{[\mu_e{}'(\mu_k{}'+aQ\sigma^2)+(\gamma-\mu)\mu_{ek}{}'']}{(\mu_k{}'+aQ\sigma^2)(2\mu_k{}'+aQ\sigma^2)}\frac{\partial e^{**}}{\partial x} \tag{8.64}$$

其中 $x=\lambda,\delta,\beta$。

根据式（8.64）可知 $\dfrac{\partial k^{**}}{\partial x}$ 与 $\dfrac{\partial e^{**}}{\partial x}$ 的正负符号相同。

分别对式（8.62）和式（8.63）两边 γ 求导可得

$$\frac{\partial k^{**}}{\partial \gamma} = \frac{1}{2\mu_k{}'+aQ\sigma^2+(\gamma-\mu)\mu_{ek}{}''G} \tag{8.65}$$

$$\frac{\partial e^{**}}{\partial \gamma} = \frac{(\mu_k{}'+aQ\sigma^2)}{\lambda(\mu_k{}'+aQ\sigma^2)^2-(\mu_e{}')^2(\mu_k{}'+aQ\sigma^2)+(\gamma-\mu)\mu_e{}'\mu_{ek}{}''}\frac{\partial k^{**}}{\partial \gamma} \tag{8.66}$$

其中 $G=\dfrac{\mu_e{}'\mu_k{}'-(\gamma-\mu)\mu_{ek}{}''}{\lambda(\mu_k{}'+aQ\sigma^2)^2-(\mu_e{}')^2(\mu_k{}'+aQ\sigma^2)-(\gamma-\mu)\mu_e{}'\mu_{ek}{}''}$。易见若 $0<a<$

$\dfrac{(\mu_e{}')^2-2\lambda\mu_k{}'+\sqrt{(\mu_e{}')^4+4\lambda(\gamma-\mu)\mu_e{}'\mu_{ek}{}''}}{2\lambda Q\sigma^2}$，并且 $-\mu_e{}'<-\dfrac{(\gamma-\mu)\mu_{ek}{}''}{\mu_k{}'}$；或者若 $a>$

$\dfrac{(\mu_e{}')^2-2\lambda\mu_k{}'+\sqrt{(\mu_e{}')^4+4\lambda(\gamma-\mu)\mu_e{}'\mu_{ek}{}''}}{2\lambda Q\sigma^2}$，并且 $-\mu_e{}'>-\dfrac{(\gamma-\mu)\mu_{ek}{}''}{\mu_k{}'}$，则有 $G<0$，

$\dfrac{\partial k^{**}}{\partial \gamma}>0$，$\dfrac{\partial e^{**}}{\partial \gamma}<0$。若 $a>\dfrac{(\mu_e{}')^2-2\lambda\mu_k{}'+\sqrt{(\mu_e{}')^4+4\lambda(\gamma-\mu)\mu_e{}'\mu_{ek}{}''}}{2\lambda Q\sigma^2}$，并且

$-\mu_e{}'<-\dfrac{(\gamma-\mu)\mu_{ek}{}''}{\mu_k{}'}$；或者若 $a<\dfrac{(\mu_e{}')^2-2\lambda\mu_k{}'+\sqrt{(\mu_e{}')^4+4\lambda(\gamma-\mu)\mu_e{}'\mu_{ek}{}''}}{2\lambda Q\sigma^2}$，并

且 $-\mu_e{}'>-\dfrac{(\gamma-\mu)\mu_{ek}{}''}{\mu_k{}'}$，则有 $G>0$，$\dfrac{\partial k^{**}}{\partial \gamma}$ 与 $\dfrac{\partial e^{**}}{\partial \gamma}$ 的正负相同。

分别对式（8.62）和式（8.63）两边 a 求导可得

$$\frac{\partial k^{**}}{\partial a} = -\frac{\lambda(\mu_k{}'++aQ\sigma^2)^2(\gamma-\mu)Q\sigma^2}{A_1C_1+B_1D_1} \tag{8.67}$$

$$\frac{\partial e^{**}}{\partial a}=\frac{(\mu_e{'}A_1-D_1)(\gamma-\mu)Q\sigma^2}{A_1C_1+B_1D_1} \tag{8.68}$$

其中 $A_1=(\mu_k{'}+aQ\sigma^2)(2\mu_k{'}+aQ\sigma^2)>0$；$B_1=\mu_e{'}(\mu_k{'}+aQ\sigma^2)+(\gamma-\mu)\mu_{ek}{''}<0$；$C_1=\lambda(\mu_k{'}+aQ\sigma^2)^2-(\gamma-\mu)\mu_e{'}\mu_{ek}{''}(\mu_e{'})^2(\mu_k{'}+aQ\sigma^2)$；$D_1=\mu_e{'}\mu_k{'}-(\gamma-\mu)\mu_{ek}{''}$。易见

若 $0<a<\dfrac{(\mu_e{'})^2-2\lambda\mu_k{'}+\sqrt{(\mu_e{'})^4+4\lambda(\gamma-\mu)\mu_e{'}\mu_{ek}{''}}}{2\lambda Q\sigma^2}$，则有 $C_1<0$，并且若 $\mu_e{'}>$

$\dfrac{(\gamma-\mu)\mu_{ek}{''}}{\mu_k{'}}$，则有 $D_1>0$。综上，若 $0<a<\dfrac{(\mu_e{'})^2-2\lambda\mu_k{'}+\sqrt{(\mu_e{'})^4+4\lambda(\gamma-\mu)\mu_e{'}\mu_{ek}{''}}}{2\lambda Q\sigma^2}$，

并且 $-\mu_e{'}<-\dfrac{(\gamma-\mu)\mu_{ek}{''}}{\mu_k{'}}$，则有 $\dfrac{\partial k^{**}}{\partial a}>0$，$\dfrac{\partial e^{**}}{\partial a}>0$。或者若 $a>$

$\dfrac{(\mu_e{'})^2-2\lambda\mu_k{'}+\sqrt{(\mu_e{'})^4+4\lambda(\gamma-\mu)\mu_e{'}\mu_{ek}{''}}}{2\lambda Q\sigma^2}$，则有 $C_1>0$，并且 $-\mu_e{'}>-$

$\dfrac{(\gamma-\mu)\mu_{ek}{''}}{\mu_k{'}}$，则有 $D_1<0$。综上，若 $a>\dfrac{(\mu_e{'})^2-2\lambda\mu_k{'}+\sqrt{(\mu_e{'})^4+4\lambda(\gamma-\mu)\mu_e{'}\mu_{ek}{''}}}{2\lambda Q\sigma^2}$，

并且 $-\mu_e{'}>-\dfrac{(\gamma-\mu)\mu_{ek}{''}}{\mu_k{'}}$，则有 $\dfrac{\partial k^{**}}{\partial a}<0$，但此时 $\dfrac{\partial e^{**}}{\partial a}$ 不确定（只有 $-\mu_e{'}<-\dfrac{D_1}{A_1}$，那么

$\dfrac{\partial e^{**}}{\partial a}>0$；只有 $-\mu_e{'}>-\dfrac{D_1}{A_1}$，那么 $\dfrac{\partial e^{**}}{\partial a}<0$）。类似地，$\sigma^2$、$Q$ 与 a 对 k^{**}、e^{**} 的上述影响相同。

由此可得如下结论：

结论8.9 在制造商与零售商是集中模式的供应链中，他们根据总的预期效用最大化做出向消费者支付单位赔偿和制造商努力水平的决策。具体结论如下：

（1）零售商一定会向消费者支付问题产品的单位赔偿，并且制造商一定会付出与产品质量安全相关的努力。因为此时零售商和制造商是利益共同体，所以零售商支付给消费者的单位赔偿需要零售商和制造商共同负担，同时制造商付出的努力水平会提高产品质量安全水平，提升产品在市场上的声誉，进而使产品销售收益提高，零售商和制造商经济利润都有所提高。

（2）制造商努力的边际成本、整体对经济利润的策略权重和消费者对产

品质量安全水平敏感度这三个因素,分别对零售商支付给消费者的最优单位赔偿额和制造商的最优努力水平的影响是相同的,但具体是正向影响还是负向影响并不确定。这主要是由于零售商和制造商是一体化的。而出现被消费者索赔的问题产品比例,受到制造商努力水平、零售商支付给消费者单位赔偿额的独立影响以及交叉影响,上述因素通过多种途径对最优单位赔偿额和努力水平产生影响,所以其影响效应是正向还是负向不确定。

(3)消费者效用对单位赔偿的敏感度分别对零售商支付的最优单位赔偿额、制造商的最优努力水平的影响,依据整体的风险规避性、消费者索赔的问题产品比例受努力水平影响的边际效应条件的不同而不同。具体而言,若整体的风险规避性和消费者索赔的问题产品比例受努力水平影响的边际效应都相对较弱;或者若整体的风险规避性和消费者索赔的问题产品比例受努力水平影响的边际效应都相对较强,那么在集中模式下,零售商支付给消费者的最优单位索赔额会随着消费者效用对赔偿额敏感度的增强而增加;制造商的最优努力水平会随着消费者效用对赔偿额敏感度的增强而下降。若整体的风险规避性相对较强,而消费者索赔的问题产品比例受努力水平影响的边际效应相对较弱;或者若整体的风险规避性相对较弱,而消费者索赔的问题产品比例受努力水平影响的边际效应相对较强,那么零售商支付给消费者的最优单位索赔额、制造商的最优努力水平受到消费者效用对赔偿额敏感度的影响效应的正负是一致的,但不能确定是正向还是负向的。

(4)整体的风险规避性分别对零售商支付的最优单位赔偿额、制造商的最优努力水平的影响,依据整体的风险规避性、消费者索赔的问题产品比例受努力水平影响的边际效应条件的不同而不同。具体而言,若整体的风险规避性和消费者索赔的问题产品比例受努力水平影响的边际效应都相对较弱,那么零售商支付给消费者的最优单位索赔额、制造商的最优努力水平都会随着整体风险规避性的增强而提高。若整体的风险规避性和消费者索赔的问题产品比例受努力水平影响的边际效应都相对较强,那么零售商支付给消费者的最优单位赔偿额会随着整体风险规避性的增强而减少,而此时整体风险规避性对制造商最优努力水平的影响效应正负不确定。整体风险规避性对制造商努力水平的影响效应的正负不确定,而只有再满足消费者索赔的问题产品比例受努力水平影响的边际效应低于某一定值时,制造商的最优努力水平会随着风险规避性的增强而提高;或者只有再满足消费者索赔的问题产品比例受努力水平影响的边际效应高于某一定值时,制造商的最优努力水平会随着风险规避性的增强而下降。

（三）不同模式下最优决策的比较及协调分析

1. 不同模式下最优决策的比较分析

基于上述分散与集中模式下的分析结论,比较两种模式下的制造商最优努力水平、零售商向消费者支付的最优单位赔偿额。

将分散与集中模式下的制造商最优努力水平相减可得

$$e^* - e^{**} = -\frac{\beta}{\lambda} + \frac{\mu_e'}{\lambda}\left(\frac{\gamma-\mu}{\mu_k'+aQ\sigma^2} - s^*\right) \tag{8.69}$$

由式（8.69）可知两种模式下制造商的最优努力水平有如下两种情况:

（1）当$-\mu_e' \leqslant \dfrac{\beta aQ\sigma^2}{\mu}$时,$s^* = 0$,$e^* - e^{**} = -\dfrac{\beta}{\lambda} + \dfrac{\mu_e'}{\lambda}\left(\dfrac{\gamma-\mu}{\mu_k'+aQ\sigma^2}\right) < 0$,必有 $e^* < e^{**}$。

（2）当$-\mu_e' > \dfrac{\beta aQ\sigma^2}{\mu}$时,$s^* > 0$;并且若$0 \leqslant a < \dfrac{-B+\sqrt{B^2-4AC}}{2AQ\sigma^2}$,则有$e^* < e^{**}$。

因为$\dfrac{\gamma-\mu}{(\mu_k'+aQ\sigma^2)s^*} = \dfrac{(\mu\mu_e'+\beta aQ\sigma^2)\mu_{ek}''}{(\mu_k'+aQ\sigma^2)\left[(\mu_e')^2 + \dfrac{aQ\sigma^2(\gamma\lambda-\beta\mu_e')}{\gamma-\mu}\right]}$,当$-\mu_e' > \dfrac{\beta aQ\sigma^2}{\mu}$

时,$s^* > 0$。所以由式（8.69）,若$(\mu\mu_e'+\beta aQ\sigma^2)\mu_{ek}'' - (\mu_k'+aQ\sigma^2)$

$\left[(\mu_e')^2 + \dfrac{aQ\sigma^2(\gamma\lambda-\beta\mu_e')}{\gamma-\mu}\right] > 0$,即$0 \leqslant a < \dfrac{-B+\sqrt{B^2-4AC}}{2AQ\sigma^2}$,那么$e^* < e^{**}$。其中

$A = \dfrac{\gamma\lambda-\beta\mu_e'}{\gamma-\mu}$,$B = (\mu_e')^2 - \beta\mu_{ek}'' + \mu_k'A$,$C = \mu_k'(\mu_e')^2 - \mu\mu_e'\mu_{ek}''$。

（3）由式（8.52）和式（8.62）可得 $\dfrac{s^*}{k^{**}} = $

$\dfrac{(\mu_k'+aQ\sigma^2)\left[(\mu_e')^2 + \dfrac{aQ\sigma^2(\gamma\lambda-\beta\mu_e')}{\gamma-\mu}\right]}{(\mu\mu_e'+\beta aQ\sigma^2)\mu_{ek}''}$。若$0 \leqslant a < \dfrac{-B+\sqrt{B^2-4AC}}{2AQ\sigma^2}$,则有$s^* < $

k^{**}，并且由于分散模式下有 $k^{*}<s^{*}$，因此有 $k^{*}<k^{**}$。

由此可得如下结论：

结论 8.10　比较分散与集中模式下的制造商最优努力水平、零售商最优单位赔偿额有

（1）若消费者索赔的问题产品比例受努力水平影响的边际效应相对较弱，此时分散模式下零售商向制造商的索赔额为 0（即零售商不向制造商索赔）时，则集中模式下制造商的努力水平更高。

（2）若消费者索赔的问题产品比例受努力水平影响的边际效应相对较强，此时分散模式下零售商会向制造商索赔，并且如果整体的风险规避性相对较弱，则集中模式下制造商的努力水平高于分散模式下的努力水平。

（3）若整体的风险规避性相对较弱，则集中模式下零售商支付给消费者的单位赔偿额高于分散模式下的单位赔偿额。

结论 8.10 表明：在分散模式下如果零售商对制造商不施加索赔的惩罚约束，那么与集中模式下的制造商最优努力水平相比，制造商付出的质量安全相关努力水平更低。在分散模式下零售商向制造商索赔，消费者索赔的问题产品比例受努力水平影响的边际效应相对较强时，为降低问题产品比例，零售商会利用索赔的方式约束制造商。然而以相对大型、知名的零售商为核心的集中模式下制造商努力水平仍然更高，并且零售商支付给消费者的单位赔偿额更高。

2. 不同模式下最优决策的协调

根据比较分析可见集中模式比分散模式下更利于产品质量安全水平的提高，更有助于维护消费者福利。因此，通过比较分析，设定零售商对制造商的索赔额，使分散模式下的最优决策与集中模式下的相一致。

为使 $e^{*}=e^{**}$，$k^{*}=k^{**}$。由式（8.49）和式（8.69），若 $e^{*}-e^{**}=0$，解得

$$s_1{}^{*}=\frac{\gamma-\mu}{\mu_k{}'+aQ\sigma^2}-\frac{\beta}{\mu_e{}'} \tag{8.70}$$

根据式（8.70）显然 $s_1{}^{*}>0$。

由式（8.53）和（8.62），若 $k^{*}-k^{**}=0$，解得

$$s_2{}^* = \frac{-E+\sqrt{E^2-4DF}}{2D} \tag{8.71}$$

其中 $D = \mu_e' \mu_{ek}'' > 0$，$E = (\mu_e')^2 + \beta\mu_{ek}'' - \dfrac{(\gamma-\mu)\mu_e'\mu_{ek}''}{\mu_k'+aQ\sigma^2}$，$F = \beta\mu_e' - \gamma\lambda - $

$\dfrac{(\gamma-\mu)(\mu_e')^2}{\mu_k'+aQ\sigma^2} < 0$。

根据式（8.71）易见 $s_2{}^* > 0$。

若分散与集中模式下的制造商最优努力水平和零售商支付给消费者的单位赔偿相同，需要满足 $s_1{}^* = s_2{}^*$。由此解得

$$s_1{}^* = s_2{}^* = s_0{}^* = \frac{(\mu_e')^2 - E + \sqrt{[(\mu_e')^2 - E]^2 + 4D\gamma\lambda}}{2D} \tag{8.72}$$

由此可得如下结论：

结论 8.11　零售商可以通过设定向制造商的索赔额，实现分散与集中模式下制造商最优努力水平、零售商支付给消费者的最优单位赔偿额相一致的目标，具体如下：

（1）当分散模式下零售商向制造商的单位索赔额为 $s_1{}^*$（即 $s_1{}^* = \dfrac{\gamma-\mu}{\mu_k'+aQ\sigma^2} - \dfrac{\beta}{\mu_e'}$）时，分散模式与集中模式下的制造商最优努力水平相等。

（2）当分散模式下零售商向制造商的单位索赔额为 $s_2{}^*$（即 $s_2{}^* = \dfrac{-E+\sqrt{E^2-4DF}}{2D}$）时，分散模式与集中模式下的零售商支付给消费者的最优单位赔偿相等。

（3）当分散模式下零售商向制造商的单位索赔额为 $s_0{}^*$（即 $s_0{}^* = \dfrac{(\mu_e')^2 - E + \sqrt{[(\mu_e')^2 - E]^2 + 4D\gamma\lambda}}{2D}$）时，分散模式与集中模式下制造商的最优努力水平、零售商支付给消费者的最优单位赔偿分别相等。

结论 8.11 表明：分散模式下零售商通过设置向制造商的不同索赔额度，可以使分散与集中模式下的制造商努力水平或者零售商支付给消费者的单位赔偿额相等。但若要使分散模式下制造商的努力水平与消费者获得的单位赔

偿额分别都与集中模式下的最优决策值相等,只有上述两个索赔额相等时才能实现。说明分散模式下零售商向制造商索赔是较为有效的,实现分散与集中模式协调的约束机制。

三、本节主要启示建议

本节分析了在由一个制造商与一个零售商构成的供应链中,考虑到不同规模和知名度的零售商具有不同的风险规避性,并且其上游制造商在进行产品生产决策时会受到自身对经济利润、质量安全的不同策略侧重的影响等因素,分别建立了分散与集中模式下零售商和制造商对于产品质量安全的相关决策。根据主要结论,提出以下相应的启示及建议:

第一,加强对不同规模零售商的监管与规范,尤其是小型零售商。本节分析表明相对大型、知名的零售企业,不仅会严格规范自身在产品质量安全方面的行为,而且对其上游制造商会采取连带惩罚赔偿的约束,极大地提高了制造商的努力水平。而小型零售商,由于缺乏产品质量安全意识,仅将经济利益作为其追求的唯一目标,并且不会对产品进货渠道、制造商及供应商的产品供给行为采取监督与约束。因此,政府相关部门更应该通过立法、实时监督、确立奖惩机制等多种方式激励与约束小型零售商,并明确产品一旦出现质量安全问题,应使制造商、供应商和零售商等承担连带责任。同时加大对产品质量安全的监督,促使其对上游产品供应商或制造商形成倒逼的约束机制。通过加强消费者等社会大众对产品质量安全的辨别及自我保护、维权意识,使得社会大众成为政府监管部门之外,监督企业的重要主体之一。此外,无论对何种规模零售商,都应通过补贴税收等经济措施以及法律法规约束,引导他们确立批发市场的优质优价制度,弥补制造商或供应商为提高产品质量安全水平所投入的成本。

第二,建立企业的信誉档案,增强产品质量安全声誉效应。若制造商(或者供应商)将产品质量安全水平在消费者处的声誉、口碑作为其策略的重要组成之一,那么即使消费者对产品质量安全意识较弱时,消费者所得赔偿额提高或者制造商支付给零售商的赔偿额提高,都会使制造商提高努力水平。因此,政府部门应该建立与完善产品供给主体即制造商或者供应商的信誉档案,并且及时向社会公开发布,同时提供产品质量安全信息实时查询系统,通过这些方式使产品质量安全水平成为企业战略决策的重要组成之一。此时,即使消费者对产品质量安全意识较弱,也能够约束与激励企业提高投入在产品质量安全方面的努力水平。

第三,当零售商与制造商合作一体化时,支付给消费者赔偿额的设定要适当。在集中模式下,零售商规模大小、知名度高低以及问题产品数量受制造商努力水平影响效应的强弱,是消费者产品质量安全意识对零售商、制造商决策产生不同影响结果的前提条件。在小型零售商与较强的消费者质量安全意识,或者大型零售商与较弱的消费者质量安全意识的条件下,消费者质量安全意识增强尽管会提高消费者获得的单位赔偿,但同时也会降低制造商在生产过程中投入的努力水平。此时,应该通过权衡设定适当的消费者单位赔偿额,以使制造商的努力水平保持在一定水平。在大型零售商与较弱的消费者质量安全意识条件下,即使是较小规模的零售商,他支付给消费者的单位赔偿以及制造商付出的努力水平也会相应提高;而在小型零售商与较强的消费者质量安全意识条件下,尽管是较小规模的零售商,他支付给消费者的单位赔偿也会相应提高,但制造商付出的努力水平不一定提高。

第四,因地制宜发展以大型零售商为核心的一体化供应链模式。相比于分散模式,以大型零售商为核心的集中模式更有利于提高产品质量安全水平,并且在该模式下的消费者福利能够得到更好的保障。此时,制造商与零售商作为整体,对产品质量安全都较为重视,企业信誉水平和产品声誉水平都相对较高。通过设定合理的索赔额等契约条款,能够实现不同模式下产品质量安全相关决策的协调。例如,分散模式下的零售商与制造商可以通过签订明确的合同条款,对出现质量安全问题产品的索赔金额予以约定。对质量安全问题产品的连带索赔金额的合理设定,可以使分散模式下零售商支付给消费者的单位赔偿额、制造商投入在质量安全方面的努力水平与集中模式下的相一致。

第三节　具有质量安全惩罚主导权零售商与供应商的食品安全检测水平及其协调

2014 年 7 月上海福喜食品有限公司大量采用过期变质肉类原料加工食

品被曝光。例如将过期的鸡肉原料重新加工制成麦乐鸡,将过期 7 个多月的霉变牛肉再切片制成小牛排等。而该公司是麦当劳、肯德基、必胜客等多家国际知名快餐连锁店的上游供应商(2014)。尽管对于此次事件,肯德基和麦当劳等都表示他们一直对上游供应商生产情况进行不定期的严格检查,但上海福喜公司却在这些下游零售商所谓严格把控产品质量安全关的条件下长期进行严重的违规违法行为。此外,早在 2005 年肯德基销售的产品中曾被检出"苏丹红",2012 年麦当劳销售过期食品,这些食品安全问题不得不让我们质疑这些具有绝对主导优势的零售商对于上游供应商产品质量安全的检测及其自身质量安全检测控制的可靠性。对此,刘鹏等(2014)研究认为上海福喜事件不是个体事件,我国食品生产加工过程中的检验检测落实不到位,相关处理制度不完善,需要进一步加强制度化、程序化的监管。

已有相关研究分析了企业采取检测、追溯等质量安全管控行为,以及第三方检测以加强食品供应链透明度,提高食品安全水平的对策,基于质量管理的食品生产商和零售商的努力水平决定、供应商选择与评价以及供应链主体相关产品质量安全的行为(陈瑞义等,2013;潘文军、王健,2014)。这些研究认为政府财政补贴、奖惩措施以及供应链整合程度是企业质量安全行为的重要影响因素,表明了食品质量安全检测的重要性以及监管环境、企业利益等诸多因素对它的影响。供应链上下游的供应商与零售商都对食品质量安全具有检测责任,而他们之间的检测水平具有直接的相互影响,并且具有各方主导优势的零售商更应担负起供应链内部质量安全惩罚主体的责任。例如,麦当劳从上海福喜公司采购麦乐鸡等。由于零售商的加工工序非常简单,所以不会对食品安全产生重要影响。麦当劳具有显著的品牌优势,具有采购主导权。为保障食品质量安全,他应严格执行质量安全惩罚职责,促进供应链上下游主体提高自身食品质量安全检测水平,以及约束激励相关主体的质量安全行为。对此,本节针对一个具有质量安全惩罚主导权的零售商与一个供应商,建立了他们关于各自质量安全检测水平的优化模型,分析了他们各自独立与合作一体化模式下的质量安全检测水平决策,重点探讨了零售商对供应商实施质量安全惩罚时检测水平受到的影响。据此,为加强我国食品质量安全控制提供了更契合实际的参考依据。

一、问题描述及变量设定

考虑由一个供应商和一个具有质量安全惩罚主导权的零售商构成的简单食品供应链中,零售商从供应商处采购食品及食品半成品(以下均简称为食品)后,进行简单加工即可销售。该零售商是有一定品牌声誉优势、经营规模较大,且具有绝对谈判优势的零售商,因此他对供应商具有质量安全惩罚主导权。为突出本节的研究对象,零售商加工工序对食品安全的影响暂且忽略不计。并且本节所分析的问题是当零售商一旦检测出供应商供给的食品具有质量安全问题时,具有对其实施质量安全惩罚的权力。这种情形在"上海福喜"事件等品牌企业对其上游供应商产品质量安全实施把控的实际问题中是较为普遍的。

根据 Zhu 等(2007)供应商生产每批食品中具有质量安全问题食品的数量为 $\int_0^{\frac{q}{r}} q\mu e^{-\mu t}dt = q(1 - e^{-\mu\frac{q}{r}})$ 。其中 μ 为供应商生产的每批食品中出现质量安全问题的平均比率。它是客观因素,主要由食品生产复杂度、技术条件等决定,不是供应商自身提高质量安全检测水平就能改变的。通常情况下该比率是较小的,即 $\mu>0$ 且 $\mu\to0$。q 表示供应商供给零售商的食品批量。r 表示供应商每批食品的生产速率。根据无穷级数 $e^{-\mu\frac{q}{r}} = 1-\mu\frac{q}{r}+\frac{1}{2!}\left(\mu\frac{q}{r}\right)^2+\cdots+\frac{1}{n!}\left(\mu\frac{q}{r}\right)^n+\cdots$,并且 μ 较小的条件,可得 $e^{-\mu\frac{q}{r}}\approx1-\mu\frac{q}{r}$,$\int_0^{\frac{q}{r}} q\mu e^{-\mu t}dt\approx\mu\frac{q^2}{r}$。在本节研究期内零售商对该食品的需求量为 D,所以零售商向供应商的订货次数为 $\frac{D}{q}$。因此,在这一时期内,供应商生产的具有质量安全问题食品的总量为 $D\frac{\mu q}{r}$。

供应商在将每批食品供给零售商前,会对食品进行质量安全检测。令 p_s 表示供应商对食品质量安全的检测水平。供应商将通过自身检测的食品再供给给零售商。零售商在销售食品前也会对食品进行质量安全检测。p_B 表示零售商对食品的质量安全检测水平。并且 $0<p_s<1,0<p_B<1$。供应商和零售商要付出相应的检测成本分别为 $C_s(p_s)$、$C_B(p_B)$,它们都满足边际成本为正以

及边际成本递增的性质。假设检测成本函数具有二阶导数,依据上述性质有 $C_s'(p_s)>0$, $C_s''(p_s)>0$, $C_B'(p_B)>0$, $C_B''(p_B)>0$。同时 $C_s'(1)\to+\infty$, $C_B'(1)\to+\infty$。说明检测水平达到 100% 是不切实际的,零售商和供应商都要付出高昂的边际成本(Baiman et al.,2000)。

零售商通过检测一旦发现质量安全问题,将对供应商进行惩罚,单位食品的惩罚额为 w,可将其视为供应链内部的惩罚额。该惩罚额是包含显性惩罚额与隐性惩罚额等总体惩罚额的代表,其中隐性惩罚额可以是零售商减少对上游供应商的进货量甚至将供应商替换掉等形式的惩罚。此外,导致食品质量安全问题的因素较为复杂,并且食品质量安全具有信任品特征,即使零供双方在事先协议中规定了惩罚额,也无法完全表述清楚对质量安全问题的全部惩罚,而且双方在事先协议中的惩罚额仅能表明显性惩罚额。因此,此处的惩罚额是由零售商决定的变量。零售商向供应商支付食品的单位进货价为 k_1w。其中 $0<k_1<1$,表示零售商支付给供应商进货价与索要单位惩罚额的比率。若零售商在销售食品前未检测出质量安全问题而导致问题食品最终被市场发现后,他需要支付更高的惩罚额,同时向责任供应商索要该惩罚额,该惩罚额为供应链外部的惩罚额,单位食品惩罚额记为 $\dfrac{w}{k_2}$。其中 $0<k_2<1$,表示内部单位惩罚额与外部单位惩罚额的比率。若食品没有任何质量安全问题,零售商销售给终端市场将获得单位价格为 $\dfrac{w}{k_3}$。其中 $0<k_3<1$[①],表示零售商对供应商的内部单位惩罚额与最终食品单价的比率。并且 $0<k_2\ll k_3<1$,说明外部单位惩罚额高于食品单价并且远高于内部惩罚额。

二、供应商与零售商各自独立的质量安全检测水平决策

(一)供应商与零售商的质量安全检测水平

当供应商与零售商是各自独立的经营主体时,根据问题描述可知供应商

---

① 由于供应商生产的每批食品中出现质量安全问题食品的平均比率 μ 较小,并且满足 $\mu<\dfrac{rk_3}{q}$。

预期利润最大化为

$$\max_{p_s}E\left(\prod_s\right) = D\left[k_1w-(1-p_s)p_B\frac{\mu q}{r}w-(1-p_s)(1-p_B)\frac{\mu q}{r}\frac{w}{k_2}-C_s(p_s)\right]+U_0$$

（8.73）

其中 U_0 是零售商支付给供应商的保留收益，即促使供应商与零售商合作并进行检测的最低收益。

根据式（8.73）由 $\dfrac{\partial E\left(\prod_s\right)}{\partial p_s}=0$ 可得

$$C_s{}'(p_s)=aw\left[p_B+(1-p_B)\frac{1}{k_2}\right]$$

（8.74）

为简化，其中 $a=\dfrac{\mu q}{r}$，以下同。

根据式（8.74）可见：若零售商向供应商索要的单位惩罚额 w 增加，则供应商对食品的质量安全检测水平 p_s 会相应提高；若零售商对食品的质量安全检测水平 p_B 提高，则供应商对食品的质量安全检测水平 p_s 会下降。该结论表明：零售商对供应商供给质量安全问题食品的惩罚越严厉，供应商会提高其质量安全检测水平。而与通常认识不同的是，零售商质量安全检测水平越高，将对供应商质量安全检测水平产生挤出效应，主要是最终食品质量安全问题的发生受到供应商和零售商质量安全检测水平的共同影响。

相应地，零售商的预期利润最大化为

$$\max_{p_B,w}E\left(\prod_B\right) = D\left[p_s\frac{w}{k_3}-k_1w+(1-p_s)p_Baw+(1-p_s)(1-p_B)a\frac{w}{k_2}-C_B(p_B)+\right.$$

$$\left.p_s\pi_G+(1-p_s)p_BU_B+(1-p_s)(1-p_B)\pi_B\right]-U_0$$

（8.75）

式（8.75）中 $p_s\pi_G+(1-p_s)p_BU_B+(1-p_s)(1-p_B)\pi_B$ 表示零售商除了检测与销售食品以外，通过对食品进行质量安全检测可以获得的单位食品信誉等预期收益。其中 π_G 表示零售商销售了供应商自身检测后没有质量安全问题的食品后获得的单位食品信誉收益；U_B 表示零售商检测出供应商未检测出的问题食品后获得的单位食品信誉收益；π_B 表示零售商也未检测出供应商未检测出的问题食品后获得的单位食品信誉收益。显然，$\pi_G>U_B\gg\pi_B$，并且 π_B 可以取负值,此时表明零售商的单位食品信誉损失。这些信誉收益是零售商根据以往销售信息可以获知的经验值。

根据式(8.75)由 $\dfrac{\partial E\left(\prod_B\right)}{\partial p_B}=0$, $\dfrac{\partial E\left(\prod_B\right)}{\partial w}=0$ 可得

$$C_B{}'(p_B)=(1-p_s)\,aw-(1-p_s)\,a\,\frac{w}{k_2}+(1-p_s)\,p_B(U_B-\pi_B) \qquad (8.76)$$

$$p_s\,\frac{1}{k_3}-k_1+(1-p_s)\,a\left[p_B+(1-p_B)\,\frac{1}{k_2}\right]=0 \qquad (8.77)$$

根据式(8.76)和式(8.77)解得

$$w=\frac{1}{\left(\dfrac{1}{k_2}-1\right)a}\left[(U_B-\pi_B)-\frac{C_B{}'(p_B)}{1-p_s}\right] \qquad (8.78)$$

$$p_B=\frac{1}{\left(\dfrac{1}{k_2}-1\right)}\left[\frac{1}{k_2}+\frac{p_s\,\dfrac{1}{k_3}-k_1}{(1-p_s)\,a}\right] \qquad (8.79)$$

由式(8.78)、式(8.79)可知:由于 $w\geqslant0$,则 $p_s\leqslant1-\dfrac{C_B{}'(p_B)}{U_B-\pi_B}$;由于 $p_B\geqslant0$,则

$\dfrac{1}{k_3}\geqslant\dfrac{k_1}{p_s}-\dfrac{a}{k_2}\left(\dfrac{1}{p_s}-1\right)$。说明当供应商对食品的质量安全检测水平较低时,零售商会有动力对供应商实施惩罚;食品最终销售价格相对较高时,零售商会有积极性对食品进行质量安全检测,并且可见:若供应商对食品的质量安全检测水平 p_s 提高,则零售商向供应商索要的单位惩罚额 w 会相应减小,而零售商对食品的质量安全检测水平 p_B 会相应提高。这说明若零售商能够观察到供应商质量安全检测水平越高,则零售商会减少对供应商的惩罚额,同时零售商会加强自身对食品质量安全的检测。在一定程度上表明:零售商对供应商质量安全检测的监督与激励这两种手段具有替代关系。例如为确保最终食品质量安全水平,若零售商对供应商的单位惩罚额降低,则他会提高自身的质量安全检测水平。

(二)　单位惩罚额对供应商与零售商检测水平的影响

供应商与零售商各自独立时的质量安全检测水平都会受到惩罚额 w 的

主要影响。为此,可将食品质量安全检测水平看成是单位惩罚额的函数,即 $p_B(w)$、$p_s(w)$。对式(8.74)和式(8.76)两边 w 同时求导可得

$$C_s''(p_s) p_s'(w) + aw\left(\frac{1}{k_2}-1\right) p_B'(w) = a\left[(1-p_B)\frac{1}{k_2}+p_B\right] \tag{8.80}$$

$$\left[U_B - \pi_B - aw\left(\frac{1}{k_2}-1\right)\right] p_s'(w) + C_B''(p_B) p_B'(w) = a(1-p_s)\left(1-\frac{1}{k_2}\right) \tag{8.81}$$

由此解得

$$p_B'(w) = \frac{-a(1-p_s)\left(\frac{1}{k_2}-1\right) - A\left[(1-p_B)\frac{1}{k_2}+p_B\right]}{C_B''(p_B) - Aw\left(\frac{1}{k_2}-1\right)} \tag{8.82}$$

其中 $A = \dfrac{a}{C_s''(p_s)}\left[U_B - \pi_B - aw\left(\dfrac{1}{k_2}-1\right)\right]$,以下同。

(1)若 $w < w_0$,则 $A > 0$。经整理可知 $sign\{p_B'(w)\} = \left\{-Aw\left(\dfrac{1}{k_2}-1\right) + C_B''(p_B)\right\}$。令 $f(w) = C_B''(p_B) - Aw\left(\dfrac{1}{k_2}-1\right)$,分析该函数可得:当 $w_1 < w < w_2$ 时,则 $p_B'(w) > 0$;当 $0 < w < w_1$ 或者 $w_2 < w \le w_0$ 时,则 $p_B'(w) < 0$。其中

$$w_0 = \frac{1}{a\left(\frac{1}{k_2}-1\right)}(U_B - \pi_B), \quad w_1 = \frac{U_B - \pi_B - \sqrt{(U_B-\pi_B)^2 - 4C_s''(p_s)C_B''(p_B)}}{2a\left(\frac{1}{k_2}-1\right)}, \quad w_2 =$$

$$\frac{U_B - \pi_B + \sqrt{(U_B-\pi_B)^2 - 4C_s''(p_s)C_B''(p_B)}}{2a\left(\frac{1}{k_2}-1\right)} \qquad\qquad w_2$$

$$= \frac{U_B - \pi_B + \sqrt{(U_B-\pi_B)^2 - 4C_s''(p_s)C_B''(p_B)}}{2a\left(\frac{1}{k_2}-1\right)} ①。$$

(2)若 $w > w_0$,则 $A < 0$。根据式(8.82),若 $w > w_3$,则 $p_B'(w) > 0$。其中 $w_3 =$

---

① 因为 $U_B \gg \pi_B$,并且给定供应商与零售商各自决定检测水平,一定有 $(U_B - \pi_B)^2 - 4C_s''(p_s) C_B''(p_B) > 0$。

$$\frac{1}{a\left(\frac{1}{k_2}-1\right)}\left[U_B-\pi_B+\frac{C_s^{''}(p_s)(1-p_s)\left(\frac{1}{k_2}-1\right)}{(1-p_B)\frac{1}{k_2}-p_B}\right]。若\frac{1}{a\left(\frac{1}{k_2}-1\right)}(U_B-\pi_B)\leqslant w<w_3，则$$

$p_B{'}(w)<0$。

类似地，可得

$$p_s{'}(w)=\frac{\dfrac{aC_B^{''}(p_B)}{C_s^{''}(p_s)}\left[(1-p_B)\dfrac{1}{k_2}+p_B\right]+\dfrac{a^2w\left(\dfrac{1}{k_2}-1\right)^2(1-p_s)}{C_s^{''}(p_s)}}{C_B^{''}(p_B)-Aw\left(\dfrac{1}{k_2}-1\right)} \tag{8.83}$$

根据式（8.83），$sign\{p_s{'}(w)\}=\left\{C_B^{''}(p_B)-Aw\left(\dfrac{1}{k_2}-1\right)\right\}$。若 $w_1<w<w_2$，则 $p_s{'}(w)<0$；当 $0<w<w_1$ 或者 $w>w_2$ 时，则 $p_s{'}(w)>0$。

根据零售商与供应商检测水平分别受到食品质量安全问题惩罚额的影响分析，可以得到图 8-1。

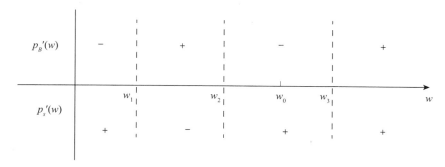

图 8-1　食品质量安全检测水平受到惩罚额的影响

图 8-1 中的"＋"和"－"分别表示取值为正或者负，横轴上方表示 $p_B{'}(w)$ 的取值，横轴下方表示 $p_s{'}(w)$ 的取值。根据图 8-1 可见，当零售商对供应商的单位惩罚额取值从小到大在四个范围内时，零售商与供应商的检测水平随着单位惩罚额增加或减小的变化趋势是不同的。具体而言：

（1）当 $w<w_1$ 时，$p_B{'}(w)<0,p_s{'}(w)>0$。当零售商对供应商的单位惩罚额非常低时，例如从不惩罚到惩罚的过渡阶段，此时零售商缺乏动力提高检测水平。一方面提高检测水平会增加他的检测成本,另一方面即使检测出质量安全问题食品,他将获得供应商的惩罚赔偿额也相对较低,因此即使单位惩罚额增加,零售商的检测水平也会下降。而由于单位惩罚额较低,一旦增加单位惩罚额,会给供应商传递一定的信号,零售商要加大对食品质量安全水平的检测力度,因此随着单位惩罚额的提高,供应商的检测水平会提高。

(2)当 $w_1 < w < w_2$ 时,$p_B'(w) > 0$,$p_s'(w) < 0$。当零售商对供应商的单位惩罚额在一个较低范围内变化时,零售商的检测水平会随着单位惩罚额的增加而提高,而供应商的检测水平会下降。较低范围内惩罚额的增加不能弥补出现质量安全问题食品对零售商造成的食品信誉损失。即使供应商检测水平提高,也难以避免食品质量安全问题的出现,而零售商检测水平的提高会增加对供应商惩罚的可能性,在权衡检测成本减少与检测水平降低所导致的损失之间,供应商会降低检测水平。

(3)当 $w_2 < w < w_3$ 时,$p_B'(w) < 0$,$p_s'(w) > 0$。当零售商对供应商的单位惩罚额在一个相对较高的范围内变化时,较高的惩罚额使零售商对供应商的检测行为更为"放心",随着该惩罚额的增加,为节约自身检测成本,零售商会降低其检测水平;此时一旦食品出现质量安全问题,供应商将要支付较高的惩罚额,这对供应商的检测行为具有约束与威慑作用,因此供应商的检测水平会提高。

(4)当 $w > w_3$ 时,$p_B'(w) > 0$,$p_s'(w) > 0$。当零售商对供应商的单位惩罚额非常高时,零售商的检测水平会随着该惩罚额的增加而提高。因为此时零售商更有动力进行质量安全检测,由此既可以减少食品质量安全问题的发生,又可以获得供应商支付给他的高昂惩罚额,并且该惩罚额对供应商检测的威慑力更强,供应商的检测水平会随着单位惩罚额的增加而提高。

根据单位惩罚额四个不同取值范围的分析可见:只有实行非常高的单位惩罚额时,将使供应商与零售商的检测水平都会随着单位惩罚额的增加而提高。这时惩罚额将对供应商与零售商都具有约束作用。而根据供应商与零售商相互独立时的决策,零售商根据自身预期利润最大化决定的 $w < w_0$。因此,仅依靠零售商自身行为,不能实现惩罚额对供应商与零售商的双重约束。对食品质量安全问题的惩罚额必须依赖政府部门颁布相关法律法规或者行业协

会制定业内标准,使其不低于某一下限而在较高范围内取值。

三、供应商与零售商不同模式检测水平的比较及协调策略

当供应商与零售商是合作一体化时预期总利润最大化为

$$\max_{p_s,p_B} E\left(\prod\right) = D\left[p_s\frac{w}{k_3}+p_s\pi_G+(1-p_s)p_B U_B+(1-p_s)(1-p_B)\pi_B-C_s(p_s)-C_B(p_B)\right]$$

(8.84)

根据式(8.84),由 $\dfrac{\partial E(\prod)}{\partial p_s}=0$, $\dfrac{\partial E(\prod)}{\partial p_B}=0$ 可得

$$C_s{}'(p_s{}^*)=\frac{w}{k_3}+\pi_G-p_B{}^* U_B-(1-p_B{}^*)\pi_B \qquad (8.85)$$

$$C_B{}'(p_B{}^*)=(1-p_s{}^*)(U_B-\pi_B) \qquad (8.86)$$

满足式(8.85)和式(8.86)的供应商与零售商合作一体化时的最优食品质量安全检测水平分别为 $p_s{}^*$、$p_B{}^*$。据此易见 $p_s{}^*$ 与 $p_B{}^*$ 是反向变化的。这说明当两者是合作一体化时,两个质量安全检测水平之间的关系是具有相互替代性的。因为涉及到检测成本,并且以总体预期利润最大化为目标,所以为节约成本并且要保持一定的质量安全水平,其中一个检测水平提高,则另一个检测水平会下降。

（一）不同模式的质量安全检测水平比较分析

1.供应商质量安全检测水平的比较分析

反证法。假设 $p_s\geqslant p_s{}^*$,则有 $C_s{}'(p_s)\geqslant C_s{}'(p_s{}^*)$。根据供应商与零售商各自独立与合作一体化时做出质量安全检测水平的式(8.74)和式(8.85)有

$$aw\left(1-\frac{1}{k_2}\right)p_B+(U_B-\pi_B)p_B{}^* \geqslant \pi_G-\pi_B+w\left(\frac{1}{k_3}-\frac{a}{k_2}\right) \qquad (8.87)$$

根据 $p_B<1$, $p_B{}^*<1$,不等式(8.87)左端 $aw\left(1-\dfrac{1}{k_2}\right)p_B+(U_B-\pi_B)p_B{}^*<aw\left(1-\dfrac{1}{k_2}\right)+U_B-\pi_B$,可得 $w\left(a-\dfrac{1}{k_3}\right)>\pi_G-U_B>0$, $a>\dfrac{1}{k_3}$。根据已知条件 $\mu<\dfrac{r}{q}\dfrac{1}{k_3}$, $a<\dfrac{1}{k_3}$,因此假设不成立,可知 $p_s<p_s{}^*$。说明供应商在独立模式时决定的质量安全

检测水平低于合作一体化时他的质量安全检测水平。尤其是当供应商生产的每批质量安全问题食品平均比率较低时，或者食品的单位销售价格相比于零售商对供应商的单位惩罚额较高，或者供应商单位批量生产率较高的情况下，供应商的质量安全检测水平更低。

2. 零售商质量安全检测水平的比较

反证法。假设 $p_B \geqslant p_B{}^*$，则有 $C_B{}'(p_B) \geqslant C_B{}'(p_B{}^*)$。根据供应商与零售商各自独立与合作一体化时检测水平的式（8.76）和式（8.86）有

$$aw\left(\frac{1}{k_2}-1\right) \leqslant p_s\left[\pi_B-U_B+aw\left(\frac{1}{k_2}-1\right)+p_s{}^*(U_B-\pi_B)\right] \qquad (8.88)$$

若 $\pi_B-U_B+aw\left(\dfrac{1}{k_2}-1\right)>0$，即 $w>\dfrac{U_B-\pi_B}{a\left(\dfrac{1}{k_2}-1\right)}$，由已有结论 $p_s<p_s{}^*$，代入式（8.

88）可得 $aw\left(\dfrac{1}{k_2}-1\right)<p_s{}^* aw\left(\dfrac{1}{k_2}-1\right)$，$p_s{}^*>1$，显然矛盾。因此假设不成立，可得

$p_B<p_B{}^*$。若 $w=\dfrac{U_B-\pi_B}{a\left(\dfrac{1}{k_2}-1\right)}$，根据式（8.88）有 $0<aw\left(\dfrac{1}{k_2}-1\right)\leqslant p_s{}^*(U_B-\pi_B)<0$ 不

成立，因此假设亦不成立，可得 $p_B<p_B{}^*$。综上，当 $w\geqslant\dfrac{U_B-\pi_B}{a\left(\dfrac{1}{k_2}-1\right)}$ 时有 $p_B<p_B{}^*$。

否则 p_B 与 $p_B{}^*$ 的大小关系不确定。说明零售商对供应商索要相对较高的单位惩罚额，会使各自独立时的零售商质量安全检测水平低于合作一体化时的检测水平。

（二）不同模式时质量安全检测水平的协调策略

1. 事先给定合作一体化时零售商的最优检测水平

给定满足式（8.86）的 $p_B{}^*$，比较式（8.74）和式（8.85），若零售商与供应商是合作一体化时供应商的检测水平 $p_s{}^*$ 与各自独立时的检测水平 p_s 相同，则此时零售商向供应商索要的单位惩罚额应为

$$w_B{}^* = \frac{\pi_G-p_B{}^* U_B-(1-p_B{}^*)\pi_B}{\dfrac{a}{k_2}-\dfrac{1}{k_3}+ap_B{}^*\left(1-\dfrac{1}{k_2}\right)} \qquad (8.89)$$

由已知条件 $\pi_G > U_B \gg \pi_B$，可见分子为正。若 $p_B{}^* < \left(\dfrac{1}{k_2} - \dfrac{1}{ak_3}\right)\left(\dfrac{k_2}{1-k_2}\right)$，因为 $k_2 \ll k_3$，则有 $w_B{}^* > 0$。否则 $w_B{}^* = 0$。说明提前给定合作时零售商的最优检测水平低于某一定值时，零售商可以通过向供应商索要质量安全问题食品的惩罚额，使得零售商与供应商是独立或合作时的检测水平相同。否则对给定较高的零售商最优检测水平，零售商对供应商不进行惩罚才能实现不同模式下检测水平协调一致。

2. 事先给定合作一体化时供应商的最优检测水平

给定满足式（8.85）的 $p_s{}^*$，比较式（8.76）和式（8.86），若零售商与供应商是合作一体化时零售商的检测水平 $p_B{}^*$ 与各自独立时的检测水平 p_B 相同，则有 $w_s{}^* = 0$。说明提前给定合作时供应商的最优检测水平，零售商对供应商不进行惩罚，才能实现不同模式下检测水平协调一致。

四、本节主要结论与建议

本节利用优化模型分析了供应商与具有质量安全惩罚主导权的零售商对食品质量安全检测水平的决策，得到结论与决策如下：

（一）主要结论

首先，在供应商与零售商各自独立决定自身的检测水平时，一方面零售商加大对供应商质量安全问题的惩罚力度，能够发挥其对供应商的监督激励作用，而零售商检测水平的提高会使供应商降低自身的检测水平；另一方面，供应商对食品生产的质量安全控制越严格，下游零售商也会相应地提高其质量安全检测水平，同时零售商会降低对供应商的质量安全惩罚额。

其次，对于检测水平相对薄弱的供应商，为减少质量安全问题发生的风险，零售商会有动力对其进行质量安全惩罚。供应商与零售商的质量安全检测水平会随着该惩罚额的变化而改变。只有较高的惩罚额才会对供应商与零售商的检测水平都具有约束力。因此，通过法律途径设立最低惩罚额是提高质量安全检测水平的可行且必要的措施之一。

最后，相比于各自独立的情况，供应商与零售商合作一体化时，供应商的检测水平更高；而只有当零售商对供应商的惩罚额较高时，零售商的检测水平才更高。因此,供应商与零售商合作一体化时,最终销售的食品出现质量安全问题的可能性不一定比各自独立时的小,但合作一体化对于生产源头供应商检测水平的提高有显著优势。

（二）政策建议

一方面,加强与完善食品质量安全检测与惩罚。通过立法以及增设行业标准等多种途径,提高零售商对供应商惩罚的最低限额;确立零售商对供应商的动态、非规律性的检测机制,并由政府部门予以随机监督辅助实施;逐步建立第三方检测机制,由中央直属机构或者非隶属于地方政府部门的第三方检测机构负责质量安全检测;鼓励消费者、新闻媒体等参与监督,例如可以通过设立消费者自助检测系统,为社会大众提供参与监督的便捷方式;通过建立公开的企业食品安全信誉档案,增加企业违规违法的机会成本。

另一方面,针对不同模式进行适当的质量安全监控。针对供应商与零售商是合作一体化的模式,通过加强对市场终端食品安全监督,发挥对供应链上游主体的倒逼作用。针对普遍的供应商与零售商非一体化的独立模式,加强零售商对供应商的质量安全监督力度、明确食品安全问题的权责,对于零供双方检测水平作用的发挥是至关重要的。加大对具有规模、声誉优势的零售商的监管力度,通过法律条款明确零售商与供应商的食品安全连带责任,以增加零售商与供应商相互"勾结"的各类风险,迫使零售商加强对上游供应商的质量安全检测。零售商可以采取不定期、轮换派驻不同的质量安全监督人员,对供应商的生产情况予以实时监控。

第四节　供应链回收环节的食品安全问题及其监管对策

由于近年来我国食品安全事件频发,各级政府监管部门已经加大了对食品安全的监管力度,通过机构改革、健全法律法规标准等使我国食品安全监管体系日趋完善,消费者、行业协会、新闻媒体等对食品安全问题的认识也随之增强。在 2013 年《中共中央关于全面深化改革若干重大问题的决定》中提出要完善统一权威的食品安全监管机构,建立最严格的覆盖全过程的监管制度,保障食品安全,体现了我国政府要进一步加强与完善从"农田到餐桌"整个链条食品安全监管,确保广大人民群众"舌尖上的安全"的决心。

然而目前我国对于食品供应链回收环节的重视却远不及生产、流通和消费等主要环节。近年来,过期、变质食品回流事件、地沟油事件、上海黄浦江"弃猪"事件及病死猪牛羊肉的非法贩卖事件等频发均说明这一事实。回收环节存在问题食品被直接再次销售或者经过处理后以生产原料等形式被再造销售等普遍现象。由于问题食品存在变质、污染等二次风险,所以对消费者的危害性甚至比一次风险更为严重(王海萍,2010)。食品的回收处理是食品供应链中重要且容易被人们忽视的一环。一旦回收环节出现监管漏洞,不仅会导致问题食品回流市场的严重后果,而且还会对环境造成污染,对整个食品供应链的正常运行产生负面干扰,阻碍食品产业的正常发展。目前在我国食品供应链的回收环节,由于食品召回制度尚未完善、食品追溯体系尚未健全,相应的法律法规缺乏实施细则,监管主体缺位、监管盲区频现、被监管主体多且复杂等导致监管困境。因此,系统地梳理我国食品供应链回收环节出现的典型案例,分析问题发生的机理,剖析相应的监管困境,借鉴国外回收环节的经验,探寻我国的解决对策具有重要的现实意义。

一、我国食品供应链回收环节的典型案例

我国食品供应链回收环节出现的食品安全问题涉及零售商、供应商、生产商、养殖户等多个主体,问题的类型主要可以由过期食品的回流与再造、病死动物尸体的非法贩卖与随意丢弃、地沟油黑色产业链三类典型案例进行说明。

(一)过期食品的回流与再造

过期食品直接回流销售问题,其食品供给的主要来源渠道是零售商、供应商。而过期食品回流的另一种方式是由生产商回收后,将其简单加工处理,或直接以原食品形式售出,或经由原料途径以新产品形式售出。

1. 零售商、供应商的过期食品回流

2014 年 4 月北京大柳树市场被新闻媒体曝光:市场周边固定摊点销售超低价过期食品。这些食品大多是品牌食品或者进口食品。而与正常销售价格

相比,这些摊点销售的同类食品价格有些甚至低至 1 折。例如超市里销售的悦活果汁饮料每瓶 5 元,这里每瓶只售 1 元;原价 40 多元的品牌巧克力,在这里仅售 5 元;原价 498 元的熟食礼品盒,在这里只要 8 元就可以买到。经调查发现:这些食品多是从超市等正规卖场下架的过期食品,经由收购商集中回收处理(篡改生产日期、保质期等标识),再批发给个体商贩,个体商贩再将其销往食品安全监管环境弱、消费者食品安全意识差的非正规消费市场,例如农村市场、城郊零售摊点等。经过这样一条较为完整的产业链,过期食品又回流到市场。在这些过期食品回流销售的背后蕴藏着巨大的利益,平均毛利都在六倍以上。我国食品零售市场的经营主体多,过期食品来源渠道广。而收购商对过期食品的廉价回收,使得超市等零售商既节省了处置、销毁过期食品的成本,又能从中获得一定收益。收购商的过期食品供给渠道较为顺畅,并且由于我国食品零售网点多,个体摊贩数量庞大,监管部门实施监管的难度大。尤其是农村等非正规消费市场更成为监管的薄弱环节。消费者对过期食品的辨识能力差,更刺激了过期食品的需求。因此,过期食品供需通畅以及高额利润的诱导,使得缺乏监管的过期食品回流产业链能够顺利运行。

2. 生产商的过期食品再造

生产商的过期食品再造主要分为两种类型:一是将过期食品回收后,加工为原料用来生产新产品;二是将过期食品回收,经过简单的物理流程重新包装,再以新产品的形式将其重新销售。

(1)2001 年知名食品生产企业——南京冠生园食品厂,将未售完的过期月饼从各地回收,通过去皮保留馅料,再将馅料重新翻炒处理放入仓库,第二年再用这些旧馅料加工生产新月饼进行销售。事件发生后,南京冠生园企业负责人公开表示:"用旧馅"在行业内是普遍现象,同时强调卫生管理法规仅对月饼保质期有要求,对馅料并没有时间要求。该事件表明:回收过期食品,将其"再造"为原料进行新产品生产是很多食品生产商的共同行为。而相应的法律法规对此并没有明确规定,致使生产商能够"钻空子"。

(2)2005 年光明乳业的郑州子公司——光明山盟乳业被曝出从超市回收大量过期、变质牛奶,并将其重新加工成乳制品进行销售,即所谓的"回奶生产"。根据国家质量监督检验检疫总局确认,此种行为属于严重违规。即使我国相关法律法规对此类过期食品再造有严格的规定,但由于该环节存在监管漏洞,生产商为谋利敢于冒险。品牌企业尚存在此类问题,在外部监管环境薄弱的情况下,其他内部管理缺乏规范的中小型生产商,发生违规行为就更为普遍。

(3)2011年上海新东阳公司的南京生产厂被内部员工举报。该企业将过期八宝粥的生产日期随意更改,并与未过期食品混杂到一起进行销售。甚至生产日期已经过了10年的八宝粥依然存放在企业仓库中准备"再次利用"。该企业将大量严重过期食品进行储存,而未做合法处置的行为,却未被监管部门及时查处。这表明我国对生产商回收处理过期食品行为缺乏持续有效的监管,没有落实相关监管与处罚的实施细则。

综上所述,对于生产商的过期食品再造、供应商和零售商的过期食品回流,可以用一个完整的供应链描述。具体如图8-2所示。图8-2中的实线表示一般正常食品的供应链,即由生产商制造食品,然后经由中间供应商统一提供给零售商,零售商将食品销售给正规市场上的消费者。其中过期食品将由零售商直接按照正规销毁处理方式进行处置,或者由零售商按照与供应商签订的合同,将过期或者即将过期食品直接退回给生产商,再由生产商进行正规销毁处理。而图8-2中的虚线则表示非法回收、贩卖过期食品的供应链。其中在生产商处的虚线表示有些生产商会为利所驱,将外观难以辨识的变质食品的生产日期等相关标识进行篡改,直接冒充新生产食品,将其回流到正常食品供应链;或者将外观能够看出变质的食品,通过技术处理后作为原料混入新产品生产原料中进行"生产再造"。上海的"染色馒头"事件,"三聚氰胺"毒奶粉用于制造相关奶制品而重回市场事件等,都是上述问题的典型案例。而完整的过期食品供应链是由非法回收商通过从零售商处超低价收购过期或者即将过期食品,利用手工或者自动喷码机将已过期食品"变身"为新生产的食品。然后下游个体经销商(通常是小型、分散的个体户)从回收商处批发回流的过期食品,以相比于正常食品非常低廉的价格,在非正规消费市场(以农村市场、非正规零售摊点为主)进行销售。农村市场等非正规消费市场成为过期食品的主要倾销地。因为这些市场的消费水平总体偏低,同样的产品消费周期比城市等正规消费市场要长,并且这些市场中的消费者更缺乏食品安全常识,自我保护意识薄弱,例如在购买食品时甚至连生产日期都不看,这就为不法商贩向这些市场倾销过期食品提供了生存空间。过期食品供应链的各环节相互独立运行,但却衔接紧密。即使某个环节被政府监管部门依法查处,但该环节其他主体或者其他环节依然可以正常运行,这就加剧了彻底斩断过期食品非法回流再造链条的监管难度。

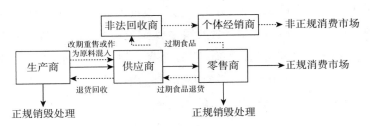

图 8-2　过期食品回流再造的供应链

根据图 8-2 的过期食品供应链,若最初提供给正规消费市场的食品总供应量为 Q,令 k 表示在保质期内正常销售出去的食品比例,α 表示过期食品通过生产商或者非法回收商回流到正规与非正规消费市场的总比例。由此可知:经过无穷多次循环后,市场上消费最初这批食品的总量为 $\dfrac{kQ}{1-(1-k)\alpha}$①。显然,该总量会随着食品回流再造总比例 α 的提高而增加,那么进行食品回流再造的生产商、供应商和零售商的利益也会随着该总量的增加而增加。极端情况下,当过期食品回流再造总比例接近 1 时,那么较长一段时期后市场上消费的这批食品的累积总量近似为其最初的总供应量 Q。这表明:一旦过期食品回流再造比例较高,并且长期回流,那么所有过期食品最终都会被消费者所消费,这将对消费者的身心健康造成极大危害。

（二）病死动物尸体的非法贩卖与随意丢弃

2013 年 3 月福建漳州公安机关捣毁二处制售病死猪"黑作坊"、"黑窝

---

① $\displaystyle\sum_{i=1}^{+\infty} Q_i = kQ + kQ(1-k)\alpha + kQ(1-k)^2\alpha^2 + \cdots + kQ(1-k)^{n-1}\alpha^{n-1} + \cdots = \dfrac{kQ}{1-(1-k)\alpha},\ \lim_{\alpha\to 1}\sum_{i=1}^{+\infty} Q_i = \lim_{\alpha\to 1}\dfrac{kQ}{1-(1-k)\alpha} = Q$。

点"。该犯罪团伙成员利用受雇农业部门专门负责捡病死猪和收病死猪的工作人员身份,将买来或捡来的病死猪进行非法屠宰加工,再作为食品或食品原材料销往周边省份,累计销售近40吨,总金额达300多万元。2013年5月安徽宿州、萧县两级公安机关会同河南、江苏两地破获一跨省制售病死猪案,该团伙自2012年6月以来加工、销售病死猪20余吨,涉案金额达150余万元。2013年12月内蒙古自治区破获非法收购并贩卖病死牛羊肉案,查获20余吨已包装的死牲畜肉,涉案总价值200余万元。病死猪等被不法分子低价收购,将对肉类等食品安全造成极大隐患。与此同时,死因不明的动物尸体被随意丢弃,不仅对土壤、地下水等环境造成不可弥补的损害,而且也将间接对人们的身心健康造成极大的危害(郑风田,2013)。例如2014年3月赣江南昌段突现多头死猪,仅已打捞的就达163头;2013年3月上海黄浦江上游大量死猪漂浮成为舆情热点,据统计此次事件上海方面打捞的死猪数量已达上万头。导致上述事件频发的关键是病死动物回收处理的不当与监管失效,使得病死动物尸体被养殖户随意丢弃或者被非法收购。我国以小型、分散的养殖户为主,他们跟涨避跌的行为加剧了肉类市场行情的波动。养殖户利益难以得到保障,他们就会进一步压缩对防疫的成本投入,使得病死牲畜数量上升较快。在回收环节,政府监管部门对随意丢弃病死动物尸体的惩罚力度轻,并且养殖户缺乏相关法律意识;而养殖户选择合理回收后的程序繁杂,政府补贴措施没有有效落实、补贴额度低,这些都是导致上述问题的主要因素。

（三）地沟油黑色产业链条

2011年影响较大的京津冀"地沟油"黑色产业链曝光后,尽管我国已经对非法制售"地沟油"等行为予以刑法严惩,但至今地沟油事件仍屡禁不止。武汉工业学院食品科学与工程学院何东平曾估算:目前我国每年返回餐桌的地沟油大约200万—300万吨,而我国一年的动植物油消费总量大约是2250万吨,也就是说我国消费的食用油中近10%是地沟油(吴林海、钱和等,2012)。地沟油的淘捞、回收、制售、餐饮使用已经形成严密的产业链条,如不从其根源——废弃油脂的回收处理环节进行严格监管,采取有效利用引导的措施,很难从根本上解决地沟油问题。实际上,地沟油是生产生物柴油等清洁能源的重要原料之一,我国从20世纪80年代就开始研发生物柴油,在福建、山东、江苏、安徽、河北等地陆续建立了一批生物柴油加工生产企业,其中地沟油正是这些企业重要的生产原料之一。而由于市场利益驱使,以及政府部门对废弃油脂回收的监管措施实施不到位,同时对新型能源生物柴油的统一标准规范没有确立,导致市场对其接受度较低。因此,只有解决回收环节的有效利用问题,才能引导地沟油流向有用之处,从根本上破解地沟油黑色产业链条。

二、国外食品供应链回收环节的经验借鉴

根据对我国食品供应链回收环节存在的典型问题分析,可以看到这一环节问题的责任主体涉及到零售商、供应商、生产商、养殖户等各环节主体,并且由于我国国情决定的这些主体多具有小型、分散、数量庞大的特征,有些甚至是流动、非正规的自由进退市场的个体,导致监管复杂、难度大。因此,回收环节的安全问题会延伸到供应链各个环节,增大整个链条的食品安全风险。目前许多发达国家在食品供应链回收环节都已经形成了较为成熟有效的经验,通过借鉴他们的经验,能够加强我国回收环节的食品安全监管。

(一) 对过期食品的回收处理

1. 对临过期食品采取积极的提前打折促销或将其捐赠给福利机构

英国、美国、加拿大、澳大利亚等国家的生产商会在食品外包装上明确标示"食用日期"和"最佳食用日期"。当食品到了或过了"最佳食用日期",但在"食用日期"之前,零售商会安排专门责任人对这些食品开展积极的打折促销。例如美国超市有专门处理临期食品的部门,每天对临期食品进行整理处置,例如将其放在显著位置进行打折销售;澳大利亚的食品零售商会对这些食品进行阶梯式多次大幅降价销售;加拿大的超市会在每天结业前二到三小时内对这些食品进行超低价促销。同时,大多数欧美国家会将过了最佳食用期但未过食用日期的食品捐赠给救助站、福利院等慈善、公益组织,集中分发给失业或需要低收入保障的群体。虽然我国部分超市对某些即将过期的生鲜食品、熟食制品也采取了提前打折促销的措施,但是通常是对即将过"食用日期"的食品才采取此类措施,其外观和被销售后的质量安全性难以得到保障。

2. 对过期食品采取集中销毁或回收再利用

对过期食品的处理,一方面国外一般规定零售商具有集中销毁过期食品

的责任。按照相关法律法规的严格规范,若随意处置过期食品将受到严厉的法律制裁,因此较少有企业为蝇头小利铤而走险。例如,法国立法规定贩卖过期食品的企业一经查处,将立刻被关门停业(沈丽和芮嘉明,2013)。另一方面,大量过期食品直接丢弃将产生极大的浪费,而随着市场需求的发展,过期食品回收再利用已经成为许多发达国家的新兴产业。例如日本就将大部分过期食品做成了肥料和饲料。日本政府以法规手段激励循环经济的发展,极大地促进了过期食品实行无公害化处理进程。在日本有专门的过期食品处理企业,每年有效回收利用 2000 万吨过期食品,并将其中的 50%制成饲料,45%制成肥料,其余用于清洁能源甲烷的生产。日本对过期食品的处理已经形成了从回收到分类处理,从销毁到再利用的成熟产业链,并且每一个环节都有相应的政策与技术支持(王媛媛和王新,2012)。提供过期食品给回收处理企业的零售商,还能将回收处理得到的饲料、肥料指定给其供应商用于生产食品,再供应给零售商自身进行销售,形成完整的循环链条。

（二）对病死动物的回收处理

德国等发达国家在病死动物的回收环节已经形成了有效的做法。一是对补贴采取分级制,依据养殖户情况采取补贴额度分级给予。例如在下萨克森州,农户仅需承担动物尸体处理费用的 25%,剩下的 75%由政府承担;在勃兰登堡州,农户、地区政府和州政府则各承担相关处理费用的三分之一。二是对回收利用采取分类处理,死亡牲畜按等级回收处理,并分别进行无害化销毁或者有效再利用。德国对动物养殖衍生物品主要分为三种类别。第一类主要包括残留有违禁物质的动物尸体或尸块,因为这一类可能对环境等具有高风险性,所以必须完全作为废弃物进行无害处理。另外两类动物养殖衍生物主要包括"为防止疫病扩散而捕杀的动物"或者"由于商业原因或某种缺陷而不适合人类消费的动物尸体或尸块"。这两类动物养殖衍生物可以用于生产沼气、堆肥或者生产化肥。德国颁布实施的《动物副产品清除法》对于养殖动物尸体或其他衍生物的处理都具有明确且严格的规定,相应的违法制裁措施也非常严厉。同时,在德国有专门享有资质的企业负责病死动物的回收处理并提供上门服务(翟巍,2013)。这些都保证了上述措施和法律实施的有效性与可行性。

（三）对地沟油的有效回收利用

美国、日本等许多国家通过有效回收地沟油生产生物柴油等清洁能源，既保证了地沟油的回收，又节约能源利于环保。这些国家不仅对地沟油回收环节都实施了积极的鼓励优惠政策，例如提供补贴、减税、给予研发资金支持等，而且还对其下游产品——生物柴油的制售确立了严格的标准规范，通过减税与法规保证生物柴油等新型清洁能源的市场使用率，形成了利用地沟油制售生物燃料等能源的产业链条。总结这些国家在处理地沟油回收环节的普遍经验是：在严格的法规标准体系规范下，政府的行政干预与经济措施紧密结合，在地沟油有效利用的产业链各个环节——回收、生产加工、销售都给予政策引导与扶持，以充分发挥市场利益的调节作用。

从国外食品供应链回收环节的经验可以看到：在政府监管体系较为完善的环境下，依据各主体的市场利益进行引导，才能够使回收环节不仅成为循环经济发展的起点，而且成为保障食品安全的关键节点。而我国作为发展中国家以及正处于市场经济体制发展尚未成熟的转型时期，信息不对称和价格扭曲等市场失灵现象较为普遍。在监管体系不健全的条件下，受经济利益诱导的食品供应链各环节主体选择机会主义行为成了必然。例如对于过期食品的销毁，麦德龙、家乐福、沃尔玛等超市即使具有比较完善的过期食品销毁制度，但由于遵照过期食品销毁制度，通常会给超市带来较大的经济损失。据报道：在武汉的 11 家沃尔玛超市中，每天平均销毁过期食品约二吨多，年均销毁过期食品约 1000 吨，损耗达千万余元。对于以商业利益作为首要目标的零售商来说，如此巨大的利益损失，能否使其严格遵守销毁制度令人质疑。2012 年家乐福就被曝出篡改熟食制品生产日期欺骗消费者的行为。由于目前我国过期食品的销毁、回收利用等没有相应的补偿机制，使得过期食品回流或者异地销售的现象较为普遍。这些事实表明：食品安全问题产生的根源是企业对低成本、高利润的追求。市场经济飞速发展，但相应的制度、诚信等环节没有与之相匹配，加之正规盈利和可持续发展渠道的不完善，使得企业敢于为追求高额利润、为争夺更大的市场生存空间而"铤而走险"（丁国杰，2011）。因此，在食品供应链环节实施资源化利用，对于各环节主体都将受益，能够发挥经济利益的激励作用，从根本上解决回收环节的食品安全问题。

三、我国食品供应链回收环节实施有效利用的对策

过期食品的回收处理有效利用,将实现食品供应链的有效延伸,促进我国食品产业向可持续发展迈进。在资源稀缺、环境污染日益严重的今天,食品供应链的有效回收利用环节更突显其重要性。因为我国消费者对食品安全关注度的提高,使得绿色、有机食品已经成为高收入群体的首选。而集中回收过期食品,将其用于肥料、饲料等农产品原材料以及环保能源的生产,不仅能够在一定程度上减轻食品供应链生产源头的化学肥料污染等问题,而且能够节约能源,减少资源浪费,并且国外部分企业通过将过期食品回收再利用后的产物,供给到上游生产商,还能够节约成本,形成食品供应链的循环经济发展模式。有效回收、资源化利用是食品供应链回收环节的关键。借鉴国外做法,以回收环节的过期食品、病死动物、地沟油等作为原料,能够实现变废为宝、资源化利用、循环经济的目标,而且从长远来看,供应链各环节主体都将从中受益。为此,我国应从以下几方面促进回收环节的有效利用。

（一）健全统一、完善的食品供应链各环节监管体系

在严格落实回收环节违法违规行为的惩处细则,加大处罚力度与增强监管强度的同时,健全整个链条的标准规范,并且能够使供应链上下游的标准规范有效衔接。例如针对过期食品或者地沟油有效回收利用后生产的产品,比如有机肥料、生物柴油等清洁能源,应尽快确立这些产品的使用规范、质量标准,否则将导致回收利用后的产品下游市场需求不畅,甚至导致生产停滞,进而影响上游回收环节的有效利用,重蹈我国地沟油生物柴油产业发展停滞的覆辙。

（二）积极引导与鼓励建立第三方专业回收处理机构

借鉴国外经验,引入第三方机制,由独立的第三方机构来处理回收环节过期食品等的回收处置,形成市场化的处理机制。避免由食品生产、零售等环节主体负责所导致的机会主义行为,并且通过税收减免、地方政府补贴等方式,积极鼓励第三方专门机构的建立,由他们负责对过期食品、地沟油、病死动物等食品供应链回收环节的专门回收处理工作。这个"第三方"可以是民营企业,也可以是政府扶持的公益性单位,但必须严格与食品供应链上的生产经营主体完全脱离,确保他们之间没有连带关系。第三方专门机构的日常运作应

由国家食品药品监督管理总局设立独立部门,对回收处理的第三方企业实施专业性的监督与管理。

（三）通过明确食品外包装的标识、建立专柜等多种方式增强信息透明度

食品供应链上食品安全信息传递效率低,食品安全信息缺失是造成食品安全问题的重要原因之一（王可山,2012;王可山和苏昕,2013）。我国许多食品外包装的标识没有有效区分食用期、最佳食用期,并且外包装的非激光喷码较易被篡改。这样不仅使消费者难以充分掌握、辨识与食品质量安全相关的重要信息,而且容易被非法收购商所利用。因此,重新规范食品的外包装标识信息以及标识方法至关重要。而零售商可以设立临过期食品专柜,每天固定时间公布临过期食品的种类、价格,便于有需要的消费者有效利用这些信息,购买到物美价廉的食品,减少食品浪费量。对于具备销毁处理没有利用价值过期食品的企业,应该强制其向社会定期公开销毁过期食品的时间、地点、数量等具体信息,不仅便于专门监管机构对其实施监管,而且能够促进社会大众共同监督,减少违法违规行为的发生。

（四）加强重典治乱与建立企业信誉制度相结合的监管

相比于国外相关法律,我国对于回收环节违法违规行为的惩罚力度较轻,并且由于监管缺位,使违法收益远高于违法成本。例如我国《食品安全法》第85条规定了对食品经营者违法行为的处罚:经营超过保质期食品的货值金额不足一万元的,并处2000元以上五万元以下罚款;货值金额一万元以上的,并处货值金额五倍以上十倍以下罚款;情节严重的,吊销许可证（沈丽和芮嘉明,2013）。与违法者的机会成本相比,这些经济处罚力度是难以起到威慑作用的。因此,借鉴国外经验,对于企业一经发现故意违规销售过期食品或者未按规定处置,就应该立即使其停业;对于个体非法者,应该采取经济处罚与刑事处罚并举的方式。我国目前对非法制售地沟油情节严重者已经实施了刑事处罚,从实施的成效看已经发挥明显的作用。此外,建立食品生产、经营企业的信誉档案,由政府部门主导管理,通过网络、电话等多种途径鼓励社会各界公开或匿名对违法违规企业实施举报,并且定期发布企业的信誉档案信息,供消费者在选择购买食品前进行参考。通过这种与企业利益直接挂钩的方式,

激励与约束企业严格按照法律法规进行生产经营,促进我国食品产业安全顺利地发展。

第五节　不同废弃食品回收模式中制造商与零售商的相关决策及其影响因素分析

近年来,过期、变质食品回流市场,"地沟油"事件等频繁发生。这表明食品回收处理较之于一般食品供应链的生产、流通和消费等主要环节易被忽视和轻视,并且相比于废弃电子产品等其他废弃产品,废弃食品的回收处理普遍被等同于一般垃圾进行处置,由此造成严重的食品安全隐患,环境污染以及资源浪费问题却没有引起广泛重视。对于食品回收环节存在问题食品被直接再次销售或者经过处理后以生产原料等形式被再造销售等普遍现象,如若不加以重视,其后果不堪设想。

现有相关回收食品的专门研究相对较少,更多是以一般废弃产品的回收利用研究。其中以废弃电子产品生产者延伸责任制(EPR)等分析为主。谢家平和陈荣秋(2004)、Georgiadis 和 Vlachos(1995)、Mashayekhi(1993)从成本收益等激励对策角度,对废弃产品造成的环境污染、相应的政府治理成本和回收再造实现的经济利益进行分析;付小勇等(2014)分析了废旧电子产品回收市场两条逆向供应链之间竞争条件下处理商在直接与间接回收模式中回收价格、数量及利润。De Giovanni 等(2016)针对一个制造商和一个零售商构成的闭环供应链分析了两者对产品回收计划的投资激励策略。Wei Jie 等(2015)分析了信息不对称下制造商和零售商的批发价格、零售价格及回收比例的决策。胡强等(2014)针对回收企业的道德风险和逆向选择问题,分析了政府对回收企业的激励契约设计。马祖军等(2016)分析了政府提供补贴等规制措施下电器电子产品的制造商、销售商以及回收企业的相关决策。Sudhir 等(1997)为实现生产者承担废弃产品回收和循环利用责任,基于循环经济分析利益机制,并提出通过提高原生资源价格、给予负责废弃产品回收利用的生产者经济补贴或优惠措施等对策。李朝伟和陈青川(2000)、Goodwin(2001)、杨帆等(2009)针对我国目前农产品废弃物、食品废物处置水平还比较落后的现状,从科学技术层面研究农产品、食品废物的回收利用,提出要参考国外的管理模式和经验,结合我国实际,通过研发各种生物转化技术等高科技手段,以实现农产品废弃物、食品废物的妥善处理和回收利用,实现环境效益、经济效益和社会效益的协调发展。

食品制造商和零售商作为食品经销的主体对回收食品具有较为直接便利的渠道。现有考虑回收行为的制造商、零售商等相关主体决策,多集中于电子产品回收领域,对于食品回收的相关研究多为废弃农产品或者循环发展模式的理论探讨,并且多数研究对回收影响产品需求的效应缺乏考虑。因此,本节针对食品回收领域,考虑回收行为对食品需求的正向影响效应,建立博弈模型分析了食品制造商负责回收下制造商和零售商分别具有主导优势,以及食品零售商负责回收下制造商和零售商分别具有主导优势时的批发价格、零售价格和回收比例等相关决策及其影响因素。据此,为我国食品回收处理领域的良性发展提供了相应的政策启示。

一、问题描述及模型设定

通常一般食品的供给主体很多,供给者按照需求供给后,由于食品在经销过程中会经历一定时期变化,因此部分食品会超过保质期,并且这部分过期食品需要被回收处理。对此,本节分析的是食品制造商或者零售商需要直接负责①回收部分过期食品。假设回收比例为$r(0<r<1)$,并且它不高于平均食品过期比例。

由于近年来消费者对食品安全的关注度提高,所以在同等情况下过期食品回收情况良好将使消费者对该类食品需求具有激励作用。比如供给者定期发布过期食品回收处置或者供给者自身具备回收处理过期食品的设备条件等,这些信息的对外公布和宣传都会使消费者对该经营企业社会责任感及其信誉度提升,从而增加对其经销食品安全等方面信任度都提高。因此,本节假设具有回收需求激励的食品需求函数如下:

---

① 本节对于委托第三方负责回收的情况没有加以分析,将在未来予以研究。

$$D(p) = (1+kr)(\alpha-\beta p) \tag{8.90}$$

其中 α 表示不受价格因素影响的食品基本需求量;β 表示食品需求量对价格的敏感系数,反映价格对食品需求量的影响程度;k 表示食品需求量对回收激励的敏感系数,反映回收激励需求的程度。上述参数均为正。p 是食品零售价格,它是零售商的决策变量;$D(p)$ 是该类食品的需求量。

二、食品制造商负责回收过期食品模式的相关决策

如果过期食品由食品制造商负责回收处理,那么他可以通过一定的再处理工艺将过期食品再加工处理后重新加以利用,从而降低部分生产成本。例如,将过期食品回收加以安全处理后作为有机肥料或者饲料可以减少食品原材料成本。令 c_r 表示食品回收的单位成本减免值,简称为单位食品的回收收益。食品制造商回收食品的单位成本为 λ_M。就我国食品回收处理现状而言,食品回收的成本收益比仍然相对较高,即 $\lambda_M > c_r$。因为食品回收处理尚未形成一定规模,社会各界对其重视程度有待提高,食品回收处理的规模化和有效再利用意识还亟须加强,故其成本通常高于收益。

由此可得,食品制造商负责回收过期食品时,制造商与零售商的各自利润如下:

$$\pi_M(w,r) = [w-(c_0-c_r r)]D(p) -\lambda_M r D(p) \tag{8.91}$$

$$\pi_R(p) = (p-w)D(p) \tag{8.92}$$

其中 w 是制造商决定的单位食品批发价格,r 是制造商负责回收时由他决定的回收比例。c_0 是食品制造商的单位生产成本。

制造商与零售商博弈顺序不同将导致不同的决策结果。下面分别分析他们各自作为斯坦科尔伯格博弈领导者时的决策。

(一) 制造商作为领导者的斯坦科尔伯格博弈

制造商作为领导者的斯坦科尔伯格博弈顺序为:制造商根据自身利润最大化决定食品的批发价格和回收比例,据此零售商再根据自身利润最大化决定食品的零售价格。按照逆向归纳法分析有

首先,由零售商利润最大化的一阶条件 $\dfrac{\partial \pi_R(p)}{\partial p}=0$ 解得零售价格关于批

发价格的表达式为 $p=\dfrac{\alpha}{2\beta}+\dfrac{w}{2}$，并且 $\dfrac{\partial^2 \pi_R(p)}{\partial p^2}=-2(1+kr)\beta<0$，即相应的二阶最优条件满足。

将该价格表达式代入制造商的利润表达式，整理可得

$$\pi_M(w,r)=\frac{1}{2}(1+kr)(\alpha-\beta w)[w-c_0+(c_r-\lambda_M)r] \tag{8.93}$$

由 $\dfrac{\partial \pi_M(w,r)}{\partial w}=0$，$\dfrac{\partial \pi_M(w,r)}{\partial r}=0$ 解得

$$w_1^{*}=\frac{k(2\alpha+\beta c_0)-\beta(\lambda_M-c_r)}{3k\beta} \tag{8.94}$$

$$r_1^{*}=\frac{k(\alpha-\beta c_0)-2\beta(\lambda_M-c_r)}{3k\beta(\lambda_M-c_r)} \tag{8.95}$$

相应的二阶海塞矩阵（Hessian Matrix）正比于矩阵 $H=\begin{pmatrix}-2\beta & \beta(\lambda_M-c_r)\\ k & -2k(\lambda_M-c_r)\end{pmatrix}$，并且该矩阵的一阶和二阶顺序主子式分别为 $H_1=-2\beta<0$，$H_2=3k\beta(\lambda_M-c_r)>0$。因此，式（8.94）和式（8.95）为制造商的最优批发价格和回收比例。

将 w_1^{*} 和 r_1^{*} 代入零售价格表达式可得零售商对应的价格为

$$p_1^{*}=\frac{k(5\alpha+\beta c_0)-\beta(\lambda_M-c_r)}{6k\beta} \tag{8.96}$$

对应的食品需求量为 $D_1^{*}=\dfrac{[k(\alpha-\beta c_0)+\beta(\lambda_M-c_r)]^2}{18k\beta(\lambda_M-c_r)}$。回收食品数量为 r_1^{*}

$D_1^{*}=\dfrac{[k(\alpha-\beta c_0)+\beta(\lambda_M-c_r)]^2[k(\alpha-\beta c_0)-2\beta(\lambda_M-c_r)]}{54k^2\beta^2(\lambda_M-c_r)^2}$。零售商和制造商的利

润分别为 $\pi_{R_1}^{*}=\dfrac{[k(\alpha-\beta c_0)+\beta(\lambda_M-c_r)]^3}{108k^2\beta^2(\lambda_M-c_r)^2}$，$\pi_{M_1}^{*}=\dfrac{[k(\alpha-\beta c_0)+\beta(\lambda_M-c_r)]^3}{54k^2\beta^2(\lambda_M-c_r)^2}$。

（二）零售商作为领导者的斯坦科尔伯格博弈

零售商作为领导者的斯坦科尔伯格博弈顺序为：零售商根据自身利润最大化决定食品的零售价格，据此制造商再根据自身利润最大化决定食品的批发价格和回收比例。

按照逆向归纳法，为便于该情况下分析，令 $p=w+m$。其中 m 表示零售商的边际加价。

由制造商利润最大化的一阶条件 $\dfrac{\partial \pi_M(w,r)}{\partial w}=0$，$\dfrac{\partial \pi_M(w,r)}{\partial r}=0$ 解得批发价格和回收比例关于零售商边际加价的表达式为 $w=\dfrac{k(2\alpha+\beta c_0)-\beta(\lambda_M-c_r)-2k\beta m}{3\beta k}$，$r=\dfrac{k(\alpha-\beta c_0)-2\beta(\lambda_M-c_r)-k\beta m}{3\beta k(\lambda_M-c_r)}$。相应的二阶海塞矩阵（Hessian Matrix）正比于矩阵 $H=\begin{pmatrix} -2\beta & \beta(\lambda_M-c_r) \\ k & -2k(\lambda_M-c_r) \end{pmatrix}$，并且该矩阵的一阶和二阶顺序主子式分别为 $H_1=-2\beta<0$，$H_2=3k\beta(\lambda_M-c_r)>0$。即相应的二阶最优条件满足。

将这两个表达式代入零售商的利润表达式，整理可得

$$\pi_R(w,r)=\frac{m}{9\beta k(\lambda_M-c_r)}[k(\alpha-\beta c_0)+\beta(\lambda_M-c_r)-k\beta m]^2 \tag{8.97}$$

由 $\dfrac{\partial \pi_R(m)}{\partial m}=0$ 解得

$$m_2{}^*=\frac{k(\alpha-\beta c_0)+\beta(\lambda_M-c_r)}{3k\beta} \tag{8.98}$$

并且 $\dfrac{\partial^2 \pi_R(m_2{}^*)}{\partial m^2}=-\dfrac{k(\alpha-\beta c_0)+\beta(\lambda_M-c_r)}{9k\beta(\lambda_M-c_r)}<0$，即相应的二阶最优条件满足。

将 $m_2{}^*$ 代入批发价格和回收比例的表达式可得

$$w_2{}^*=\frac{k(4\alpha-5\beta c_0)-5\beta(\lambda_M-c_r)}{9k\beta} \tag{8.99}$$

$$r_2{}^*=\frac{2k(\alpha-\beta c_0)-7\beta(\lambda_M-c_r)}{9k\beta(\lambda_M-c_r)} \tag{8.100}$$

对应的零售价格和食品需求量为 $p_2{}^*=w_2{}^*+m_2{}^*=\dfrac{k(7\alpha+2\beta c_0)-2\beta(\lambda_M-c_r)}{9k\beta}$，

$D_2{}^*=\dfrac{4[k(\alpha-\beta c_0)+\beta(\lambda_M-c_r)]^2}{81k\beta(\lambda_M-c_r)}$。回收食品数量为 $r_2{}^* D_2{}^*=$

$$\frac{4\left[k(\alpha-\beta c_0)+\beta(\lambda_M-c_r)\right]^2\left[2k(\alpha-\beta c_0)-7\beta(\lambda_M-c_r)\right]}{729k^2\beta^2(\lambda_M-c_r)^2}$$。零售商和制造商的利润

分别为 $\pi_{R_2}{}^*=\dfrac{4\left[k(\alpha-\beta c_0)+\beta(\lambda_M-c_r)\right]^3}{243k^2\beta^2(\lambda_M-c_r)}$，$\pi_{M_2}{}^*=\dfrac{8\left[k(\alpha-\beta c_0)+\beta(\lambda_M-c_r)\right]^3}{729k^2\beta^2(\lambda_M-c_r)}$。

三、食品零售商负责回收过期食品模式的相关决策

如果过期食品由食品零售商负责回收，将其提供给专门负责处理的部门机构，那么他可以获得一定的回收报酬或者政府部门补贴，即获得单位回收食品的相应残值。令 s 表示回收食品的单位残值。食品零售商回收食品的单位成本为 λ_R，并且仍有食品回收的成本收益比相对较高，即 $\lambda_R>s$。

由此可得，食品零售商负责回收过期食品时，零售商与制造商的各自利润如下：

$$\pi_R(p,r)=(p-w)D(p)-\lambda_R rD(p)+srD(p) \qquad (8.101)$$

$$\pi_M(w)=(w-c_0)D(p) \qquad (8.102)$$

类似食品制造商负责回收过期食品的分析过程。

（一）制造商作为领导者的斯坦科尔伯格博弈

经分析可得制造商作为领导者的斯坦科尔伯格博弈，食品批发价格、回收

比例和零售价格为 $w_1{}^{**}=\dfrac{k(\alpha+2\beta c_0)+\beta(\lambda_R-s)}{3k\beta}$，$r_1{}^{**}=\dfrac{2k(\alpha-\beta c_0)-7\beta(\lambda_R-s)}{9k\beta(\lambda_R-s)}$，

$p_1{}^{**}=\dfrac{k(7\alpha+2\beta c_0)-2\beta(\lambda_R-s)}{9k\beta}$。相应的食品需求量为 $D_1{}^{**}=$

$\dfrac{4\left[k(\alpha-\beta c_0)+\beta(\lambda_R-s)\right]^2}{81k\beta(\lambda_R-s)}$。回收食品数量为 $r_1{}^{**}D_1{}^{**}=$

$\dfrac{4\left[k(\alpha-\beta c_0)+\beta(\lambda_R-s)\right]^2\left[2k(\alpha-\beta c_0)-7\beta(\lambda_R-s)\right]}{729k^2\beta^2(\lambda_R-s)^2}$。零售商和制造商的利润

分别为 $\pi_{R_1}{}^{**}=\dfrac{8\left[k(\alpha-\beta c_0)+\beta(\lambda_R-s)\right]^3}{729k^2\beta^2(\lambda_R-s)}$，$\pi_{M_1}{}^{**}=\dfrac{4\left[k(\alpha-\beta c_0)+\beta(\lambda_R-s)\right]^3}{243k^2\beta^2(\lambda_R-s)}$。

（二）零售商作为领导者的斯坦科尔伯格博弈

经分析可得零售商作为领导者的斯坦科尔伯格博弈，食品批发价格、回收

比例为 $w_2{}^{**} = \dfrac{k(\alpha+5\beta c_0) +\beta(\lambda_R -s)}{6k\beta}$，$r_2{}^{**} = \dfrac{k(\alpha-\beta c_0) -2\beta(\lambda_R -s)}{3k\beta(\lambda_R -s)}$；零售商的边际

加价为 $m_2{}^{**} = \dfrac{2k(\alpha-\beta c_0) -\beta(\lambda_R -s)}{3k\beta}$，零售价格为 $p_2{}^{**} = \dfrac{k(5\alpha+\beta c_0) -\beta(\lambda_R -s)}{6k\beta}$。

相应的食品需求量为 $D_2{}^{**} = \dfrac{[k(\alpha-\beta c_0) +\beta(\lambda_R -s)]^2}{18k\beta(\lambda_R -s)}$。回收食品数量为 $r_2{}^{**}$

$D_2{}^{**} = \dfrac{[k(\alpha-\beta c_0) +\beta(\lambda_R -s)]^2 [k(\alpha-\beta c_0) -2\beta(\lambda_R -s)]}{54k^2\beta^2 (\lambda_R -s)^2}$。零售商和制造商的利

润分别为 $\pi_{R_2}{}^{**} = \dfrac{[k(\alpha-\beta c_0) +\beta(\lambda_R -s)]^3}{54k^2\beta^2 (\lambda_R -s)}$，$\pi_{M_2}{}^{**} = \dfrac{[k(\alpha-\beta c_0) +\beta(\lambda_R -s)]^3}{108k^2\beta^2 (\lambda_R -s)}$。

四、制造商与零售商负责回收的比较及影响因素分析

为明确不同回收主体与主导优势主体的情况下各决策变量及其影响因素，下面对上述结果进行比较和影响因素分析。

（一）不同情况下决策结果的比较分析

根据上述最优决策结果可知，当 $\dfrac{7}{2k}\beta(\lambda_M -c_r) <\alpha-\beta c_0<\left(\dfrac{2}{k}+3\right)\beta(\lambda_M -c_r)$，

（$k>0.5$）时，有 $0<r_1{}^* <1,0<r_2{}^* <1$；当 $\dfrac{7}{2k}\beta(\lambda_R -s) <\alpha-\beta c_0<\left(\dfrac{2}{k}+3\right)\beta(\lambda_R -s)$，（$k>$

0.5）时，有 $0<r_1{}^{**} <1,0<r_2{}^{**} <1$。即回收比例才有实际意义，同时其他最优决策也具有实际意义。说明无论食品制造商还是零售商负责回收，除回收因素以外的食品最大需求介于回收的单位损失对应的某两个定值，并且回收激励需求的程度要相对较高时，回收行为才真正切实可行。在上述条件下，制造商与零售商分别负责回收的不同博弈结果比较可得表8-1：

表8-1　制造商与零售商分别负责回收的结果比较

	食品制造商负责回收		食品零售商负责回收	
	制造商主导	零售商主导	制造商主导	零售商主导
p	$\dfrac{k(5\alpha+\beta c_0) -\beta(\lambda_M -c_r)}{6k\beta}$	$\dfrac{k(7\alpha+2\beta c_0) -2\beta(\lambda_M -c_r)}{9k\beta}$	$\dfrac{k(7\alpha+2\beta c_0) -2\beta(\lambda_R -s)}{9k\beta}$	$\dfrac{k(5\alpha+\beta c_0) -\beta(\lambda_R -s)}{6k\beta}$

	食品制造商负责回收		食品零售商负责回收	
	制造商主导	零售商主导	制造商主导	零售商主导
w	$\dfrac{k(2\alpha+\beta c_0)-\beta(\lambda_M-c_r)}{3k\beta}$	$\dfrac{k(4\alpha+5\beta c_0)-5\beta(\lambda_M-c_r)}{9k\beta}$	$\dfrac{k(\alpha+2\beta c_0)+\beta(\lambda_R-s)}{3k\beta}$	$\dfrac{k(\alpha+5\beta c_0)+\beta(\lambda_R-s)}{6k\beta}$
r	$\dfrac{k(\alpha-\beta c_0)-2\beta(\lambda_M-c_r)}{3k\beta(\lambda_M-c_r)}$	$\dfrac{2k(\alpha-\beta c_0)-7\beta(\lambda_M-c_r)}{9k\beta(\lambda_M-c_r)}$	$\dfrac{2k(\alpha-\beta c_0)-7\beta(\lambda_R-s)}{9k\beta(\lambda_R-s)}$	$\dfrac{k(\alpha-\beta c_0)-2\beta(\lambda_R-s)}{3k\beta(\lambda_R-s)}$
$D(p)$	$\dfrac{[k(\alpha-\beta c_0)+\beta(\lambda_M-c_r)]^2}{18k\beta(\lambda_M-c_r)}$	$\dfrac{4[k(\alpha-\beta c_0)+\beta(\lambda_M-c_r)]^2}{81k\beta(\lambda_M-c_r)}$	$\dfrac{4[k(\alpha-\beta c_0)+\beta(\lambda_R-s)]^2}{81k\beta(\lambda_R-s)}$	$\dfrac{[k(\alpha-\beta c_0)+\beta(\lambda_R-s)]^2}{18k\beta(\lambda_R-s)}$
π_M	$\dfrac{[k(\alpha-\beta c_0)+\beta(\lambda_M-c_r)]^3}{54k^2\beta^2(\lambda_M-c_r)}$	$\dfrac{8[k(\alpha-\beta c_0)+\beta(\lambda_M-c_r)]^3}{729k^2\beta^2(\lambda_M-c_r)}$	$\dfrac{4[k(\alpha-\beta c_0)+\beta(\lambda_R-s)]^3}{243k^2\beta^2(\lambda_R-s)}$	$\dfrac{[k(\alpha-\beta c_0)+\beta(\lambda_R-s)]^3}{108k^2\beta^2(\lambda_R-s)}$
π_R	$\dfrac{[k(\alpha-\beta c_0)+\beta(\lambda_M-c_r)]^3}{108k^2\beta^2(\lambda_M-c_r)}$	$\dfrac{4[k(\alpha-\beta c_0)+\beta(\lambda_M-c_r)]^3}{243k^2\beta^2(\lambda_M-c_r)}$	$\dfrac{8[k(\alpha-\beta c_0)+\beta(\lambda_R-s)]^3}{729k^2\beta^2(\lambda_R-s)}$	$\dfrac{[k(\alpha-\beta c_0)+\beta(\lambda_R-s)]^3}{54k^2\beta^2(\lambda_R-s)}$

1. 比较食品制造商负责回收过期食品的两种情况决策有 $p_1{}^* -p_2{}^* = \dfrac{k(\alpha-\beta c_0)+\beta(\lambda_M-c_r)}{18\beta k}>0$, $w_1{}^* -w_2{}^* = \dfrac{2k(\alpha-\beta c_0)+2\beta(\lambda_M-c_r)}{9\beta k}>0$, $r_1{}^* -r_2{}^* = \dfrac{k(\alpha-\beta c_0)+\beta(\lambda_M-c_r)}{9\beta k(\lambda_M-c_r)}>0$, $r_1{}^* D_1{}^* >r_2{}^* D_2{}^*$。$D_1{}^* = \dfrac{9}{8} D_2{}^*$, $\pi_{M_1}{}^* = \dfrac{27}{16}\pi_{M_2}{}^*$, $\pi_{R_1}{}^* = \dfrac{9}{16}\pi_{R_2}{}^*$, 并且 $\pi_{M_1}{}^* = 2\pi_{R_1}{}^*$, $\pi_{R_2}{}^* = 1.5\pi_{M_2}{}^*$。说明食品制造商负责回收过期食品时,如果食品制造商具有先动的主导权优势,相应的食品零售价格、批发价格和回收比例、回收食品数量以及食品需求量都高于零售商具有先动主导权优势时的结果,并且此时制造商的利润更高而零售商的利润更低。同时,当制造商具有主导权时,制造商利润是零售商利润的二倍;零售商具有主导权时,零售商利润是制造商利润的 1.5 倍。

2. 比较食品零售商负责回收过期食品的两种情况决策有 $p_1{}^{**} -p_2{}^{**} = -\dfrac{k(\alpha-\beta c_0)+\beta(\lambda_R-s)}{18\beta k}<0$, $w_1{}^{**} -w_2{}^{**} = \dfrac{k(\alpha-\beta c_0)+\beta(\lambda_R-s)}{6\beta k}>0$, $r_1{}^{**} -r_2{}^{**} = -\dfrac{k(\alpha-\beta c_0)+\beta(\lambda_R-s)}{9\beta k(\lambda_R-s)}<0$, $r_1{}^{**} D_1{}^{**} <r_2{}^{**} D_2{}^{**}$。$D_1{}^{**} = \dfrac{8}{9}D_2{}^{**}$, $\pi_{R_1}{}^{**} = \dfrac{16}{27}\pi_{R_2}{}^{**}$, $\pi_{M_1}{}^{**} = \dfrac{16}{9}\pi_{M_2}{}^{**}$, 并且 $\pi_{M_1}{}^{**} = 1.5\pi_{R_1}{}^{**}$, $\pi_{R_2}{}^{**} = 2\pi_{M_2}{}^{**}$。说明食品零售商负

责回收过期食品时,如果食品零售商具有先动的主导权优势,相应的食品零售价格、回收比例、回收食品数量以及食品需求量都高于制造商具有先动主导权优势时的结果,但是食品批发价格更低,并且零售商具有先动主导权优势时,食品零售商的利润更高而制造商的利润更低。同时,制造商具有主导权时,制造商利润是零售商利润的 1.5 倍;零售商具有主导权时,零售商利润是制造商利润的 2 倍。

3. 无论食品制造商还是零售商负责回收,若回收食品的单位净损失都相同,即 $\lambda_M - c_r = \lambda_R - s$,那么通过上述分析结果的比较可见:$p_1{}^* = p_2{}^{**} > p_1{}^{**} = p_2{}^*$;$r_1{}^* = r_2{}^{**} > r_1{}^{**} = r_2{}^*$;$D_1{}^* = D_2{}^{**} > D_1{}^{**} = D_2{}^*$,$r_1{}^* D_1{}^* = r_2{}^{**} D_2{}^{**} > r_1{}^{**} D_1{}^{**} = r_2{}^* D_2{}^*$。$w_1{}^* > w_2{}^*$,$w_1{}^{**} > w_2{}^{**}$,且 $w_1{}^* > w_2{}^{**}$。$\pi_{M_1}{}^* > \pi_{M_1}{}^{**} > \pi_{M_2}{}^* > \pi_{M_2}{}^{**}$;$\pi_{R_2}{}^{**} > \pi_{R_2}{}^* > \pi_{R_1}{}^{**} > \pi_{R_1}{}^*$,并且 $\pi_{M_1}{}^* = \pi_{R_2}{}^{**}$,$\pi_{M_2}{}^* = \pi_{R_1}{}^{**}$,$\pi_{M_1}{}^{**} = \pi_{R_2}{}^*$,$\pi_{M_2}{}^{**} = \pi_{R_1}{}^*$。在上述四种情况下,对于零售价格、回收比例和需求量、回收食品数量,制造商负责回收并具有主导优势的情况与零售商负责回收并具有主导优势的情况相同,制造商负责回收而零售商具有主导优势的情况与零售商负责回收而制造商具有主导优势的情况相同,并且回收与主导优势主体相同情况下对应的决策数值更高。

回收与主导优势主体相同情况下的主体利润对应相等,回收与主导优势主体不同情况下的主体利润对应相等。食品的批发价格不受到回收主体行为的影响,均为制造商主导情况的批发价格更高。在上述四种情况下,制造商利润从高到低依次为制造商负责回收且同时具有主导优势、零售商负责回收而制造商具有主导优势、制造商负责回收零售商具有主导优势以及零售商负责回收且同时具有主导优势。类似地,零售商利润从高到低依次为零售商负责回收且同时具有主导优势、制造商负责回收零售商具有主导优势、零售商负责回收而制造商具有主导优势以及制造商负责回收且同时具有主导优势。

（二）决策结果的影响因素分析

1. 主要决策结果的影响因素

回收食品的单位残值 s 类似于制造商负责回收中的单位食品回收收益 c_r。食品零售商回收食品的单位成本 λ_R 类似于制造商负责回收中回收食品的单位成本 λ_M。对于零售商负责回收的结果影响因素与制造商负责回收的相似。为不再累述,下面仅分析食品制造商负责回收食品的决策影响因素。

食品制造商负责回收过期食品时的批发价格、回收比例、零售价格和食品需求量的结果分别对各参数求偏导数可知:$\frac{\partial w_i^*}{\partial k}>0$;$\frac{\partial w_i^*}{\partial \alpha}>0$;$\frac{\partial w_i^*}{\partial c_0}>0$;$\frac{\partial w_i^*}{\partial \beta}<0$;$\frac{\partial w_i^*}{\partial \lambda_M}<0$;$\frac{\partial w_i^*}{\partial c_r}>0$。$\frac{\partial r_i^*}{\partial k}>0$;$\frac{\partial r_i^*}{\partial \alpha}>0$;$\frac{\partial r_i^*}{\partial c_0}<0$;$\frac{\partial r_i^*}{\partial \beta}<0$;$\frac{\partial r_i^*}{\partial \lambda_M}<0$;$\frac{\partial r_i^*}{\partial c_r}>0$。$\frac{\partial p_i^*}{\partial k}>0$;$\frac{\partial p_i^*}{\partial \alpha}>0$;$\frac{\partial p_i^*}{\partial c_0}>0$;$\frac{\partial p_i^*}{\partial \beta}<0$;$\frac{\partial p_i^*}{\partial \lambda_M}<0$;$\frac{\partial p_i^*}{\partial c_r}>0$。$\frac{\partial D_i^*}{\partial \alpha}>0$;$\frac{\partial D_i^*}{\partial c_0}<0$ 当 $\lambda_M-c_r<\frac{k(\alpha-\beta c_0)}{\beta}$ 时,$\frac{\partial D_i^*}{\partial k}>0$,$\frac{\partial D_i^*}{\partial \lambda_M}<0$,$\frac{\partial D_i^*}{\partial c_r}>0$;否则当 $\lambda_M-c_r>\frac{k(\alpha-\beta c_0)}{\beta}$ 时,$\frac{\partial D_i^*}{\partial k}<0$,$\frac{\partial D_i^*}{\partial \lambda_M}>0$,$\frac{\partial D_i^*}{\partial c_r}<0$。当 $c_0-k\alpha<\lambda_M-c_r<c_0+k\alpha$ 时,$\frac{\partial D_i^*}{\partial \beta}<0$;当 $\lambda_M-c_r>c_0+k\alpha$ 或者 $\lambda_M-c_r<c_0-k\alpha$ 时,$\frac{\partial D_i^*}{\partial \beta}>0$,$i=1,2$。

当食品需求量对回收激励的敏感度增强、食品基本需求量增加、回收食品的单位成本减少或者单位食品的回收收益增加时,食品批发价格会上涨,回收比例会提高,零售价格上涨;当制造商的单位生产成本增加时,食品批发价格和零售价格会上涨,回收比例会降低;食品需求量对价格的敏感程度增强时,食品批发价格和零售价格会下降,回收比例会降低。

食品需求量随着基本需求量增加而增加,随着单位生产成本增加而减少。当回收食品的单位净损失(即 λ_M-c_r)相对较低时,食品需求量随着食品需求量对回收激励的敏感度增强而增加,随着回收食品的单位成本增加而减少,随着单位回收收益增加而增加。当回收食品的单位净损失介于单位生产成本与基本需求量、食品需求回收激励敏感度确定的某两数值之间时,食品需求量随着食品需求量对价格的敏感程度增强而减少。反之亦然。

通过求解食品需求量关于单位食品回收收益的一阶偏导数分析单位食品的回收收益对食品需求量的影响有 $\frac{\partial D_i^*}{\partial c_r}\propto\left\{\frac{k(\alpha-\beta c_0)}{\lambda_M-c_r}-\beta\right\}$,$\frac{\partial D_i^{**}}{\partial s}\propto\left\{\frac{k(\alpha-\beta c_0)}{\lambda_R-s}-\beta\right\}$,$i=1,2$。当 $c_r>\lambda_M-\frac{k(\alpha-\beta c_0)}{\beta}$ 时,$\frac{\partial D_i^*}{\partial c_r}>0$;当 $c_r\leq\lambda_M-\frac{k(\alpha-\beta c_0)}{\beta}$ 时,$\frac{\partial D_i^*}{\partial c_r}\leq0$。说

明当单位食品的回收收益高于(或者不高于)单位回收成本与需求量等数值对应的差值时,食品需求量会随着单位食品的回收收益增加而增加(或者不增)。

食品制造商负责回收过期食品时的制造商或者零售商利润结果分别对各参数求偏导数可知$\frac{\partial \pi_I^*}{\partial k} \propto \left\{ (\alpha - \beta c_0) - \frac{2\beta}{k}(\lambda_M - c_r) \right\} > 0$(根据回收比例有实际意义的条件$\frac{7}{2k}\beta(\lambda_R - s) < \alpha - \beta c_0 < \left(\frac{2}{k} + 3\right)\beta(\lambda_R - s)$);$\frac{\partial \pi_I^*}{\partial \alpha} \propto$

$\{3k[k(\alpha - \beta c_0) + \beta(\lambda_M - c_r)]^2\} > 0$;$\frac{\partial \pi_I^*}{\partial c_0} \propto - \{-3kB[k(\alpha - Bc_0) + B(\lambda_M - c_r)]^2\} <$

0;$\frac{\partial \pi_I^*}{\partial \beta} \propto - \left\{ 3k^3(\alpha - \beta c_0)^2 c_0 + 3kc_0(\lambda_M - c_r)^2 + 2k^2(\alpha - \beta c_0)^2 \beta^{-2}(\lambda_M - c_r) + \right.$

$6k^2 c_0 \beta^{-1}(\alpha - \beta c_0)(\lambda_M - c_r) + (\lambda_M - c_r)k^2 \beta^{-2}\left[(\alpha - \beta c_0) + \frac{\beta}{k}(\lambda_M - c_r)\right]\left[(\alpha - \beta c_0) - \frac{\beta}{k}\right.$

$\left.\left.(\lambda_M - c_r)\right]\right\} < 0$;$\frac{\partial \pi_I^*}{\partial(\lambda_M - c_r)} \propto \left\{ \frac{2}{k}\beta(\lambda_M - c_r) - (\alpha - \beta c_0) \right\} < 0, I = M, R$。当食品需求量对回收激励的敏感度增强、食品基本需求量增加时,食品制造商和零售商的利润都会增加;当制造商的单位生产成本增加、食品需求量对价格的敏感程度增强或者回收食品的单位净损失增加时,食品制造商和零售商的利润都会减少。

2. 回收数量影响因素的数值仿真

根据本节模型设定的参数条件以及决策变量满足实际意义对应的参数条件,数值仿真相应参数的基本取值为$k = 0.6, \alpha = 20, \beta = 2, c_0 = 4, \lambda_M - c_r = \lambda_R - s = 2 - 1$①。主要分析回收数量受到上述各参数取值合理变化的影响②。由于回收主体与主导主体相同时的回收食品数量相等,另外两种回收主体与主导主体不同时的回收食品数量相等。因此,仅分析食品制造商负责回收时的回收数量影响因素即可得出相应的结论。具体如下面图8-3—8-7所示。

---

① 为便于比较分析,并且根据当前回收食品成本收益比较普遍存在回收损失。

② 当数值分析某一参数变化对回收数量影响时,其他参数取值按照基本取值计算。

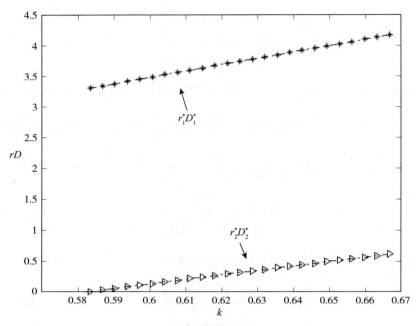

图 8-3 回收数量 rD 随回收激励需求程度 k 的变化趋势

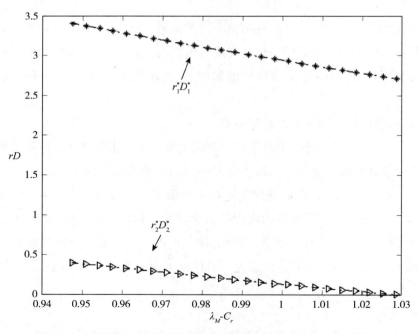

图 8-4 回收数量 rD 随回收食品的单位净损失 $\lambda_M - c_r$ 的变化趋势

当 k 从 0.58 逐渐增加到 0.67 时,回收食品数量都将随着食品需求量对回收激励的敏感度增强而增加。但是回收主体与主导主体相同时的回收食品数量始终显著高于回收主体与主导主体不同时的情况。说明需求回收激励效应有助于促进回收行为,而且回收和主导优势相同时,需求回收激励效应更强。

当 $\lambda_M - c_r$ 从 0.947 逐渐增加到 1.03 时,回收食品数量都将随着回收食品的单位净损失增加而减少。回收主体与主导主体相同时的回收数量始终显著高于两者不同时的情况,并且回收与主导主体相同时回收数量减少幅度更大。说明回收食品的净损失将不利于回收行为,而且回收净损失增加将对回收和主导主体相同时的回收行为产生的消极作用更明显。

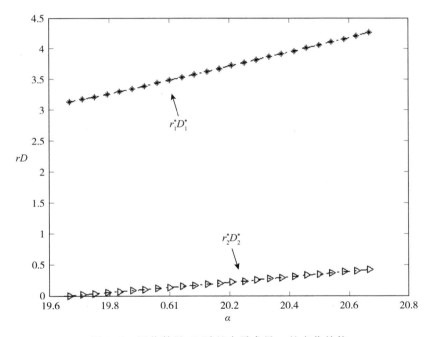

图 8-5 回收数量 rD 随基本需求量 α 的变化趋势

当 α 从 19.67 逐渐增加到 20.67 时,回收食品数量都将随着食品基本需求量增加而增加。相比之下,回收主体与主导主体相同时的回收食品数量显著高于回收主体与主导主体不同时的情况,并且前者增加幅度更大。说明市场基本需求量越大的食品,其回收数量越大。

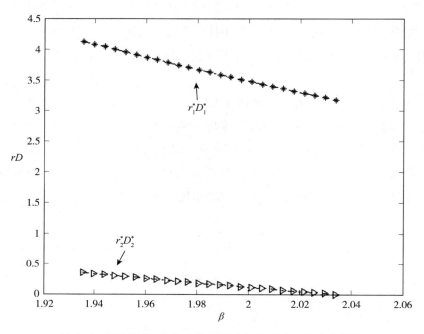

图 8-6　回收数量 rD 随食品需求价格敏感度 β 的变化趋势

当 β 从 1.94 逐渐增加到 2.03 时,回收食品数量都将随着食品需求价格敏感度增强而减少。回收主体与主导主体相同时的回收数量始终显著高于两者不同时的情况,并且前者减少幅度更大。说明需求价格敏感性越高的食品,其回收价值与原食品价值相差较高,所以该类食品回收行为的积极性较弱。

当 c_0 从 3.67 逐渐增加到 4.17 时,回收食品数量都将随着单位生产成本增加而减少。回收主体与主导主体相同时的回收数量始终显著高于两者不同时的情况。类似食品需求价格敏感性较高的食品,说明食品生产成本越高,即原食品相对价值越高其回收食品的价值越低,回收行为更为消极。

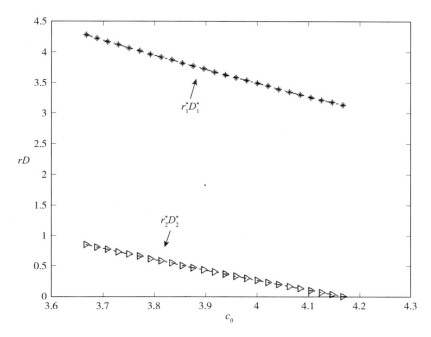

图 8-7　回收数量 rD 随单位生产成本 c_0 的变化趋势

五、本节主要结论及政策启示

通过本节分析可得如下主要结论及相应政策启示。

（一）主要结论

第一，对于回收行为效果。具有主导优势主体负责将更有利，并且相应的回收对需求刺激效应更强。但具有主导优势主体负责回收时的零售价格会更高。

第二，对于回收比例。消费者对食品回收认识增强，会激励回收主体提高回收比例。而由于回收行为导致的损失，相关主体会将这种效应传导到食品批发价格和零售价格，促使它们上涨。回收食品的单位收益与成本对回收比例具有通常的正、负效应。基本需求量越大的食品，批发价格、零售价格和回收比例会更高。食品生产成本较高，即价值较高的食品，对应的食品批发和零售价格都较高，然而由于初始食品价值高，相比之下食品回收价值较低，回收比例将降低。食品需求价格敏感性增强，为保持需求，批发价格和零售价格会降低,而食品回收比例随之降低。说明食品需求价格敏感性对食品回收行为具有一定的挤出效应。

第三,对于食品需求量。食品基本需求量和生产成本对食品需求量的影响与没有回收行为时的正、负效应相同。回收行为的经济损失相对较低时,回收激励对需求的激励效应增强将增加该类食品的需求。回收行为的收益与成本对食品需求具有正、负效应。回收行为的经济损失适当,也就是既不过高也不过低,食品需求价格敏感度对食品需求具有负效应。因此,如果政府部门或者专门回收机构对于回收食品的补贴或者回收价格①相对较高,此时增加该补贴或者提高回收价格,会促进该类食品需求。然而,如果回收食品的补贴或者回收价格相对较低,增加该补贴或者提高回收价格会使食品需求减少。上述结论可以简称为"高回收补贴高需求效应,低回收补贴低需求效应"。

第四,对于主体利润。无论制造商还是零售商负责回收,回收行为对食品需求激励效应更显著时,他们的利润都将增加。基本需求大的食品,其制造商与零售商的利润也相对较高。食品的生产成本提高,不利于食品制造商和零售商的利润;食品需求价格敏感性增强,对食品制造商和零售商的利润不利;回收食品行为的成本高对于食品制造商和零售商的利润都不利。无论是否具有主导优势的主体,选择负责回收都将提高现有利润,回收具有一定的经济激励。对于具有主导优势的主体争取负责回收将实现更高的利润。

(二) 政策启示

根据上述结论,得到主要的政策启示如下:

一方面,增加消费者对回收食品的安全意识,从而增强回收对食品需求的激励效应,以及食品制造商和零售商的经济利益激励。例如,在食品经营企业的信用档案中将食品回收处理信息包含在内,并予以定期发布,从而使消费者能够更及时了解到企业对食品的回收处理态度和行动。由此,消费者对企业回收食品的社会责任等有更清晰的认识,从而增加这类企业的食品需求。

另一方面,政府部门增加对回收食品的补贴额度或者提供多种回收食品有效再利用方式,从而增加回收食品残值。食品制造商通过发展良好的循环

---

① 回收价格实质与回收补贴相似。

经济模式可以减少回收食品的成本并增加机会收益,从而减少回收食品的单位净损失。同时,政府部门要将回收食品再合理加工利用的产品及其供给流程也纳入监管考核体系。在健全回收再利用产品的质量安全规范体系的前提下,对于符合质量安全规范的回收再利用产品给予政策倾斜。例如,对企业实施减税优惠,从而在一定程度上降低企业回收再利用产品的成本。此外,政府部门一定要加强对回收食品处理过程的监督与控制措施,防范食品经营企业机会主义行为或者其他投机个体的逐利行为。

第六节　回收环节的食品安全问题解决对策研究

——以废弃农产品补贴与保险为例

针对我国食品供应链回收环节日益凸显的食品安全问题,本节以废弃农产品为例,分析相应的补贴、保险等政府部门的主要应对策略。

一、废弃农产品回收处理及补贴策略分析

我国是目前世界上农业废弃物产出量最大的国家。已有资料显示:我国每年产生蔬菜废弃物约一亿吨,肉类和农作物加工产生的废弃物约 15 亿吨(朱静波,2010)。我国农产品损耗浪费总量经折算大约是 1.4 亿亩耕地的产出。以蔬菜为例,根据我国农业部有关专家测算:我国蔬菜的产后损失率为20%—25%,远高于发达国家低于 5%的平均损失率。而由此导致的经济损失达 3000 亿元以上。与此同时,我国废弃农畜产品频现死因不明牲畜被随意丢弃、病死牲畜被非法贩卖等诸多问题。例如上海黄浦江万头死猪漂浮、病死猪牛羊肉非法制售等。废弃农产品的回收处理不当不仅对环境造成不可弥补的损害,给食品安全带来不可预期的重大隐患,而且形成废弃农产品垃圾处理的沉重负担,造成资源的严重浪费。因此,剖析我国废弃农产品回收处理模式及其主体决策,探究如何有效地促进废弃农产品的回收处理,对我国农业发展、食品安全保障以及资源利用都具有重要的现实意义。

相关废弃农产品研究主要是基于循环经济思想,对农产品废弃物及其加工废物的回收处理等进行分析。程江华等(2010)、刘凌霄(2013)研究认为：农产品逆向物流具有复杂性、分散性特点，存在回收难度大、成本高、经济效益低等问题。但对各类农副产品及其包装物的回收利用，可以减少资源浪费、降低物流成本、避免环境污染，产生可观的社会效益。朱静波等基于循环经济下农产品逆向物流模式，分析认为农产品供应链上各参与主体相互协作是促进该模式形成的关键。钟永光等(2010)研究认为：通过市场机制促进废弃产品回收，建立废弃产品循环利用体系，将会从根本上解决废弃产品回收处理问题。付小勇、朱庆华等(2014)构建了回收价格竞争条件下的处理商回收渠道选择的博弈模型，认为直接回收渠道的利润、回收数量和价格最高。

由此可见，目前基于循环经济的农产品逆向物流等研究，更多是对农产品废弃物如秸秆、地膜以及包装物等的研究，研究角度多是从科学技术层面。专门针对数量庞大、经济价值相对较低的废弃农产品回收处理及其协调策略的系统研究相对较少，这也在一定程度上表明我国对废弃农产品回收处理的忽视和轻视。因此，本节针对我国废弃农产品回收处理现状，总结提炼存在的主要问题，分别分析了处理商间接回收与直接回收模式中处理商和回收企业关于回收价格、回收量和回收服务水平的决策，通过比较分析两种模式中的上述决策，提出相应的补贴策略，为我国废弃农产品的有效回收处理利用提供思路与对策。

(一) 问题描述与模型建立

由一个回收企业与一个处理商构成的废弃农产品回收处理的逆向供应链。回收企业负责将废弃农产品回收，然后提供给处理商进行处理再加工利用。本节考虑到废弃农产品回收处理的服务水平(这里的服务包括废弃农产品回收处理的宣传服务、回收处理过程中的上门处置等广义的服务)对被回收者的行为影响。因此，废弃农产品的回收量为 $Q = \alpha + \beta p + ds$。其中 p 表示回收企业支付给废弃农产品的单位回收价格，s 表示回收服务水平，它们是由回收企业决定的变量。α 表示与回收价格、服务水平无关的基本回收量；β 表示回收价格敏感度；d 表示回收服务敏感度。显然 α、β 和 d 都是正的参数。而回收企业在回收废弃农产品过程中提供的服务是需要支付成本的，记为 $\dfrac{a}{2}s^2$，

其中 a 表示回收服务的边际成本系数,它的数值反映服务成本的大小。一般而言,相比于回收服务敏感度,回收价格敏感度更强,所以假设上述参数满足条件 $\beta > \dfrac{d^2}{a}$。当回收企业将废弃农产品回收后提供给处理商时,可以获得处理商支付的单位收益 w。它是由处理商决定的变量。处理商对废弃农产品的单位处理成本为 $r(r>0)$。处理商通过对废弃农产品处理再加工利用后能够获得的单位处理收益为 R。由此可得,回收企业利润 π_R 和处理商利润 π_M 分别如下:

$$\pi_R = (w-p)\,Q - \frac{a}{2}s^2 \tag{8.103}$$

$$\pi_M = (R-w-r)\,Q \tag{8.104}$$

在该逆向供应链中,处理商与回收企业若为各自独立的决策主体,即处理商是通过间接回收而对废弃农产品进行加工处理;若处理商与回收企业是利益共同体,即处理商是通过直接回收而对废弃农产品进行加工处理。因此,本节分别分析了这两种不同模式中废弃农产品的回收价格、回收量和回收服务水平。

1.处理商间接回收模式模型及决策变量

在处理商通过回收企业间接对废弃农产品进行回收的模式中,根据博弈论,处理商与回收企业进行的是斯坦科尔伯格博弈,其中处理商是领导者,回收企业是追随者。这是由处理商与回收企业的实力、规模优势等比较而决定的。废弃农产品的处理需要具有一定的设备、技术条件,通常处理商会对其所在区域回收的废弃农产品进行处理再加工。而回收企业通常规模较小。因此,在该模式中回收企业首先根据自身利润最大化决定回收价格和服务水平,然后处理商根据回收企业的决策决定对其的回收收益。由此可得回收企业的利润最大化模型为

$$\max_{p,s}\pi_R = (w-p)\,(\alpha+\beta p+ds) - \frac{a}{2}s^2 \tag{8.105}$$

根据一阶最优条件有

$$\frac{\partial \pi_R}{\partial p} = \beta(w-p) - \alpha-\beta p-ds = 0 \tag{8.106}$$

$$\frac{\partial \pi_R}{\partial s} = d(w-p) - as = 0 \tag{8.107}$$

由参数满足 $\beta > \dfrac{d^2}{a}$ 可知二阶最优条件成立。由式（8.106）和式（8.107）解得回收企业决定的回收价格和服务水平有

$$p = \frac{(\alpha\beta - d^2)w - a\alpha}{2a\beta - d^2} \tag{8.108}$$

$$s = \frac{d(\beta w + \alpha)}{2a\beta - d^2} \tag{8.109}$$

将上述式（8.108）和式（8.109）代入处理商的利润 π_M 整理可得其利润最大化模型为

$$\max_{w} \pi_M = \frac{a\beta(R-w-r)(\beta w + \alpha)}{2a\beta - d^2} \tag{8.110}$$

根据一阶最优条件有

$$\frac{d\pi_M}{dw} = \frac{a\beta^2(R-2w-r)}{2a\beta - d^2} - \frac{\alpha a\beta}{2a\beta - d^2} = 0 \tag{8.111}$$

显然二阶最优条件 $\dfrac{d^2\pi_M}{dw^2} = -\dfrac{2a\beta^2}{2a\beta - d^2} < 0$ 成立。由此解得处理商决定支付给回收企业的最优回收收益为

$$w^* = \frac{\beta(R-r) - \alpha}{2\beta} \tag{8.112}$$

将式（8.112）代回式（8.108）和式（8.109）可得回收企业的回收价格、回收服务水平以及回收量有

$$p^* = \frac{(a\beta - d^2)[\beta(R-r) - \alpha] - 2a\alpha\beta}{2\beta(2a\beta - d^2)} \tag{8.113}$$

$$s^* = \frac{d[\beta(R-r) + \alpha]}{2(2a\beta - d^2)} \tag{8.114}$$

$$Q^* = \frac{a\beta[\beta(R-r) + \alpha]}{2(2a\beta - d^2)} \tag{8.115}$$

回收企业和处理商的利润为

$$\pi_R{}^* = \frac{a\,[\beta(R-r)+\alpha]^2}{8(2a\beta-d^2)} \tag{8.116}$$

$$\pi_M{}^* = \frac{a\,[\beta(R-r)+\alpha]^2}{4(2a\beta-d^2)} \tag{8.117}$$

并且可见 $\pi_R{}^* = \frac{1}{2}\pi_M{}^*$。说明在处理商主导的间接回收模式中,回收企业的利润是处理商利润的一半。

2. 处理商直接回收模式模型及决策变量

在处理商直接回收模式中,可以视为处理商与回收企业是利益共同体或合作一体化的模式。因此,在该模式中处理商根据回收与处理的总利润最大化决定回收价格和服务水平。由此可得处理商直接回收模式的利润最大化模型为

$$\max_{p,s}\pi = \pi_R + \pi_M = (R-r-p)(\alpha+\beta p+ds) - \frac{a}{2}s^2 \tag{8.118}$$

根据一阶最优条件有

$$\frac{\partial\pi}{\partial p} = -\alpha - 2\beta p - ds + \beta(R-r) = 0 \tag{8.119}$$

$$\frac{\partial\pi}{\partial s} = d(R-r-p) - as = 0 \tag{8.120}$$

由参数满足条件可知二阶最优条件亦成立。由式(8.119)和式(8.120)解得最优回收价格、服务水平和回收量有

$$p^{**} = \frac{(a\beta-d^2)(R-r) - a\alpha}{2a\beta-d^2} \tag{8.121}$$

$$s^{**} = \frac{d\,[\beta(R-r)+\alpha]}{2a\beta-d^2} \tag{8.122}$$

$$Q^{**} = \frac{a\beta\,[\beta(R-r)+\alpha]}{2a\beta-d^2} \tag{8.123}$$

相应地,处理商直接回收模式的总利润为

$$\pi^{**} = \frac{a\,[\beta(R-r)+\alpha]^2}{2(2a\beta-d^2)} \tag{8.124}$$

（二）不同模式决策变量取值比较及各变量的影响因素

1. 直接和间接回收模式各决策变量的比较分析

比较处理商直接和间接回收模式的分析结论如下：

（1）回收价格的比较

由 $p^* - p^{**} = -\dfrac{(a\beta - d^2)[\beta(R-r) + \alpha]}{2\beta(2a\beta - d^2)} < 0$，可知 $p^* < p^{**}$。

（2）回收服务水平的比较

由 $s^* - s^{**} = -\dfrac{d[\beta(R-r) + \alpha]}{2(2a\beta - d^2)} < 0$，可知 $s^* < s^{**}$，$s^* = \dfrac{1}{2}s^{**}$。

（3）回收量的比较

由 $Q^* - Q^{**} = -\dfrac{a\beta[\beta(R-r) + \alpha]}{2(2a\beta - d^2)} < 0$，可知 $Q^* < Q^{**}$，$Q^* = \dfrac{1}{2}Q^{**}$。

（4）总利润的比较

由 $\pi^* = \pi_R^* + \pi_M^* = \dfrac{3a[\beta(R-r) + \alpha]^2}{8(2a\beta - d^2)}$，可知 $\pi^* - \pi^{**} = -\dfrac{a[\beta(R-r) + \alpha]^2}{8(2a\beta - d^2)} < 0$，$\pi^* < \pi^{**}$，$\pi^* = \dfrac{3}{4}\pi^{**}$。

通过上述分析可见：处理商直接回收模式的回收价格、服务水平、回收量以及总利润都高于间接回收模式对应的决策变量取值。其中间接回收模式的回收服务水平和回收量都分别是直接模式中的 $\dfrac{1}{2}$，总利润是直接模式总利润的 $\dfrac{3}{4}$。

2. 不同模式决策变量的影响因素分析

（1）回收价格的影响因素

根据式（8.123），对处理商间接回收模式的回收价格中各参数求偏导数可得 $\dfrac{\partial p^*}{\partial a} = \dfrac{d^2[\beta(R-r) + \alpha]}{2(2a\beta - d^2)^2} > 0$；$\dfrac{\partial p^*}{\partial \beta} = \dfrac{a\{d^2[2\beta(R-r) + \alpha]\} + 2a\beta[\alpha - \beta(R-r)]}{2\beta(2a\beta - d^2)^2} > 0$；

$\dfrac{\partial p^*}{\partial R} = \dfrac{a\beta - d^2}{2(2a\beta - d^2)^2} > 0$；$\dfrac{\partial p^*}{\partial r} = -\dfrac{a\beta - d^2}{2(2a\beta - d^2)} < 0$；$\dfrac{\partial p^*}{\partial \alpha} = \dfrac{-3a\beta + d^2}{2\beta(2a\beta - d^2)} < 0$。$\dfrac{\partial p^*}{\partial d} = $

$\dfrac{ad\,[\,3\alpha-\beta(R-r)\,]}{(2a\beta-d^2)^{\,2}}$,当$\beta<\dfrac{R-r}{3\alpha}$时,$\dfrac{\partial p^*}{\partial d}>0$;当$\beta>\dfrac{R-r}{3\alpha}$时,$\dfrac{\partial p^*}{\partial d}<0$。

　　根据式(8.121),对处理商直接回收模式的回收价格中各参数求偏导数可

得$\dfrac{\partial p^{**}}{\partial a}=\dfrac{d^2\,[\,\beta(R-r)+\alpha\,]}{(2a\beta-d^2)^{\,2}}>0$;$\dfrac{\partial p^{**}}{\partial \beta}=\dfrac{ad^2(R-r)+2a^2\alpha}{(2a\beta-d^2)^{\,2}}>0$;$\dfrac{\partial p^{**}}{\partial R}=\dfrac{a\beta-d^2}{2a\beta-d^2}>0$;

$\dfrac{\partial p^{**}}{\partial r}=-\dfrac{a\beta-d^2}{2a\beta-d^2}<0$;$\dfrac{\partial p^{**}}{\partial \alpha}=-\dfrac{a}{2a\beta-d^2}<0$;$\dfrac{\partial p^{**}}{\partial d}=-\dfrac{ad\,[\,\alpha+\beta(R-r)\,]}{(2a\beta-d^2)^{\,2}}<0$。

　　由此可见,无论处理商直接回收还是间接回收模式,当其他因素不变时,
回收价格都会随着回收服务成本的增加而提高,随着回收价格敏感度的增强
而提高,随着单位处理收益的提高而提高;随着单位处理成本的增加而降低;
随着基本回收量的增加而降低。不同的是在处理商直接回收模式中,回收价
格随着回收服务敏感度的增强而下降;而在处理商间接回收模式中,当回收价
格敏感度相比于基本回收量的单位处理净收益较低时,回收价格随着回收服
务敏感度的增强而提高,反之则下降。

　　(2)回收服务水平的影响因素

　　根据式(8.114)和式(8.122),显然处理商直接和间接回收模式的回收服
务水平受到各因素的影响方向相同。因此,仅对处理商间接回收模式的回收

服务水平中各参数求偏导数可得$\dfrac{\partial s^*}{\partial a}=-\dfrac{\beta a\,[\,\beta(R-r)+\alpha\,]}{(2a\beta-d^2)^{\,2}}<0$;$\dfrac{\partial s^*}{\partial \beta}=-$

$\dfrac{d\,[\,d^2(R-r)+2a\alpha\,]}{2\,(2a\beta-d^2)^{\,2}}<0$;$\dfrac{\partial s^*}{\partial R}=\dfrac{d\beta}{2(2a\beta-d^2)}>0$;$\dfrac{\partial s^*}{\partial r}=-\dfrac{d\beta}{2(2a\beta-d^2)}<0$;$\dfrac{\partial s^*}{\partial \alpha}=$

$\dfrac{d}{2(2a\beta-d^2)}>0$;$\dfrac{\partial s^*}{\partial d}=\dfrac{(2a\beta+d^2)\,[\,\beta(R-r)+\alpha\,]}{2\,(2a\beta-d^2)^{\,2}}>0$。由此可见,无论在处理商直接

回收还是间接回收模式中,当其他因素不变时,回收服务水平都会随着回收服
务成本的增加而下降,随着回收价格敏感度的增强而下降,随着单位处理收益
的提高而提高;随着单位处理成本的增加而下降;随着基本回收量的增加而提
高;随着回收服务敏感度的增强而提高。

　　(3)回收量的影响因素

　　根据式(8.115)和式(8.123),显然处理商直接和间接回收模式的回收量
受到各因素的影响方向相同。因此,仅对处理商间接回收模式的回收量中各

参数求偏导数可得 $\dfrac{\partial Q^*}{\partial a} = -\dfrac{\beta d^2 [\beta(R-r) + \alpha]}{2(2a\beta - d^2)^2} < 0$；$\dfrac{\partial Q^*}{\partial R} = \dfrac{a\beta^2}{2(2a\beta - d^2)^2} > 0$；

$\dfrac{\partial Q^*}{\partial r} = -\dfrac{a\beta^2}{2(2a\beta - d^2)^2} < 0$；$\dfrac{\partial Q^*}{\partial \alpha} = \dfrac{a\beta}{2(2a\beta - d^2)} > 0$；$\dfrac{\partial Q^*}{\partial d} = \dfrac{a\beta d[\beta(R-r) + \alpha]}{(2a\beta - d^2)^2} > 0$。$\dfrac{\partial Q^*}{\partial \beta}$

$\dfrac{a[2\beta(a\beta - d^2)(R-r) - \alpha d^2]}{2(2a\beta - d^2)^2} = $，当 $\dfrac{R-r}{\alpha} > \dfrac{d^2}{2\beta(\alpha\beta - d^2)}$ 时，$\dfrac{\partial Q^*}{\partial \beta} > 0$；当 $\dfrac{R-r}{\alpha} < $

$\dfrac{d^2}{2\beta(\alpha\beta - d^2)}$ 时，$\dfrac{\partial Q^*}{\partial \beta} < 0$。

由此可见，无论在处理商直接回收还是间接回收模式中，当其他因素不变时，回收量都会随着回收服务成本的增加而减少，随着单位处理收益的提高而增加；随着单位处理成本的增加而减少；随着基本回收量的增加而增加；随着回收服务敏感度的增强而增加。当基本回收量的单位处理净收益相比于回收服务敏感度较高时，回收量随着回收价格敏感度的增强而增加，反之则下降。

（4）利润的影响因素

根据式（8.116）、式（8.117）和式（8.123），显然处理商间接回收模式的回收企业利润、处理商利润和处理商直接回收的总利润受各因素的影响方向相同。因此，仅对处理商直接回收模式的总利润中各参数求偏导数可得

$\dfrac{\partial \pi^{**}}{\partial a} = -\dfrac{d^2[\beta(R-r) + \alpha]^2}{2(2a\beta - d^2)^2} < 0$；$\dfrac{\partial \pi^{**}}{\partial R} = \dfrac{a\beta[\beta(R-r) + \alpha]}{2a\beta - d^2} > 0$；$\dfrac{\partial \pi^{**}}{\partial r} = -$

$\dfrac{a\beta[\beta(R-r) + \alpha]}{2a\beta - d^2} < 0$；$\dfrac{\partial \pi^{**}}{\partial \alpha} = \dfrac{a[\beta(R-r) + \alpha]}{2a\beta - d^2} > 0$；$\dfrac{\partial \pi^{**}}{\partial d} = \dfrac{ad[\beta(R-r) + \alpha]^2}{(2a\beta - d^2)^2} > 0$。

$\dfrac{\partial \pi^{**}}{\partial \beta} = \dfrac{a[\beta(R-r)^2(a\beta - d^2) - ad^2(R-r) - a\alpha^2]}{(2a\beta - d^2)^2}$，当 $\dfrac{R-r}{\alpha} > \dfrac{d^2 + \sqrt{d^4 + 4a\beta(a\beta - d^2)}}{2\beta(a\beta - d^2)}$

时，$\dfrac{\partial \pi^*}{\partial \beta} > 0$；当 $0 < \dfrac{R-r}{\alpha} < \dfrac{d^2 + \sqrt{d^4 + 4a\beta(a\beta - d^2)}}{2\beta(a\beta - d^2)}$ 时，$\dfrac{\partial \pi^*}{\partial \beta} < 0$。

由此可见，无论在处理商直接回收还是间接回收模式中，当其他因素不变时，处理商和回收企业的利润都会随着回收服务成本的增加而减少，随着单位处理收益的提高而增加；随着单位处理成本的增加而减少；随着基本回收量的增加而增加；随着回收服务敏感度的增强而增加。当基本回收量的单位处理净收益相比于回收服务敏感度较高时，利润都随着回收价格敏感度的增强而

增加,反之则下降。

（三）处理商间接回收模式的补贴策略

根据上述分析可知:在处理商直接回收模式中,无论是较高的回收价格、回收服务水平,还是较高的回收量以及较高的回收主体获利(处理商和回收企业总利润)都比间接回收模式具有显著优势。因此,对整个社会来说实施处理商直接回收模式更有利。然而,由于实现直接回收模式,对处理商的规模、能力等客观条件以及与回收企业的一体化合作等方面都有一定的要求。所以有关政府部门通过采取何种政策措施能够尽可能地使处理商间接回收模式的上述决策与处理商直接回收模式一致,将为处理商间接回收模式中各决策变量的改善提供对策。

1. 对处理商处理收益的补贴策略

若对间接回收模式中处理商的处理收益实施补贴,假设单位补贴额度为t。此时,处理商的利润为

$$\pi_M = (R+t-r-w)\,Q \tag{8.125}$$

回收企业的利润不变,仍为式(8.103)所示。据此,通过对处理商间接回收模式的各决策变量进行重新求解可得

$$p_t^M = \frac{(a\beta-d^2)\,[\beta(R+t-r)-\alpha]-2a\alpha\beta}{2\beta(a\beta-d^2)} \tag{8.126}$$

$$w_t^M = \frac{\beta(R+t-r)-\alpha}{2\beta} \tag{8.127}$$

$$s_t^M = \frac{d[\beta(R+t-r)+\alpha]}{2(2a\beta-d^2)} \tag{8.128}$$

$$Q_t^M = \frac{a\beta[\beta(R+t-r)+\alpha]}{2(2a\beta-d^2)} \tag{8.129}$$

将上述结果与直接回收模式的相应结论比较有:当处理收益的单位补贴为$t_M = R-r+\dfrac{\alpha}{\beta}$时,$p_t^M = p^{**}$,$s_t^M = s^{**}$,$Q_t^M = Q^{**}$,$w_t^M = R-r > w^*$。此时对应的处理商和回收企业利润分别为$\pi_{M_t}^M = \dfrac{a\,[\beta(R-r)+\alpha]^2}{2(2a\beta-d^2)} = 4\pi_M^*$,$\pi_{R_t}^M = \dfrac{a\,[\beta(R-r)+\alpha]^2}{2(2a\beta-d^2)} = $

$4\pi_R^*$，总利润为 $\pi_{M_t}^M + \pi_{R_t}^M = 3\pi^{**}$。易见 $\frac{\partial t_M}{\partial R} > 0, \frac{\partial t_M}{\partial r} < 0, \frac{\partial t_M}{\partial \alpha} > 0, \frac{\partial t_M}{\partial \beta} < 0$。

由此可得，处理收益的单位补贴是由单位处理收益、处理成本、基本回收量和回收价格敏感度共同决定的，并且该补贴随着单位处理收益、基本回收量的增加而提高，随着单位处理成本、回收价格敏感度的增加而减少。在该补贴措施作用下，回收价格、回收服务水平、回收量以及回收企业的单位回收收益都与直接回收模式的相同。并且处理商、回收企业的利润都是其在间接回收模式中各自利润的四倍，总利润为直接回收模式的三倍。

2. 对回收企业回收收益的补贴策略

若对间接回收模式中回收企业的回收收益实施补贴，假设单位补贴额度为 t。此时，回收企业的利润为

$$\pi_R = (w+t-p) Q - \frac{a}{2}s^2 \tag{8.130}$$

处理商的利润不变，仍为式（8.104）所示。据此，通过对处理商间接回收模式的各决策变量进行重新求解可得

$$p_t^R = \frac{(a\beta-d^2) [\beta(R-r) \alpha+\beta t] - 2a\alpha\beta}{2\beta(2a\beta-d^2)} \tag{8.131}$$

$$w_t^R = \frac{\beta(R-r) -\alpha-\beta t}{2\beta} \tag{8.132}$$

$$s_t^R = \frac{d [\beta(R-r) +\alpha+\beta t]}{2(2a\beta-d^2)} \tag{8.133}$$

$$Q_t^R = \frac{a\beta [\beta(R-r) +\alpha+\beta t]}{2(2a\beta-d^2)} \tag{8.134}$$

将上述结果与直接回收模式相应的决策变量取值比较有：当回收收益的单位补贴为 $t_R = R-r+\frac{\alpha}{\beta}$ 时，$p_t^R = p^{**}$，$s_t^R = s^{**}$，$Q_t^R = Q^{**}$。对应的处理商和回收企业利润为 $\pi_{M_t}^R = \frac{a [\beta(R-r) +\alpha]^2}{(2a\beta-d^2)}$，$\pi_{R_t}^R = \frac{a [\beta(R-r) +\alpha]^2}{2(2a\beta-d^2)}$。这些都与上述实施处理商回收收益补贴策略时相同。不同的是，此时 $w_t^R = -\frac{\alpha}{\beta} < 0$，而

$w_t{}^R + t_R = w_t{}^M$。说明回收企业的回收收益为负即亏本,但由于政府给予其单位回收补贴,使得回收企业获得的单位回收收益与补贴之和与处理商获得处理收益补贴时相同。

3. 对回收企业回收成本的补贴策略

若对间接回收模式中回收企业的回收成本实施补贴,假设单位成本的补贴额度为 t。此时,回收企业的利润为

$$\pi_R = (w-p)\,Q - \frac{a}{2}(s-t)^2 \tag{8.135}$$

处理商的利润不变,仍为式(8.104)所示。据此,通过对处理商间接回收模式的各决策变量进行重新求解可得

$$p_{t_c}{}^R = \frac{(a\beta - d^2)\,[\beta(R-r) - \alpha - dt] - 2a\beta(\alpha + dt)}{2\beta(2a\beta - d^2)} \tag{8.136}$$

$$w_{t_c}{}^R = \frac{\beta(R-r) - \alpha - dt}{2\beta} \tag{8.137}$$

$$s_{t_c}{}^R = \frac{d\,[\beta(R-r) + \alpha] + (4a\beta - d^2)\,t}{2(2a\beta - d^2)} \tag{8.138}$$

$$Q_{t_c}{}^R = \frac{a\beta\,[\beta(R-r) + \alpha + dt]}{2(2a\beta - d^2)} \tag{8.139}$$

通过分析,对回收企业回收成本实施补贴不能够使得回收价格、回收服务水平与回收量都与直接回收模式中的一致,所以该补贴策略下只能实现单一决策变量与直接回收模式中相同。

(1) 回收价格与直接回收模式中的相同

当 $t_c = -\dfrac{(a\beta - d^2)\,[\beta(R-r) + \alpha]}{d(3a\beta - d^2)}$ 时,有 $p_{t_c}{}^R = p^{**}$。而此时 $t_C < 0$ 显然无法实现。

(2) 回收服务水平与直接回收模式中的相同

当 $t_c = \dfrac{d\,[\beta(R-r) + \alpha]}{4a\beta - d^2}$ 时,有 $s_{t_c}{}^R = s^{**}$。此时 $p_{t_c}{}^R =$

$\dfrac{(d^4 - 4a\beta d^2 + 2a^2\beta^2)(R-r) - 2a\alpha(3a\beta - d^2)}{(2a\beta - d^2)(4a\beta - d^2)} < p^{**};\ s_{t_c}{}^R = s^{**};$

$$Q_{t_c}^{\ R} = \frac{2a^2\beta^2[\beta(R-r)+\alpha]}{(2a\beta-d^2)(4a\beta-d^2)} < Q^{**}。$$相应的处理商和回收企业利润为

$$\pi_{M_{t_c}}^{\ R} = \frac{4a^3\beta^2[\beta(R-r)+\alpha]^2}{(4a\beta-d^2)^2(2a\beta-d^2)} > \pi_M^{\ *}, \pi_{R_{t_c}}^{\ R} = \frac{2a^3\beta^2[\beta(R-r)+\alpha]^2}{(4a\beta-d^2)^2(2a\beta-d^2)} > \pi_R^{\ *},$$总利润为

$$\pi_{R_{t_c}}^{\ R} + \pi_{M_{t_c}}^{\ R} = \frac{6a^3\beta^2[\beta(R-r)+\alpha]^2}{(4a\beta-d^2)^2(2a\beta-d^2)} > \pi^{**}。易见，\frac{\partial t_c}{\partial R}>0, \frac{\partial t_c}{\partial \alpha}>0, \frac{\partial t_c}{\partial d}>0, \frac{\partial t_c}{\partial r}<0,$$

$$\frac{\partial t_c}{\partial \beta}<0, \frac{\partial t_c}{\partial a}<0。$$

（3）回收量与直接回收模式中的相同

当 $t_C = \dfrac{\beta(R-r)+\alpha}{d}$ 时，有 $Q_{t_c}^{\ R} = Q^{**}$。此时，$p_{t_c}^{\ R} = -$

$\dfrac{[a\beta^2(R-r)+\alpha(3a\beta-d^2)]}{\beta(2a\beta-d^2)}<0$，即被回收者需要支付费用才能够使废弃农产品

被回收；$s_{t_c}^{\ R} = \dfrac{2a\beta[(R-r)+\alpha]}{d(2a\beta-d^2)} > s^{**}$；$Q_{t_c}^{\ R} = \dfrac{a\beta[\beta(R-r)+\alpha]}{2a\beta-d^2} = Q^{**}$。处理商和回

收企业利润为 $\pi_{M_{t_c}}^{\ R} = \dfrac{a[\beta(R-r)+\alpha]^2}{2a\beta-d^2} > \pi_M^{\ *}$，$\pi_{R_{t_c}}^{\ R} = \dfrac{3a[\beta(R-r)+\alpha]^2}{2(2a\beta-d^2)} +$

$\dfrac{a\alpha[\beta(R-r)+\alpha]}{2a\beta-d^2} > \pi_R^{\ *}$。总利润为 $\pi_{M_{t_c}}^{\ R} + \pi_{R_{t_c}}^{\ R} = \dfrac{5a[\beta(R-r)+\alpha]^2}{2(2a\beta-d^2)} +$

$\dfrac{a\alpha[\beta(R-r)+\alpha]}{2a\beta-d^2}>\pi^*$。易见，$\dfrac{\partial t_c}{\partial R}>0, \dfrac{\partial t_c}{\partial \alpha}>0, \dfrac{\partial t_c}{\partial \beta}>0, \dfrac{\partial t_c}{\partial r}<0, \dfrac{\partial t_c}{\partial d}<0$。

$$\pi_R^{\ *} = \frac{a[\beta(R-r)+\alpha]^2}{8(2a\beta-d^2)} \tag{8.140}$$

$$\pi_M^{\ *} = \frac{a[\beta(R-r)+\alpha]^2}{4(2a\beta-d^2)} \tag{8.141}$$

由此可得，对回收企业回收成本的单位补贴不能够使回收价格、回收服务水平和回收量都与直接回收模式中的一致，而只能使个别决策变量与其相同。首先，当回收服务水平与直接回收模式中的相同时，单位补贴是由单位处理收益、处理成本、基本回收量和回收价格敏感度、回收服务敏感度和回收服务成本共同决定的，并且该补贴随着单位处理收益和基本回收量的增加以及回收服务敏感度的增强而提高，随着单位处理成本、回收价格敏感度以及回收服务

成本的增加而减少。在该补贴措施作用下,回收价格和回收量都低于直接回收模式中相应变量的取值。处理商、回收企业的利润都高于间接回收模式中对应的利润,且总利润大于直接回收模式的总利润。其次,当回收量与直接回收模式中的相同时,单位补贴是由单位处理收益、处理成本、基本回收量、回收价格敏感度和回收服务敏感度共同决定的,并且该补贴随着单位处理收益和基本回收量的增加以及回收价格敏感度的增强而提高,随着单位处理成本和回收服务成本的增加而减少。在该补贴作用下,回收价格为负,可以理解为被回收者需要向回收企业支付一定的费用,回收企业才会提供废弃农产品的回收服务。类似于当前我国某些地区的餐厨垃圾回收处理。回收服务水平高于直接模式的回收服务水平。处理商、回收企业的利润都高于间接回收模式中对应的利润,且总利润大于直接回收模式的总利润。

（四）本节主要结论及建议

根据本节分析可以得到以下主要结论及建议。

1. 主要结论

（1）直接回收模式与间接回收模式的比较

与处理商间接回收模式相比,处理商直接回收模式更有利于废弃农产品的有效回收处理。这是因为处理商直接回收模式的回收价格、回收服务水平、回收量以及总利润都高于间接回收模式对应的水平。

（2）补贴策略的选择

为使处理商间接回收模式能够实现直接回收模式的回收绩效,政府有关部门可以通过多种形式对处理商进行处理收益补贴,或者对回收企业进行回收收益补贴,抑或对回收企业进行回收成本补贴,激励处理商和回收企业积极地回收处理废弃农产品。但要依据补贴对象和补贴途径的不同而决定不同的补贴额度,并且对处理商和回收企业进行单位收益的补贴更有助于实现与直接回收模式中主要决策变量相同的目标。

（3）补贴措施的影响

对处理商或回收企业实施收益补贴时的单位补贴额度相同,并且都能够实现相同的决策目标。不同的是对回收企业实施单位回收收益补贴时,回收企业不含补贴的单位回收收益为负值。而对回收企业的回收成本进行补贴时,无法实现回收价格、回收服务水平和回收量都与直接回收模式的相同,并且仅能从回收服务水平或回收量与直接回收模式相同的角度决定单位补贴额度。此时单位补贴额度的决定因素也与前两者不同。对回收企业实施回收成本补贴时,被回收者还要向其支付回收服务费用。无论政府实施上述哪种补贴策略都会使处理商和回收企业的利润得到极大提高。

2. 对策建议

(1)健全政府法规与完善政策扶持措施并重

发达国家较早就开始针对废弃食品的有效回收处理制定了各类法律,以明确回收处理主体、规范回收处理流程,实现有效的回收处理目标。根据这些法律,回收处理主体可以对废弃农产品的有效回收处理做出有法可依的处置。除了立法约束,根据废弃农产品回收处理现状,实行相应的政府扶持措施,形成从上至下、完整的回收处理政策体系,才能充分发挥法律法规的作用。我国可以借鉴发达国家的立法及政策体系建设经验,结合我国国情,首先以制定基本的废弃农产品回收处理法律为基础,并明确制定与规范废弃农产品分类回收标准;其次设立与法律法规相配套的实施细则,使废弃农产品回收处理主体"有法可依";最后根据不同回收处理主体的实际情况,实行税收优惠、经济补贴以及保险保障等措施,为废弃农产品回收处理主体提供经济激励的政策扶持。通过为回收企业或者处理商提供回收、处理设备补贴或者租赁以降低其回收成本、提高回收服务水平和增加回收量,提高回收和处理收益,从而增强回收绩效,能够使间接回收模式中各主要决策变量与更有效的直接回收模式相一致。

(2)在有条件的地区鼓励与促进处理商或专门企业开展直接回收模式

根据所在地区废弃农产品的种类、数量和处理的特征,以地方政府等各级政府部门为主导,鼓励和扶持专门回收企业以及处理商的建立和发展。一方面,由指定的专门企业负责回收处理废弃农产品,能够提高回收处理的效率并提供专业化的服务,在各经营主体对废弃农产品回收处理认识不足、缺乏积极性和动力时起到示范作用;另一方面,还能够为责任主体提供回收处理的专门化外包服务。在由专门企业以及处理商负责制下,政府部门一定要发挥严格的监管作用,以免专门企业受利益驱使将废弃农产品进行非法处理而导致食品安全问题等不良后果。同时,政府部门提供必要的税收减免、补贴等财政优惠政策是激励下游处理企业的必要措施。

（3）回收处理后的资源化利用以激发处理商积极性

由于废弃农产品具有较高的可降解性,适宜采用生物转化技术进行处理再利用。例如,经转化后作为生产有机肥料、饲料等农资的原材料或者用于生产清洁能源。这样不仅能够在一定程度上减轻食品供应链源头的化学农资污染等问题,而且还能够节约能源,减少资源浪费,实现废弃农产品的循环再利用。目前我国对废弃农产品的处理还处于较低水平,加之相应的法律法规不健全,废弃农产品的回收率低,没有实现资源化利用,其中的经济效益没有显现,社会效益更没有被充分认识。培育废弃农产品的资源化利用产业发展模式,以地方政府为依托,因地制宜地开展废弃农产品的生物转化产业试点,发挥经济与社会效益对处理商的激励示范作用,从而逐步带动周边区域废弃农产品的有效回收利用。只有促进下游资源化利用产业的建设与完善,才能更好地激励上游废弃农产品的回收处理,逐步形成良好的循环发展模式。

（4）社会各界共同努力发挥辅助作用

通过多渠道多部门的宣传,提高社会大众对废弃农产品的回收处理意识,从而增加废弃农产品的有效回收量,被回收者也可以从中获得经济与环境等综合效益。在明确责任主体的条件下,如何促进各主体协同,为废弃农产品回收处理的顺利运行提供良好的环境支撑至关重要。只有消费者及社会各界的广泛监督与重视、政府部门设立专门机构或者引导鼓励第三方专门企业进行回收处理,才能保证废弃农产品回收处理的有效实施。否则即使上述主体具有对废弃农产品回收处理的动力,但消费者等社会大众对废弃农产品的回收处理缺乏认识和没有监督意识,以及专门回收处理部门或机构的服务资源匮乏,在有限资源条件下各主体会难以开展对废弃农产品回收处理的工作。因此,政府部门、回收处理的责任主体、消费者的上下联动与协调是开展废弃农产品有效回收处理的充分条件。

二、废弃农畜产品回收环节农业保险主体决策分析

我国从 2004 年开始实施政策性农业保险试点以来,目前业务规模跃居世

界第二,险种不断丰富,覆盖了农林牧渔的诸多方面。农业保险在降低农民承担的风险、提高农民农业生产积极性等方面都发挥了重要作用(王克等,2014)。2014 年中央一号文件指出,加大农业保险支持力度。提高中央、省级财政对主要粮食作物保险的保费补贴比例,不断提高保险的覆盖面和风险保障水平。鼓励保险机构开展特色优势农产品保险,有条件的地方提供保费补贴,中央财政通过以奖代补等方式予以支持。鼓励开展多种形式的互助合作保险。

尽管我国农业保险的发展及相关研究已经取得了一定的进步。然而目前我国废弃农畜产品回收环节频现农畜产品的随意丢弃、非法贩卖问题。例如2013 年 3 月上海黄浦江上游大量死猪漂浮成为舆情热点,据统计此次事件上海方面打捞的死猪数量已达上万头①。死因不明的牲畜被随意丢弃,不仅对土壤、地下水等环境造成不可弥补的损害,而且也将间接对人们的身心健康造成极大的危害。与此同时,非法收购贩卖病死牲畜案例也层出不穷。2013 年3 月福建漳州公安机关捣毁二处制售病死猪"黑作坊"、"黑窝点"。该犯罪团伙成员将买来或捡来的病死猪进行非法屠宰加工,再作为食品或食品原材料销往周边省份,累计销售量近 40 吨。对此,为避免病死生猪等牲畜的随意丢弃或者非法贩卖,保障环境不受污染以及市场终端消费者的利益不受危害,政府部门与保险公司合作开展该环节的农业保险是必要且有效的途径。农户由于种养殖某类农畜产品而承担不同程度的风险。以养猪户为例,不仅他们的利益受到市场行情波动的直接影响,而且他们会因饲养过程中多种不确定因素导致生猪病死而遭受严重的经济损失。为维护农户的利益不受到较大程度的损害,政府部门通过补贴一部分保费的方式,以激励农户购买农业保险。例如浙江省龙游县生猪保险的补贴联动机制。为妥善处理养猪场的病死猪,浙江省龙游县建立了"政府监管、财政扶持、企业运作、保险联动"的生猪无害化处理运行机制。以往由于保障缺位、贪图节省和环保意识薄弱,养殖户随意丢弃病死生猪现象时有发生,对周围生态环境造成一定的负面影响。龙游县政府将生猪保险全覆盖工作列入主要民生工作项目。当地保险公司针对龙游县

---

① 资料来源:人民网 http://sh.people.com.cn/n/2013/0319/c138654-18316530.html。

生猪统保政策对生猪保险条款进行了修订和报批。修订后的龙游生猪保险取消了免赔头数;将十公斤以下生猪纳入统保范围,简化了理赔流程,实行按猪长度分档次理赔方案。目前,龙游县已有七万多头母猪、140 万头小猪参保,保额 600 多万元,实现了全县生猪保险全覆盖。生猪统保保费由农户自交15%、各级政府财政补贴 85%组成。对养殖户来说,出险后进行无害化处理就可以获得保险公司的赔款,补偿部分经济损失,并且由于饲养过程中的病死猪也被纳入了保险范围,养殖户不再会随意丢弃病死猪。病死猪经无害化处理后还可以成为生物质炭,用做改良土壤、提高农作物品质的好肥料,这样就形成了循环经济发展的模式。

农业保险能够降低农业风险,是农村社会保障制度中的一个重要组成部分,对农业具有整体上的经济支撑作用(庹国柱、王国军,2002)。作为农业保险主体的农户、保险公司与政府部门的相关研究颇为丰富。一是农户方面的分析。Mosley、Krishnamurthy(1995)农业风险与农民贫穷之间具有高度关联,降低农业风险可以降低农民贫穷;张跃华等(2007)分析了农业保险的需求因素,认为我国绝大多数收入较低的农户对保险的需求低下;宗国富、周文杰(2014)实证分析了农业保险与农户生产行为之间的关系,认为农业保险可以通过同一生产行为内部和不同生产行为之间的收入替代水平、农业保险补偿程度,影响农户生产行为;温燕(2013)构建理论模型分析了农产品价格对农业保险投保及道德风险的影响,认为农产品价格越高,农户投保积极性越高,道德风险发生的概率越小。二是保险公司方面的分析。从开展政策性农业保险的模式角度,例如李明强等(2006)认为带有一定政策性的以商业保险公司为主体的农业保险模式是切合我国实际的,通过政府补贴扶持,商业保险公司可以通过建立有效的风险集合承担农业保险;袁建华(2008)根据我国政策性农业保险的市场需求,提出建立全国政策性农业保险公司的前提条件及其模式的设想。从博弈与委托代理关系角度,王军等(2008)建立了保险公司与农民之间的博弈模型,分析得出保费越高,投保农民数量越少的结论,对此提出加强政府配套政策等措施;曹艳秋(2011)基于保险公司、农户与政府三者之间的委托代理关系,分析了避免在政府补贴条件下保险公司和农户双重道德风险行为的激励机制;施红(2010)针对保险公司参与农业保险积极性差以及经营过程中存在的道德风险问题,根据政府与保险公司之间的委托代理关系分析了对其的风险报酬激励机制;张目、韩雯(2014)对农业保险中承保和理赔两项任务,基于多任务委托代理模型,求解激励保险公司的最优条件。三是政府部门方面的分析。政府在发展中国家农业保险市场中的作用至关重要,他可以通过制定相关法律政策、建立信息共享平台等多种方式促进农业保险发展,李勇杰(2008)系统分析了农业保险中道德风险存在的内涵机理及其产生因素,提出由政府主导引入高科技手段提高信息的透明度等对策;周县华(2010)认为各级政府部门要积极参与农业保险试点,逐步建立起农业保险这个福惠三农的风险保障机制;杨雪美等(2011)分析了农业保险中的信息不对称问题及其原因,提出积极发展由政府支持、商业保险公司参与的农业保险合作社模式。从政府保险补贴角度的分析较为集中。针对政府在农业保险中发挥的作用研究普遍认为保费补贴有利于保险公司克服逆向选择问题(Goodwin,2001);政府补贴对农民和保险公司都是必须的(Skees等,1986;王敏俊,2007);张伟等(2012)基于国内外文献分析了农业保险财政补贴对农村环境影响的结构、规模和技术效应,认为农业保险会通过改变农民生产行为进而影响生态环境。Just等(1999)研究认为保费补贴对农户参加农作物保险的激励比较明显;施红(2008)分析了美国农业保险补贴机制中高额财政补贴对农户、保险公司等微观主体的影响;侯玲玲等(2010)分析得出保险补贴对农户购买行为具有显著影响,农户对保费补贴的期望越高,购买农业保险越少。

目前我国农业保险多是在农业生产过程中为防范和应对自然灾害等不确定性风险的政策性农业保险业务,较少关注废弃农畜产品回收环节的农业保险业务。而废弃农畜产品回收环节存在病死牲畜被直接贩卖或者被随意丢弃等问题,由此造成的产品质量安全问题、环境污染等二次风险,对消费者的危害性甚至比一次风险更为严重(王海萍,2010)。而现有对我国农业保险主体的相关研究着眼于废弃农畜产品回收环节农业保险的分析较为缺乏。针对目前我国农畜产品回收处理环节频现的随意丢弃、非法收购贩卖现象,如何根本地解决这一问题已经成为关系三农、改善环境污染的重要议题。这一环节的农业保险主体决策分析除了具备已有研究的基本特征,即农户、保险公司与政府部门之间的博弈、委托代理关系,前两者的道德风险以及政府部门的补贴等政策实施问题之外,还具有其自身的特点,主要是终端市场上消费者对农产品质量安全以及对环境保护等社会效益的重视程度,将通过向上游的传递作用直接影响上述农业保险主体的相关决策。因此,本节结合我国食品供应链中回收处理薄弱的实际情况,同时考虑了消费者对农产品质量安全的重视程度、对社会效益的重视程度这两个因素对废弃农畜产品回收的农业保险主体相关决策的影响,建立优化模型分析了该类农业保险相关主体——农户、保险公司与政府部门的决策及其影响因素,这些研究为我国废弃农畜产品回收处理环节农业保险业的顺利开展及其作用发挥提供了参考。

（一）不同阶段农业保险相关主体的决策

为防止农户将病死牲畜随意丢弃或者卖给非法收购商,在废弃农畜产品回收环节开展激励农户进行有效回收的农业保险。相关主体——农户、保险公司与政府部门在不同阶段的决策为:在第一阶段,农户根据自身预期利润最大化决定其投入在防疫、种养殖等方面的相关努力水平,以降低农畜产品病死率,提高产品的质量安全水平;在第二阶段,保险公司根据自身预期利润最大化决定单位保费(这里的单位保费不是指单纯地由具体保险费率等厘定的保费,它包括由保险费率决定的保费以及保险公司从事该农业保险业务的相关成本支出等,是广义上的保费,能够反映保险公司从事该类农业保险的单位机会成本);在第三阶段,政府部门根据补贴等相关的收入与支出对应的预期净收益决定其为投保农户支付的保费补贴比例。据此,在不同阶段农业保险主体做出各自的最优决策。

1. 第一阶段农户努力水平的决定

在第一阶段,农户根据其预期利润最大化决定其种养殖投入的努力水平。农户的预期利润如下:

$$E(\pi_F) = [\lambda(p_g - e - rm) + (1 - \lambda)(p_b - e - rm)] Q + M_F \qquad (8.142)$$

其中 $Q = a + \beta e + km$(Ghatak 和 Pandey,2000)是该产品的市场需求量(因为一般农产品都属于生活必需品,所以本节假设该产品的需求量与供给量是相等的)。a 表示与其他因素无关的农畜产品市场基本需求量;$\beta(0 \leq \beta < 1)$ 表示农户种养殖投入努力水平的产出效益系数,在某种程度上也反映了消费者对产品质量安全的重视程度;根据该农业保险对农户风险转嫁及消费者环保意

识的影响,$k(0\leqslant k<1)$反映了消费者对环境等社会效益的重视程度。m 是保险公司决定的单位保费。e 表示农户在防疫、种养殖过程投入的努力水平,为简化将该努力的边际成本系数标准化为 1。$\lambda(0<\lambda<1)$表示该农畜产品市场行情好时的概率,p_g 是此时的产品价格;$1-\lambda$ 则表示市场行情差时的概率,p_b 是此时的产品价格,显然 $p_g>p_b$。$r(0\leqslant r\leqslant 1)$表示农户自身支付的保费比例;而 $1-r$ 则表示各级政府部门补贴保费的比例。M_F 表示除供给该类产品外,农户可以获得的其他货币收益。

对于农户来说,选择努力水平使自身预期利润最大化是其目标。由式(8.142)可得

$$\max_e E(\pi_F) = [\lambda p_g+(1-\lambda) p_b-e-rm] (a+\beta e+km) +M_F \tag{8.143}$$

根据一阶最优条件$\dfrac{dE(\pi_F)}{de}=0$ 可得农户的最优努力水平为

$$e^* =\frac{\beta[\lambda p_g+(1-\lambda) p_b] -a-(k+\beta r) m}{2\beta} \tag{8.144}$$

相应的二阶最优条件显然满足。

若其他条件保持不变,在该阶段农户努力的影响因素及其效应分析如下:

(1)$\dfrac{\partial e^*}{\partial \lambda}=\dfrac{p_g-p_b}{2}>0$,即农户的最优努力水平是市场行情好时概率的单调增函数。说明如果市场行情越好,农户会更加努力进行"安全生产","偷懒"的可能性更小。

(2)$\dfrac{\partial e^*}{\partial p_g}=\dfrac{\lambda}{2}>0,\dfrac{\partial e^*}{\partial p_b}=\dfrac{1-\lambda}{2}>0$,即农户的最优努力水平是产品价格的单调增函数。说明无论市场行情好与差,产品价格都对农户的努力水平具有正向的激励作用。

(3)$\dfrac{\partial e^*}{\partial a}=-\dfrac{1}{2\beta}<0$,即农户的最优努力水平是市场基本需求量的单调减函数。说明消费者对产品具有大量的基本需求,会使农户缺乏提高产品质量安全水平的动力,降低努力水平。

(4)$\dfrac{\partial e^*}{\partial m}=-\dfrac{k+\beta r}{2\beta}<0$,即农户的最优努力水平是单位保费的单调减函数。

说明单位保费的上涨对农户努力水平具有挤出作用。

（5）$\frac{\partial e^*}{\partial k}=-\frac{m}{2\beta}<0$，即农户的最优努力水平是消费者对环境等社会效益重视程度的单调减函数。随着消费者对环境等社会效益更关注，农户的努力水平反而会下降，说明农户对市场终端消费者的环保等意识的反应并不敏感。

（6）$\frac{\partial e^*}{\partial r}=-\frac{m}{2}<0$，即农户的最优努力水平是农户自身支付保费比例的单调减函数。随着政府补贴比例（$1-r$）的增加，农户会更加努力地提高产品质量安全水平，在一定程度上反映了政府补贴政策对农户的直接激励作用。

（7）$\frac{\partial e^*}{\partial \beta}=\frac{a+km}{2\beta^2}>0$，即农户的最优努力水平是农户种养殖投入产出效益的单调增函数。说明随着农户种养殖投入努力的产出效益增加，将使农户更有动力提高其努力水平。

此时，产品的市场需求量为

$$Q^*=\frac{\beta[\lambda p_g+(1-\lambda)p_b]+a+(k-\beta r)m}{2} \tag{8.145}$$

若其他条件保持不变，在该阶段市场需求量的影响因素及其效应分析如下：

（1）$\frac{\partial Q^*}{\partial p_g}=\frac{\lambda\beta}{2}>0$，$\frac{\partial Q^*}{\partial p_b}=\frac{(1-\lambda)\beta}{2}>0$，即产品的最优需求量是产品价格的单调增函数。说明无论市场行情好与差，只要产品价格上涨，产品需求量都会增加。与通常结论不同，主要是由于农户努力水平对市场需求量具有直接正向影响，而产品价格对农户努力水平又具有激励作用，所以市场需求量受到产品价格的正向影响。

（2）$\frac{\partial Q^*}{\partial \lambda}=\frac{(p_g-p_b)\beta}{2}>0$，即产品的最优需求量是市场行情好时概率的单调增函数。说明市场行情越好，产品的需求量越大。

（3）$\frac{\partial Q^*}{\partial a}=\frac{1}{2}>0$，即产品的最优需求量是市场基本需求量的单调增函数，这是显而易见的。

（4）$\dfrac{\partial Q^*}{\partial m}=\dfrac{k-\beta r}{2}$。若 $k>\beta r$，则 $\dfrac{\partial Q^*}{\partial m}>0$；若 $k<\beta r$，则 $\dfrac{\partial Q^*}{\partial m}<0$。当消费者社会效益的重视程度相比于农户支付的保费比例较高时，随着单位保费的提高，产品需求量会增加；当消费者社会效益的重视程度相比于农户支付的保费比例较低时，随着单位保费的提高，产品需求量会减少。

（5）$\dfrac{\partial Q^*}{\partial k}=\dfrac{m}{2}>0$，即产品的最优需求量是消费者对环境等社会效益重视程度的单调增函数。说明随着消费者社会效益关注度的增强，产品需求量也会随之增加。因为产品有该农业保险的保障作用，相比于其他同类产品，它更具有社会效益，所以消费者对产品关注度更高，产品需求量会增加。

（6）$\dfrac{\partial Q^*}{\partial r}=-\dfrac{\beta m}{2}<0$，即产品的最优需求量是政府补贴比例（$1-r$）的单调增函数。说明随着政府补贴比例增加，产品需求量会增加。政府补贴政策对产品的市场需求以及供给都具有正向激励作用。

（7）$\dfrac{\partial Q^*}{\partial \beta}=\dfrac{[\lambda p_g+(1-\lambda)p_b]-rm}{2}$。当 $[\lambda p_g+(1-\lambda)p_b]>rm$ 时，则 $\dfrac{\partial Q^*}{\partial \beta}>0$；若 $[\lambda p_g+(1-\lambda)p_b]<rm$，则 $\dfrac{\partial Q^*}{\partial \beta}<0$。当产品预期价格高于农户支付的保费数额时，随着农户种养殖的投入努力产出效益增加，产品需求量会增加；当产品预期价格低于农户支付的保费数额时，随着农户种养殖的投入努力产出效益增加，产品需求量反而会减少。

综上，农户的最优预期利润为

$$E(\pi_F)=\dfrac{1}{4\beta}[\beta^2(p-rm)^2+2\beta(p-rm)(a+km)+(a+km)^2]+M_F \quad (8.146)$$

为简化，将市场行情好与差的预期价格记为 $p=\lambda p_g+(1-\lambda)p_b$（以下同）。

根据式（8.146）可知农户的最优预期利润有：当 $0<\beta<\dfrac{a+km}{p-rm}$ 时，$\dfrac{\partial E(\pi_F)}{\partial \beta}<0$。当消费者对产品质量安全重视程度较低时，随着该重视程度的增强，农户的预期利润会减少。当 $\beta=\dfrac{a+km}{p-rm}$ 时，$minE(\pi_F)=\dfrac{(a+km)^2+3(p-rm)(a+km)}{4}$。

当消费者对产品质量安全重视程度等于某一值时,农户的预期利润达到最低。

当 $\beta > \dfrac{a+km}{p-rm}$ 时,$\dfrac{\partial E(\pi_F)}{\partial \beta} > 0$。当消费者对产品质量安全重视程度较高时,随着该重视程度的增强,农户的预期利润会增加。由此可见:当消费者对产品质量安全水平的重视程度过低时,强调消费者对产品质量安全水平的重视度对农户来说不一定是有利的。只有当消费者对产品质量安全水平的重视程度达到一定标准后,消费者对产品质量安全重视程度的提高才会对农户真正有利。

2. 第二阶段保险公司保费的决定

在第二阶段,保险公司根据其预期利润最大化决定单位保费。假设该农业保险的单位赔付额为 α,平均理赔率为 τ_0。当市场行情好时,保险公司实际理赔支付比例为 $\tau_0 - ge$;当市场行情差时,保险公司实际理赔支付比例为 $\tau_0 + ge$。其中 g 为由于农户努力水平提高能够降低理赔支付比例的系数。M_1 表示除该农业保险以外,保险公司可以获得的其他货币收益。对于保险公司来说,选择单位保费 m 使自身预期利润最大,即

$$\max_m E(\pi_1) = \{m - [\tau_0 + (1-2\lambda) ge] \alpha\} (a + \beta e + km) + M_1 \qquad (8.147)$$

由式(8.147)一阶最优条件 $\dfrac{dE(\pi_1)}{dm} = 0$ 可得保险公司的最优单位保费

$$m^* = \frac{\alpha g(1-2\lambda)(ak + \beta^2 pr) + \beta[a + \beta p - (k - \beta r)\alpha\tau_0]}{(\beta r - k)[2\beta + \alpha g(1-2\lambda)(k + \beta r)]} \qquad (8.148)$$

为使问题分析得到具有实际意义的内部解,若二阶最优条件满足,则相应参数需要满足 $k < \beta r$ 且 $\lambda < \dfrac{1}{2} + \dfrac{\beta}{\alpha g(k + \beta r)}$;或者 $k > \beta r$ 且 $\lambda > \dfrac{1}{2} + \dfrac{\beta}{\alpha g(k + \beta r)}$[①]。前者表示的是市场行情相对较差,同时消费者对环境等社会效益的重视程度相对于农户支付的保费比例较低;后者表示的是市场行情相对较好,同时消费者对环境等社会效益的重视程度相对于农户支付的保费比例较高。这两个条件是比较切合实际易满足的。因为前者市场行情相对较差,农户会更有投保的积极性,其保费投入占比相对较高,而消费者通常对市场行情差时的产品低价

---

① 本节以下的分析都是在满足二阶最优条件,单位保费由内部解即取正值时所对应的分析结论。

更为关注,缺乏对环保等社会效益的重视程度,后者则是相反的情况。

若其他条件保持不变,在该阶段单位保费的影响因素及其效应分析如下:

（1）$\dfrac{\partial m}{\partial \tau_0} = \dfrac{\alpha\beta}{2\beta + \alpha g(1-2\lambda)(k+\beta r)}$。若 $\lambda < \dfrac{1}{2} + \dfrac{\beta}{\alpha g(k+\beta r)}$，则有 $\dfrac{\partial m}{\partial \tau_0} > 0$；若 $\lambda >$ $\dfrac{1}{2} + \dfrac{\beta}{\alpha g(k+\beta r)}$，则有 $\dfrac{\partial m}{\partial \tau_0} < 0$。说明当市场行情相对较差时,平均理赔率越高,单位保费越高;当市场行情相对较好时,平均理赔率越低,单位保费越高。后者的结论不同于一般性的结论主要是由于单位保费对潜在的总保单量(即产品需求量)具有正向影响关系,单位保费对总量效应强于平均理赔率对公司利润的负效应时,为确保利润,单位保费就会提高。

（2）$\dfrac{\partial m}{\partial g} = \dfrac{-\alpha\beta(1-2\lambda)[a-\beta p+\alpha\tau_0(k+\beta r)]}{[2\beta + \alpha g(1-2\lambda)(k+\beta r)]^2}$。若 $p < \dfrac{a+\alpha\tau_0(k+\beta r)}{\beta}$ 且 $\lambda < \dfrac{1}{2}$，或者 $p > \dfrac{a+\alpha\tau_0(k+\beta r)}{\beta}$ 且 $\lambda > \dfrac{1}{2}$，则有 $\dfrac{\partial m}{\partial g} < 0$。说明当市场行情差、产品均价相对较低,或者当市场行情好、产品均价相对较高时,随着因农户努力而降低理赔支付比例系数的增加,单位保费会减少。此时,农户努力水平对降低单位保费具有显著的正向影响。

（3）$\dfrac{\partial m}{\partial \alpha} = \dfrac{-g\beta(1-2\lambda)(a-\beta p)}{[2\beta + \alpha g(1-2\lambda)(k+\beta r)]^2}$。若 $p < \dfrac{a}{\beta}$ 且 $\lambda < \dfrac{1}{2}$，或者若 $p > \dfrac{a}{\beta}$ 且 $\lambda > \dfrac{1}{2}$ 则有 $\dfrac{\partial m}{\partial \alpha} > 0$。说明当市场行情差且产品价格较低,或者当市场行情好且产品价格较高时,随着单位理赔支付额的增加,单位保费会增加。

（4）$\dfrac{\partial m}{\partial a} = \dfrac{(1-2\lambda)\alpha gk+\beta}{(\beta r-k)[2\beta + \alpha g(1-2\lambda)(k+\beta r)]}$。若 $k < \beta r$ 且 $\lambda < \dfrac{1}{2} + \dfrac{\beta}{\alpha g(k+\beta r)}$，则有 $\dfrac{\partial m}{\partial a} > 0$；若 $k > \beta r$ 且 $\lambda > \dfrac{1}{2} + \dfrac{\beta}{\alpha g(k+\beta r)}$，则有 $\dfrac{\partial m}{\partial a} < 0$。说明当市场行情相对较差,并且消费者对环境等社会效益的重视程度相比于农户支付保费比例较低时,随着市场基本需求量的减少,单位保费会减少;当市场行情相对较好,并且消费者对环境等社会效益的重视程度相比于农户支付保费比例较高时,随着市场基本需求量的增加,单位保费反而会减少。

（5）$\dfrac{\partial m}{\partial \beta}=\dfrac{[a+\beta p+\alpha\tau_0(\beta r-k)][2\alpha g\beta pr(1-2\lambda)+a+2\beta p+\alpha\tau_0(2\beta r-k)]}{(\beta r-k)^2[2\beta+\alpha g(1-2\lambda)(k+\beta r)]^2}-$

$\dfrac{2m^*[2\beta r-k+\alpha g\beta r^2(1-2\lambda)]}{(\beta r-k)[2\beta+\alpha g(1-2\lambda)(k+\beta r)]}$。　　若　　　　　　　m^*　　　　$<$

$\dfrac{[a+\beta p+\alpha\tau_0(\beta r-k)][2\alpha g\beta pr(1-2\lambda)+a+2\beta p+\alpha\tau_0(2\beta r-k)]}{2(\beta r-k)[2\beta+\alpha g(1-2\lambda)(k+\beta r)][2\beta r-k+\alpha g\beta r^2(1-2\lambda)]}$，则有$\dfrac{\partial m}{\partial \beta}>0$。反之

亦然。说明当保险公司决定的最优单位保费低于一定数额时,随着消费者对
环境等社会效益重视程度的增强,单位保费会增加;而当最优单位保费高于一
定数额时,随着消费者对社会效益重视程度的增强,单位保费会减少。这表明
过低或者过高的单位保费会在消费者对环境等社会效益重视程度的增强影响
下逐渐回归到适当的单位保费额度。

（6）$\dfrac{\partial m}{\partial p}=\dfrac{\beta^2[\alpha gr(1-2\lambda)+1]}{(\beta r-k)[2\beta+\alpha g(1-2\lambda)(k+\beta r)]}$。若$k>\beta r$且$\lambda>\dfrac{1}{2}+\dfrac{1}{2\alpha gr}$,或者若

$k<\beta r$且$\dfrac{1}{2}+\dfrac{1}{2\alpha gr}<\lambda<\dfrac{1}{2}+\dfrac{\beta}{\alpha g(k+\beta r)}$,则有$\dfrac{\partial m}{\partial p}<0$;若$k<\beta r$且$\lambda<\dfrac{1}{2}+\dfrac{1}{2\alpha gr}$,或者若$k$

$>\beta r$且$\dfrac{1}{2}+\dfrac{\beta}{\alpha g(k+\beta r)}<\lambda<\dfrac{1}{2}+\dfrac{1}{2\alpha gr}$,则有$\dfrac{\partial m}{\partial p}>0$。说明当市场行情相对较好时,即

使产品均价下降,单位保费也会增加;当市场行情相对较差时,随着产品均价
的下降,单位保费会减少。

（7）$\dfrac{\partial m}{\partial \lambda}=\dfrac{2\alpha\beta g[\alpha\tau_0(k+\beta r)+a-\beta p]}{[2\beta+\alpha g(1-2\lambda)(k+\beta r)]^2}$。若$p<\dfrac{\alpha\tau_0(k+\beta r)+a}{\beta}$,则有$\dfrac{\partial m}{\partial \lambda}>0$;若$p>$

$\dfrac{\alpha\tau_0(k+\beta r)+a}{\beta}$,则有$\dfrac{\partial m}{\partial \lambda}<0$。说明当产品价格较低时,随着市场行情趋好的概率

增加,单位保费会增加;当产品价格较高时,随着市场行情趋差的概率增加,单
位保费会增加。

（8）$\dfrac{\partial m}{\partial r}=\dfrac{-2\beta^3(a+\beta p)-\alpha\beta^2 g(1-2\lambda)[2k\beta p+2\alpha\beta r+2ak+2\beta^2 pr+\alpha\tau_0(\beta r-k)^2]-\alpha^2\beta^2 g^2(1-2\lambda)^2(k^2 p+\beta^2 r^2 p+2ark)}{(\beta r-k)^2[2\beta+\alpha g(1-2\lambda)(k+\beta r)]^2}$。

当$\lambda<\dfrac{1}{2}$时,$\dfrac{\partial m}{\partial r}<0$。当市场行情较差时,随着政府补贴保费的比例增加,

单位保费会增加。

（9）$\frac{\partial m}{\partial k} = \frac{\beta(a+\beta p)[2\beta+\alpha g(1-2\lambda)(k+\beta r)]+\alpha^2 g^2(1-2\lambda)^2[\beta^2 r(ar+2pk)+ak^2]-\alpha^2 g\beta\tau_0(\beta r-k)^2}{(\beta r-k)^2[2\beta+\alpha g(1-2\lambda)(k+\beta r)]^2}$。

当 $\tau_0 < \frac{\beta(a+\beta p)[2\beta+\alpha g(1-2\lambda)(k+\beta r)]+\alpha^2 g^2(1-2\lambda)^2[\beta^2 r(ar+2pk)+ak^2]}{\alpha^2 g\beta(\beta r-k)^2}$ 时，

$\frac{\partial m}{\partial k} > 0$。反之亦然。说明该类农业保险平均理赔率较低时，随着消费者对社会效益重视程度的增强，单位保费会增加；而若平均理赔率较高时，随着消费者对社会效益重视程度的减弱，保险公司会出于自身利润的考虑，增加单位保费。

综上可见，保险公司的最优预期利润为

$$E(\pi_{\mathrm{I}}) = \frac{1}{4\beta}\{(\beta r-k)[2\beta+\alpha g(1-2\lambda)(k+\beta r)]m^{*2}+\alpha(a+\beta p)$$

$$[g(1-2\lambda)(a-\beta p)-2\beta\tau_0]\}+M_{\mathrm{I}} \tag{8.149}$$

根据式（8.149）易知：在给定其他因素，当消费者对环境等社会效益的重视程度相对于农户支付的保费比例较高时，保险公司提高其单位保费，会增加他的预期利润；而当消费者对环境等社会效益的重视程度相对于农户支付的保费比例较低时，保险公司降低其单位保费，会增加他的预期利润。说明加强消费者对环保等社会效益的意识能够激励保险公司开展该类农业保险；针对消费者社会效益重视程度较低的情况，保险公司应该适当降低单位保费以保障自身预期利润。

3. 第三阶段政府部门补贴的决定

在第三阶段，政府部门根据其预期净收益最大化决定最优补贴比例。相应的政府预期净收益为

$$\max_r E(\pi_G) = -(1-r)m(a+\beta e+km)+M_G \tag{8.150}$$

其中 M_G 表示除了实施该农业保险补贴政策以外，政府部门所得的包括政府声誉效应等在内的收益。

将第二阶段求解的 m^* 代入式（8.150），由一阶最优条件 $\frac{dE(\pi_G)}{dr} = 0$ 有

$$\frac{m^{*2}(\beta+k-2\beta r)}{2}+\frac{m^*(a+\beta p)}{2}-\frac{(1-r)[a+\beta p+2(k-\beta r)m^*]}{2}\frac{\partial m^*}{\partial r} = 0$$

$$\tag{8.151}$$

式（8.151）中 m^*、$\dfrac{\partial m^*}{\partial r}$ 的具体表达式较为复杂，因此难以得到最优政府补贴的解析表达式。而通过式（8.151）可见，当 $r=0$ 时，$\dfrac{dE(\pi_G)}{dr}=\dfrac{m^{*2}(\beta+k)}{2}+$

$\dfrac{m^*(a+\beta p)}{2}-\dfrac{[a+\beta p+2km^*]}{2}\dfrac{\partial m^*}{\partial r}$，因为 $\lambda<\dfrac{1}{2}$ 有 $\dfrac{\partial m}{\partial r}<0$，此时 $\dfrac{dE(\pi_G)}{dr}>0$。当 $r=1$

时，$\dfrac{dE(\pi_G)}{dr}=\dfrac{m^{*2}(k-\beta)}{2}+\dfrac{m^*(a+\beta p)}{2}$，因为当 $\lambda<\dfrac{1}{2}$ 时，根据第二阶段最优保费

的二阶条件分析可知 $k<\beta r<\beta$，所以此时 $m^*>\dfrac{a+\beta p}{\beta-k}$，会有 $\dfrac{dE(\pi_G)}{dr}<0$。政府补贴

比例才会有最优的内部解。说明当市场行情较差时，当保险公司决定的单位保费高于一定数额时，政府提供给农户的该类农业保险补贴才是有实际意义的，既能够实现政府预期净收益最大的目标，又能使得保险公司和农户有动力参与该农业保险。

（二）本节主要结论

本节考虑到消费者对环境等社会效益的重视程度，主要分析了废弃农畜产品回收环节的该类农业保险参与主体——农户、保险公司与政府部门的各阶段决策，得到以下主要结论：

第一，关于农户方面。首先，针对废弃农畜产品回收的单位保费上涨将对农户在种养殖过程中投入的努力水平具有削弱的负面作用。其次，对此类农业保险政府提供的补贴比例越高，将会激励农户更加努力地供给质量安全农产品。最后，若农户通过努力降低保费支付比例的作用增强时，单位保费会降低。说明农户在种养殖过程中投入的努力对降低保费具有显著影响，反映了农户道德风险减弱，能够获得保费降低的补偿。

第二，关于保险公司方面。首先，当农产品市场行情较差并且消费者对环境保护等社会效益重视程度较强，或者农产品市场行情较好并且消费者对环境保护等社会效益重视程度较弱时，保险公司向农户提供该类农业保险是能够获取利润的。其次，当农产品市场行情不同时，平均理赔率与单位保费之间的关系不同。当市场行情较差时，平均理赔率通常会越高，对此保险公司决定

的单位保费越高；当市场行情较好时，平均理赔率越低，单位保费也会越高，主要是单位保费对潜在总保单量具有正向影响。最后，当市场行情差时，单位保费会随着政府补贴保费比例的增加而增加；此时若产品价格较低，单位保费会随着理赔支付额的减少、农户因努力降低理赔支付比例系数的增加而减小；此时若消费者对社会效益重视程度相比于农户支付保费比例较低，单位保费会随着市场基本需求量的减少、价格的降低而减小。当保险公司决定的单位保费低于某一数额时，消费者对社会效益的重视程度增强将使得单位保费上涨。当产品价格相对较低时，市场行情好的可能性增强，将使得单位保费增加。

第三，关于政府部门方面。针对该类农业保险，政府部门实施补贴是必要的措施之一。因为一方面，政府的保费补贴对农户提高自身种养殖过程的努力具有激励作用，对保持该类农产品的供给数量具有积极作用；另一方面，要顺利开展此类农业保险，使其单位保费维持在一定数额之上是充分条件之一，而农户收入水平以及对此类保险主观认识的局限，导致缺乏参与该保险的动力，政府补贴既对减少农户经济负担，又使保险公司不会因过低保费而不开展此类业务具有重要作用。但同时，本节研究得出在市场行情较差时，政府补贴的增加会使保险公司具有采取进一步增加保费的倾向，为此政府有关部门可以依据第三方监督与核算，根据各地实际情况，通过确立法规、标准等规范此类农业保险的保费额度。

第四，关于消费者方面。首先，当消费者对环境等社会效益重视程度增强时，能够激励农户更加努力地提高农产品质量安全水平，并且此时单位保费增加对产品的市场需求还具有促进作用。其次，只有当消费者对农产品质量安全水平的关注度达到一定标准后，该关注度的提高才会对农户真正有利。当单位保费较低时，消费者对农产品质量安全关注度提高，将会增加保险公司的压力，同等条件下使其提高单位保费。这些都说明了消费者在废弃农畜产品回收环节开展农业保险业务中的作用不容忽视。根据消费者对不同类农产品的质量安全意识，不同地区消费者的环境保护等社会效益重视程度，因地制宜地开展此类农业保险更为切合实际。

为解决我国废弃农畜产品回收处理环节存在的诸多问题，保障农产品质量安全，防止环境污染，根据本节分析的废弃农畜产品回收环节的农业保险相关决策及其影响因素,政府有关部门通过补贴、提高消费者质量安全意识与对社会效益重视程度等主要措施激励农户与保险公司参与此类保险将是有效的途径。为配合此类农业保险业务的顺利开展,建立整条食品供应链监管的联动机制、增强信息公开化与法律法规实施的有效性,积极探索与建设废弃农畜产品有效回收利用的循环经济发展模式(例如浙江龙游县的范例),将是推广此类农业保险必不可少的辅助措施。

第九章 结论与展望

本书在对我国食品安全供需失衡现状及其影响因素进行实证分析基础上,分别从价格、信息、信任、信誉、竞争与供需协调这六个方面对食品安全主体间的微观策略与政府监管对策进行专题研究。本章将系统梳理研究的主要结论,在本书研究的主要结论基础上总结我国食品安全供需失衡下政府监管机制设计的主要对策。

第一节 研究的主要结论

一、我国食品安全供需失衡现状及其影响因素的主要结论

（一）我国食品安全供需现状调查分析结论

首先,对不同收入水平消费者的国产食品购买意愿和进口食品安全信任度进行调查分析。主要结果表明:48%的消费者信任国外进口食品安全,69.5%的消费者愿意购买国产奶粉,不同收入的消费群体对国产食品的平均购买意愿与对国外进口食品安全的平均信任度不尽相同,从某种程度上反映了消费者对国内食品安全认可度有一定提升,但仍对国外进口食品安全普遍较为信任。

其次,为了解食品消费选择对于食品供给和需求的影响,以大学生为例,分别从餐食、零食和水果三种主要类别食品的消费选择进行了调查分析。主要结果表明:大学生对食品安全问题关注度一般,对曾被曝光食品安全问题的企业其产品的信任度下降,食品品牌效应在食品消费中较为显著;传统食品购

买渠道仍然是大学生消费的首选,但同时新兴的网上订餐和购物呈现逐渐上升趋势,消费者对食品安全的关注度与他们选择的购买渠道有直接关系,对不同类别的食品消费和不同购买渠道的食品安全监管对策应有的放矢,尤其是针对新兴食品消费渠道的管控要进一步加强与完善。

最后,通过调查数据统计分析大学生的食品安全关注度及其影响因素,结果显示:大学生对我国食品安全现状并不看好,对其关注度较高但并不能真正落实到日常生活的行动中,维权意识弱和执行力差,了解食品安全知识的渠道单一,他们普遍认为法制是保障食品安全的最重要手段。

(二)食品安全事件的溢出效应及其影响因素分析的结论

以双汇"瘦肉精"事件和上海福喜事件为例,利用事件研究进行比较分析两个事件的溢出效应,并基于回归分析从公司层面分析了事件溢出效应的影响因素。主要结论表明:双汇"瘦肉精"事件在肉类食品加工业内具有较强的传染效应,其他食品加工业表现出一定的竞争效应,公司财务状况对其产生直接影响;上海福喜事件对整个食品加工业都产生了传染效应且更持久,公司财务和经营业绩对其事件竞争效应的影响显著性相对较弱。这表明企业性质、特征等不同,其发生食品安全问题对整个行业的影响是有差异的。尤其是知名的品牌企业一旦发生食品安全问题,将对同类企业或者相关行业产生的负面影响(如传染效应)通常强于正面影响(如竞争效应),持久且难以彻底消退。因此,对于因企业规模较大而难以全面覆盖到每个细节的内控困境,企业可以借助于奖惩机制的设计,积极主动地联合其上下游企业、行业机构、政府部门以及消费者共同监督把关,实现食品安全共治。

(三)食品安全信任危机下我国进口奶粉量及其影响因素的实证分析结论

基于产品供需的基本原理,以进口奶粉量为研究对象,选取我国主要地区包括北京、上海、天津、广东、浙江、山东和湖南,利用2007—2013年面板数据建立计量经济模型对我国进口奶粉量及其影响因素进行实证分析。主要结果显示:2008年9月发生的三聚氰胺事件对进口奶粉量具有显著的促进作用,其中对天津、山东和海南地区的进口奶粉量的促进效应显著;北京、上海、广东和浙江的人均可支配收入对其进口奶粉量的影响均显著为正。而进口奶粉平均单价与国内乳制品价格对进口奶粉量的影响并不是特别突出,仅有北京和天津两个地区体现出显著的影响,但影响效应与理论预期不同。通常而言,进口奶粉价格上涨,进口奶粉量会减少;作为替代品的国内乳制品价格上涨,进口奶粉量会增加,但实际模型估计结果与之刚好相反。即使国内乳制品价格下降或进口奶粉价格上涨,进口奶粉量仍然增加。说明我国进口奶粉量的需求价格敏感性较弱。

（四）我国进口食品安全问题及其影响因素分析的结论

首先,通过建立进口食品经销企业与消费者的博弈模型,分析企业经销不合格进口食品概率与消费者对进口食品监督维权概率的影响因素认为:进口企业经销不合格食品概率随着进口食品数量增加而减小,随着食品消费支出增加而减小,随着政府部门监管水平提高而增大,随着进口食品效用倍数增加而减小,随着进口食品效用增加值增加而增大,随着合格进口食品价格上涨而减小,随着不合格进口食品价格上涨而减小;消费者对食品安全监督维权概率随着进口食品数量增加而增大,随着食品方面消费支出增加而增大,随着政府部门监管水平提高而减小,随着合格进口食品价格上涨而减小,随着不合格进口食品价格上涨而增大,随着合格进口食品的单位经销成本增加而增大,随着不合格进口食品的单位经销成本增加而减小;随着不合格进口食品相对营销支出增加而减小。其次,通过选取2010—2014年我国四类大宗进口食品的抽检不合格率、进口食品量、食品消费支出、监管年度的面板数据建立计量经济模型,实证分析进口食品不合格率的监管、消费等影响因素表明:进口食品量、食品消费支出对进口食品不合格率具有负向影响,对消费者监督维权概率具有正向影响,食品安全监管水平对进口食品不合格率具有正向影响,对消费者监督维权概率具有负向影响,这与博弈模型理论分析结论一致。

二、我国食品安全供需失衡本质原因剖析的主要结论

针对我国食品安全供不应求与供过于求、国内外食品供求差异显著的有效供给不足与无效供给过剩的现状分析入手,以"三聚氰胺"事件和海淘奶粉等实例,从食品安全的有效信息供给短缺、信任危机始终存在、供给主体的信

誉无保证等主要方面,对我国食品安全的市场机制与政府机制双重作用的必要性以及互补性不足进行论证。从市场与政府的双重互补作用角度,以农产品质量追溯体系建设为例进行阐释,提出了以有效食品安全需求为前提,促进有效食品安全供给,实现食品安全供求均衡的对策依据。

三、食品安全供需视角下价格与质量安全水平研究的主要结论

（一）双重质量安全水平下食品制造商与零售商的价格决策及协调机制结论

针对由制造商与零售商决定的双重质量安全水平都会对市场上的食品需求量产生显著影响,进而可能改变他们的相关决策,建立制造商与零售商不同合作模式下的博弈模型,分析不同模式下的质量安全水平、批发价格、边际加价以及利润。主要结论表明:制造商与零售商在各自独立模式中的零售价格始终都不是最低的;具有领导者优势的主体在其主导模式中的利润比独立模式中的更高。这与不考虑或者仅考虑单一质量安全水平对需求量影响时的结论不相一致,主要是质量安全水平的成本收益对主体决策产生了重要影响;相比于其他模式,合作一体化模式中制造商或者零售商决定的质量安全水平都是最高的。依据制造商与零售商的质量安全水平对食品需求量的影响程度、相应的质量安全水平边际成本以及食品需求的价格敏感度设置适当的合作利润分配比例的协调机制,能够激励制造商与零售商实现合作一体化模式的最优质量安全决策。

（二）不同时序下食品供应商的价格和质量安全水平决策的结论

针对食品供应商生产产品直接供给到市场,由单个供应商或者两个供应商决定产品质量安全水平的不同情况,重点分析了两个供应商同时以及按照先后顺序进行的价格和质量安全水平决策。主要结论表明:市场监管环境、产品价格的质量安全敏感度以及标准质量安全敏感度对供应商供给的产品质量安全水平、价格及利润具有直接影响;两个供应商决定供给高、低质量安全水平不同的产品时,其质量安全水平都低于单个供应商供给产品的标准质量安全水平。市场监管环境的改善有利于产品质量安全水平的提升以及优质优价的实现。

（三）需求拉动下的某类食品高价格成因分析的结论

从需求拉动的角度,以年份酒为例,分析了其高价格成因。在整个年份酒市场内外监管体系缺失的条件下,以消费层面作为需求拉动年份酒高价格的根源,逐渐到上游零售层面的加剧高价格的竞争性因素,再到生产层面的成本传导因素。研究认为:消费终端的需求拉动是造成年份酒高昂价格、低劣品质的本质根源,进而使上游零售商为逐利竞相采取各种包装、广告等营销策略。为应对上涨的营销成本,零售商通过压低进价,使生产商与其进行成本分摊。为抵消部分成本,生产商供应了劣质假冒的年份酒。此外,内外部监管体系的缺失,放任了上述年份酒生产、零售与消费链条的持续运行。

（四）产品可替代条件下最优价格及其影响因素分析的结论

一般同类食品间通常具有可替代性,针对一个供应商与多个零售商的供应链结构,建立优化模型分别分析了产品替代程度与零售商数量不同时,在分散与集中模式中他们的最优价格及其影响因素。研究结果表明:在分散模式中,对于原料批发价格、市场基本需求量、零售商数量具有正效应,零售商的加工包装成本具有负效应;对于产品零售价格,无论在分散模式还是集中模式中市场基本需求量或者零售加工包装成本具有正效应,在分散模式中其他竞争性零售商的加工包装成本具有负效应,而在集中模式中其他竞争性零售商的加工包装成本具有正效应。

（五）废弃食品回流再造食品安全问题中的价格及其影响因素分析的结论

在回流再造食品与新产品存在竞争性替代关系背景下,建立优化模型分析食品制造商与收购者关于回流再造食品和新产品价格的决定及相应的影响因素。研究结果表明:作为同一利益主体,生产制造昂贵食品不利于制造商获利,而回流再造成本越低,对制造商通过回流再造获利越有利;若食品制造商和收购者各自独立决定价格,收购者进行回流再造的行为会干扰当前食品零售市场;由于回流再造食品的价格比较优势,在信息不对称时消费者会倾向选择回流再造食品。

四、食品安全供需视角下食品安全信息研究的主要结论

本章首先基于信息不对称理论,分别分析了信息不对称导致食品安全信息难以有效传递以及食品市场的逆向选择和道德风险问题。在此基础上开展了专题研究,得到以下主要结论。

（一）公共信息对称溢出时消费者的食品安全信息分析的结论

通过建立消费者关于食品安全信息的效用函数优化模型,具体分析当公共信息具有对称溢出效应时,消费者食品安全的最优公共信息及其与私有信息的关系。研究结论表明:消费者个人实现对应食品安全信息的效用最大化时,私有信息量的增加必将减少同等公共信息量;在当前网络等公共信息获取渠道较为便利的条件下,对于某些公共食品安全信息的获知,一般消费者都是相同的;当消费者所在的同类食品消费圈子中每个消费者间的公共信息溢出效应相同时,那么单个消费者实现自身对应食品安全信息的效用最大化时,其私有信息量的减少将需要增加大于消费圈子溢出效应的公共信息总量,才能保持其效用不变。

（二）信息不对称条件下食品供应商与零售商的合作合同分析的结论

在信息不对称条件下,通过建立数理模型分析了既能揭露供应商真实食品质量安全类型,同时又可以激励零售商付出促进食品质量安全的不可证实努力水平的合作合同。研究认为:在信息不对称条件下食品质量安全类型为好的情况时,零售商获得的利润和向供应商支付的固定费用是供应商的伪装成本与零售企业保留利润的差额的增函数。当零售商通过其他渠道采购的机会成本较高时,供应商伪装为供给食品质量安全类型好的食品成本较高情况下,零售商获利和支付给供应商的固定费用都较低,食品供应商和零售商都很少有经济动力伪装为高质量安全水平食品的供给者。

（三）基于信息有效传递和揭示的不同食品安全追溯体系实施模式中企业决策的结论

食品安全追溯体系是披露食品质量安全信息的工具,它基于食品质量安全信号传递机制,能够对食品供应链全过程信息进行有效衔接和监控,有利于缓解食品市场上信息不完全、不对称的问题。通过构建企业成本最小化的优化模型,分析了在企业自有基地生产和"农户+合作社+企业"两种不同食品安全追溯体系实施模式中,企业实施追溯体系的相关决策。主要结论表明:在企业自有基地生产模式中,若企业供给安全食品生产努力的边际成本等于相应该努力水平带来的预期损失减小值,并且企业实施具有一定成功率追溯体系的边际成本等于相应该成功率提高带来的预期损失减小值时,企业将付出相对自身总成本最小的最优努力水平和提供最优追溯成功率;在"农户+合作社+企业"模式中,企业通过与合作社签订合同,规定农户供给安全食品生产的努力水平,并提供给农户固定合作投资资金以及确定自身实施追溯体系的最优成功率,企业实施追溯体系越成功,但对合作社农户的安全生产激励却起到削弱作用。政府相关部门对合作社农户进行扶持和补贴,或者对企业实施优惠税收等财政政策,能够激励农户参与合作,更有利于"农户+合作社+企业"模式的发展。

五、食品安全供需视角下信任与质量安全水平研究的主要结论

（一）基于社会网络的我国食品安全信任危机探讨的结论

通过对我国典型食品安全事件的总结,探讨由此造成的食品安全品牌信任危机,进而扩展到以社会网络为背景下政府、企业、传媒和消费者及其之间对食品安全信任的作用机制的分析。研究认为:要恢复消费者对食品安全的信任,就要以社会网络为背景,分析产生食品安全信任危机的原因,研究影响信任的因素,传递信任的机制,重建信任的途径。而作为社会网络中重要节点的政府,其首要职责是制定规则,完善健全的法律制度和监管体系;企业应以社会责任、道德标准为经营的理念,尤其是品牌企业应发挥榜样作用。在当前食品安全信任危机日益凸显之时,应立足于整个社会网络,研究从各个节点如何恢复消费者对食品安全的信任,从根本上改善食品安全所带来的社会福利,更好地促进我国和谐社会的发展进程。

（二）消费者对食品安全的信任度及信任传递机制的定量模型分析的结论

通过建立消费者个体对食品安全的信任度决定模型,以及信任在较差和较好两种信任环境下的传递机制,研究得出了消费者对食品安全的信任度是由消费者对某类食品安全的直接信任度和来自其他个体的间接信任度所决定的;同时考虑到信任度的可靠性和动态性,引入时间因素进行修正,得出在较差的信任环境下信任传递使得信任状态逐渐恶化,在较好的信任环境下信任

传递使得信任状态逐渐改善。

（三）不同食品安全信任环境下企业生产决策优化及其消费者效用的结论

由于产品质量安全水平一般具有经验品和信任品的特征,考虑到消费者对产品平均质量安全水平的预期不同会直接影响产品需求,分别分析了在完全垄断与完全竞争市场中,由于外部消费环境好或者差,而导致消费者对产品质量安全水平预期一般与较低时,企业生产的产量、利润及相应的消费者效用。研究认为:无论企业生产的产品质量安全水平高或低,消费者对产品平均质量安全水平越敏感、关注度越高,社会舆论、公众对产品质量安全水平的监督力度就会增强,相应地企业供给高质量安全水平产品数量会增加;若企业仅生产高质量安全水平产品,改变外部消费环境,引导消费者正确认识市场上产品质量安全水平是非常重要的;若企业仅生产低质量安全水平产品,当消费者质量安全水平敏感度相比于低质量安全水平较低,并且高质量安全水平相比于低质量安全水平较高,在这种极低的质量敏感度下,同时外部消费环境较差时低质量安全水平的影响作用更弱。

（四）信任危机下企业和消费者的最优食品安全努力水平分析的结论

由于近年来食品安全事件频发,消费者对国内食品安全产生了极大的信任危机,考虑到食品供给企业和消费者的食品安全措施具有替代和互补不同关系,分别构建了以企业和消费者作为领导者的斯坦科尔伯格博弈模型。主要研究表明:当企业和消费者必须共同努力采取食品安全措施才能确保最终的食品安全时,无论是企业还是消费者具有主导优势,两者的最优努力水平都具有相互正效应;当企业和消费者至少有一方努力采取食品安全保障措施才能确保最终的食品安全;无论是企业还是消费者具有主导优势,两者的最优努力水平都具有相互负效应。

六、食品安全供需视角下信誉与质量安全水平研究的主要结论

（一）我国品牌企业的食品安全控制及其政府监管分析的结论

利用信誉机制和规制理论,分析了品牌企业基于自身信誉做出的食品安全相关的生产检测等控制决策及其相应的政府监管机制。研究表明:在对未

来经营出现食品安全问题具有乐观预期的"无限期经营"企业与持有谨慎态度的"有限期经营"企业对产品质量安全的检测水平,受到消费者对食品安全重视程度的正向影响、检测控制成本和食品价格的负向影响。并且从供给推动与需求拉动两方面提出了具体的政府监管机制。

(二) 具有品牌信誉零售商视角下食品安全的政府监管与零售商检验的联动机制结论

以具有品牌信誉的零售商对上游供应商的质量安全检验与政府食品安全监管水平的联动机制为研究对象,建立优化模型分别分析了零售商主导与零供一体化模式中的政府部门食品安全监管水平与零售商质量安全检验精确度的联动机制及其影响因素。主要结论表明:供应商对质量安全问题的赔偿额度过低或者过高会导致零售商质量安全检验不作为或者检验过度,以及政府监管不利或者监管过度的后果;只有零售商的品牌信誉价值相对较高时,其在零供一体化模式中的质量安全检验精确度才更高。

(三) 国内企业信誉较低背景下国内外食品企业生产决策及其影响因素分析结论

当前我国食品安全现状引发国内消费者对国产食品严重的信任危机,国内食品企业信誉较低,与此同时消费者对同类的国外食品需求量激增。以食品企业生产决策这一微观视角入手,通过建立国内外食品企业的生产利润最大化模型,对生产某类存在食品质量安全水平缺口食品的国内外企业的生产决策及其关键影响因素进行分析。主要结果表明:国外食品价格加价率对国内外企业的食品质量安全水平之比及他们各自的质量安全水平、价格、国内企业利润和消费者福利都有正向影响,对需求量有负向影响;国内企业生产的低效性对国内外企业的食品质量安全水平之比和国外企业利润都有正向影响,对国内外企业的食品质量安全水平、需求量、国内企业利润和消费者福利都有负向影响。

七、食品安全供需视角下竞争与质量安全水平研究的主要结论

(一) 典型市场类型下消费质量预期变化的企业质量安全供给决策的结论

考虑到食品安全事件发生后消费预期同类食品或相关类别食品质量安全

水平变化对企业质量安全水平和食品供给数量决策的直接影响,分析了无限期的极端情况下典型市场类型——完全垄断、寡头垄断、完全竞争以及社会福利最大化下企业供给食品的质量安全水平和食品数量的决策。比较不同市场类型下的食品质量安全水平和数量,与通常结论相一致的是食品质量安全水平和数量都是在社会福利最大化下最大;完全竞争下的食品供给量高于完全垄断下的情况,不同的是食品质量安全水平在完全竞争下却低于完全垄断下的质量安全水平。说明在无限期情况下,考虑消费者受到食品安全事件的负面影响,导致他们对市场上食品的质量安全水平有较低预期,完全竞争市场的无数多企业与完全垄断企业相比,完全垄断企业的声誉责任以及危机应对感更强,采取食品安全措施的行动力更强。

(二) 典型市场类型中食品企业质量安全投资力度的结论

食品质量安全投资与价格决策是具有直接影响的,建立优化模型分析完全垄断和寡头垄断的两种典型市场类型中食品企业在质量安全方面进行投资的投资力度与价格决策。主要研究结论如下:在完全垄断下企业与消费者共同承担质量安全投资成本时,消费者的话语权更强;无论是企业和消费者共同承担质量安全投资成本还是企业单独承担投资成本,质量安全方面的投资力度受到相关因素的影响效应相同;从质量安全投资力度角度考虑,由消费者与企业共同承担食品质量安全投资的情形更有利于提高食品的质量安全水平。寡头垄断下当市场上存在两类企业分别供给高、低质量安全水平的同类食品时,基本需求量较大且生产成本较小的食品,以质定价的现象更为显著;当市场上存在两类企业分别供给高、低质量安全水平的同类食品时,基本需求量较大且生产成本较小的食品,两类企业在质量安全方面的投资力度差距更为显著。

(三) 竞争性同质食品企业的食品安全水平相关决策的结论

考虑到多个竞争性同质食品企业生产供给同类生活必需类食品时,既要投入相应的生产成本,又要为提高食品安全水平投入一定的专门成本,食品产量与质量安全水平之间具有交叉效应,通过优化模型分析了最优产量和食品安全水平及其影响因素。研究认为:在政府约束企业食品安全水平的条件下,当食品的基本价格与消费者对食品安全水平敏感度之和高于固定边际成本、召回总成本、食品安全水平的总成本之和时,企业决定的最优产量为正,即向市场上生产并供给符合政府约束标准的食品安全水平的产品。

（四）企业网络中竞争性企业食品安全努力水平的博弈分析结论

针对企业在食品质量安全方面的努力水平,建立优化模型以及博弈模型,分析了食品生产企业搭便车行为、单个企业与邻居节点企业之间的博弈。研究认为:单个企业以个体经济利益最大为目标决定的努力水平必然低于整个企业网络的最优努力水平;当邻居节点企业的努力水平具有正外部性时,企业网络中单个企业必然会选择搭便车,此时对应的企业网络利益与消费者福利都不是最优的。因此,通过对单个企业设计具体的监督激励机制,以改善企业网络与消费者的整体福利,能够提高食品质量安全水平。

八、食品安全供需协调与质量安全水平研究的主要结论

（一）质量安全市场需求效应视角下合作社与龙头企业的最优决策及协调策略结论

基于博弈理论和优化模型,比较分析了合作社与龙头企业一体化模式和龙头企业为主导的分散模式中的最优价格、利润和努力水平决策。研究认为:在龙头企业主导的分散模式中,龙头企业通过为合作社农户提供安全生产等努力成本补贴的协调策略,可以提高合作社与龙头企业的努力水平和利润,以及保障农产品质量安全水平,改善消费者福利。在农民专业合作社与龙头企业一体化模式中,合作社与龙头企业各自在农产品质量安全方面投入的努力水平和总利润,都高于在龙头企业主导模式中对应的值。实施该补贴协调策略后,龙头企业获得的边际加价高于未实施策略前的边际加价。

（二）风险规避零售商与"努力"制造商的质量安全相关决策及协调机制结论

针对由一个制造商和一个零售商构成的供应链,通过构建优化模型分别分析了分散模式与集中模式下的制造商努力水平、零售商支付给消费者的单位赔偿等主要决策及其影响因素。研究认为:相比于分散模式,以大型零售商为核心的集中模式更有利于提高产品质量安全水平,并且在该模式下的消费者福利能够得到更好的保障,此时制造商与零售商作为整体,对产品质量安全

都较为重视,企业信誉水平和产品声誉水平都相对较高;协调机制分析表明通过设定合理的索赔额等契约条款,能够实现不同模式下产品质量安全相关决策的协调。

(三)具有质量安全惩罚主导权零售商与供应商的食品安全检测水平及其协调结论

针对一个具有质量安全惩罚主导权的零售商与一个供应商,建立了他们关于各自质量安全检测水平的优化模型,分析了他们各自独立与合作一体化模式下的质量安全检测水平决策,重点探讨了零售商对供应商实施质量安全惩罚时检测水平受到的影响。研究认为:在供应商与零售商各自独立决定自身的检测水平时,零售商加大对供应商质量安全问题的惩罚力度,能够发挥其对供应商的监督激励作用,而零售商检测水平的提高会使供应商降低自身的检测水平。对于检测水平相对薄弱的供应商,为减少质量安全问题发生的风险,零售商会有动力对其进行质量安全惩罚。相比于各自独立的情况,供应商与零售商合作一体化时,供应商的检测水平更高;而只有当零售商对供应商的惩罚额较高时,零售商的检测水平才更高。

(四)供应链回收环节的食品安全问题及其监管对策的结论

从我国食品供应链回收环节的典型案例剖析入手,分析了回收环节普遍存在的过期食品回流与再造、病死动物的非法贩卖与丢弃、地沟油黑色产业链等问题及其监管困境。研究表明:过期食品的回收处理有效利用将实现食品供应链的有效延伸,从根本上解决回收环节的食品安全问题。借鉴国外发达国家处理这些问题的成功经验,提出在回收环节实施资源化有效利用及如何具体实施的对策。

(五)不同废弃食品回收模式中制造商与零售商的相关决策及其影响因素分析的结论

考虑回收行为对食品需求的正向影响效应,针对食品制造商和零售商分别负责回收食品的不同模式的相关决策问题,建立制造商与零售商各自负责回收下斯坦科尔伯格博弈模型,分析相应的批发价格、零售价格和回收比例及其影响因素。主要结果表明:具有主导优势的主体负责回收食品将更有利,并且高回收补贴对应高需求刺激效应,低回收补贴对应低需求刺激效应,需求价格敏感性对食品回收行为具有一定的挤出效应。

（六）回收环节的食品安全问题解决对策研究的结论

面对日益突出的供应链回收环节主要食品安全问题，以废弃农产品为例分析主要的补贴和保险等政府应对策略机理和措施。

1. 废弃农产品回收处理及补贴策略分析的结论

针对我国废弃农产品回收处理现状，总结提炼存在的主要问题，分别分析了处理商间接回收与直接回收模式中处理商和回收企业关于回收价格、回收量和回收服务水平的决策，并提出相应的补贴策略。研究认为：为使处理商间接回收模式能够实现直接回收模式的回收绩效，政府有关部门可以通过多种形式对处理商进行处理收益补贴，或者对回收企业进行回收收益补贴，亦或对回收企业进行回收成本补贴，激励处理商和回收企业积极地回收处理废弃农产品。但要依据补贴对象和补贴途径的不同而决定不同的补贴额度，并且对处理商和回收企业进行单位收益的补贴更有助于实现与直接回收模式中主要决策变量相同的目标。

2. 废弃农畜产品回收环节农业保险主体决策分析的结论

为明确回收环节实施农业保险相关主体——农户、保险公司与政府部门的参与决策及其影响因素，促进这一环节农业保险的顺利开展，考虑到消费者对社会效益的重视程度，利用优化模型分析了供应链回收环节农业保险参与主体的农户努力水平、保费等决策以及政府补贴等因素的影响效应。研究表明：当消费者对质量安全水平的重视程度过高或者过低时，增强消费者的该重视程度对农户来说不一定是有利的；政府补贴比例越小以及消费者对环境等社会效益的重视程度越弱，保险公司的预期利润就会减少。

第二节　我国食品安全供需失衡下
政府监管机制设计对策

食品安全是重大民生问题、重大经济问题和重大政治问题。近年来频发的食品安全事件激发了消费者对食品安全的迫切需求。同时，政府监管力度的增强也促进了企业对食品安全的供给。然而，我国目前食品安全供需失衡的问题仍然存在着，国内食品安全有效供给不足的问题亟待解决。一方面，我国食品安全监管体系不完善，消费者食品安全意识薄弱以及企业趋利行为严重，致使具有准公共物品性质的"食品安全"有效供给不足。食品安全事件频发导致的食品安全信任危机，一方面加剧了消费者对国内食品的恐惧感，强化了国内市场对食品安全的迫切需求。通过对消费者购买意愿、信任感知、实际购买国内与国外食品的数量和价格、购买品牌等方面的比较，可以看到表面需求扩张而有效供给不足的现状。例如，香港奶粉限购、国外奶粉抢购潮，进口与国产奶粉销量的极大反差，都表明了我国食品安全目前仍然难以摆脱供需失衡的困境。另一方面，尽管近年来我国食品安全监管机制逐渐得到强化，但同一个"企业"供给的同类出口与进口食品之间的质量安全性存在极大反差的事实，又让人们质疑国内安全食品供给是否得到了真正的提升。从食品的销售价格与销量、内销与外销食品的质量安全控制、食品安全事件发生前后的企业规模、生产技术条件改良升级等方面的比较来看，一些食品表面上看似乎是供给过剩，而实际上则是基于食品安全的有效供给依然不足。例如，在"毒生姜"事件中，同一产地出口与内销姜的质量安全差距竟然达到天壤之别。因此，根据本书的研究，总结并提出我国食品安全供需失衡下政府监管机制设计的理论依据与对策如下。

一、激发市场治理优势的政府监管机制是解决食品安全供需失衡的关键

食品市场是一个典型的"柠檬市场"，要解决我国食品安全有效供给不足的问题，单纯依赖孤立的政府监管机制是不可行的。必须充分发挥而不是替代市场治理的作用，挖掘政府监管与市场治理的内在关联互补性，激发政府监管对市场治理的协同优势，食品安全的政府监管才能事半功倍。《中共中央关于全面深化改革若干重大问题的决定》中指出：政府要在加强市场监管，弥补市场失灵等方面发挥主要作用。习近平在主持中共中央政治局第十五次集体学习时强调：使市场在资源配置中起决定性作用、更好地发挥政府作用，既是一个重大理论命题，又是一个重大实践命题。"看不见的手"和"看得见的手"都要用好，努力形成市场作用和政府作用有机统一、相互补充、相互协调、相互促进的格局,推动经济社会持续健康发展。为此,针对当前政府监管机制存在的缺陷,必须依据有效供给不足的影响因素及机制设计理论,对应食品安全市场的供求双方,从制约市场治理的价格、信誉、信息、信任与市场竞争等方面,研究细化我国食品安全的供给推动、需求拉动与供求协调的政府监管机制。

二、建立供给推动的政府监管机制

一是政府要从价格与质量安全、企业利润的关系,市场结构、行业规模、企业特征角度,监督企业或行业形成符合投入产出比的价格机制。二是要依据信誉机制发挥作用的前提——市场利益的显著增加与企业累积信誉所投入的适当成本,从不同质量安全等级对应合理价格的监督、不同类型企业的信誉与所在行业信誉的评估与公开、市场环境建设的角度,确立政府监管的信誉机制。三是要从企业规模、分布与组织模式、市场结构角度,通过对同类食品企业实施统一的市场准入与退出、奖惩措施等,加强行业规范,确立公平有效的市场竞争机制。

三、建立需求拉动的政府监管机制

一是政府要从食品的质量安全等级细分、不同消费者群体的收入、购买意愿等需求影响因素角度,引导需求主体形成优质优价的价格机制。二是要依据信息机制发挥作用的前提——消费者理性推测与有效甄别,从食品安全知识传播、虚假信息排查与立法规制、信息发送形式与披露时间、信息发布机构及再监督机构的角度,确立政府监管的信息机制。三是为重建消费者信任机制,要从质量安全保证承诺规范化法制化、第三方(质量安全认证与检测等机构)监督和失责的惩罚与退出、政府监管绩效的公众可信性角度,建立政府监管的信任机制。

四、建立供求协调的政府监管机制

一是政府要基于供求双方的价格形成机制,依据当前食品价格与理论分析的均衡价格间的差异,量化价格与质量安全的不同关系,形成协调质量等级与价格的监管机制。二是要在量化企业食品安全惩罚与补偿额度、消费者效用损失的关系基础上,结合当前食品安全法律法规条款,从惩罚约束与利益补偿的互补角度,进一步完善政府监管的奖惩机制。三是针对典型食品安全事件的跨区域产业链条化特征,建立政府部门之间合作式的行政干预与经济措施(补贴、保险等方式)的合理调配机制,诱导市场供求主体实现资源的有效配置。

总之,当前我国食品供给必须兼顾数量与质量安全,否则将进一步加剧供需失衡,引发经济、政治与社会等一系列问题。在当前我国食品安全供需失衡的现状下,针对我国政府监管与市场治理的内在关联性不足等问题,从约束与激励企业有效供给、培育消费者有效需求以及协调食品安全供求方面建立相应的政府监管机制,丰富立足于市场的我国食品安全政府监管机制理论,为处理好政府与市场的关系,加强政府监管体制和机制改革创新,提供重要的理论补充。在当前政府监管体制改革无法立即显现作用的情况下,要从如何提高企业有效供给与如何满足消费者有效需求的角度,进一步细化政府监管机制,激发市场治理作用,发挥政府监管的协同优势,为健全我国食品安全的政府监管机制,确保广大人民群众"舌尖上的安全"提供有力的理论依据。

主要参考文献

一、中文参考文献

1. 毕淑娟:《跨境电商　进口食品安全新规呼之欲出》,《中国联合商报》2015 年 11 月 16 日。

2. 陈秉恒、钟涨宝:《基于物联网的农产品供应链安全监管问题研究》,《华中农业大学学报》(社会科学版)2013 年第 4 期。

3. 程江华、闫晓明、何成芳等:《基于 4R 理论的农产品加工业废弃物循环利用初探》,《农产品加工学刊》2010 年第 11 期。

4. 程淼、何坪华:《乳制品质量安全事件的溢出效应分析——以蒙牛食品危机事件为例》,《世界农业》2015 年第 8 期。

5. 陈梅、茅宁:《不确定性、质量安全与食用农产品战略性原料投资治理模式选择——基于中国乳制品企业的调查研究》,《管理世界》2015 年第 6 期。

6. 陈瑞义、琚春华、盛昭瀚等:《基于零售商自有品牌供应链质量协同控制研究》,《中国管理科学》2015 年第 8 期。

7. 陈瑞义、石恋、刘建:《食品供应链安全质量管理与激励机制研究——基于结构、信息与关系质量》,《东南大学学报》(哲学社会科学版)2013 年第 4 期。

8. 陈一凡、薛巍立:《存在追溯的贸易信贷与产品质量安全的关系研究》,《统计与决策》2014 年第 8 期。

9. 曹艳秋:《财政补贴农业保险的双重道德风险和激励机制设计》,《社会科学辑刊》2011 年第 2 期。

10. 杜创:《信誉、市场结构与产品质量——文献综述》,《产业经济评论》

2009 年第 3 期。

11. 丁国杰:《解决食品安全问题的市场化路径探析》,《科学发展》2011年第 12 期。

12. 定明捷、曾凡军:《网络破碎、治理失灵与食品安全供给》,《公共管理学报》2009 年第 4 期。

13. 代文彬、慕静:《食品供应链安全透明演进路径与机理研究》,《商业经济与管理》2013 年第 8 期。

14. 樊斌、李翠霞:《基于质量安全的乳制品加工企业隐蔽违规行为演化博弈分析》,《农业技术经济》2012 年第 1 期。

15. 福山:《信任:社会道德和繁荣的创造》,远方出版社 1998 年版。

16. 樊行健、周冰:《建立确保食品安全的供应链追溯体系》,《光明日报》2013 年 5 月 25 日。

17. 付小勇、朱庆华、赵铁林:《基于逆向供应链间回收价格竞争的回收渠道选择策略》,《中国管理科学》2014 年第 10 期。

18. 刚号、唐小我:《基于制造商"努力"的供应链最优策略选择》,《中国管理科学》2014 年第 22 期。

19. 郭兰英、单飞跃、赵文焕:《食品安全自媒体监督:现状、问题及其法律规制》,《宏观质量研究》2014 年第 1 期。

20. 郭敏、王红卫:《合作型供应链的协调和激励机制研究》,《系统工程》2002 年第 4 期。

21. 龚强、张一林、余建宇:《激励、信息与食品安全规制》,《经济研究》2013 年第 3 期。

22. 宫玉斐、霍一夫:《上海福喜被曝使用过期变质肉舌尖上的安全谁来保障》,《中国质量报》2014 年 7 月 22 日。

23. 何海泉、周丹:《婴儿奶粉安全性对消费者选择行为的影响》,《财经理论研究》2014 年第 1 期。

24. 侯玲玲、穆月英、曾玉珍:《农业保险补贴政策及其对农户购买保险影响的实证分析》,《农业经济问题》2010 年第 4 期。

25. 何坪华:《风险成本视角下违禁药品滥用的成因及其治理——以瘦肉

精监管为例》，《华中农业大学学报》（社会科学版）2012年第2期。

26. 胡强、曹东、贺小刚等：《不对称信息下政府与回收处理企业激励契约设计》，《软科学》2014年第10期。

27. 洪巍、吴林海：《中国食品安全网络舆情事件特征分析与启示——基于2009—2011年的统计数据》，《食品科技》2013年第8期。

28. 华瑛、张治河：《基于企业社会责任视角的食品安全问题研究》，《宏观经济研究》2014年第10期。

29. 鞠芳辉、谢子远、宝贡敏：《企业社会责任的实现—基于消费者选择的分析》，《中国工业经济》2005年第9期。

30. 江世英、李随成：《考虑产品绿色度的绿色供应链博弈模型及收益共享契约》，《中国管理科学》2015年第6期。

31. 金玉芳、董大海：《中国消费者品牌信任内涵及其量表开发研究》，《预测》2010年第5期。

32. 李朝伟、陈青川：《澳大利亚的食品回收管理》，《中国检验检疫》2000年第9期。

33. 吕光明、杨滨嘉、吕百芳：《我国食品渠道和非食品渠道的价格传导机制研究》，《价格理论与实践》2013年第2期。

34. 刘焕明、浦徐进、蒋力：《食品安全的政府规制——基于企业和消费者微观行为的角度》，《当代经济研究》2011年第11期。

35. 刘鸿雁、龚晶：《全脂奶粉贸易自由化的空间均衡分析》，《中国农村经济》2008年第6期。

36. 李建军、徐海涛、韦晓群：《国际进口食品安全管理的主要经验及对我国的启示》，《中国食品卫生杂志》2014年第6期。

37. 黎继子、周德翼、刘春玲等：《论国外食品供应链管理和食品质量安全》，《外国经济与管理》2004年第12期。

38. 李丽君、黄小原、庄新田：《双边道德风险条件下供应链的质量控制策略》，《管理科学学报》2005年第1期。

39. 刘凌霄：《农产品逆向物流的博弈分析》，《物流技术》2013年第3期。

40. 李明强、叶文嬿、沈双莉：《关于农业保险中保险人主体的探讨》，《农业经济问题》2006 年第 7 期。

41. 刘鹏、刘志鹏:《食品生产加工安全监管如何亡羊补牢:基于对上海福喜事件的政策反思》,《当代经济管理》2014 年第 11 期。

42. 鲁其辉、朱道立:《质量与价格竞争供应链的均衡与协调策略研究》,《管理科学学报》2009 年第 3 期。

43. 刘任重:《食品安全规制的重复博弈分析》,《中国软科学》2011 年第 9 期。

44. 李胜利、刘玉满、毕研亮等:《2012 年中国奶业回顾与展望》,《中国畜牧杂志》2013 年第 2 期。

45. 李腾飞、王志刚:《食品安全监管的国际经验比较及其路径选择研究——一个最新文献评介》,《宏观质量研究》2013 年第 2 期。

46. 林挺、李杨、张亮:《"羊群效应"导致逆向选择的食品安全问题的博弈分析与对策研究》,《长春理工大学学报》(社会科学版)2014 年第 2 期。

47. 刘鹏、刘思、佟锡尧:《科技创新、产业政策与食品安全:"地沟油"问题的治理之道》,《中国卫生政策研究》2014 年第 7 期。

48. 李婷、刘武兵:《市场开放条件下的中国乳制品产业发展》,《世界农业》2012 年第 11 期。

49. 廖卫东等:《食品公共安全规制制度与政策研究》,经济管理出版社2011 年版。

50. 李新春、陈斌:《企业群体性败德行为与管制失效》,《经济研究》2013年第 10 期。

51. 刘晓红:《基于前景理论的食品企业安全监管演化博弈研究》,《中国商贸》2015 年第 2 期。

52. 李想:《信任品质量的一个信号显示模型:以食品安全为例》,《世界经济文汇》2011 年第 1 期。

53. 李永飞、苏秦、童键:《基于客户质量需求的供应链协调研究》,《软科学》2012 年第 8 期。

54. 李颖:《高端市场"年份白酒"多是噱头》,《中国质量万里行》2013 年第 1 期。

55. 李勇杰:《论农业保险中道德风险防范机制的构筑》,《保险研究》2008年第 7 期。

56. 李艳君:《中国乳制品进口贸易特点和前景》,《农业展望》2011 年第10 期。

57. 刘玉满、李静:《进口奶粉对我国奶业的影响——黑龙江完达山乳业调研报告》,《中国畜牧杂志》2011 年第 8 期。

58. 刘艳秋、周星:《基于食品安全的消费者信任形成机制研究》,《现代管理科学》2009 年第 7 期。

59. 李颖:《新〈食品安全法〉保障进出口食品安全》,《中国质量万里行》2015 年第 12 期。

60. 刘增金、乔娟、王晓华:《品牌可追溯性信任对消费者食品消费行为的影响》,《技术经济》2016 年第 5 期。

61. 马琳:《食品安全规制:现实、困境与趋向》,《中国行政管理》2015 年第 10 期。

62. 马祖军、胡书、代颖:《政府规制下混合渠道销售/回收的电器电子产品闭环供应链决策》,《中国管理科学》2016 年第 1 期。

63. 彭晖、王奕淇:《消费者食品安全行为影响因素的统计检验》,《统计与决策》2013 年第 6 期。

64. 彭建仿:《龙头企业主导下农产品供应链源头质量管理模式研究》,《西安财经学院学报》2013 年第 2 期。

65. 潘巧莲:《上海福喜事件影响持续》,《中国畜牧杂志》2014 年第 50 卷第 20 期。

66. 潘士远、史晋川:《信息不对称、逆向选择和市场均衡》,《经济学》2004 年第 3 期。

67. 潘文军、王健:《食品安全问题研究:基于供应链网络视角》,《中国科技论坛》2014 年第 9 期。

68. 浦徐进、蒋力、吴林海:《强互惠行为视角下的合作社农产品质量供给治理》,《中国农业大学学报》(社会科学版)2012 年第 1 期。

69. 浦徐进、朱秋鹰、曹文彬:《公平偏好、供应商主导和双边努力行为分析》,《预测》2014 年第 1 期。

70. 平新乔、郝朝艳:《假冒伪劣与市场结构》,《经济学》2002 年第 2 期。

71. 裴勇、郭晨凯:《农产品价格波动原因的实证分析——市场供需还是金融因素》,《北京工商大学学报》(社会科学版)2013 年第 4 期。

72. 仇焕广、黄季、杨军:《政府信任对消费者行为的影响研究》,《经济研究》2007 年第 6 期。

73. 戎素云:《食品安全供给绩效恢复机制及其作用——基于政府角度》,《企业导报》2012 年第 7 期。

74. 孙柏瑛、李卓青:《政策网络治理:公共治理的新途径》,《中国行政管理》2008 年第 5 期。

75. 盛大林:《西瓜膨大剂对人体到底有没有害处》,《中国经济时报》2011 年 5 月 19 日。

76. 施红:《美国农业保险财政补贴机制研究回顾》,《保险研究》2008 年第 4 期。

77. 孙浩、张桂涛、钟永光、达庆利:《政府补贴下制造商回收的多期闭环供应链网络均衡》,《中国管理科学》2015 年第 1 期。

78. 孙洪霞:《中国进口奶粉市场研究》,《国际商贸》2015 年第 1 期。

79. 沈进昌、杜树新、罗祎等:《进出口食品风险综合评价模型》,《科技通报》2012 年第 5 期。

80. [英]桑吉夫·戈伊尔:《社会关系网络经济学导论》,吴谦立译,北京大学出版社 2010 年版。

81. 石岿然、盛昭瀚、马胡杰:《双边不确定性条件下制造商质量投资与零售商销售努力决策》,《中国管理科学》2014 年第 1 期。

82. 沈丽、芮嘉明:《过期食品逆向流动原因及解决方法探讨》,《安徽农业科学》2013 年第 5 期。

83. 孙梅、赵越春、李广水:《食品安全视角下绿色农产品供应商的选择》,《江苏农业科学》2013 年第 12 期。

84. 庹国柱、王国军:《中国农业保险与农村社会保障制度研究》,首都经济贸易大学出版社 2002 年版。

85. 谭洁:《论我国食品安全的标准化监管——以〈中华人民共和国食品安全法〉为视角》,《学术论坛》2013 年第 11 期。

86. 涂建明:《基于公共董事制度的食品安全问题治理机制创新》,《当代经济管理》2015 年第 7 期。

87. 陶善信、周应恒:《食品安全的信任机制研究》,《农业经济问题》2012年第 10 期。

88. 王彩霞:《政府监管失灵、公众预期调整与低信任陷阱——基于乳品行业质量监管的实证分析》,《宏观经济研究》2011 年第 2 期。

89. 王海萍:《食品供应链的安全监管》,《社会科学家》2010 年第 9 期。

90. 王洁:《供应链结构特征、机制设计与产品质量激励》,《中国工业经济》2010 年第 8 期。

91. 王冀宁、缪秋莲:《食品安全中企业和消费者的演化博弈均衡及对策分析》,《南京工业大学学报》(社会科学版)2013 年第 3 期。

92. 王军、宋岭、王树声:《政策性农业保险中农民与保险公司行为的博弈分析》,《农业经济》2008 年第 3 期。

93. 王可山:《食品安全政府监管的困境与对策研究》,《宏观经济研究》2012 年第 7 期。

94. 王可山、苏昕:《制度环境、生产经营者利益选择与食品安全信息有效传递》,《宏观经济研究》2013 年第 7 期。

95. 王克、张峭、肖宇谷等:《农产品价格指数保险的可行性》,《保险研究》2014 年第 1 期。

96. 吴林海、钱和等:《中国食品安全发展报告 2012》,北京大学出版社2012 年版。

97. 吴林海、徐玲玲、朱淀、刘晓琳:《企业可追溯体系投资意愿的主要影响因素研究:基于郑州市 144 家食品生产企业的案例》,《管理评论》2014 年第1 期。

98. 吴林海、张秋琴、山丽杰、陈正行:《影响企业食品添加剂使用行为关键因素的识别研究:基于模糊集理论的 DEMATEL 方法》,《系统工程》2012 年第 7 期。

99. 王丽娜:《中外食品安全多维监管模式比较与启示——以企业社会责任机制为视角》,《南京大学法律评论》2013 年第 2 期。

100 王敏俊:《我国农业保险的政策性分析与路径选择:一个新构想》,《农业经济问题》2007 年第 7 期。

101. 汪普庆、李晓涛:《政府监管方式与措施对食品安全的影响分析——基于计算机仿真的方法》,《宏观质量研究》2014 年第 4 期。

102. 汪普庆、周德翼、吕志轩:《农产品供应链的组织模式与食品安全》,《农业经济问题》2009 年第 3 期。

103. 王平:《台产塑化剂流毒两岸四地》,《人民日报海外版》2011 年 6 月 2 日。

104. 魏权龄:《经济与管理中的数学规划》,中国人民大学出版社 2010 年版。

105. 武帅峰、陈志国、杨甜婕:《食品安全事件对相关上市公司的溢出效应研究——以酒鬼酒塑化剂风波为例》,《财经理论与实践》2014 年第 2 期。

106. 王胜雄:《促进我国乳业发展转型问题研究》,《农业经济问题》2012 年第 8 期。

107. 王文枝、李立、高飞等:《我国主要贸易国进口食品安全监管制度及通报机制》,《标准科学》2014 年第 1 期。

108. 吴修立、李树超、郑国生、杨信廷:《农产品质量安全问题中的信息不对称及其对策研究》,《当代经济管理》2008 年第 4 期。

109. 王秀清、孙云峰:《我国食品市场上的质量信号问题》,《中国农村经济》2002 年第 5 期。

110. 吴宪霞:《双汇"瘦肉精"事件引发的企业信用缺失的思考》,《中国集体经济》2011 年第 7 期。

111. 王莹:《进口奶粉对国内乳品产业链的冲击及对策建议》,《中国乳业》2010 年 10 期。

112. 吴亚明、陈晓星:《台湾 500 余项产品可能受污染》,《人民日报》2011 年 6 月 1 日。

113. 温燕:《农产品价格对农业保险投保及道德风险的影响:一个理论框

架及政策建议》,《保险研究》2013 年第 9 期。

114. 王永钦、刘思远、杜巨澜:《信任品市场的竞争效应与传染效应:理论和基于中国食品行业的事件研究》,《经济研究》2014 年第 2 期。

115. 王玉荣:《农产品逆向物流的运作模式及对策研究》,《物流工程与管理》2010 年第 4 期。

116. 王冉、姚舜、王铁军、陈芳:《美国进口食品安全管理机制分析》,《食品工业科技》2013 年第 11 期。

117. 王媛媛、王新:《过期食品出路探讨》,《生产力研究》2012 年第 11 期。

118. 吴元元:《信息基础、声誉机制与执法优化——食品安全治理的新视野》,《中国社会科学》2012 年第 6 期。

119. 王宇卓、聂永丰、任连海:《我国食品废物处理概况及管理对策探讨》,《环境科学动态》2004 年第 3 期。

120. 王耀忠:《食品安全监管的横向和纵向配置——食品安全监管的国际比较与启示》,《中国工业经济》2005 年第 12 期。

121. 王志刚、钱成济、周永刚:《食品安全规制对生产者福利的影响研究》,《现代管理科学》2013 年第 7 期。

122. 王中亮、石薇:《对进口奶粉价格垄断及国产奶粉信用危机的反思》,《价格理论与实践》2013 年第 11 期。

123. 王慧敏、乔娟:《农户参与食品质量安全追溯体系的行为与效益分析——以北京市蔬菜种植农户为例》,《农业经济问题》2011 年第 2 期。

124. 肖峰、王怡:《我国食品安全公众监督机制的检讨与完善》,《华南农业大学学报》(社会科学版)2015 年第 3 期。

125. 许民利、王俏、欧阳林寒:《食品供应链中质量投入的演化博弈分析》,《中国管理科学》2012 年第 5 期。

126. 谢家平、陈荣秋:《绿色产品回收策略的优化模型及应用》,《系统工程理论方法应用》2004 年第 1 期。

127. 肖平辉:《跨境电商进口食品安全监管新规:平台企业要保证所售食品安全》,《质量探索》2015 年第 11 期。

128. 夏英、宋伯生:《食品安全保障:从质量标准体系到供应链综合管理》,《农业经济问题》2001 年第 11 期。

129. 夏英、郑宇鹏:《基于畜产品的供应链逆向农产品质量安全管理案例分析》,《农业质量标准》2008 年第 22 期。

130. 叶飞、符少玲、杨立洪:《收益共享的供应链协作契约机制研究》,《工业工程》2006 年第 1 期。

131. 杨帆、宋小杰、韦文美:《农产品废弃物对染料废水处理研究进展》,《安徽建筑工业学院学报》(自然科学版)2009 年第 4 期。

132. 余吉安、杨斌:《质量伦理、信息传递与模式变革:社会责任视角下食品企业的战略创新》,《中国软科学》2016 年第 1 期。

133. 袁建华:《我国政策性农业保险公司模式研究》,《现代财经》2008 年第 2 期。

134. 余建宇、莫家颖、龚强:《提升行业集中度能否提高食品安全》,《世界经济文汇》2015 年第 5 期。

135. 于璐:《"农超对接"模式优化农产品安全供应链管理》,《河南农业》2014 年第 1 期。

136. 苑鹏:《对公司领办的农民专业合作社的探讨——以北京圣泽林梨专业合作社为例》,《管理世界》2008 年第 7 期。

137. 于荣、唐润、孟秀丽、陈欣、王海燕:《基于行为博弈的食品安全质量链主体合作机制》,《预测》2014 年第 6 期。

138. 杨万江:《食品安全生产经济分析》,中国农业出版社 2006 年版。

139. 袁文艺、胡凯:《食品安全管制的政府间博弈模型及政策启示》,《中国行政管理》2014 年第 7 期。

140. 杨雪美、冯文丽、刘亚妹:《我国农业保险信息不对称问题研究》,《技术经济与管理》2011 年第 4 期。

141. 岳贤平、顾海英:《国外零售企业专利许可行为及其机理研究》,《中国软科学》2005 年第 5 期。

142. 郁玉兵、熊伟、曹言红:《国外供应链质量管理研究述评与展望》,《管理现代化》2013 年第 3 期。

143. 鄞益奋:《网络治理:公共管理的新框架》,《公共管理学报》2007 年第 1 期。

144. 鄢章华、滕春贤、刘蕾:《供应链信任传递机制及其均衡研究》,《管理科学》2010 年第 6 期。

145. 周波:《柠檬市场治理机制研究述评》,《经济学动态》2010 年第 3 期。

146. 赵翠萍、李永涛、陈紫帅:《食品安全治理中的相关者责任:政府、企业和消费者维度的分析》,《经济问题》2012 年第 6 期。

147. 詹承豫、刘星宇:《食品安全突发事件预警中的社会参与机制》,《山东社会科学》2011 年第 5 期。

148. 郑风田、赵阳:《我国农产品质量安全问题与对策》,《中国软科学》2003 年第 2 期。

149. 张凤香、黄瑞华:《零售企业间专利技术交易中的道德风险博弈分析》,《科学管理研究》2004 年第 2 期。

150. 郑风田:《新食品安全监管机构还缺啥》,《中国畜牧业》2013 年第 8 期。

151. 宗国富、周文杰:《农业保险对农户生产行为影响研究》,《保险研究》2014 年第 4 期。

152. 张和群:《社会规制理论综述》,《中国行政管理》2005 年第 10 期。

153. 朱静波:《基于循环经济视角的农产品逆向物流运作模式与实施路径》,《湖北农业科学》2010 年第 49 卷第 10 期。

154. 赵良杰、武邦涛、陈忠、段文奇:《感知质量差异对网络外部性市场结构演化的影响》,《系统工程理论与实践》2011 年第 1 期。

155. 张丽、王永慧、林甦:《利率变动对地产板块的影响研究——基于事件研究法的实证分析》,《中国管理信息化》2010 年第 17 期。

156. 张目、韩雯:《政策性农业保险中保险公司激励问题研究:一个多任务委托代理模型》,《金融理论与实践》2014 年第 7 期。

157. 周明、张异、李勇等:《供应链质量管理中的最优合同设计》,《管理工程学报》2006 年第 3 期。

158. 翟巍:《德国如何处理"死猪"》,《法制日报》2013 年 3 月 19 日。

159. 张伟、郭颂平、罗向明:《政策性农业保险环境效应研究评述》,《保险研究》2012 年第 12 期。

160. 曾文革、林婧:《论食品安全监管国际软法在我国的实施》,《中国软科学》2015 年第 5 期。

161. 张维迎:《博弈论与信息经济学》,上海人民出版社 1996 年版。

162. 周孝、冯中越:《声誉效应与食品安全水平的关系研究——来自中国驰名商标的经验证据》,《经济与管理研究》2014 年第 6 期。

163. 周县华:《民以食为天:关于农业保险研究的一个文献综述》,《保险研究》2010 年第 5 期。

164. 周小梅:《激励企业控制食品安全的制度分析》,《中共浙江省委党校学报》2014 年第 1 期。

165. 周雄伟、刘鹏超、陈晓红:《信息不对称条件下双寡头市场中质量差异化产品虚假信息问题研究》,《中国管理科学》2016 年第 3 期。

166. 赵辛、钟剑:《交易成本视野的价格波动:自鲜活农产品观察》,《改革》2013 年第 3 期。

167. 钟永光、钱颖、尹凤福等:《激励居民参与环保化回收废弃家电及电子产品的系统动力学模型》,《系统工程理论与实践》2010 年第 4 期。

168. 周应恒、霍丽明、彭晓佳:《食品安全:消费者态度、购买意愿及信息的影响》,《中国农村经济》2004 年第 11 期。

169. 张跃华、史清华、顾海英:《农业保险需求问题的一个理论研究及实证分析》,《数量经济技术经济研究》2007 年第 4 期。

170. 张永建、刘宁、杨建华:《建立和完善我国食品安全保障体系研究》,《中国工业经济》2005 年第 2 期。

171. 张彦楠、司林波、孟卫东:《基于博弈论的我国食品安全监管体制探究》,《统计与决策》2015 年第 20 期。

172. 周应恒、王二朋:《中国食品安全监管:一个总体框架》,《改革》2013 年第 4 期。

173. 张煜、汪寿阳:《食品供应链质量安全管理模式研究——三鹿奶粉事件案例分析》,《管理评论》2010 年第 10 期。

174. 钟真、穆娜娜、齐介礼:《内部信任对农民合作社农产品质量安全控

制效果的影响——基于三家奶农合作社的案例分析》，《中国农村经济》2016
年第1期。

二、英文参考文献

Acocella N，Bartolomeo Di G，Piacquadio P G，"Conflict of Interests，Coalitions and Nash Policy Games"，*Economics Letters*，Vol.105，No.3（2009）.

Agudo I，Fern'andez-Gago C，Lopez C，"An Evolutionary Trust and Distrust Model"，*Electronic Notes in Theoretical Computer Science*，Vol.244，（2009）.

AkerlofG A."The Market for 'Lemons'：Quality Uncertainty and the Market Mechanism"，*Quarterly Journal of Economics*，Vol.84，No.3（1970）.

Alexander C R，"On the Nature of the Reputational Penalty for Corporate Crime：Evidence"，*Journal of Law and Economics*，Vol.42，No.1（1999）.

Arrow K，*The Limits of Organisation*，New York：Norton，1974.

Baiman S，Fischer P E，Rajan M V，"Information，Contracting，and Quality Costs"，*Management Science*，Vol.46，No.6（2000）.

BankerR D，Khosla L，Sinha K K，"Quality and Competition"，*Management Science*，Vol.44，No.9（1998）.

Berg L，"Trust in Food in the Age of Mad Cow Disease：a Comparative Study of Consumers' Evaluation of Food Safety in Belgium，Britain and Norway"，*Appetite*，Vol.42，No.1（2004）.

Brian L B，"Traceability and Information Technology in the Meat Supply Chain：Implications for Firm Organization and Market Structure"，*Journal of Food Distribution Research*，Vol.34，No.3（2003）.

BuckleyJ A，"Food Safety Regulation and Small Processing：a Case Study of Interactions between Processors and Inspectors"，*Food Policy*，Vol.51（2015）.

Campbell CJ，Wasley CE，"Measuring Security Price Performance Using Daily NASDAQ Returns"，*Journal of Financial Economics*，Vol.33，No.1（1993）.

Campbell JY，Lo AWC，Mac Kinlay AC，*The Econometrics of Financial Markets*，New Jerscy：Princeton University Press，1997.

Carriquiry M, Babcock B A, "Reputations, Market Structure, and the Choice of Quality Assurance Systems in the Food Industry", *American Journal of Agricultural Economics*, Vol.89, No.1(2007).

Caswell J A, "Valuing the Benefits and Costs of Improved Food Safety and Nutrition", *The Australian Journal of Agricultural and Resource Economics*, Vol.42, No.4(1998).

Chen S C, Dhillon G S, "Interpreting Dimensions of Consumer Trust in E-commerce", *Information Technology and Management*, Vol.4, No.2-3(2003).

Christien J M, Ondersteijn H M, Wijnands Ruud B M, et al, *Quantifying the Agri-food Supply Chain*, Netherlands: Springer, 2006.

Coleman J S, *Foundations of Social Theory*, Cambridge: Cambridge University Press, 1990.

Darby M, Karni E, "Free Competition and the Optimal Amount of Fraud", *Journal of Law and Economics*, Vol.16, No.1(1973).

Dawar N, Lei J, "Brand Crises: the Roles of Brand Familiarity and Crisis Relevance in Determining the Impact on Brand Evaluations", *Journal of Business Research*, Vol.62, No.4(2009).

De Giovanni P, Reddy P V, Zaccour G, "Incentive strategies for an optimal recovery program in a closed-loop supply chain", *European Journal of Operational Research*, Vol.249, No.2(2016).

Deng S, Yano C A, "Joint Production and Pricing Decisions with Setup Costs and Capacity Constraints", *Management Science*, Vol.52, No.5(2006).

Foster S T, "Towards an Understanding of Supply Chain Quality Management", *Journal of Operations Management*, Vol.26, No.4(2008).

Fritz M, Schiefer G, "Tracking, Tracing, and Business Process Interests in Food Commodities: a Multi-level Decision Complexity", *International Journal of Production Economics*, Vol.117, No.2(2009).

Georgiadis P, Vlachos D, "The Effect of Environmental Parameters on Product Recovery", *European Journal of Operational Research*, Vol.157, No.2(1995).

Ghatak M, Pandey P, "Contract Choice in Agriculture with Joint Moral Hazard in Effort and Risk", *Journal of Development Economics*, Vol.63, No.2(2000).

Ghosh D, Shah J, "A Comparative Analysis of Greening Policies across Supply Chain Structures", *International Journal of Production Economics*, Vol.135, No.2 (2012).

Goodwin B K, "Problems with Market Insurance in Agriculture", *American Journal of Agricultural Economics*, Vol.83, No.3(2001).

GrivaK, Vettas N, "Price Competition in a Differentiated Products Duopoly under Network Effects", *Information Economics and Policy*, Vol.23, No.1(2012).

Grossman S J, "The Information Role of Warranties and Private Disclosure about Product Quality", *Journal of Law and Economics*, Vol.24, No.3(1981).

Guidolin M, La Ferrara E, "Diamonds are Forever, Wars are not: is Conflict Bad for Private Firms?", *American Economic Review*, Vol.97, No.5(2007).

Henson S, Traill B, "The Demand for Food Safety Market Imperfections and the Role of Government", *Food Policy*, Vol.18, No.2(1993).

Hirschauer N, Musshoff O, "A Game-theoretic Approach to Behavioral Food Risks: the Case of Grain Producers", *Food Policy*, Vol.32, No.2(2007).

Hiscock J, "Most Trusted Brands", *Marketing*, 2001, Vol.3, No.1(2001).

Hobbs J E, Bailey D V, Dickinson D L, Haghiri M, "Traceability in the Canadian Red Meat Sector do Consumers Care?", *Canadian Journal of Agricultural Economics*, Vol.53, No.1(2005).

Jong Wanich J, "The Impact of Food Safety standards on Processed Food Exports from Developing Countries", *Food Policy*, Vol.34, No.5(2009).

JustR, Calvin E L, Quiggin J, "Adverse Selection in Crop Insurance", *American Journal of Agricultural Economics*, No.2(1992).

Klein B, Leffler K B, "The Role of Market Forces in Assuring Contractual Performance", *Journal of Political Economy*, 1981, Vol.89, No.4(1981).

Kreps D M, Milgrom P, Roberts J, Wilson R, "Rational Cooperation in the Finitely Repeated Prisoners' dilemma", *Journal of Economic Theory*, Vol.27, No.2

(1982).

Koppenjan Joop F M, Klijn E H, *Managing Uncertainties in Networks: a Network Approach to Problem Solving and Decision Making*, Routledge: Taylor&Francis Group, 2004.

Kuei C, Madu C N, Lin C, "Developing Global Supply Chain Quality Management Systems", *International Journal of Production Research*, Vol. 49, No. 15 (2011).

Kunter M, "Coordination via Cost and Revenue Sharing in Manufacturer-retailer Channels", *European Journal of Operational Research*, Vol.216, No.2(2012).

Lambertini L, Tampieri A, "Low-quality Leadership in a Vertically Differentiated Duopoly with Cournot Competition", *Economics Letters*, Vol.115, No.3(2012).

Lang L H P, Stulz R M, "Contagion and Competitive Intra-industry Effects of Bankruptcy Announcements: an Empirical Analysis", *Journal of Financial Economics*, Vol.32, No.1(1992).

Lau G T, Lee S H, "Consumers Trust in a Brand and the Link to Brand Loyalty", *Journal of Market Focused Management*, Vol.4, No.4(1999).

LeeCH, Rhee BD, Cheng TCE, "Quality Uncertainty and Quality-compensation Contract for Supply Chain Coordination", *European Journal of Operational Research*, 2013, Vol.228, No.3(2013).

Li Q, Liu W, Wang J, et al, "Application of Content Analysis in Food Safety Reports on the Internet in China", *Food Control*, Vol.22, No.2(2011).

Luhmann N, *Trust and Power*, Chichester: John Willey and Sons Ltd, 1979.

Ma P, Wang H, Shang J, "Supply Chain Channel Strategies with Quality and Marketing Effort-dependent Demand", *International Journal of Production Economics*, Vol.144, No.2(2013).

Martimort D, Poudou JC, Sand-Zantman W, "Contracting for an Innovation under Biateral Asymmetric Information", *The Journal of Industrial Economics*, Vol. 58, No.2(2010).

Mashayekhi A N, "Transition in the New York State Solid Waste System: a

Dynamic Analysis", *System Dynamics Review*, Vol.9, No.1(1993).

Mc Millan J, "Managing Suppliers: Incentive Systems in Japanese and US Industry", *California Management Review*, Vol.32, No.4(1990).

Mei-Fang Chen, "Consumer Trust in Food Safety a Multidisciplinary Approach and Empirical Evidence from Taiwan", *Risk Analysis*, Vol.28, No.6(2008).

Mitra S, Webster S, "Competition in Remanufacturing and the Effects of Government Subsidies", *International Journal of Production Economics*, Vol.111, No.2 (2008).

Moraga J L, Viaene J M, "Trade Policy and Quality Leadership in Transition Economies", *European Economic Review*, Vol.49, No.2(2005).

Mosley P, Krishnamurthy R, "Can Crop Insurance Work? The Case of India", *Journal of Development Studies*, Vol.31, No.3(1995).

Motta M, "Endogenous Quality Choice: Price vs Quantity Competition", *The Journal of Industrial Economics*, Vol.41, No.2(1993).

Nelson P, "Advertising as Information", *Journal of Political Economy*, Vol. 82, No.4(1974).

Nelson P, "Information and Consumer Behavior", *Journal of Political Economy*, Vol.78, No.2(1970).

Olson M, *The Logic of Collective Action: Public Goods and the Theory of Groups*, Cambridge: Harvard University Press, 1965.

Ortega D L, Wanga H H, Wu L, et al, "Modeling Heterogeneity in Consumer Preferences for Select Food Safety Attributes in China", *Food Policy*, Vol.36, No2 (2011).

Pouliot S, "The Production of Safe Food According to Firm Size and Regulatory Exemption: Application to FSMA", *Agribusiness*, Vol.30, No.4(2014).

Roehm M L, Tubout A M, "When will a Brand Scandal Spill Over, and How Should Competitors Respond?", *Journal of Marketing Research*, Vol. 43, No. 3 (2006).

Rousseau D M, Sitkin S B, Burt R S, Camrer C, "Not so Different After All: A

Cross Discipline View of Trust", *Academy of Management Review*, Vol. 23, No. 3 (1998).

Samuelson P A, "The Pure Theory of Public Expenditure", *The Review of Economics and Statistics*, Vol. 36, No. 4 (1954).

Shapiro C, "Premiums for High Quality Products as Returns to Reputations", *The Quarterly Journal of Economics*, Vol. 98, No. 4 (1983).

Skees J, Reed M, "Rate Making for Farm−level Crop Insurance: Implications for Adverse Selection", *American Journal of Agricultural Economics*, Vol. 68, No. 3 (1986).

Starbid S A, "Penalties, Rewards, and Inspection: Provisions for Quality in Supply Chain Contracts", *Journal of Operational Research Society*, Vol. 52, No. 1 (2001).

Strub Peter J, Priest T B, Two Patterns of Establishing Trust", *The Marijuana User. Sociological Focus*, Vol. 9, No. 4 (1976).

Sudhir V, Srinivasan G, Muraleedharan V R, "Planning for Sustainable Solid Waste Management in Urban India", *System Dynamics Review*, Vol. 13, No. 3 (1997).

Swan J E, Trawick Jr IF, Rink D R, et al, "Measuring Dimensions of Purchaser Trust of Industrial Sales People", *Journal of Personal Selling and Sales Management*, Vol. 8, No. 1 (1988).

Tirole J, "A Theory of Collective Reputations with Applications to the Persistence of Corruption and to Firm Quality", *Review of Economic Studies*, Vol. 63, No. 1 (1996).

Trienekens J H, Wognum P M, Beulens A J M, et al, "Transparency in Complex Dynamic Food Supply Chains", *Advanced Engineering Informatics*, Vol. 26, No. 1 (2012).

Trienekens J, Zuurbier P, "Quality and Safety Standards in the Food Industry, Developments and Challenges", *International Journal of Production Economics*, Vol. 113, No. 1 (2008).

Valeeva N I, Ruud B M, Miranda P M, et al, "Modeling Farm-level Strategies for Improving Food Safety in the Dairy Chain", *Agricultural Systems*, Vol.94, No.2 (2007).

Wang Y, "Joint Pricing-production Decision in Supply Chains of Complementary Products with Uncertain Demand", *Operations Research*, Vol.54, No.6(2006).

Wei Jie, Govindan K, Li Yongjian, Zhao Jing, "Pricing and Collecting Decisions in a Closed-loop Supply Chain with Symmetric and Asymmetric Information", *Computers & Operations Research*, Vol.54(2015).

Weng Z K, "Modeling Quantity Discounts under General Price-sensitive Demand Functions: Optimal Policies and Relationships", *European Journal of Operation Research*, Vol.86, No.2(1995).

Wicks AC, Berman S L, Jones T M, "The Structure of Optimal Trust: Moral and Strategic Implications", *Academy of Management Review*, Vol.24, No.1(1999).

Xiu C, Klein K K, "Melamine in Milk Products in China: Examining the Factors that Led to Deliberate Use of the Contaminant", *Food Policy*, Vol.35, No.5 (2010).

Yoo SH, "Product Quality and Return Policy in a Supply Chain under Risk Aversion of a Supplier", *International Journal of Production Economics*, Vol.154, No.8(2014).

Zhu K J, Zhang R Q, Tsung F, Pushing Quality Improvement along Supply Chains", *Management Science*, Vol.53, No.3(2007).

Zucker L G, "Production of Trust: Institutional Sources of Economic Structure Research", *Research in Organizational Behavior*, Vol.8(1986).

责任编辑:杜文丽

封面设计:周方亚

图书在版编目(CIP)数据

供需失衡下食品安全的监管机制研究/费威 著. —北京:人民出版社,2018.1

ISBN 978 - 7 - 01 - 018598 - 9

Ⅰ.①供… Ⅱ.①费… Ⅲ.①食品安全-监管制度-研究-中国 Ⅳ.①TS201.6

中国版本图书馆 CIP 数据核字(2017)第 290663 号

供需失衡下食品安全的监管机制研究

GONGXU SHIHENG XIA SHIPIN ANQUAN DE JIANGUAN JIZHI YANJIU

费 威 著

人 民 出 版 社 出版发行

(100706 北京市东城区隆福寺街 99 号)

北京龙之冉印务有限公司印刷 新华书店经销

2018 年 1 月第 1 版 2018 年 1 月北京第 1 次印刷

开本:710 毫米×1000 毫米 1/16 印张:28.25

字数:450 千字 印数:0,001-3,000 册

ISBN 978 - 7 - 01 - 018598 - 9 定价:86.00 元

邮购地址 100706 北京市东城区隆福寺街 99 号

人民东方图书销售中心 电话 (010)65250042 65289539